人活着

梁晓声　著

北京大学出版社

PEKING UNIVERSITY PRESS

图书在版编目(CIP)数据

人活着/梁晓声著. —北京：北京大学出版社，2023.10
ISBN 978-7-301-33899-5

Ⅰ. ①人… Ⅱ. ①梁… Ⅲ. ①人生哲学—通俗读物 Ⅳ. ①B821-49

中国国家版本馆 CIP 数据核字(2023)第 066990 号

书　　　名	人活着	
	REN HUO ZHE	
著作责任者	梁晓声　著	
策 划 编 辑	王炜烨	
责 任 编 辑	王炜烨　王立刚	
标 准 书 号	ISBN 978-7-301-33899-5	
出 版 发 行	北京大学出版社	
地　　　址	北京市海淀区成府路 205 号　　100871	
网　　　址	http://www.pup.cn	
电 子 邮 箱	zpup@pup.cn	
新 浪 微 博	@北京大学出版社	
电　　　话	邮购部 010-62752015　发行部 010-62750672　编辑部 010-62750673	
印 刷 者	大厂回族自治县彩虹印刷有限公司	
经 销 者	新华书店	

965 毫米×1300 毫米　16 开本　39.5 印张　546 千字
2023 年 10 月第 1 版　2023 年 10 月第 1 次印刷

定　　　价　109.00 元

梁晓声

目 录

第一章　活着

第三章　体面地活着

第四章　幸福地活着

梁晓声

第一章

活着

人活着为什么

如果一个人只从纯粹自我一方面的感受去追求所谓人活着的意义，并且以为唯有这样才会获得最多、最大的意义，那么他或她到头来一定所得极少。

确确实实，我曾多次被问到——"人活着为什么?"往往，"人活着"之后还要加上"究竟"二字。

迄今为止。世上有许许多多解答许许多多问题的书籍，证明一直有许许多多的人思考着许许多多的问题。依我想来，在同样许许多多的"世界之最"中，"人活着究竟为什么"这个问题，肯定是人的头脑中所产生的最古老、最难以简要回答明白的一个问题吧? 而如此这般的一个问题，又简直可以算得上是一个"哥德巴赫猜想"或"相对论"一类的经典问题吧?

动物只有感觉，而人有感受; 动物只有思维，而人有思想。

动物的思维，只局限于"现在时"; 而人的思想，往往由"现在时"推测到"将来时"。

我想，"人活着为什么"这个问题，从本质上说，是从"现在时"出发对"将来时"的一种叩问，是对自身命运的一种叩问。世界上只有人关心自身的命运问题。"命运"一词，意味着将来怎样，它绝不是一个仅仅反映"现在时"的词。

"人活着为什么"这个问题既然与人的思想活动有关，那么我们一查人类的思想史便会发现，原来人类早在几千年以前就希望自我解答"人活着为什么"的问题了。古今中外，解答可谓千般百种，形形色色。似乎关于这一问题，早已无须再问，也早已无须再答了。可许许多多活在"现在时"的人却还是要一问再问，仿佛根本不曾被问过，也根本不曾有谁解答过。

确确实实，我也曾回答过这一问题。

每次的回答都不尽相同，每次的回答自己都不满意；有时听了的人似乎还挺满意，但是我十分清楚，最迟第二天他们又会不满意的。

因为我自己也时常困惑、时常迷惘、时常怀疑，并时常觉出自己人生的索然。

我想，"人活着为什么"这个问题，最初肯定源于人的头脑中的恐惧意识。人一次又一次许多次地目睹，从植物到动物甚至到无生命之物的由生到灭、由强到弱、由盛到衰、由有到无，于是心生惆怅；人一次又一次许多次地眼见，同类种种的死亡情形和与亲爱之人的生离死别，于是心生生命无常、人生苦短的感伤以及对死的本能恐惧——于是"人活着为什么"的沮丧油然而生。在古代的时候，这体现于一种对于生命脆弱性的恐惧。"老汉活到六十八，好比路旁草一棵；过了今年秋八月，不知来年活不活。"从前，人活七十古来稀，旧戏唱本中老生们类似的念白，最能道出人的无奈之感。而古代的西方先哲，亦有"人只不过是一根苇草，是自然界里脆弱的东西"的悲观思想。

然而到了现代的人类，已有较强的能力掌控生命的天然寿数了，并已有较高的理性接受生死之规律。到了现代的人类，却仍往往会叩问"人活着为什么"，归根结底还是源自一种恐惧。这是不同于古人的一种恐惧，这是对所谓"人生质量"尝试过最初的追求而又屡遭挫折，于是竟以为终生无法实现的一种恐惧。这是几乎就要屈服于所谓"厄运"的摆布，而打算"听天由命"时的一种恐惧。这种恐惧之中包含着理由难以获得公认，而又程度很大的抱怨。是的，事情往往是这样，当谁长期不能摆脱"人活着为什么"的纠缠时，谁也就往往真的会屈服于所谓"厄运"的摆布了，也就往往会真的"听天由命"了，也就往往会对人生持消极到了极点的态度。而那种情况之下，谁在世上活着，也就往往会由"人活着为什么"的疑惑，快速变成了"人活着没什么"的结论。

对于马这种动物，民间有种经验是"立则好医，卧则难救"。那意思是指——马连睡觉都习惯于站着，只要它自己不放弃生存的本能意识，它总是会忍受着病痛之身顽强地站立着不肯卧到；而它一旦病得竟然卧倒了，就证明它确实已病得不轻，也同时证明它本身生存的本能意识已被病痛大大地削弱。而没有它本身生存本能意识的配合，良医、良药也是难以治得好它的病的。所以兽医和马的主人，见马病得卧倒了，治好它的信心往往大受影响。他们要做的第一件事，又往往是用布托、绳索、带子兜住马腹，将马吊得站立起来，如同武打片中吊起飞檐走壁的演员们那一种做法。为什么呢？给马以信心，使马明白，它还没病到根本站立不住的地步。靠了那一种做法，真的会使马明白什么吧？我相信是能的。我下乡时多次亲眼看到，病马一旦靠那一种做法站立起来，它的双眼竟往往会一下子晶亮起来；它往往会咴咴嘶口叫起来，听来那确乎有些激动的意味，有些又开始自信了的意味。

一般而言，儿童和少年不太会问"人活着为什么"的话。他们倒是很相信人活着总归是有些什么的，专等他们长大了去体会。厄运反而不容易一下子将他们从心理上压垮。因为父母和一切爱他们的人，往往会在他们不完全知情时，就默默替他们分担和承受了。老年人也不太会问"人活着为什么"的话。问谁呢？对晚辈怎么问得出口呢？哪怕忍辱负重了一生，他们也不太会问谁那么一句话。信佛的人，也许偶尔独自一个人，在内心里默默地问佛，然而并不希冀解答，仅仅是委屈和抱怨的一种倾诉而已。他们相信即使那么问了，佛品出了抱怨的意味，也是不会责怪他们的。反而，会理解他们，体恤他们。中年人是每每会问"人活着为什么"的。相互问一句，或自说自话问自己一句。相互问时，回答显得多余。一切都似乎不言自明，于是相互获得某种心理的支持和安慰。自说自话问自己时，其实自己是完全知道为什么的。

上有老、下有小地活着，对于大多数中年人都是有压力的生活。那压力常常使他们对人活着的意义保持格外的清醒，活着的意义在他们那儿是有着另一种解释的——那是责任。

是的，责任即活着。

是的，责任几乎成了大多数寻常百姓的中年人之活着的最大目的。对上一辈的责任、对儿女的责任、对家庭的责任，总而言之，是子女又为子女，是父母又为父母，是兄弟、姊妹又为兄弟、姊妹的林林总总的责任和义务，使他们必得对单位、对职业、对社会，也具有铭记在心的责任和义务。

在岗位和职业竞争空前激烈的今天，后一种责任和义务，是尽到前几种责任和义务的保障。这一点不需任何人提醒和教诲，中年人一向明白得很、清楚得很。中年人问，或者仅仅在内心里寻思"人活着为什么"时，事实上往往等于是在重温他们的责任课程，而不是真的有所怀疑。人只有到了中年时，才恍然大悟，原来从小盼着快快长大、好好地追求和体会一番的生活，除了种种的责任和义务，留给自己的，即纯粹属于自己的另外的生活的意义，实在是并不太多的。他们老了以后，甚至会继续以所尽之责任和义务尽得究竟怎样，来掂量自己"活着为什么"。"究竟"二字，在他们那儿，也另有标准和尺度。中年人——尤其是寻常百姓的中年人，其"人活着为什么"，至今，如此而已，凡此而已。

"人活着为什么"这一句话，在某些青年那儿，特别在作为独生子女的小青年们那儿问出口时，含义与大多数是他们父母的中年人是根本不相同的。其含义往往是——如果我不能这样，如果我不能那样；如果我实际的人生并不像我希望的那样，如果我希望的生活并不能服务于我的人生；如果我不快乐，如果我不满足；如果我爱的人却不爱我，如果爱我的人又爱上了别人；如果我奋斗了却以失败告终，如果我大大地付出了竟没有获得丰厚的回报；如果我忍辱负重了一番却仍竹篮打水一场空；如果……

那么，人活着对于我究竟还有什么？

这些年轻人哪里知道啊，对于他们已是中年人的父母，尤其是寻常百姓的中年父母，他们往往即是父母活着的首要的、最大的、有时几乎是全部的意义。他们若是这样的，他们是父母之活着的意义；他们若是那样的，他们是父母之活着的意义。换言之，不论他们是怎样的，他们都是父母之活着的意义；而当他们倍觉活着没有意义时，他们还是父母之活着的意义。若他们奋斗成为所谓"成功者"了，他们的父母之活着的意义，于是似乎得到一种明证了；而他们若一生平凡着呢？尽管他们一生平凡，他们仍是父母之活着的意义。普天下之中年人，很少像青年人一样，因了儿女之活着的平凡，而备感自己之活着的没意义。恰恰相反，他们活得越平凡，他们的平凡父母，所意识到的责任便往往越大、越多。

由此我们得到一种结论，所谓"人活着为什么"，它一向至少是由三部分组成的：一部分，是纯粹自我的感受；一部分，是爱自己和被自己所爱的人的感受；还有一部分，是社会和更多有时甚至是千千万万别人们的感受。

当一个青年听到一个他渴望娶其为妻的姑娘说"我愿意"时，他由此顿觉人活着所饱含的一切意义了，那么这是纯粹自我的感受。

"世上只有妈妈好，有妈的孩子像块宝。"这句歌词，其实唱出的更是作为母亲的女人的一种生活意义。也许她自己的人生是充满苦涩的，但其绝对不可低估的生活之意义，极其宝贵地体现在她的孩子身上了。

爱迪生之活着的意义，体现在享受电灯、电话等发明成果的全世界人身上；林肯活着的意义，体现在当时美国获得解放的黑奴们身上；曼德拉活着的意义，体现于南非这个国家了。

如果一个人只从纯粹自我一方面的感受去追求所谓"人活着为什么"，并且以为唯有这样才会获得最多、最大的意义，那么他或她到头来一定所得极少，最多也仅能得到三分之一罢了。但倘若一个人长久地活着而纯粹自我方面的意义却缺少甚多,其活着的性质是很崇高的,他也是会获得尊敬的。比如阿拉法特,无论巴勒斯坦在他活着的时候能否实现艰难的建国之梦,他活着的巨大意义对于巴勒斯坦人都是明摆在那儿的。我深深地崇敬这位将自己的人生,完完全全民族目标化了的政治老人。

权力、财富、地位……无与伦比的生活方式,这其中任何一种都不能单一地构成人活着的意义。即使合并起来加于一身,对于人活着之意义而言,也还是嫌其少。

这就是为什么那些显贵们,活得不像我们常人以为的那般幸福的原因。贫穷、平凡,没有机会受到高等教育而终生从事收入低微的职业,这其中任何一种都不能单一地造成对生活意义的彻底抵消,即使合并起来也还是不能。因为哪怕命运从一个人身上夺走了活着的意义,却难以完全夺走另外一部分,就是体现在爱我们也被我们所爱的人身上的那一部分。哪怕仅仅是相依为命的爱人,或一个失去了我们就会感到悲伤万分的孩子。

而这一种活着之意义,即使卑微,对于爱我们也被我们所爱的人而言,可谓大矣!人活着的一切其他的意义,往往是在这一种最基本的意义上生长出来的,好比甘蔗是由它自身的某一小段生长出来的一样。

第二节

人性似水

天地之间，百千物象：无常者，水也；易化者，水也；浩渺广大无边际者，水也；小而如珠如玑甚或微不可见者，水也。

人性似水。

一壶水沸，蒸发为气，弥漫满室，降低干燥；江河湖海，暑热之季，亦水汽若烟、成雾，进而为云，进而作雨。雨或霏霏，雨或滂沱，于是电闪雷鸣，每有霹雳裂石、折树、摧墙、轰亭阁；于高空遇冷，结晶成雹；晨化露，夜聚霜……总之，一年四季，十二个月二十四节气，雨、雪、霜、雹、露、冰、云、雾，无不变形、变态于水；昌年祸岁，也往往与水有着密切的关系。乌云翻滚，霓虹斜悬，盖水之故也；碧波如镜，水之媚也；狂澜巨涛，水之怒也；瀑乃水之激越；泉乃水之灵秀；溪显水性活泼；大江东去一日千里，水之奔放也。

人性似水。

水在地上，但是没有什么力量也没有什么法术可以将它限制在地上。只要它"想"上天，它就会自由自在地、随心所欲地升到天空进行即兴的表演，于是天空不宁。水在地上，但是没有什么力量也没有什么法术可以将它限制在地上。只要它"想"入地，即使针眼儿似的一个缝隙，也足可使它渗入地下溶洞中去。这一缝隙堵住了，它会寻找到另一缝隙。针眼儿似的一个缝隙太小了吗？水将使它渐渐变大。一百年后，起先针眼儿似的一个缝隙已大如斗口、大如缸口。一千年后，地下的河或地下的潭形成了，于是地藏玄机。除了水，世上还有什么东西能像水一样在空中、在地上、在地下以千变万化的形态存在呢？

人性似水。

我们说"造物"这句话时，头脑之中首先想到的是"上帝"，或法力仅次于"上帝"的什么神明。但"上帝"是并不存在的，神明也是并不存在的——起码对如我一样的无神论者们而言是不存在的。水却是实在之物。以我浅见，水即"上帝"。水之法力无边，绝对地当得起是"造物"之神。动物加植物，从大到小，从参天古树到芊芊小草，从蜗蚁至犀象，总计百余万科目、种类，哪一种哪一类离得开水居然能活呢？哪一种哪一类离开了水居然还能继续它们物种的演化呢？地壳的运动使沧海变成桑田，而水却使桑田又变成了沧海。坚硬的岩石变成了粉末，我们认为那是风蚀的结果。但风是怎样形成的呢？不消说，微风也罢，罡风也罢，可怕的台风、飓风、龙卷风也罢，归根结底，生成于水——风只不过是水之子。"鬼斧神工"之物，或直接是水的杰作，或是水遭风完成的。连沙漠上也有水的幻象——风将水汽从湿润的地域吹送到沙漠上，或以雨的形态渗入很深的沙漠底层，在炎日的照射之下，水汽织为海市蜃楼……

人性似水。

水真是千变万化的。某些时候，某种情况下，又简直可以说是千姿百态的。鸟瞰黄河，蜿蜒逶迤，九曲八弯，那亘古之水看去竟是那么的柔顺，仿佛是一条即将临产的大蛇，因了母性的本能完全收敛其暴躁的另面，打算永远做慈爱的母亲似的。那时候那种情况下，它真是恬静极了，能使我们关于蛇和蟒的恐怖联想也由于它的柔顺和恬静而改变了。同样是长江，在诗人和词人们的笔下又是那么的不同。"万里长江飘玉带，一轮明月滚金球"（朱元璋《庐山诗》），意境何其浩荡而又妙曼呵！"乱石穿空，惊涛拍岸，卷起千堆雪"（苏轼《念奴娇·赤壁怀古》），却又多么的气势险怵，令人为之屏息呵！

人性亦然。

人性之难以一言而尽，似天下之水的无穷变化。

人性似水。

人性确乎如水呵！

水成雾，雾成露；一夜雾浓，晨曦中散去，树叶上、草尖上、花瓣上，都会留下晶莹的露珠。那是世上最美的珠子，没有任何另外一种比它更透明，比它更润洁。你可以抖落在你掌心里一颗，那时你会感觉到它微微的沁凉。你也能用你的掌心掬住两三颗，但你的手掌比别人再大，你也没法掬住更多了。因为两颗露珠只消轻轻一碰，顷刻就会连成一体。它们也许变成了较大的一颗，通常情况下却不再是珠子；它们会失去珠子的形状，只不过变成了一小汪水，结果你再也无法使它们还原成珠子，更无法使它们分成各自原先那么大的两颗珠子。露珠虽然一文不值，却有别于一切司空见惯的东西。你可以从河滩上捡回许许多多自己喜欢的石子，如果手巧，还可以将它们黏成为各种好看的形状。但你无法收集哪怕是小小的一碟露珠占为私有。无论你的手多么巧，你也无法将几颗露珠串成首饰链子，戴在颈上或腕上炫耀于人。这就是露珠的品质，它们看去都是一样的，却根本无法收集在一起，更无法用来装饰什么，甚至企图保存一整天也不是一件容易之事。你只能欣赏它们。你唯一长久保存它们的方式，就是将它们给你留下的印象"摄录"在记忆中。露珠如人性中最细致也最纯洁的一面，通常体现在女孩儿和少女们身上。我的一位朋友曾告诉我，有次她给她的女儿讲《卖火柴的小女孩》，她那仅仅四岁的女儿泪流满面。那时的人家里还普遍使用着火柴。从此女孩儿有了收集整盒火柴的习惯，越是漂亮的火柴盒她越珍惜，连妈妈用一根都不允许。她说等她长大了，要去找到那卖火柴的小女孩儿并且将自己收集的火柴全都送给卖火柴的小女孩儿。她仅仅四岁，还听不明白在那一则令人悲伤的故事中，其实卖火柴的小女孩儿已经冻死。是的，这一种露珠般的人性，几乎只属于天真的心灵。

人性似水。

梁晓声

山里的清泉和潺潺小溪，如少男和少女处在初恋时期的人性。那是人自己对自己实行的第一次洗礼。人一生往往也只能自己对自己实行那么一次洗礼。爱在那时仿佛圣水，一尘不染；人性第一次使人本能地理解什么是"忠贞"，哪怕相爱着的两个人一个字也不认识，从没听谁讲解过"忠贞"一词。性在现代的社会已然不再神秘，人性在这方面也少有了动人的体现。但是某些寻找宝物似的一次次在爱河中浮上潜下的男人和女人，除了性事的本能的驱使又是在寻找什么呢？也许正是在寻找那如清泉和小溪一般的人性的珍贵感受吧？

　　静静的湖泊和幽幽的深潭，如成年男女后天形成的人性。

　　我坦率地承认二者相比，我一向亲近湖泊而畏避深潭。除了少数的火山湖，更多的湖是由江河的支流汇聚而成的，或是由山雪融化和雨后的山洪形成的。经过了湍急奔泻的阶段，它们终于水光清漪、波平如镜了。倘若还有苇丛装点着，还有山廓做背景，往往便是风景。那是颇值得或远或近地欣赏的。通常你只要并不冒失地去试探其深浅，它对你是没有任何危险性的。然而那幽幽的深潭却不同——它们往往隐蔽在大山的阴暗处，在阳光不易照耀到的地方。有时是在一处凸起的山喙的下方，有时是在寒气森森、潮湿滴水的山洞里。即使它们其实并没有多么深的深度，但看去它们给人以深不可测的印象。海和湖的颜色一般是发蓝的，所以望着悦目。江河哪怕在汛期那么浑浊，却是我们常见的，对它们有一种熟悉的感觉。然而潭确乎不同，它的颜色看去往往是黑的。你若掬起一捧，它通常也是清的。然而还入潭中，它又与一潭水黑成一体了。潭水往往是凉的，还往往是很凉、很凉的。除了在电影里出现过片段，在现实生活中偏爱在潭中游泳的人是不多的。事实上与江河湖海比起来，潭尤其对人没什么危害。历史上没有过任何关于潭水成灾的记载，而江河湖海泛滥之灾在全世界每年都到处发生。我害怕潭可能与异怪类的神话有关。在那类神话中，深潭里总是会冷不丁地跃出狰狞之物，将人一爪捕住或一口叼住拖下潭去。潭每使我联想到人性"城府"的一面。"城府"太深之人，不见得便一定是专门害人的小人。但是在这样的人的心里，友情一般是没有什么位置的。正义感公道原则，也少有。有时似乎有，但最终证明还是没有。那给你错误印象的感觉，到头来本质上还是他的"城府"。如潭的人性，其实较少体现在女人身上。"城府"更是男人人性的一面，女人惯用的只不过是心计。但是有"城府"的男人对女人的心计往往一清二楚，他只不过不动声色，有时还会反过来加以利用，以达到自己的目的。

一切水都在器皿中。盛装海洋的，是地球的一部分。水只有在蒸发为气时，才算突破了局限它的范围，并且仍存在着。

盛装如水的人性的器皿是人的意识，人的意识并非完全没有任何局限。但是它确乎可以非常之巨大，有时能盛装得下如海洋一般广阔的人性。如海洋般的人性是伟大的人性、诗性的人性、崇高的人性，因为它超越了总是紧紧纠缠住人的人性本能的层面，使人一下子显得比地球上任何一种美丽的或强壮的动物都高大和高贵起来。如海洋般的人性，不是由某一个人的丰功伟绩所证明的。对男人而言，一切出于与普罗米修斯同样目的而富有同样牺牲精神的人——不管他们为此是否经受过普罗米修斯那一种苦罚，皆是。对女人而言，南丁格尔以及一切与她一样心怀博爱的她的姐妹，亦皆是。

如水的人性亦如水性那般没有常性，水往低处流这一点最接近人性的先天本质。人性体现于最自私的一面时，于人永远是最自然而然的。正如水往低处流时最为"心甘情愿"。一路往低处流着的水不可能不浑浊，在什么坑坑洼洼的地方还会从而成为死水，进而成为腐水。社会谴责一味自私自利的人们时，往往以为那些人之人性一定是卑污可耻并快乐着的。而依我想来，人性长期处于那一种状态未必真的有什么长期的快乐可言。引向高处之水是一项大的工程。高处之水比低处之水总是更有用途，否则人何必费时、费力地偏要那样？大多数人之人性，未尝不企盼着向高处升华的机会。当然那高处并非尼采的"超人"们才配居住的高处,那种"高处"算什么鬼地方?人性向往升华的倾向是文化的影响。在一个国家或一个民族里,普遍而言,一向的文化质量怎样,一向的人性质量便大抵怎样。一个男人若扶一个女人过马路,倘若她不是偶然跌倒于马路中央的漂亮女郎,而是一个蓬头垢面、破衣烂衫的老妪,那么他即使没有听到一个"谢"字,他也会连续几天内心里充满阳光的。他会觉得扶那样一个老妪过马路时的感觉,挺好。与费尽心机勾引一个女郎并终于如愿以偿的感觉大为不同,这是另一种快乐。如水的人性倒流向高处的过程,是一种心灵自我教育的过程。但是人即为人,就不可能长期地将自己人性的自筑水坝永远蓄在高处。那样子一来人性也就没了丝毫的快乐可言。因为人性之无论于己还是于他人,都不是为了变成标本镶在高级的框子里,真实的人性是俗的。是的,人性本质上有极俗的一面。一个理想的社会和与之相适应的文化就该是这样的一把剪刀,可以将一概人之人性极俗的一面从心里剪除干净;而且明白它、认可它、理解它,最大限度地兼容它;还要有不俗的文化在不知不觉之中吸引和影响我们普遍之人的人性向上,而不一味地"流淌"到低洼处从而一味地不可救药地俗下去。

我们俗着,我们可以偶尔不俗;我们本性上是自私自利的,我们可以偶尔不自私自利;我们有时心生出某些邪念,我们也可以偶尔表现一下高尚的冲动;我们甚至某时真的堕落着,而我们又是可以从堕落中自拔的……我们至死还是没有成为一个所谓高尚的人、有境界的人、脱离了低级趣味的人。但是检点我们的生命,我们确曾有过那样的时候,起码确曾有过那样的愿望。

人性似水,我们实难决定水性的千变万化。

但是水呵,它有多么美好的一些状态呢!

人性也是可以的,而不是不可以——一个社会若能使大多数人相信这一点,那么这个社会就开始是一个人文化的社会了。

第三节

平常心

——如果在三十岁以前,最迟在三十五岁以前,我还不能使自己脱离平凡,那么我就自杀。

——可什么又是不平凡呢?

——比如所有那些成功人士。

——具体说来。就是,起码要有自己的房、自己的车,起码要成为有一定社会地位的人吧? 还起码要有一笔数目可观的存款吧?

——要有什么样的房,要有什么样的车? 在你看来,多少存款算数目可观呢?

——这,我还没认真想过。

以上,是我和某大一男生的对话。那是一所较著名的大学,我被邀讲演。对话是在五六百人之间公开进行的。我觉得,他的话代表了不少学子的人生志向。我几乎忘记了我当时是怎么回答的,然此后,我常思考一个人的平凡或不平凡,却是真的。按《新华字典》的解释,平凡即普通,平凡的人即平民。《新华字典》特别在括号内加注——泛指区别于贵族和特权阶层的人。做一个平凡的人真的那么令人沮丧吗? 倘若注定一生平凡,真的毋宁三十五岁以前自杀吗? 我明白那大一男生的话只不过意味着一种"往高处走"的愿望,虽说得郑重,其实听的人倒是不必太认真的。

我思考以后,于是觉出了我们这个社会、我们这个时代,所呈现着的种种文化倾向的流弊,那就是——在中国还处在一个发展中国家的现阶

段;在普通人还未能真正步入富裕的情况下,中国的当代文化,未免过分
"热忱"地兜售所谓"不平凡"的人生招贴画了,这种宣扬尤其是广告兜售几
乎随处可见。而最终,所谓不平凡的人的人生品质,在如此这般的文化那
儿,差不多又总是被归结到如下几点——住着什么样的房子,开着什么样
的车子,存着多少票子,于是社会给予怎样的敬意和地位;于是,倘若是男
人,便娶了怎样的女人……

20世纪二三十年代的中国,也很盛行过同样性质的文化倾向,体现于
男人,那时叫"五子登科",即房子、车子、位子、票子、女子。一个男人如果
都追求到了,似乎就摆脱平凡了。而在多年以后的今天,却仿佛又成文化
的一个倾向。这一种文化理念的反复宣扬,折射着一种耐人寻味的逻
辑——谁终于摆脱平凡了,谁理所当然地是当代英雄;谁依然平凡着甚至
注定一生平凡,谁是狗熊。并且,每有俨然足以代表文化的文化人士和思
想特别"与时俱进"的知识分子,话里话外地帮衬着造势,暗示出更伤害平
凡人的一种逻辑,那就是——一个时势造"英雄"的时代已然到来! 许许
多多的人不是已经争先恐后地不平凡起来了吗? 你居然还平凡着,你不是
狗熊又是什么呢?

一点儿也不夸大其词地说,此种文化倾向,是一种文化的反动倾向。
和尼采的所谓"超人哲学"的疯话一样,是漠视,甚至鄙视和辱骂平凡人之
社会地位以及人生意义的文化倾向。是反众生的,是与文化的最基本社会
作用相悖的,是对于社会、时代的人文成分结构具有破坏性的。

在这样的文化背景下成长起来的下一代,如果他们普遍认为最迟三
十五岁以前不能摆脱平凡便莫如死掉算了,那是毫不奇怪的。

人类社会的一个真相是,而且必然永远是——牢固地将普遍的平凡
的人们的社会地位确立在第一位置,不允许任何意识动摇它的第一位置,
更不允许它的第一位置被颠覆。这乃是古今中外文化的不二立场,像普遍
的、平凡的人们的社会地位的第一位置一样神圣。当然,这里所指的,是那

种极其清醒的、冷静的、客观的、实事求是的、能够在任何时代都"锁定"人类社会真相的文化;而不是那种随波逐流的、嫌贫爱富的、每被金钱的作用左右得晕头转向的文化。那种文化只不过是文化的泡沫,像制糖厂的糖浆池里泛起的糖浆沫。造假的人往往将其收集了浇在模子里,于是"生产"出以假乱真的"野蜂窝"。

文化的"野蜂窝"是比街头巷尾地摊上卖的"野蜂窝"对人更有害的东西。后者只不过使人腹泻,而前者紊乱社会的神经。

平凡的人们,即普通的人们,即古罗马阶段划分的平民。在平民之下,只有奴隶;平民的社会地位之上,是僧侣、骑士、贵族。

但是,即使在古罗马,那个强大的帝国的大脑,也从未敢漠视社会地位仅仅高于奴隶的平民。作为它的最精英的文化思想的传播者,如瓦罗们,他们虽然一致不屑地视奴隶为"会说话的工具",但却不敢轻佻地发任何怀疑平民之社会地位的言论。恰恰相反,对于平民,他们的思想中有一个一脉相承的共同点——平民是国家的主体。没有平民的作用,便没有罗马成为强大帝国的前提。

恺撒被谋杀了,布鲁图要到广场上去向平民们解释自己参与了的行为——"我爱恺撒,但更爱罗马。"

为什么呢?因为那行为若不能得到平民的理解,就不能成为正确的行为。安东尼顺利接替了恺撒,因为他利用了平民的不满,觉得那是他的机会。屋大维招兵募将,从安东尼手中夺回了摄政权,因为他调查了解到,平民将支持他。

古罗马帝国一度称雄于世,靠的是平民中蕴藏的改朝换代的伟力。它的衰亡,也首先是由于平民抛弃了它。僧侣加上骑士加上贵族,构不成罗马帝国,因为他们的总数只不过是平民的千万分之几。

中国古代,称平凡的人们亦即普通的人们为"元元",佛教中形容为"芸芸众生",在文人那儿叫"苍生",在野史中叫"百姓",在正史中叫"庶民",而相对于宪法叫"公民"。没有平凡的亦即普通的人们的承认,任何一国的任何宪法都没有任何意义。"公民"一词将因失去了平民成分,而是荒诞可笑之词。

中国古代关注并体恤"元元"们的记载举不胜举。比如《诗经》中云:"民亦劳止,汔可小康。"意思是老百姓太辛苦了,应该努力使他们过上小康的生活。比如《尚书》中云:"民惟邦本,本固邦宁。"民者——百姓也,"芸芸"也,"苍生"也,"元元"也,平凡而普通者是也。怎么,到了今天,在改革开放的中国,在平民们的某些下一代那儿,不畏死,而畏"平凡"了呢?由是,我联想到了曾与一位"另类"同行的交谈。我问他是怎么走上文学道路的。答曰:"为了出人头地。哪怕只比平凡的人们不平凡那么一点点,而文学之路是我唯一的途径。"见我怔愣,他又说,"当普通百姓实在太难。"屈指算来,已近二十年了。那时,我认为,正像他说的那样,平凡是平凡着,却十之七八平凡又,而迷惘着。这乃是平民们的某些下一代不畏死而畏"平凡"的症结所在。于是,我联想到了曾与一位外国朋友的交谈。她问我:"近年到中国,一次更加比一次感觉到,你们中国人心里好像都暗怕什么。那是什么?"我说:"也许大家心里都在怕一种平凡的东西。"她追问:"究竟是什么?"我说:"就是平凡之人的人生本身。"她惊讶地说:"太不可理解了,我们大多数人可倒是都挺愿意做平凡人、过平凡的日子、走完平凡的一生。你们中国人真的认为平凡不好到应该与可怕的东西归在一起吗?"我不禁长叹了一口气。我告诉她,国情不同,故所谓平凡之人的生活质量和社会地位,不能同日而语。我说:"你是出身于几代的中产阶级的人,所以你所指的平凡的人,当然是中产阶级的人士。中产阶级在你们那儿是多数,平民反而是少数。你们这架国家机器,一向特别在乎你们中产阶级,亦即你所言的平凡的人们的感觉。你们的平凡的生活,是有房、有车的生活。而一个人只要有了一份稳定的工作,过上那样的生活并不特别难。居然不能够的,倒是不怎么平凡的现象。而在我们中国,那是不平凡的人生的象征。

对平凡如此不同的态度,是两国的平均生活水平所决定的。"

当时联想到开篇那名学子的话,我不禁替平凡着、普通着的中国人,心生出种种的悲凉。想那学子,必也出身于寒门;其父其母,必也平凡得不能再平凡、普通得不能再普通。不然,断不至于对平凡那么的惶恐。也联想到了我曾伴两位老作家出访法国时,通过翻译与马赛市一名五十余岁的清洁工的交谈。

我问他算是法国的哪一种人。

他说,他自然是一个平凡得不能再平凡、普通得不能再普通的人。

我问他羡慕那些资产阶级吗?

他奇怪地反问为什么?

是啊,他的奇怪一点也不奇怪。他有一幢带花园的漂亮的二层小房子;他有两辆车,一辆是环境部门配给他的小卡车,一辆是他自己的小卧车;他的工作性质在别人眼里并不低下,每天给城市各处的鲜花浇水和换下电线杆上那些枯萎的花束而已;他受到应有的尊敬,人们叫他"马赛的美容师"。

由此,他才既平凡着,又满足着;甚而,简直还可以说活得不无幸福感。

我也联想到了德国某市那位每周定时为市民扫烟囱的市长。不知德国究竟有几位市长兼干那一种活计,反正不止一位是肯定的了。因为有另一位同样干那一种活计的市长到过中国,还到访过我。因为他除了给市民扫烟囱,还是作家。他会几句中国话,向我耸着肩诚实地说——市长的薪水并不高,所以需要为家庭多挣一笔钱。那么说时,一点儿也不觉得有什么不好意思。

马赛的一名清洁工,你能说他是一个不平凡的人吗?德国的一位市长,你能说他极其普通吗?然而在这两种人之间,平凡与不平凡的差异缩小了、模糊了。因而在所谓社会地位上,接近实质性的平等了。因而平凡在他们那儿不怎么会成为一个困扰人心的问题。

梁晓声

当社会还无法满足普通的、平凡的人们的基本愿望时，文化的最清醒的那一部分思想，应时时刻刻提醒着社会来关注此点，而不是反过来用所谓不平凡的人们的种种生活方式刺激前者。尤其是，当普遍的、平凡的人们的人生能动性，在社会转型期受到惯力的严重甩掷、失去重心而处于茫然状态时，文化的最清醒的那一部分思想，不可错误地认为他们已经不再是地位处于社会第一位置的人们了。

无论过去、现在，还是将来，平凡而普通的人们，永远是一个国家的绝大多数人。任何一个国家存在的意义，都首先是以他们的存在为存在的先决条件的。

一半以上不平凡的人皆出自于平凡的人之中。这一点对于任何一个国家都是同样的。因而平凡的人们的心理状态，在一定程度上几乎成为不平凡的人们的心理基因。

倘若文化暗示平凡的人们其实是失败的人们，这的确能使某些平凡的人们通过各种方式变成较为"不平凡"的人；而从广大的心理健康的、乐观的、豁达的平凡的人们的阶层中，也能自然而然地产生较为"不平凡"的人们。

后一种"不平凡"的人们，综合素质将比前一种"不平凡"的人们方方面面都优良许多。因为他们之所以"不平凡"起来，并非由于害怕平凡。所以他们"不平凡"起来以后，也仍会觉得自己其实很平凡。

而一个连不平凡的人们都觉得自己其实很平凡的国家，它的前途才真的是无量的。反之，若一个国家里有太多这样的人——只不过将在别国极平凡的人生的状态，当成在本国证明自己是成功者的样板，那么这个国家是患着虚热症的。好比一个人脸色红彤彤的，不一定是健康，也可能是肝火，也可能是结核晕。

我们的媒体，近年以各种方式向我们介绍了太多所谓"不平凡"的人士们，而且，最终往往对他们的"不平凡"的评价总是会落在他们的资产和身价上。这是一种穷怕了的国家经历的文化方面的后遗症，以至于某些呼风唤雨于一时的"不平凡"的人，转眼就变成了些行径苟且的、欺世盗名的，甚至罪状重叠的人。

　　一个许许多多人恐慌于平凡的社会，必层出如上的"不平凡"之人。而文化如果不去关注和强调平凡者第一位置的社会地位（尽管他们看去很弱，似乎已不值得文化分心费神）——那么，这样的文化，也就只有忙不迭地、不遗余力地去为"不平凡"起来的人们大唱赞歌，并且在"较高级"的利益方面与他们联系在一起。于是眼睁睁不见他们之中某些人的"不平凡"之可疑。

　　这乃是中国包括传媒在内的文化界、思想界，包括某些精英们在内的文化界、思想界的一种势利眼病！

梁晓声

第四节

冰冷的理念

事实上，我是一个非常崇尚理念思维的人。依我想来，理念乃相对于激情的一种定力。当激情如烈马狂奔、如江河决堤，而理念起到及时又奏效的掣阻作用的时候，它显得那么的难能可贵，甚至显得那么的隽美。

我崇尚理念，恰因我属性情中人。性情中人，一般是较难本能地内敛自己对人对事的态度、立场、观点、好恶，而又不露声色的。理念的定力是我身上所缺少的，这缺少每使我的言行不禁地冲动起来。一旦冲动，几乎无所顾虑，无所讳畏。四十岁以前的我，尤其如此。

我的档案说明了这一点——当年我是知青，从连队调到团部，档案中有一条是"思想不够成熟"。而"思想"在当年，不消说是指"政治思想"。成为"机关"知青了，"思想"还是一直没能成熟起来。结果从团部被"发配"到木材加工厂，档案里又多了同样的一条。上大学以前，连队对我做的鉴定仍有这一条。大学毕业的鉴定中有，但措辞是善意的"希望思想早日成熟"。从北影调至童影的鉴定中一如既往地有，措辞已经颇具勉励性——"希望思想更成熟些"。

故四十岁前的我，对"成熟"二字，几乎可以说是抱着一种天敌般的厌憎。好比素食主义者从生理上反感荤腻大餐。至今我也不太清楚，在现实中究竟怎样的思想才算地道的"成熟"。

但是，这些都暂且不去说它了罢。

其实我是想向读者坦白——我这个崇尚理念思维、赞赏理念定力的人,后来竟对理念之光的瑰丽,更确切地说,是对"中国版"的理念所产生的逻辑方式,心生出不可救药的动摇和怀疑。动摇和怀疑是由一件具体之事引起的。多年前,一名在校硕士研究生,为救一位落水的老人,自己反被淹死了。当然,老人是获救了,或者我的记忆有误,老人竟也没有获救。总之,在我看来,这是一件高尚的、感人的事。那名学生的行为,似乎怎么也不至于遭到舆论否定的吧?有的舆论却不然。较热烈的讨论首先在几所大学里展开,后来竟由讨论而辩论。

一种我不太能料想得到的观点是——一名硕士研究生,为救一位老人而冒生命危险,难道是值得的吗?那老人即使获救,究竟还能再活几年呢?他对社会还能有些什么贡献呢?他不已经是一个行将寿终正寝的自然消费人了吗?这样的一位老人的生命,与植物人的生命又有什么区别呢?其生命价值,又究竟在哪一点上高过一草一石呢?而一名硕士研究生,他的生命价值正含苞待放呀!何况当年的硕士研究生并不像今天这么多!他也许由硕士而博士、而博士后、而教授、而专家,那么他的贡献,不是还会很大的吗?更何况他的生命还会演绎出多姿多彩的爱情哦!而那位老人的生命再延长一百年也显然是黯然无光的啊!

这样的一种观点,当年在大学里代表了似乎绝对多数的学子们的观点。你简直不能说这一种观点不对。但正是从那时起,我感觉到了"中国版"的理念所产生的逻辑方式的冰冷和傲慢。于是当年又有另一种观点介入讨论。这另一种观点是——如果那名硕士生所救并非一位老人,而是一个儿童,也许就比较值得了吧?显然,这是一种很缺乏自信的、希望回避正面辩论,达到折中目的之观点。但这一种折中的观点,当年同样遭到了义正词严的驳斥:如果那儿童有智力障碍呢?那儿童将来一定能考上大学吗?如果考不上,他不过是一个芸芸众生中的平庸之人。以一名硕士生的生命换一个平庸之人的生命,不是对其更宝贵的生命的白白浪费呢?即使那儿童将来考上大学,考上的肯定会是一所名牌大学吗?肯定会接着考取到硕士研究生吗？再假设，如果那儿童长大后堕落成罪犯呢？谁敢断言绝对没有这一种可能性？

当年这一讨论和辩论，最后不了了之。但给我留下的印象却是——"不值得派"引起的共鸣似乎更普遍。

那时我便隐隐地感到，那讨论和辩论，显然与当年的中国人，尤其是当时的大学生对人性的理念认识有关。翻一翻我们祖先留下的几千年的思想遗产，这一种讨论和辩论，即使在祖先中的哲人之间，似乎也是从来没涉及的。

当然，我们谁都知道——老父与稚子同时沉浮于波涛，或老母与爱妻同处生死倏忽之际，做儿子、做父亲、做丈夫的男人究竟先救哪一个的古老人性拷问。

还没有一个男人回答得最"正确"。

因为这种拷问在本质上是根本没有所谓"正确"答案的。它呈现的是人性每每陷入的两难之境，以及因此而感到的迷惘。这迷惘中包含着沮丧。

但由于这一人性拷问限定在与人最亲密的血缘关系和爱恋关系之间，故无论先救哪一个，似乎又都并不引发值得不值得的思索，仅只与人刹那之际的本能反应有关。在现实中，一般情况下，人总是先救离自己最近的亲人，不太会舍近，以救远。

而那名硕士研究生舍命所救的，却是与自己毫无血缘亲情、毫无关系的陌生人。依我想来，值得与不值得的讨论、辩论，盖基于此。倘若他所救的是他的老父，世人还会在他死后喋喋评说值得与不值得吗？倘若他所救的是他的幼弟，世人还会在他死后假设那被救的孩子长大了是否成为罪犯吗？那么，何以只因他所救的是陌生人，在他死后，值得与不值得的讨论、这样那样的假设就产生了呢？一针见血地说，它显现了人类理念意识中虚伪而又丑陋的一面。即我不愿那么做的，便是不值得那么做的；别人做了便是别人的愚不可及，死了也是毫无意义的死。并且，只有将这一种观点推广为理直气壮的毋庸置疑的观点，我的不愿、不能，才进而成为不屑于。无论什么事，一旦被人不屑于地对待，那事似乎就是蠢事了，似乎就带有美名可图的色彩了。于是，倒似乎反映出了不屑于者的理念定力和清醒程度。

讨论和辩论发生在当代中国，是非常耐人寻味的。而这正是我们抱怨人世变冷了的原因。

那一场讨论和辩论，与关于"英雄流血亦流泪"的讨论是不一样的。后一种讨论并不贬低英雄的行为，批判性是针对使英雄流泪者们的。而前一种讨论和辩论，用理念的棉团包缠的批判性的锋芒，却是变相地针对流血甚至舍生的英雄们的。直至后来，我才对印在记忆中的、靠头脑封存了许多年之久的话题豁然想明白了些。某日与一友人相遇，他扯住我说："晓声，有一部美国片如果上映了，你一定应该看看。"于是扯我至路边开始讲给我听——

第二次世界大战期间，一位美国母亲，四个儿子都上了前线。而在同一天里，收到了三个儿子的阵亡通知书。斯时第四个儿子正在诺曼底登陆行动中，生死显然难料。如果第四个儿子也阵亡了，谁还能硬起心肠向那位母亲送递第四份阵亡通知书？于是此事逐级上报，迅速到达总统办公室。于是总统下令，组成一支特别能战斗的营救队。唯一的任务是，不惜任何代价，将那位母亲的第四个儿子活着带回美国。当然，此次战斗行动，那位母亲并不知道。于是营救队一路浴血奋战，个个舍生忘死地扑到了诺曼底前线，当寻找到了那名战士，一支营救队已仅剩一人。当那名战士明白了一切，他宁肯战死也绝不离开战场的决心，又是多么地被人理解啊！

这就是影片《拯救大兵瑞恩》，据说剧本依据生活原型创作，它深深感动了每一个观看过的人……牺牲那么多士兵的生命只为救另一名士兵，这值得吗？问题一被如此理念地提出，事情本身和一切艺术创作的冲动，似乎顿时变得荒唐。

多么冷冰冰的理念质疑啊！我们可拿目前这一种冷冰冰的理念原则究竟该怎么办呢？它不但仍被奉行为多种艺术门类的创作前提，而且似乎渐渐成了我们面对一切现实事物的原则。

日本人曾被视为"理念的动物"。依我想来，我们相当多的中国人，在这一点上正变得极像日本人，现实得每每令同胞们相互之间倍感周身发寒。近几十年间，产生了不少冷冰冰的"中国版"的理念思维标本。比如将"优胜劣汰"这一商业术语和竞赛原则，推行到社会学科的思想领域中去。一件产品既劣，销毁便是。但视一个人为"劣"的标准，又由谁来定，由何而定呢？一个生存竞争能力相对较弱的人，则就该被视为一个"劣"的人吗？这种标准由老板们定出来，他人自然无话可说，但是要变为大众意识是否可怕呢？接着的问题是，在一个十四亿人口的国家里，究竟能采取多么高明的方式，"汰"掉为数不少的"劣"的同胞呢？"汰"到国界以外去？"汰"到地球以外去？幸而我们的国家并没有听取某些人士的谏言，我们的大多数同胞也没有接受此类教诲。所以我们才有国家层面的"再就业工程""扶贫工程"，才有民间层面的"希望工程"……

我敢说，在全世界可能没有任何一个国家的人，主张对自己的同胞"优胜劣汰"过。恰恰相反，许多国家的头脑和目光，几乎都在思考和关注同样的问题——怎么样才能使生存竞争能力相对较弱的一部分人，得到更多的国家性的爱护和体恤。而不是以冷冰冰的理念思维去想——要是能把他们统统"汰"掉多好！或谁叫他们"劣"来着，因而遭"汰"一百个、一千个活该！

让我们还是回到人性的话题上来。当年的知青金训华为捞公社的一根电线杆而死，是太不值得吗？当年的知青张勇，为救公社的一只羔羊而死，是太不值得吗？甚至，"少年英雄"赖宁的"英勇"，是不是，也是根本不值得被提倡和效仿的呢？

人救人,关于这样的事,根本不存在值得与不值得的讨论——无论少年救老年,或反过来;无论男人救女人,或反过来;无论知识者救文盲,或反过来;无论军人救百姓,或反过来;无论受降的士兵救俘虏,或反过来……只要人救人,皆在应该获得人性正面评价的范围以内。若不幸自己丧生,更是令人肃然的。

人救人之人性体现,是根本排斥什么"值得与不值得"的。进行这种讨论和辩论的人,其思想意识肯定生了疾病。这种疾病若不被指出是疾病,一旦传染开来,肯定将导致全民族的冷血退化。

一头大象落入陷阱,许多象必围绕四周,不是围观,而是个个竭尽全力,企图用鼻将同类拉出,直至牙断鼻伤而恋恋不忍散去。此兽性之本能。人性高于它,恰在于人将本能的行为靠文明的营养上升为意识的主动。倘若某一理念是与此意识相反的,那么实际上也是与人性相悖的,不但冰冷,而且是丑陋的理念。人性永远拒绝这一种理念的"合理"性。愿我们再也不讨论和辩论人救人"值得不值得"这一可耻的话题。人性之光,正是在此前提之下,才成为全人类心灵中最美、最神圣的光耀。其美和神圣在于,你根本不必思考,只要永远肃然地、虔诚地"迷信"它的美和神圣就是了。愿当代中国人尊重全人类这一种高贵的"迷信"!

料想不到的,一篇谈人性及人道思考的文章,竟又引发了一场几乎和多年前一样的讨论。为什么是料想不到的呢?因我以为,在其后的多年间,许多人必定和我一样,对于人性及人道原则,早已做了相应的反省——看来我估计错了。果而如此,我的"补白",也就不算多余的话了。

首先我要声明——我的文章,并非是为又一部美国大片所做的广告,具体关于《拯救大兵瑞恩》的评价是另一回事。人性及人道主题在该片中体现得究竟深浅,或极端或偏执,甚至,究竟有无必要从这一主题去谈论该片,则属艺术评论和接受美学的范畴。仁者见仁,智者见智,众说纷纭,殊不为怪。

其次我想强调——这一部影片，并不仅仅使我联想到多年前的那一场讨论，还使我联想到了很多。即使没有这一部影片，我也还是打算写些文字发表的。只不过这部影片使我打算以后写的打算提前了。我联想到了如下"中国版"的往事种种：

我是哈尔滨人。哈尔滨这座城市，当年也有养鸡的人家、养猪的人家。故我小时候，常听到孩子们间这样的呼应声：

——杀鸡啦，快去看呀！

——杀猪啦，快去看呀！

围观如看戏，饶有兴味。

终于有一天我听到的是：

——杀人啦，快去看呀！

少年们虐杀小猫、小狗之事，我至少见过三四次。无"戏"可看，他们便自"导"自娱。

党的十一届三中全会前，有关部门曾组织各界知识分子讨论《政府工作报告》（草案）。我有幸应邀参加。记得在会上，我提出建议——在进行社会主义政治思想教育的后边，是否可考虑加上也进行人性及人道主义教育？后来的《政府工作报告》中，确实加上了，只不过概念限定为"无产阶级的"和"革命的"。我极感动，亦大欣慰。

也是好多年以前，我受某大学之邀举办讲座——谈到发生在深圳的一件事——几十名打工妹，活活烧死在一玩具厂。上了锁的铁门，阻断了她们逃生的唯一出口，讲述之际，不免动容。而我当时收到的一张条子上写的是——"中国人口太多了，烧死几十个和计划生育的意义是一致的，你何必显出大发慈悲的样子？"

这是冰冷理念的又一实例。

我针对这个条子，不禁言语呕呕。

讲座结束——学生会一男一女两名学生干部拦了一辆"面的"送我回

家。途中，那名女学生干部说："改革开放总要付出点儿代价。农村妹嘛，她们要挣钱，就得变成打工妹。既变成了打工妹，那就得无怨无悔地承受一切命运。没必要太同情那些因企图摆脱贫穷而付出惨重代价的人们。她们不付出代价，难道还要由别人替她们付出吗？"

文质彬彬的模样，温言款语的口吻——使人没法发脾气，甚至也不想与之讨论。但我当时的感受确实是——"如酷暑之际中寒。"

我说："司机师傅请停车，我不要他们再陪送我了！"

待我下车后，我听三十多岁的司机对他们吼："你们也给我滚下去，小混蛋！还有点人味儿吗？"

如此这般的实例，我"遭遇"得太多，只不过由于篇幅的考虑，不能一一道来。我想，这是否人救人"值不值得"之讨论的思想前延与后续呢？

现在，让我们来谈谈救人的问题。

有朋友似乎担心，否定了他们不救的行为选择，等于在呼唤多一些人性的同时，剥夺了他们的人性的自由，异化了他们对人性更高层次的理解。于是，似乎呼唤多一些人性，动机倒变得可疑和有害了。那害处据说是——有强迫人们变成为"道德工具"之嫌。

我看这种担心大可不必，实在是太夸张了。我活到今天，竟还不曾经历过一次要么舍了自己的命去救别人的命，要么眼看别人顷刻丧生的考验关头。因而也就真的没有在那一关头考虑值得救与不值得救的体会。我所认识的一切人，也皆和我一样不曾经历过。以此概率推算——据我想来，恐怕十万分之九万九千九百九十九的人，终生都不太会经历舍己救人的事件。故担心的朋友可以完完全全地把心放在肚子里——包括他自己在内的九万九千九百九十九比一的人，几乎终生并无什么机会成为"道德的工具"。我们所要心怀的，恐怕只不过是这么一回事儿，对于为救别人而死了自己的人和事，得出令死者灵魂安慰、令世人不显得太缺少人味儿的结论——而这一点都不损害我们活着的人的利益，更不危害我们的同样宝贵的生命。

放心,放心!

如果大学生救掏粪的老人是"不值得"的,那么反过来呢?——如果掏粪的老人眼见一名大学生掉进了粪池里,他是否有充分的理由抱臂而观幸灾乐祸呢?他是否可以一边瞧着那大学生挣扎一边说:"啊哈,你也落此下场了吧?世人虽然认为你救我大不值得,但却还没有颁布一条不合理的法律规定我必须救你。即使我的命是卑贱的,但也只有一条,那么等死吧,您哪……"

倘若我们将人的生命分为宝贵的、不怎么宝贵的和卑贱的,倘若社会和时代认为只有后者对前者的挽救和牺牲才似乎是应该的、合情合理的、值得的,否则,大不值得。倘若这逻辑不遭到驳斥,渐变为一种理念被灌输到人们的头脑中,那么——一切中国人其实有最正当的理由,拒绝挽救一切处于生命危难的人。每一个人的理由都将振振有词。男人拒绝挽救女人生命的理由将是——"上帝"不曾宣布女人的生命比男人的生命更宝贵,法律不曾明文规定男人有此义务;大人拒绝挽救儿童和少年生命的理由将是——谁知道小崽子们长大了会是些什么东西?至于老人们——住口,你们这么老了,还配开口呼救,还痴心妄想别人来搭救吗?

这么一来,事情将变得多么简单啊!

每个人的理念中似乎只明确一点就足够了——我个人的生命是无比宝贵的!至于某些人以他们同样宝贵的生命挽救了另外一些人的生命,那就只能说明他们自我生命意识的愚昧和迂腐了!

这么一来,倘若男人与女人在危难之际同时扑向救生出口,而男人将女人推开不顾其死活先自逃出,不是也很天经地义了吗?

这么一来,大人在海难中夺过一个儿童的救生圈将其一脚蹬开,不是也很正常了吗?

这么一来,我们人类行为中一切舍己救人的事迹,不但全没了人性和人道上的意义,而且似乎是比我们的理念还低级的行为了。

那么,世上不少文明之士,为了将文明传播到非洲的一些部落去,而历尽千辛万苦,甚至反遭到杀害,是不是就更惹我们的某些同胞嗤之以鼻了?

而另一个事实是——人围观人死于危难之事,几乎年年都有发生。少则十几人、几十人的围观,多则上百人、几百人的围观。

一个高大健壮的男人骑着自行车下班,驶过桥上,见河中有一少年在挣扎——那河并不太深,没了那男人的顶——但他有不救的自由啊!于是他视而不见地骑车过去了。喊一阵,引来别人救行不行呢?但他认为没有这义务啊!他回到家里若无其事地吸烟、吃饭,再吸烟、饮茶,再看电视……人们将那淹死的少年送到他家里了——那是他的宝贝儿子啊!

我们——我们如何去安慰那失去了儿子的父亲?

我们自以为,某种并不光彩的理念只要经由我们一而再、再而三地强调性地诉说,就足以自欺欺人地被公认为是最新理念,就足以帮我们摆脱掉人作为人的最后一点人性原则,但正如一位外国诗人说的,那不过是——"带给我们黑暗的光明"。

更多的时候,情况其实是这样的——你并不需要去死,你的一声呼喊、一个电话,拦一辆车、伸出一只手臂,抛出一条绳子、探过去一根竹竿,一个主意、一种动员,就可以救一个人甚至几个人的命。问问自己的良知,你觉得值得吗?

值得!

那么为什么——少女欲跳楼,围观者众,无人劝阻却有人狂喊怪叫促她快跳?为什么心脏病人猝倒人行道上数小时,几百双脚先后从其身旁走过竟无驻足者?为什么儿童落水会游泳的伸手要几万元钱才肯跳水去救?

我们面对如此这般林林总总人性麻木的现实,一而再地喋喋不休地讨论人救人"值得不值得",并且一而再地强调不值得的自由权利的重要——难道这就是我们的本来面目吗?

"法乎其上,得乎其中;法乎其中,仅得其下。"——这"法",也包含理念原则的意思。

我们所强调的那种自由选择的权利,究竟是"其上"呢,"其中"呢,还是"其下"呢?

若不幸是"其下"——我们以后在人性和人道方面又将变得怎样呢?古人没说"法乎其下"则得什么,我们自己去想象吧!

某些人终于有了实话实说的机会和权利固然是一件相当重要的事;说的是什么,也很重要;其所强调的理念对时代和社会的人性以及人道准则的影响是什么,尤其重要。

据我想来,人类社会,目前恐怕还不会将以往一向令人保持肃然之心的人性及人道准则抛弃掉。至于百年后怎样,我就说不大准了……

我们的思考其实更应是另外的一些内容——时代和社会怎样在更多的方面为一切人的生命安全,施行更周到的保障? 在什么情况之下人应具有哪些救人的常识和有效的方法? 我们应该怎样培养我们的儿童和少年的自我保护意识? 我们应该教给女性哪些自卫的方式? 对于男人,我认为,则主要是教育——使之懂得,在面对儿童少年、妇女和老人陷于险境之时,多少体现出一点男人的勇敢,才是应该的。

但实际上恐怕是——长期憋闷在心里一直在寻找时机一吐为快地说出——"我的生命也很宝贵!"我有不救的自由选择的权利! 是的,恰恰是我们当今的某些男人们! 持此种理念的男人,肯定多于持同样理念的儿童少年、妇女和老人。他们年轻、强壮、有文化,可能还风度翩翩。

他们头脑中的不少理念都是冰冷的。

他们绝不希望自己的心也变得温热一点。

他们所强烈要求的是——这社会、这时代不但应该非常尊重他们自身理念的冰冷,而且简直应该将他们那一套冰冷的理念奉为新的超前"文明"准则。

而我的回答乃是——我将捍卫他们坦言自己理念观点的自由,但我永远不苟同于他们。

我想,我们一切人,见了人命危险、生死瞬间的情形,无外乎四类选择——或智勇救之;或视而不见,悠然自去;或亦不去,驻足安全线内,抱臂旁观,"白相白相";或虽有一救的实力,但声明议价在前,救命在后:价钱满足,救之;不满足,人命危险者,也便只有"死你的去了"!

某些人士所言的"选择的自由",也不知除了以上四类,是否还有别类?据我想来,怕是没有了吧?

那么,见死不救"也不可耻",抱臂旁观,"白相白相"就一定可耻吗?倘若同样的并不可耻,又据我想来,接钱在手才肯一救的人,便自有他们的不可耻的理论逻辑。起码的一条也许是——现在是商品经济时代,一切按经济规律办。

这样的推论实在不是妄论啊!近些年间,此类事在各地发生的还少吗?

在北京曾发生过这样一件事——一名歹徒企图骗劫一名女中学生,她的两名男同学恰巧赶来。歹徒心怯,欲转身逃跑,被那两名男同学紧紧揪住不放。他们欲将歹徒押往派出所去。歹徒央求再三,二少年不放。扯扯拽拽,行至黑处,歹徒向其中一名少年猛刺一刀,结果是少年因失血过多,于医院抢救室离世。

这是很悲痛的教训。

那少年的母亲我见过——她要为她的儿子出一本纪念册,请我写序。我写了,是作为悲痛的教训来写的。后来在团中央的座谈会上,我提出过关于加强青少年自我保护意识,切勿炒作式宣扬"青少年英雄主义"的观点。这是那次座谈会上最一致的观念。

我甚至认为——老人、妇女、儿童和青少年一样,也都是需要我们的社会特别加以保护的,也根本不应在他们中间过分号召什么不适当的"英雄主义"。

谁来保护他们和她们?

法律和治安部门。

仅仅如此还不够!

还要有全社会的男人们自觉自愿地肩负起这一社会义务,行动起来,其他有时是无力的!

第五节

男人:女人的镜子

男人是女人的镜子。

通过她所爱的男人,可以判断她大抵属于哪一类女人。不爱却做了某一男人妻子的,不在此例。错误的、将错就错,遗憾的、遗憾而无法改变的婚姻过去有,现在有,将来还会有。这正如不幸之永远不能避免。

其实中国人的婚姻观念,自古并不彻底封建。比如《汉书·孙光传》中即云,"夫妇之道,有义则合,无义则离"。本意指感情的真伪,但也包含着"无义"则"散伙"的主张。又如南北朝颜之推的《颜氏家训·止足篇》中云,"婚姻勿贪势家"。隋朝的王通也在《文中子》中一针见血地指出"婚姻论财,夷虏之道",斥之为未开化民族的勾当。《水浒传》第二十五回,有句话"初嫁从亲,再嫁由身",说得相当明白,第一遭依了父亲,第二遭就依不得任何人,要依自己了。足见自古并不万众一心地认为"嫁鸡随鸡,嫁狗随狗"是合乎礼法的。

男人是各式各样的。时代的文明使男人的行色多起来。若取一种笼统的划分法,无非也这么几类:只能当官的、也能当官的、不能当官的、不愿当官的。他们都是女人的镜子。

"服官政"其实是正当的"行业",能当官也是"一技之长"。但现实的问题在于,"只能"当官的男人太多了。这是男人的退化,也是男人的悲哀。同时是女性面临悲哀现实之一种。由于当官和"干革命"似乎连在一起,便使"只能"当官的男人不愿正视这一悲哀,更不愿将"只能"归于"物种"的退化。似乎当到老便意味着革命到老，当到死便意味着终生革命。并且，制造似乎"革命"的理论维护自己的利益，使很多当妻子的既迷惘又迷惑。早期的男性革命者大抵并非"只能"当官，他们有的可以从文，有的可以从艺，有的可以当教书先生或大学教授，有的可以当木匠、瓦匠，乃至农民。据说在一次什么会上，有一种形成舆论的情绪色彩很强烈的"抗议之声"——认为干部六十岁便退休，未免太早了。要求起码延到六十五岁，延到七十岁更好，主张修正干部退休制的年限。我十分怀疑，这便是"只能"当官的一些男人们在诉说委屈。

所以，我对未婚女性们的忠告是——择夫时，对"只能"当官的男人，必须敬而远之。

改革，毕竟是硬道理。终生"服官政"男人的仕途将被堵塞，他想一条道跑到黑也不行。我们冷静观察生活，三十来岁四十多岁的男人中，正在退化的男人着实不少。他们大概是心甘情愿地乐在其中地退化。我从身边的人身上便看到了这一咄咄逼人的可悲现象。不过是个处级，一旦这处级受到动摇，惶惶然不可终日之状便令人哂笑。四方登门，八面奉迎，好比久病乱投医。后又眉舒目朗渐渐地活转来，乃因终于又谋求到了一个比处级大一点儿的职务，且因高了名不正言不顺的那"一点儿"而沾沾自喜。但在这谋求的过程中失去了什么，却似乎毫不在乎。我不仅替他，也替他的妻子感到活得累。一旦再从那"一点儿"上动摇下来，他可怎么活呢？

也能当官的男人，显然应该比只能当官的男人活得从容些、活得踏实些。我在"比"前加上"应该"两个字，意在强调从逻辑上讲是这样，但实际情况并不尽然。也能当官的男人们是些幸运的男人，大抵属于知识分子一类，如医生、律师、高等教育工作者、科研工作者、工程师、科学家、艺术家、文学家等。他们的职业较"服官政"的男人们相对长久得多，几乎可以成为终生的，并且不像普通劳动者们，工作水平受到年龄和体质的限制。所谓一技在身，终生所依。其中又尤以医生和律师更为优越，越老越有威望，职业经验也越丰富。医院的院长、大学的校长、科研单位的领导者,大抵是从他们中间产生的。他们对自己的职业专长越自信,越不情愿当官,当上了也不将"乌纱帽"看成怎么一档子事。需要我当,我便当;不需要我当了,八仙归位。也有为了解决房子问题、夫妻两地生活问题,讲好一个条件,"下海"三年五载的。女人爱他们的同时,意味着培养了对某一职业的情感,而非对权势的偎傍。但这些男人,始终是不断分化着的社会群体。一所名牌大学可有一百多位教授,但只能有一位校长。将专门的人才异变为庸官,是中国的弊端之一。不但是某些男人的退化,其实也是现实的退化现象。不但是某些男人的悲哀,其实也是国家的某种悲哀。

贤明的女人,对于如此这般的她们的丈夫,总是要时时提醒——别忘了你原本是怎样的人,别到头来成了"只能"当官的人,使他们于迷津中常有所省悟,在还没到"只能"的地步,回头是岸。

目光短浅的女人,却总是对她们的丈夫大加怂恿,向他们吹送万般皆粪土、唯有当官高的枕边风。所以他们的异变,的的确确也是某些女人们的过错。有时听到这样的夫妻争吵,很是耐人寻味。男人愤愤然说:"我早就要不当,你偏不同意!现在好,让我去干什么?"女人亦愤愤然说:"谁长那前后眼来,想到你会半途而废!"

当今仍尚未完全矫正"官本位"的观念,她们是时代的产物,她们的懊悔不及的丈夫是她们的副产品。她们和他们的争吵,乐观点儿估计,还要继续一二十年。

不能当官的男人不是绝对没有当官能力的男人。他们是各行各业的劳动者。劳动者中有不少聪明的人、智慧的人、干练的人,他们的能力往往被埋没。中国是一个有十四亿人口的泱泱大国,不埋没人才是根本不可能的。他们当官的能力有时恰恰在刚显示出来的时候,便被周围的人挫顿或扼杀了,其中的幸运者,偶被上司赏识,委以微职,便往往誓心以报了。一位小百货公司的头头,未必在能力上远远不及一位大商场的经理;一位商场的经理，未必不能当商业局局长。但能不能当官，是相当复杂的事。老百姓曾经说到——"说你行你就行，不行也行；说你不行就不行，行也不行。"在现实中这一现象你不服不行。于是劳动者中那些聪明的人、智慧的人、干练的人，大抵臣服于现实，其能力不是向外伸延，而往往谨慎收缩。以自己的小家庭画一个圆，在极有限的圆周内显示。他们的家庭便是他们的事业，他们的工作只不过是他们的工作而已。在他们的家里，从各方面可观察到他们的理财能力、治家能力、巧妙改善生活环境的能力和丰富生活内容的能力，以及培养子女所花的精力和心血。他们精打细算，他们一人多能，堪称各类工匠。一言以蔽之，他们是些生活能力极强的男人，而且他们完善自身的愿望也是动人的。他们其实多才多艺——有能诗会画的，有爱根雕的，有爱收藏的，有爱书法的。与"只能"当官的男人和从也能当官的男人中分划出去继而异变的男人相比，他们更是合格的男人。在困难艰险的条件下，有些男人会束手无策，他们不会。与有些知识分子对生活的索然心态相比，他们显得分外热爱生活、热爱生命。

他们以前曾被很不公正地一概贬之曰"小市民"。

其实，作为男人，他们具有新的时代性的启示和意义。

我若是未婚的女人，我会将自己择夫的视野拓展得更宽广些。我绝不将目光盯在那些"只能"当官的男人身上，和他们生活在一起，总有一天会明白是很"懊糟"的事；我也绝不将目光聚在从"也能"往"只能"异变的男人们身上，我倒宁肯选择劳动者中那些聪明的、智慧的、干练的男人。

这个时代"生产"出了太多除了文凭和学历以外其他一切方面较差的男人。科举时代早已过去，时代需要的是不但有文凭、有学历而且有实际能力的男人。女人们也是。总有一天时代将宣布，它不需要太多的"书呆子"，他们过剩了。而女人们也将宣布，她们看重的不只是男人的文凭和学历。

男人是女人的镜子，女人是男人的学校。反过来不成立。女人并非男人的镜子。男人选择女人的内容要比女人选择男人的内容单薄得多,不易全面映照出他的生活观念。男人也并非女人的学校。男人可以舍得花钱"包装"他所爱的女人,可以用他自己的生活观念改变女人的生活观念,可以用他的思想方法影响女人的思想方法。但是,他无法教导女人如何更女性化。因而男人对女人从本质上说没有塑造力。当代女人选择男人的困难比任何时代都大得多了,这个时代也许注定是女性的大苦闷时代。但愿我的这些闲言碎语,道破一些简单的生活表象,捅穿男人们的一层糊窗纸,对妻子们重新认识自己的丈夫,对未婚女性选择丈夫,有那么一点点参考价值。

第六节

女人:男人的学校

在人的一切关系之中,再也没有比夫妻之间更为互相影响的了。上至富豪贵族,下至庶民百姓,夫妻关系一旦既成事实,举案齐眉也罢,同床异梦也罢,都可以从一个的身上,嗅出另一个的气味。好比一对儿壁虎,哪怕它们死了,将它们的尾巴研成齑,点燃之后,那奇妙的火焰也是互相牵引的——旧时走江湖的杂耍艺人,就是常靠这一小奥秘哗众取宠的。

或说爱是纯粹的"自我"感情的投入证明,乍听似乎不无道理,咀而嚼之,便会觉得相当片面。因任何所谓纯粹的"自我",只不过是纯粹的本能。爱并不纯粹是"性",故不纯粹是本能。"造爱"和爱,是不可同日而语的。殊不知连蛔虫也"造爱",否则小蛔虫从何而来? 但外科医生倘若从人腹中剖出两条绞缠在一起的雌雄蛔虫,是不大会叹曰"好一对恩爱夫妻"的。

"自我"难以"纯粹",遑论爱耶?

极少有这样的现象——被一切头脑正常不持偏见的人所鄙视、所憎恶的恶人或小人,妻子对他们的"自我"感情的投入和证明不受丝毫动摇,坚如磐石地始终服从她们的"自我"。秦桧的老婆没和秦桧闹过离婚,不说明她的"自我"又是如何,也许只说明客观上她和秦桧是臭味相投的一对东西,甚至不能用"情人眼里出西施"来理解他们的关系。艾娃爱希特勒,也并非她的纯粹"自我"的执着,而是当时几乎全体的德国人的"自我"出了毛病——对于当时"狂热"的德国人来说,希特勒一半是神、一半是"民族英雄"。艾娃对希特勒的感情投入证明,受到出了毛病的德国人的"自我"之影响，判断失误。若当时几乎全体德国人都对希特勒恨得咬牙切齿，艾娃未见得便肯陪他去死。艾娃之死，从心理学角度分析，更体现着一类极特殊的女人，心理上对于扮演悲剧角色的追求和向往。因为悲剧通常是迷人的、有魅力的。在这一点上，艾娃之死，和虞姬之死是循着差不多的女人心理轨迹的。而项羽和希特勒却既有共同之处，又不属于同一类男人。所以"霸王别姬"成为京剧的传统剧目。而艾娃之殉希特勒，起码至今还根本看不出也会流芳千古的前途。当然这都是太极端的例子。不过想强调——就一般而言，普遍的女人，既不希望她们的丈夫值得她们的"自我"信赖，其实也在乎他们是不是值得朋友、同事、左邻右舍和人人都置身其中的或多或少的一部分群众信赖。

只有非常势利的女人，选择丈夫的时候，只看他们是否而"仕"、而"服官政"、而"指使"，对他们的品行、德性、节操、人格不予必要的考虑。当然这样的女人古今中外从来都是有的，正如仅仅着眼于钱财而嫁的女人古今中外从来都是有的，也许现在是多起来了。但多也多不到哪里去。因为古今中外，女人对男人之爱，比男人对女人之爱，尤其包括品行、德性、节操、人格的内容，内容要丰富得多、复杂得多，也全面得多。

一个女人所爱的男人，是她的一面镜子。

好女人所爱的男人，如果她未被他的虚伪、他的假面所欺骗，必是在品行、德性、节操、人格方面，恪守光明磊落之准则的好男人。

但人在社会中总是在不断变化着的。置身于权力场、名利场，或离权力场、名利场太近的社会格局中的男人，从三十多岁到五十多岁，其变化之巨大，犹如百慕大三角的气候。四十来岁四十多岁时的变化，常不但令他们的妻子也令别的男人们无奈。差不多可以说是不以任何别人的愿望为转移，只取决于他们的"自我"，有的向良好的方面变，令人刮目相待，敬意油然而生，有的不可阻止地朝恶劣方面变，令人轻蔑和唾弃。

好女人是这样的女人——当她们的丈夫因受着权力欲、名利欲的诱惑,开始朝恶劣方面变化的时候,能够并且善于更加起到一所特殊学校的作用,能够并且善于,从品德、节操、人格诸方面,义不容辞地担当起老师的责任,重识并且重塑她们的丈夫,努力使他们恢复当初她们所爱的"那一个"男人的本色。古希腊的两位哲人曾进行过下面一番对话:

> 什么比金子还好?
>
> 璧玉。
>
> 什么比璧玉还好?
>
> 智慧。
>
> 什么比智慧还好?
>
> 女人。
>
> 什么比女人还好?
>
> 没有了。

绝非所有的女人都够得上如此这般的赞美,好女人是够得上的。对男人们来说,好女人是"学校",不好的女人同样是"学校",坏女人也是"学校"。"多欲亏义,多忧害智,多惧害勇。"(《淮南子》)"欲而不知止,失其所以欲;有而不知足,失其所以有。"(《史记》)"人有欲,则无刚。刚则不屈于欲。"(《论语集注》)好女人是懂得这样一些人生智慧的女人。"谗口交加,市中可信有虎;众奸鼓衅,聚蚊可以成雷。"(《幼学琼林》)好女人是尤其懂得这一道理的女人。男人在这样的好女人的谆谆告诫之下,更能明白自己在什么时候做什么、怎样做;什么时候不做什么,何以不做。比如在"众奸鼓衅,聚蚊可以成雷"的时候,明白不能怕、不能媚、不能自己也学蚊之嗡,随帮唱影。既在品行、德性、节操、人格诸方面恪守了起码的做人原则,也维护了好女人的名誉。如果她便是他的妻子的话,正所谓唇齿相依、夫妻共勉。

不好的女人肯定不懂那些人生智慧,也不懂那些道理。

——谁谁又提拔当处长了,你看你!

——四十来岁了,也没捞到个一官半职,你对得起老婆孩子吗?还有脸回家吃饭!

——谁谁下来了,这次你该有希望上了吧?什么,什么?不想?你不想老娘还想呢!

接着,兴许就是一通摔盘子、掼碗。

男人们一回到家,受的便是她们的"挤兑",还要忍看她们的脸子。打算恪守做人准则的,也会感到羞恼、沮丧,终至动摇。终于在她们的淫威之下,甚至为了替她们达到她们之目的,以自己的品行、德性、节操、人格到权力场、名利场上去投资,去赌博,去开发,去下注,不惜拍卖自己。

不好的女人满意且满足的时候,她们似乎不知道,代价是很大的。那代价不是别的,而是她们的整个丈夫,甚至也许是她们的整个家庭。"失身取高位,爵禄反为耻。"这样的例子,古今中外是不少的。这样的女人,不是很有点可悲吗?这样的男人,不是更可悲吗?

当然,另一种情况也是有的。丈夫们不务正业,不求上进,游手好闲,吊儿郎当,甚至干脆就堕落为酒鬼、赌棍、混子、痞子,任你诲"之"不倦,他仍恶习不改,离婚顾忌多多,过下去也难,使当妻子的进了家门就头疼,见了丈夫就心烦,如果连她们宣泄的权利都剥夺了,生活对她们也就没半点儿公道了!

他们丝毫也不值得我们予以同情,值得同情的倒是他们的妻子。我们的同情其实对她们无济于事,因为我们顶替不了她们,去和她们的丈夫过日子。

依我之见,替她们想来想去,还是离了的好。没有丈夫的生活,也比有那样的丈夫强百倍。

坏女人是各种各样的。这里单论的是其中一种——利欲熏心型。她们可能挺正经,并不乱搞男女关系。也可能挺有家庭责任感,把家庭这口钟撞得挺勤。但是她们对权力和名利的追逐,同她们对名牌系列化妆品的消费心理是一样的。而她们自己并没有或缺少跻身于权力场、名利场亲自搏杀的机会。为了达到她们之目的,只有怂恿她们的丈夫去搏杀,间接实现和满足她们自己的权力欲、名利欲。她们的丈夫在她们的精心调教下,大抵具有不顾一切的侵略性。

社会学家将这一类女人贬为"教唆犯"。我觉得还是视她们为"学校"准确,或理解为"训练班""教导营"什么的。四十岁左右的男人,不是失足的少年,竟能被"教唆"而"犯",根源还在他们自己。内因是主要的、先决的,是本身素质的问题。何况,一个好品行、有德性、有节操、有人格可言的男人,通常情况下是不大会和她们结成伴侣的。即或犯下了选择的错误,他们也会当机立断,与之分手。因为好男人是根本难以忍受她们的。普遍的规律恐怕是——只有这样的时时觊觎权力和名利,时时准备瞅准机会,采取一切手段进行搏杀的男人,才和她们似乎有命定的缘分,相辅相成,"相得益彰"。从这一点上说,她们不失为他们的"贤内助"——出谋划策,运筹帷幄,上串下联,耳提面命,授以钻营拍马、沽名钓誉、朝秦暮楚、巧妙投靠、"杀回马枪""使断魂剑"的种种招数。甚至亲自上阵实践所谓"夫人外交"。唯恐他们拍卖品行、德性、节操、人格尚有顾忌,并不彻底。她们经常对他们说的是诸如下面的话:

——这年头,还讲什么人格呀?有奶便是娘!

——正直?正直多少钱一斤!谁买?咱们卖!

——你不忍出卖?那你就爬不上去!他不下来,你怎么上去!

——错过了眼前当处长的时机,你等于断送了以后当局长的前程!

一句话,悠悠万事,唯权为大。为了达到而"仕"、而"服官政"、而"指使"之目的,做人的一概、一切,照她们说来,都是子虚乌有,不足论道的。

于是,在一切大大小小的权力场、名利场上,便涌现形形色色的有欲无刚的男人、勇于搏杀的男人,见利忘义、见小利而忘大义的男人,争权夺势、抢小小之权、夺弹丸之势，而不顾一切、而寡廉鲜耻、而任何手段无所不用其极的男人……于是便有了权力场、名利场上的种种勾当、龌龊行径、卑劣现象。

毋庸置疑，这一切绝不仅仅只发生于四十来岁四十多岁的男人的身上；发生于五十多岁六十来岁以及某些长者尊者们身上，也是相当触目惊心相当缭乱缤纷的。不过，发生于四十来岁四十多岁的男人们身上，心理上的大冲击、大动荡、大倾斜、大紊乱，甚至大恶变，是人们从前所没关注到的，是值得社会学家重视和研究的新现象。这一现象通常伴随着社会的、时代的大事件而呈现出来，所以就有格外值得重视和研究的价值。否则，投其所好，正中下怀，必误党、误国、误民、误具体的事业……

但我在这里，并非为其他而写。纯纯粹粹的，是为某些女人们而写。归根结底，某些男人们所误，是他们的妻子们，如果她们不是坏的"学校"的话。君不闻，小人戚戚，其妻泣泣吗？更多的女人，谁不愿意自己的丈夫是男人中的"丈夫"呢？

第七节

女性之魅

21 世纪以来,中国妇女虽未经什么"妇女解放运动",总体迅然"现代"起来。从农村到城市,从女孩到大婶,与 20 世纪末相比,女性"主体意识"明显亢扬。这里所言之"现代",非指素质文明的高程度,首先是说与时代物质水平并驾齐驱的潮流意识。

某次我在摊床买水果,卖水果的五十几岁的农妇让我等会儿,并问"忧愁"二字怎写?——她在发手机短信。那手机看去很糙,估计是山寨版,据说百元左右便可成交。而从前的农村人,不论男女,从南到北,愁只说愁,大抵前边是不加"忧"的。愁乃日常语,"忧愁"可算是文辞了。

还有一次,我走在回家路上,适逢小学放学,见一四五年级男孩跟随一女孩,央求她将微信告诉他。

女孩不怎么情愿。

男孩竟说,你告诉我,我就给你一个游戏软件!

虽然小学生们已很熟悉,但如此说微信、说游戏软件,还是令我大讶。

我的一位朋友是与电脑共舞者,但出了一点小故障自己也不能排除,于是向他不到二十岁的侄女求助。而其侄女实乃一农家女,毕业于计算机方面的技校,在北京某网络公司打工,几乎是一位修电脑的专家,组装一台电脑都不在话下。

时代的职业多样化,改变了中国女性。

从前之中国,论到职业,有"上九流""下九流"之说。"上九流"皆达官贵人,意味着社会地位居高层,也当然是指职业。"服官政"怎么能不是一种职业呢? 而"下九流",则意味着卑贱性,故"下九流"又是轻蔑语。

从前之中国,论到职业,有"五行""八作"之说,是对"下九流"的职业细分。而包罗万象的概括说法,也不过是"三十六行""七十二业"。

而两千年以后的中国,社会职业如翻江倒海——海底世界千般百种的水族,一下子被大浪掀到了陆地上似的。而水族的种类,远远多于陆地生物的种类。时代的乾坤鞭,指山山动,点海海翻,直让新女性随鞭弄清影,"新样靓妆,艳溢香浓",争舞婆娑。

据说,全幅《清明上河图》有千余形形色色的人物。若其上每一人物代表一类从业者,也还是要比千年以后的洋洋职业大观少得多。

在如此众多的职业中,几乎每一行、每一业,都有当代女性的身影。而且,在许多行业中,女性大展身手,她们竞比能力的自信表现,每使男子自愧弗如。

巾帼不让须眉的时代,仿佛"轰隆"一声当空而落。法制教育改变了中国女性。曾几何时,妇女们虽然重在守法,但法律意识一向比男性更为淡薄。依法维权的诉求一向比男性更为自抑的女性,一旦觉醒,打官司对于她们便不再是"丢人"之事。她们开始明白,该打官司而不打官司,反而会让人瞧不起的。她们打起官司来所表现的勇往直前,每使成为被告的男人们后悔不迭,也每使别的男人告诫自己——以后当处处小心着点,千万别栽在她们手里。

男人们开始意识到,女人委实不好惹了,更不可欺辱了。

尽管,现在犯法案件一点儿也没减少,甚至可以说五花八门、判不胜判。但基本上都非因为不懂法,而皆明明是知法犯法。不懂法而犯法,是法律的悲哀。知法犯法,不是法律本身的问题,是社会问题的折射,也是人本身劣性化人的现象。对于大学扩招,校方、学者与专家们,至今争论不休,莫衷一是。一方认为——扩招无疑降低了教学水准,而且,并未真的缓解就业压力。另一方认为——即使同样面临就业难题，大学生、硕士生的青年群体，他们的心理承受力、洞察机会的敏感、抓住机会的快速反应，那也还是要高过未受高等教育的青年群体。

我比较同意第二种观点——比较而已。

我教过的大学本科生，尽管毕业前迷惘多多，我也忧心忡忡。但一年以后再一了解，绝大多数还是找到了工作的。而他们所从事的工作，没有大学文凭的青年只有望洋兴叹，比如当记者、当杂志和出版社的编辑……

我所带过的研究生们，总体上说，中文从业能力无疑是高过本科生的。毕竟又在大学的环境中多熏陶了三年，毕竟与导师又讨论过某些文化问题；哪怕仅仅为了写出一篇通得过的论文，也毕竟是要再多读些书，多做些思考的——倘若言"根本白读"了，是不客观的。

我教过的大学本科生、带过的研究生中，是农家女的不在少数。由于她们成了大学生、研究生，她们的家族中，便终于有一个被文化所"化"的人，那意味着脱胎换骨。

诚然，她们对已从事的工作不尽满意，她们原本的愿景要理想得多，她们对工资尤其大为抱怨。她们不得不租房住，那么工资所剩无几。她们有心反哺父母、回报家庭，却心有余而力不足，只能算种想法。她们是断然买不起商品房的，房地产开发商是她们的"公敌"，房价是她们所憎恨的。

但是，她们总还是要结婚的。并且早几年毕业的，确乎大多数已结婚了，也多数在租房子住。她们不敢轻率做母亲，做母亲之后的人生注定更加沉重而艰难。然而她们并不都打算做"丁克族"，那么，迟早是要做父母的。

那时，与她们相比，她们的孩子出生以后的命运将与她们有先天区别。她们曾是农家女，而她们的孩子是知识分子的后代了。尽管清贫，那也还是知识分子的后代，而不再是农家儿女。

她们的农民父母，当年除了竭尽全力供她们上大学、读研究生，在早期智力开发、知识辅导方面,无法给予她们哪怕一点点帮助。

而她们则不同。她们不但也会竭尽全力供儿女上大学、读研究生,更可以在早期智力开发、知识辅导方面给予儿女胜任有余的帮助。即使并不执着地、刻意地,那种日常生活中不经意间的给予,对于她们的儿女已属幸事。最主要的——由于她们已成为事实上的城市人了,她们儿女的成长过程是城市化的。而城市给予她们下一代的种种文艺的、科技的、人文的信息量,肯定要比农村巨大得多。负面成长影响无疑是会有的,但与有益的成长影响相比,利大于弊是无须争论的。大学教育改变了她们,她们则在下一代出生以后就改变着下一代了——这一点的影响也将是很深远的。

文化改变了中国女性。

自20世纪80年代至90年代,有几位作家、诗人及他们和她们的作品,对当时的青年、中年女性产生过相当普遍并被证实相当长久的心性影响。并且其影响是良好的——起码她们一直这么认为。舒婷的诗在当年对广大青年女性的巨大影响是毋庸置疑的。不久前我曾因创作电视剧,重读我这位好友的诗,仍不免被一行行真挚的、温暖的或滚烫的、深情的或庄严的诗句所感动。舒婷的诗总体是温暖而深情的。不多的几首气质庄严的诗,证明她不但是女诗人,还是时代思想义不容辞的发言者、传播者。比如她的《祖国啊,我亲爱的祖国》《墙》《一代人的呼声》,莫不如此。

当年中国颇多具有广泛影响力的杰出诗人——北岛、欧阳江河、梁小斌、海子、食指、顾城、杨炼等,不一而足。舒婷与他们齐名,正如李清照与她那个时代的男性诗词大家们并列一样。对于青年女性们的影响,她是在他们之上的。

重读舒婷的诗集,方悟为什么她的诗在当年深深感动了千千万万的青年女性——除了她用诗表达情感和思想的天赋才华而外,还有一点那就是——她相信这个世界终究是可以变好的,只要大多数人们不放弃使自己的心灵首先美好起来的愿望。而这种相信,于她似乎是一种信仰,舒婷的诗具有信仰的魅力和能量。当年的青年女性,尤其是青年知识女性,需要拥抱信仰——不论对爱情,还是对人生和国家。

我一直心怀敬意的两位作家大姐谌容和张洁,她们的文学作品在当年也都对文学读者中的女性影响巨大且深远。她们是具有极深刻的反思自觉和批判精神的作家,她们的作品当年对唤起中青年女性关注国家前途的热忱,也是毋庸置疑的。两位男性作家及他们的作品,当年对女性尤其是青年女性的影响,也值得一提——一位是路遥,一位是张弦。路遥《人生》中的巧珍,使青年女性读者们既同情又尊敬,巧珍当年是她们心目中的"圣女子"。而《平凡的世界》既不但是农村男青年们的"圣经",也使许许多多农村女青年从中寻找到了并非高不可攀的精神热爱的偶像。我认为我早已逝去的朋友张弦是一位被评论界关注得很不够的作家,并且认为,当年没有几位男作家的作品,能像他的作品那么唤起过中国女性对命运的思索,比如他的《挣不断的红丝线》《未亡人》。

俱往矣。

当年的青年女性,现在都已是老年女性了。

但当年的文化,"化"过了她们,在她们身上打上了深深的时代烙印。她们是中国最后一批保留了部分传统心性特征的女性。中国传统的,也可以说是正统的。因为当年的文化,一传播起人性美来,即使自认为"现代",根子上仍是传统的——只不过是一种松绑了的传统而已。我这样认为,并没有否定的意思。恰恰相反,如果我们承认关于人的心性确需一些滋养,那么以上几位诗人和作家,其实正是通过作品与读者交流对人生价值的认同的。鲁彦周的《天云山传奇》,当年也堪称女性们的灵魂教科书。

当年是一个普遍人寻找和重新界定、诠释人生价值的时代。

而两千年以后的文化,缺少的乃是传达人生价值的真挚和热忱。偶有呈现的作品,也每被文化泡沫所淹没。

故从总体上打量"九零后"及"零零后"，不论情愿与否，都不得不承认——前者们仿佛早产儿，被时代锐利的剪刀以老谋深算的心理剪断了脐带——它原本连接着人文文化的胎盘。而"零零后"则根本是在另一时代的文化子宫里受孕的，这其后的文化子宫充满时尚文化、娱乐文化、嘻哈文化，总而言之是快餐文化的羊水。任何一对精子和卵子，都不太可能结合成基因非是快餐文化的胚胎。

　　快餐文化乃是一种世界性的文化特征。

　　不同的则是，有些国家的新人，所遗传了的基因是人文的，故虽然同样消费着快餐文化，但基因并不会被快餐文化异化。而在我们的国度，快餐文化直接便是文化基因。好比习惯于以可口可乐解渴，血管里流的差不多也是可口可乐成分的文化血浆。

　　故结果如此——同为人类科技时代的新人，我们的新人与欧美国家的新人却又是极为不同的。与同属亚裔的日本、韩国、泰国、新加坡诸国的新人相比较，也顿时就能感觉到极为不同来。即使与同属一宗的香港、台湾之新人相比较，还是会不消一日就会得出极为不同的印象。

　　我们的新人特中国特色，也可以说是具有"特别特"的新人特征。

　　一种"被文化"的新人特征。

　　并且，"被文化"而又浑然不觉，没有多么不适的反应，"被文化"得挺快乐的。还每每反过来以为，是快餐文化之消费"上帝"，于是文化其实从属于自己们。

　　新人中的新女性，似乎尤其感觉如此。她们消费快餐文化的热忱比男性新青年更洋溢——因为她们既享受着，又常由别人们结账。凡需掏钱夹的快餐文化，起码会有一心取悦于她们的男性新青年买单。

　　以我的眼来洞察，情形基本是这样的——新人中的新女性，或曰"被文化"的新女性，她们乃是一概之快餐文化的消费主体，而男性新青年，有的与她们文化趣味相投，成为她们的"文化伴侣"；有的虽与她们之文化趣味相左,但为了取悦于她们,不得不充当她们的"文化侍从"。倘一个男性新青年,正追求着一个女性快餐文化的热衷消费者,结果会怎样呢? 无非——他爱屋及乌,也为她自觉异化为一个快餐文化的被动消费者。

或者——倘若他竟是一个有品质的文化的寻觅者——这样的文化在当下确乎是需要寻觅的,且需"众里寻他千百度"方有缘寻到,定会感到充当快餐文化的一味不变的消费者的文化侍从之郁闷,终于不得不说"拜拜"。

这样的例子是有的,但不多。

在第二种情况下,通常是——他尽量将"侍从"角色充当得令她满意,给予高分,然后用私房钱去进行有品质的文化的消费,十之八九那消费也只不过是买一本有品质的书。

一部有品质的好书问世,国内作者的书也罢,引进的译著也罢,读它的女青年与男青年的人数是差不了太多的。

现在还会有多少女青年买书送给她男友呢? ——除非那类书是他写论文所必须参考的,或者考公务员应该翻翻的。

当年曾有一位姑娘求我买一本书《震撼世界的十天》——一位西方记者所著的关于俄国十月革命的纪实类书籍。她求我买那本书之目的特单纯——与所爱的男友共同了解一个曾与中国类似的国家所发生的真相。

现在,还会为爱人或者是为自己到处寻觅一本值得一读的书籍的新女性越来越少了。人生苦短,故人生如梦。人生如梦,所以然,当活出几分清醒。好书可以化愚。这样的好书,几乎在任何一家书店里都还是有的,但被快餐文化所愚的眼是看不到的。当年,有多少新女性的眼,并未被快餐文化的翳所愚呢? 网络改变了中国女性。中国有世界上最多的人口,便也有世界上最多的网民,于是有世界上最多的女性网民。女网民无疑以女青年为主。网上每有谣言迅播,谢天谢地,大多数女网民并不会以一时成功地造了一条谣言而感觉快哉,更不会有多大成就感。但她们被快餐文化、垃圾文化所翳的眼,寻觅谣言颇有乐趣分明是事实。她们一般并不推波助澜,只不过默观。默观也势必提高点击率,于是客观上成为围观之众。

当谣言被澄清,若问她们的看法,她们又差不多皆持反感的态度。其后上网,她们的眼首先寻觅的仍是那类吸引眼球的标题。而对于清醒的眼,那类标题并不具有非要点击一下,看个究竟的吸引力。

和男性网民一样,绯闻也是她们格外青睐的。其实古今中外,全世界的绯闻一向是内容雷同的。

假如从某一日起,关注绯闻的女网民少了,在网上态度严肃地参与国是民生之讨论的女性多了,那么——网络改变女性,就将可喜地进入女性改变中国的时代了。

网上也往往骂声一片。更要谢天谢地,女网民一边看一边敲上去的脏话肯定是少的。而此点,基于我对于全世界女性之为“女”的人性特征的深信不疑。毕竟,从古代起,骂脏话不是女性表达态度时的一贯作风,这也基于我对教育的起码作用的深信不疑。试想,20世纪80年代以来,至少从大学毕业了几亿多学子吧? 其中女性学子差不多占半数啊,她们是中国女性网民的主体。若连她们面对电脑上的骂阵,也都迫不及待地敲出污言秽语、火上浇油而乐此不疲,那中国还有希望吗? 中国的孩子们还有希望吗? 那当教师的中国人,还好意思当众承认自己是教师吗? 那些小学、中学、大学,岂不该全都放火烧了吗? 故我深信,正由于中国有人数众多的女性网民,网上的骂声才也会同时被一定量的理性的、知识化了的、女性特有的文化语言表达所对冲。正如这世界往往由浮躁得暴烈了的男性卷起咆哮般的声浪,而女性那时偏偏会本能地用歌声慰藉他们。普遍的女性,尤其是知识女性占了多数的她们,即使浮躁之时,也往往表现得很“女”。

我在指导我的女研究生写论文时,曾进行过如下对话:

——最近常去图书馆吧?

——不,几乎每天都上四五个小时的网。

——上网？难道参考书都在网上？

——网上浏览起来快捷啊！

——要爱护眼睛。我认为上网四五个小时，要比看书四五个小时更会使眼睛疲劳。

——其实，也不是想上那么长时间的网。但往往一上去，就下不来了。

她不好意思了。我也明白了——往往一上去就下不来了，盖因网上吸引眼球的内容太多了。

虽然，快餐文化的时代是由美国敲响锣鼓揭牌的，欧美各国的电影节，也一向由本国女性的参与来烘托人气。但近十年，由于电影越来越少文化元素、人文关怀，越来越商业化、泛娱乐化，各电影节的人气越来越小了，气氛越来越冷清了，女性身影越来越少了。

女人成熟了，清醒了。

何时，追星现场的新女性身影也少了一点儿，上网成瘾的新女性也少了一点儿，看肥皂剧的新女性也少了一点儿——而相应的，图书馆里的新女性身影多了一点儿；书店里寻觅值得一读的书籍的新女性，身影多了一点儿；看环球新闻、文史钩沉和时事讨论的新女性，多了一点儿……那么，有理由为中国新女性竖大拇指了。

国家与国家的竞赛，其实也是女人和女人们的竞赛。

新女性应该清醒地认识到这一点。

从前的世界，乃是男权主宰的世界。在古代中国，更将男性对女性的控制权纳入"三纲五常"之道统礼教，那是相当理直气壮的控制，也可以说是全面控制，是为"夫为妇纲"。并且，将女性对男性的服从，标榜为"三从四德"，以无条件的服从为楷模。

1949年中华人民共和国成立后，虽然一直反封建，但男权社会的基本权力主体并未怎样改变。

新世纪后,情况大为不同——女干部、女领导渐多。在中国政界,不成文法乃是,处以下(含处级)称干部,处以上称领导,省部以上称首长。女性在政界的人数明显增加,无疑解构了男权社会的权力主体。尽管她们作为第一把手呼风唤雨的情况凤毛麟角,但实际操权握柄,进而决定属下男性"进步"与否的现象已司空见惯。也于是,大展领导才干者有之,独断专行、似"武皇""吕后""慈禧"者亦不乏其人。

但新女性中,尤其特年轻的一代新女性中,令人肃然起敬者亦大有人在。许多最近的事例,尤其是抗击新冠肺炎中,给了我们对"九零后""零零后"女孩们刮目相看的理由。

她们身上,闪耀着未来的希望之光。女性对于一个国家的最伟大的作用乃在于由她们传承爱的火炬、社会仁义的火炬,较之男性,对孩子们具有更胜于公德宣传的威召力。

第八节

人和欲望之间

人生伊始，原本是没有什么欲望的。饿了、渴了、冷了、热了、不舒服了，啼哭而已。那些都是本能，啼哭类似信号反应。人之初，宛如一台仿生设备——肉身是外壳，五脏六腑是内装置，大脑神经是电路系统，而且连高级"产品"都算不上的。

到了两三岁时，人开始有欲望。此时人的欲望，还是和本能关系密切。因为此时的人，大抵已经断奶。既断奶，在吃喝方面，便尝到了别种滋味。对口感好的饮食，有再吃到、多吃到的欲望了。

若父母说，宝贝儿，坐那儿别动，给你照相呢，照完相给你巧克力豆豆吃，或给你喝一瓶"娃哈哈"……那么，两三岁的小人儿便会乖乖地坐着不动。他或她，对照不照相没兴趣，但对巧克力豆豆或"娃哈哈"有美好印象。那美好印象被唤起了，也就是欲望受到撩拨，对他或她发生意识作用。

在从前的年代，普通百姓人家的小孩儿能吃到、能喝到的好东西实在是太少了。偶尔吃到一次喝到一次，印象必定深刻极了。所以倘有不是父母的大人，出于占便宜的心理，手拿一块糖或一颗果子对他说："叫爸，叫爸给你吃！"他四下瞅，见他的爸爸并不在旁边，或虽在旁边，并没有特别反对的表示，往往是会叫的。小小的他知道叫别的男人"爸"是不对的，甚至会感到羞耻。那是人的最初的羞耻感，是很脆弱的。正因为太脆弱了，遭遇太强的欲望的挑战，通常总是很容易瓦解。

此时的人跟动物是没有什么大区别的。人要和动物有些区别，仅仅长大了还不算，更需看够得上是一个人的那种羞耻感形成得如何。

能够靠羞耻感抵御一下欲望的诱惑力，这时的人才能说和动物有了第一种区别。而这第一种区别，乃是人和动物之间的最主要的一种区别。

这时的人，已五六岁了。五六岁的人仍是小孩儿，但因为他小小的心灵之中有羞耻感形成，他开始是一个人了。

如果一个与他没有任何亲缘关系可言的男人如前面那样，手拿一块糖或一颗果子对他说："叫爸，叫爸给你吃！"那个男人是不太会得逞的。如果这五六岁的孩子的爸爸已经死了，或虽没死，活得却不体面，比如在服刑吧——那么孩子会对那个男人心生憎恨的。五六岁的他，倘非生性愚钝，心灵之中则不但有羞耻感形成，还有尊严形成了。对于人性，羞耻感和尊严，好比左心室和右心室，彼此联通。刺激这个，那个会有反应；刺激那个，这个会有反应。只不过从左至右或从右至左，流淌的不是血液，而是人性感想。

挑逗五六岁小孩的欲望是罪过的事情。在从前的年代，无论城市里还是农村里，类似的痞劣男人和痞劣现象，一向是不少的。表面看是想占孩子的便宜，其实是为了在心理上占孩子的母亲一点儿便宜，目的若达到了，便觉得类似意淫的满足。

五六岁的孩子，欲望渐多起来。欲望说白了就是"想要"，而"想要"是因为看到别人有。对于孩子，是因为看到别的孩子有。一件新表、一双新鞋、一种新玩具，甚或仅仅是别的孩子养的一只小猫、小狗、小鸟，自己没有，那想要的欲望，都将使孩子梦寐以求，备受折磨。

记得我上小学的前一年，母亲带着我去一位副区长家里，请求对方在一份什么救济登记表上签字。那位副区长家住的是一幢漂亮的俄式房子，独门独院，院里开着各种各样赏心悦目的花；屋里，墙上悬挂着俄罗斯风景和人物油画，这儿、那儿还摆着令我大开眼界的俄国工艺品。原来有的人的家院可以那么美好，令我羡慕极了。然而那只不过是起初的一种羡慕，我的心随之被更大的羡慕胀满了,因为我又发现了一只大猫和几只小猫——它们共同卧在壁炉前的一块地毯上。大猫在舔一只小猫的脸,另外几只小猫在嬉闹,亲情融融。

回家的路上,母亲心情变好,那位副区长终于在登记表上签字了。我却低垂着头,无精打采,情绪糟透了。

母亲问我怎么了?

我鼓起勇气说:"妈,我也想养一只小猫。"

母亲理解地说:"行啊,过几天妈为你要一只。"

母亲的话像一只拿着湿抹布的手,将我头脑中那块"印象黑板"擦了个遍。漂亮的俄式房子、开满鲜花的院子、俄国油画以及令我大开眼界的工艺品,全被擦光了,似乎是我的眼根本就不曾见过。而那些猫们的印象,却反而越擦越清楚了似的……

不久,母亲兑现了她的诺言。而自从我也养了一只小猫,我们破败的家,对于学龄前的我,也是一个充满快乐的家了。

欲望对于每一个人,皆是另一个"自我"、第二"自我"。它也是有年龄的,比我们晚生了两三年而已,如同我们的弟弟、如同我们的妹妹。如果说人和弟弟、妹妹的良好关系是亲密,那么人和欲望的关系则也是紧密。良好也紧密,不良好也紧密,总之是紧密。人成长着,人的欲望也成长着。人只有认清了它,才能算是认清了自己。常言道,知人知面难知心。知人何难? 其实,难就难在人心里的某些欲望有时是被人压抑住的,处于长期的潜伏状态。除了自己,别人是不太容易察觉的。欲望也是有年龄阶段的,那么当然也分儿童期、少年期、青年期、中年期、老年期和生命末期。

儿童期的欲望,像儿童一样,大抵表现出小小孩儿的孩子气。在对人特别重要的东西和使人特别喜欢的东西之间,往往更青睐于后者。

当欲望进入少年期,情形反过来了。伊朗电影《小鞋子》比较能说明这一点:全校赛跑第一名,此种荣耀无疑是每一个少年都喜欢的。作为第一名的奖励——一次免费旅游，当然更是每一个少年喜欢的。但如果丢了鞋子的妹妹不能再获得一双鞋子，就不能一如既往地上学。作为哥哥的小主人公，当然更在乎妹妹的上学问题。所以他获得了赛跑第一名后，反而伤心地哭了。因为获得第二名的学生，那奖品才是一双小鞋子……

明明是自己最喜欢的，却不是自己竭尽全力想要获得的；自己竭尽全力想要获得的，却并不是为了自己拥有。

欲望还是那种强烈的欲望，但"想要"本身发生了嬗变。人在五六岁小小孩时经常表现出的一门心思地我"想要"，变成了表现在一个少年身上的一门心思地我为妹妹"想要"。

于是亲情责任介入欲望中，亲情责任是人生关于责任感的初省。人其后的一切责任感，皆由此而发散和升华。发散遂使人生负重累累，升华遂成大情怀。

有一个和欲望相关的词是"知慕少艾"。一种解释是，引起羡慕的事多多，反而很少有哀愁的时候了。另一种解释是，因为"知慕"了，所以虽为少年，心境每每生出哀来。我比较同意另一种解释，觉得更符合逻辑。比如《小鞋子》中的那少年，他看到别的女孩子脚上有鞋穿，哪怕是一双普普通通的旧鞋子，那也肯定会和自己的妹妹一样羡慕得不得了。假如妹妹连做梦都梦到自己终于又有了一双鞋子可穿，那么同样的梦他很可能也做过的。一双鞋子，无论对于妹妹还是对于他，都是得到实属不易之事，他怎么会反而"少哀"呢？

我这一代人中的大多数，在少年时都曾盼着快快成为青年。这和当今少男少女们不愿长大的心理，明明是青年了还自谓"我们男孩""我们女孩"是截然相反的。以我那一代人而言，绝大多数自幼家境贫寒，是青年了就意味着是大人了；是大人了，总会多几分解决现实问题的能力吧？对于还是少年的我们那一代人，所谓"现实问题"，便是欲望困扰、欲望折磨。部分因自己"想要"，部分因亲人"想要"。合在一起，其实体现为家庭生活之需要。

所以中国民间有句话，穷人的孩子早当家。早当家的前提是早"历事"，早"历事"的意思无非就是被要求摆正个人欲望和家庭责任的关系。

这样的一个少年，当他成为青年的时候，在家庭责任和个人欲望之间，便注定每每地顾此失彼。就比如求学这件事吧，哪一个青年不懂得要成才，普遍来说就得考大学这一道理呢？但我们这一代中，有为数不少的人当年明明有把握考上大学，最终却自行扼杀了上大学的念头。不是想上大学的欲望不够强烈，而是因为是长兄、是长姐，不能不替父母供学的实际能力考虑，不能不替弟弟、妹妹考虑她们还能否上得起学的问题。

当今的采煤工，十之八九来自农村，皆青年。倘若问他们每个人的欲望是什么，回答肯定相当一致——多挣点儿钱。如果他们像孙悟空似的是从石头缝里蹦出来的，除了对自己负责不必再对任何人怀揣责任，那么他们中的大多数也许就不当采煤工了。干什么还不能光明正大地挣几百元钱自给自足呢？为了多挣几百元钱而终日去冒生命危险，并不特别划算啊！但对家庭的责任已成了他们的欲望。他们中有人预先立下遗嘱——倘若自己哪一天不幸死在井下了，生命补偿费多少留给父母做养老钱，多少留给弟弟、妹妹做学费，多少留给自己所爱的姑娘，一笔笔划分得一清二楚。

据某报的一份调查统计显示——一些采煤工，尤其是黑煤窑雇用的采煤工，独生子是很少的，已婚做了丈夫和父亲的也不太多。更多的人是农村人家的长子，父母年迈，身下有少男少女的弟弟、妹妹……

责任和欲望重叠，互相渗透，彼此混合，责任改变了欲望的性质，欲望使责任也某种程度地欲望化了，使责任仿佛便是欲望本身了。这样的欲望现象、这样的青年男女，既在古今中外的人世间比比皆是，便也在古今中外的文学作品中屡屡出现。比如老舍的小说《月牙儿》中的"我"，一名20世纪30年代的女中学生。"我"出生于一般市民家庭，父母供"我"上中学是较为吃力的。父亲去世后，"我"无意间发现，原来自己仍能继续上学，竟完全是靠母亲做私娼。母亲还有什么人生欲望吗？有的。那便是——无论如何也要供女儿上完中学。母亲于绝望中的希望是——只要女儿中学毕业了，就不愁找不到一份好工作，嫁给一位好男人。而只要女儿好了，自己的人生当然也就获得了拯救。说到底，她那时的人生欲望，只不过是再过回从前的小市民生活。她个人的人生欲望，和她一定要供女儿上完中学的责任，已经紧密得根本无法分开。正所谓"皮之不存，毛将焉附"。

　　而作为女儿的"我"，她的人生欲望又是什么呢？眼见某些早于她毕业的女中学生不惜做形形色色有脸面、有身份的男人们的姨太太或"外室"，她起初是并不羡慕的，认为那是不可取的选择。她的人生欲望，也只不过是有朝一日过上比父母曾经给予她的那种小市民生活稍好一点的生活罢了。但她怎忍明知母亲在卖身而无动于衷呢？于是她退学了、工作了，打算首先在生存问题上拯救母亲和自己，然后再一步步实现自己的人生欲望。这时"我"的人生欲望遭到了生存问题的压迫，与生存问题重叠，互相渗透，混合了。对自己和对母亲的首要责任，改变了她心中欲望的性质，使那一种责任欲望化了，仿佛便是欲望本身。人生在世，生存一旦成了问题，哪里还谈得上什么其他的欲望呢？"我"是那么的令人同情，因为最终连她自己也成了妓女。

　　比"我"的命运更悲惨，大约要算哈代笔下的苔丝。苔丝原是英国南部一个小村庄里的农家女，按说她也算是古代骑士的后人，她的家境败落是由于她父亲懒惰成性和嗜酒如命。苔丝天真无邪而又美丽，在家庭生活窘境的迫使之下，不得不到一位富有的远亲家去做下等佣人。一个美丽的姑娘——即使是农家姑娘，那也肯定是有自己美好的生活憧憬的。远亲家的儿子亚雷克对她的美丽表现出了极大的兴趣，这使苔丝也梦想着与亚雷克发生爱情，并由此顺理成章地成为亚雷克夫人。欲望之对于单纯的姑娘们，其产生的过程也是单纯的。正如欲望之对于孩子，本身也难免具有孩子气。何况苔丝正处于青春期,荷尔蒙使她顾不上掂量一下自己想成为亚雷克夫人的欲望是否现实。亚雷克果然是一个坏小子,他诱惑了她,玩弄够了她,使她珠胎暗结之后理所当然地抛弃了她。

分析起来,苔丝那般容易地就被诱惑了,乃因她一心想成为亚雷克夫人的欲望。这不仅仅是一个待嫁的农家姑娘的个人欲望,也由于家庭责任使然,因为她有好几个弟弟、妹妹。她一厢情愿地认为,只要自己成为亚雷克夫人,弟弟、妹妹也就会从水深火热的苦日子里爬出来了。

婴儿夭折,苔丝离开了那远亲家,在一处乳酪农场当起了一名挤奶工。美丽的姑娘,无论在哪儿都会引起男人的注意。这一次她与牧师的儿子安杰尔·克亚双双坠入情网,彼此产生真爱。但在新婚之夜,当她坦白往事后,安杰尔却没谅解她,一怒之下离家出走……

苔丝一心一意盼望丈夫归来。而另一边,父亲和弟弟、妹妹的穷日子更过不下去。坐视不管是苔丝所做不到的,于是她在接二连三的人生挫折之后,满怀屈辱地又回到了亚雷克身边,复成为其性玩偶。

当她再见到回心转意的丈夫时,新的人生欲望促使她杀死了亚雷克。夫妻二人开始逃亡,幸福似乎就在前边,在国界的另一边。然而在一天拂晓,在国境线附近,他们被逮捕了。

苔丝的欲望,终结在断头台上。

如果某些人的欲望原本是寻常的,而人在人间却至死都难以实现它,那么证明人间出了问题。这种人间问题,即我们常说的"社会问题"。

倘若政治家们明知以上悲剧,而居然不难过、不作为、不竭力扭转和改变状况,那么就不配被视为政治家,视他们是政客也还高看了他们。

但欲望将人推上断头台的事情,并不一概是由所谓"社会问题"而导致。司汤达笔下的于连的命运说明了此点。于连的父亲是市郊小木材厂的老板,父子相互厌烦。他有一个哥哥,兄弟关系冷漠。这一家人过的是比富人差很多却又比穷人强很多的生活,于连却极不甘心一辈子过那么一种生活——尽管那种生活肯定是《月牙儿》中的"我"和苔丝们所盼望的。于连一心要成为上层人士,从而过"高尚"的生活。不论在英国还是法国,不论在从前还是现在,总而言之在任何时候,在任何一个国家,那种生活一直属于少数人。相对于那种"高尚"的生活,许许多多世人的生活未免太平常了。而平常,在于连看来等于平庸。如果某人有能力成为上层人士,并没人反对他拒绝平常生活的志向。但由普通而"上层",对任何普通人都是不容易的。只有极少数人顺利地爬了上去;大多数人到头来发现,那对自己只不过是一场梦。

于连幻想通过女人实现那一场梦。他目标坚定,专执一念,正如某些女人幻想通过嫁给一个有权有势的男人,改变生为普通人的人生轨迹。

于连梦醒之时,已在牢狱之中。爱他的侯爵的女儿玛特尔替他四处奔走,他本是可以免上断头台的。毫无疑问,若以今天的法律来对他的罪过量刑,判他死刑肯定是判重了。表示悔过可以免于一死,于连拒绝悔过。因为即使悔过,他以后成为"上层人士"的可能也等于零了。既然在他人生目标的边上,命运又一巴掌将他扇回到普通人的人生中去了,而且还成了一个有犯罪记录的普通人,那么他宁肯死。那么,断头台也就斩下了他那一颗令不少女人芳心大动的头……

《红与黑》这部书,在中国 20 世纪 80 年代前,一直被视为一部思想"进步"的小说,认为是所谓"批判现实主义"的。但这分明是误读,或者也可以说是"中国式"的一种评论。

法国当时的社会自然有很多应该进行批判的弊病,但于连的悲剧却主要是由于没有处理好自己和自己的强烈欲望的关系。事实上,比之于苔丝,他幸运百倍。他有一份稳定的工作和一份稳定的收入,他的雇主们也都对他还算不错。不论市长夫人还是拉莫尔侯爵,都曾利用他们在上层社会的影响力栽培过他。

《红与黑》中有些微的政治色彩,然司汤达所要用笔揭示的显然不是革命的理由,而是一个青年的正常愿望怎样成为唯此为大的强烈欲望,又怎样成为急待实现的野心的过程……

"我"是有理由革命的,苔丝也是有理由革命的,因为她们只不过要过上普通人的生活,社会却连这么一点努力的空间都没留给她们。

革命并不可能使一切人都由此理所当然地成为"上层人士",所以于连的悲剧不具有典型的社会问题的性质。

对于我们每一个人,愿望是这样一件事——它存在于我们的心中,我们为它脚踏实地来生活,具有耐心地接近它。而即使没有实现,我们还可以放弃,将努力的方向转向较容易实现的别种愿望。

而欲望却是这样一件事——它以愿望的面目出现,却比愿望脱离实际得多;它暗示人它是最符合人性的,却一向只符合人性最势利的那一部分;它怂恿人可以为它不顾一切,却将不顾一切可能导致的严重人生后果加以蒙蔽;它像人给牛拴上鼻环一样,也给人拴上了看不见的鼻环,之后它自己的力量便强大起来,使人几乎只有被牵着走。人一旦被它牵着走了,反而会觉得那是活着的唯一意义;一旦想摆脱它的控制,却又感到痛苦,使人心受伤,就像牛为了行动自由,只得忍痛弄豁鼻子。

以我的眼看现在的中国,绝大多数的青年男女,尤其是受过高等教育的青年男女,他们所追求的,说到底其实仍属于普通人的一生目标,无非一份稳定的工作、两居室甚或一居室的住房而已。但因为北京是首都、是知识者从业密集的大都市、是寸土寸金房价最贵的大都市,于是使他们的愿望显出了欲望的特征;他们仿佛都是在于连那么一种实现欲望的心理,不顾一切地实现他们的愿望。

这样的一些青年男女和北京这样一个是首都的大都市,互为构成中国的一种"社会问题"。但北京作为中国的首都,它是没有所谓退路的,有退路可言的只是青年们一方。也许,他们若肯退一步,另一片天地会向他们提供另一些人生机遇。但大多数的他们,是不打算退的。所以这一种

"社会问题"，同时也是一代青年的某种心理问题。

司汤达未尝不是希望通过《红与黑》，来告诫青年应理性对待人生；但是在中国，半个多世纪以来，于连却一直成为野心勃勃的青年们的偶像。

文学作品的意义走向反面，这乃是文学作品经常遭遇的尴尬。

当人到了中年，欲望开始裹上种种伪装。因为中年了的人们，不但多少都有了一些与自己的欲望相伴的教训和经验，而且多少都有了些看透别人欲望的能力。既然知彼，于是克己，不愿自己的欲望也同样被别人看透。因而较之于青年，中年人对待欲望的态度往往理性得多。绝大部分的中年人，由于已经为人父母，对儿女的那一份责任，使他们不可能再像青年们一样不顾一切地听凭欲望的驱使。即使他们内心里仍有某些欲望十分强烈地存在着，那他们也不会轻举妄动，结果比青年压抑、比青年郁闷。而欲望是这样一种"东西"，长久地压抑它，它就变得若有若无了，它就潜伏在人心里了。继续压抑它，它可能真的就死了。欲望死在心里，对于中年人，不甘心地想一想似乎是悲哀的事，往开了想一想却也未尝不是幸事。"平平淡淡才是真"这一句话，意思其实就是指少一点儿欲望冲动，多一点儿理性考虑而已。

但是，也另有不少中年人，由于身处势利场，欲望仍像青年人一样强烈。因为在势利场上，刺激欲望的因素太多了。诱惑近在咫尺，不由人不想入非非。而中年人一旦被强烈的欲望所左右，为了达到目的，每每更为寡廉鲜耻。这方面的例子，我觉得倒不必再从文学作品中去寻找了。

绝大多数青年因是青年，一般爬不到那么高处的欲望场上去。侥幸爬将上去了，不如中年人那么善于掩饰欲望，也会成为被利用的对象。青年容易被利用，十之七八由于欲望被控制了。而凡被利用的人，下场大抵可悲。

若以为欲望从来只在男人心里作祟，也是大错特错。

女人的心如果彻底被欲望占领，所作所为将比男人更不理性，甚而更凶残。最典型的例子是莎乐美。莎乐美是希律王和他的弟妻所生的女儿，备受希律王宠爱。不管她有什么愿望，希律王都尽量满足她，而且一向能够满足她。这样受宠的一位公主，她就分不清什么是自己的愿望，什么是自己的欲望了。对于她，欲望即愿望。而她的一切愿望，别人都是不能说不的。她爱上了先知约翰，约翰却一点儿也不喜欢她。正所谓落花有意，流水无情。依她想来，"世上溜溜的男子，任我溜溜地求"。爱上了哪一个男子，是哪一个男子的造化。约翰对她的冷漠，反而更加激起了她对他的占有欲望。机会终于来了，在希律王生日那天，她为父王舞蹈助娱。希律王一高兴，又要奖赏她，问她想要什么？她异常平静地说："我要仆人把约翰的头放在盘子上，端给我。"希律王明知这次她的"愿望"太离谱了，却为了不扫她的兴，把约翰杀了。莎乐美接过盘子，欣赏着约翰那颗曾令她神魂颠倒的头，又说："现在我终于可以吻到你高傲的双唇了。"

愿望是以不危害别人为前提的心念，欲望则是以占有为目的的一种心念。当它强烈到极点时，为要吸一支烟，或吻一下别人的唇，斩下别人的头也在所不惜。

莎乐美不懂二者的区别，或虽懂，认为其实没什么两样。当然，因为她的不择手段，希律王和她自己都受到了惩罚。

希腊悲剧中也有一个女人，欲望比莎乐美还强烈，叫美狄亚。美狄亚的欲望，既和爱有关，也和复仇有关。

美狄亚也是一位公主，她爱上了途经她那一国的探险英雄伊阿宋。伊阿宋同样是一个欲望十分强烈的男人，他一心要完成自己的探险计划，好让全世界佩服他。美狄亚帮了他一些忙，但要求他成为自己的丈夫，并带她偷偷离开自己的国家。伊阿宋和约翰不同，他虽然并不爱美狄亚，却未说过"不"。他权衡了一下利益得失，答应了。于是一个男人和一个女人的欲望，达成了相互心照不宣的交换。

当他们逃走后，美狄亚的父王派她的弟弟追赶，企图劝她改变想法。

不待弟弟开口，她却一刀将弟弟杀死，还肢解了弟弟的尸体，东抛一块西抛一块。因为她料到父亲必亲自来追赶，那么见了弟弟被分尸四处，肯定会大恸，下马拢尸，这样她和心上人便有时间摆脱追兵。她是以歹毒万分的诡计"恶搞"伊阿宋的，当然也是她自己的权力对头——使几位别国公主亲手杀死她们的父王，剁成肉块，放入锅中煮成了肉羹，却拒绝如她所答应的那样——运用魔法帮公主们使她们的父亲返老还童，而且幸灾乐祸。这样的妻子不可能不令丈夫厌恶。坐上王位的伊阿宋抛弃了她，决定另娶一位王后。在婚礼的前一天，她假惺惺地送给了丈夫的后妻一顶宝冠，而对方一戴在头上，立刻被宝冠喷出的毒火活活烧死。并且她亲手杀死了自己和丈夫的两个儿子，为的是令丈夫痛不欲生。

虽然我是男人，但我宁愿承认——事实上，就天性而言，大多数女人较之大多数男人，对人生毕竟是容易满足的；在大多数时候，在大多数情况下，也毕竟是容易心软起来的。

势力欲望也罢，报复欲望也罢，物质占有欲望也罢，情欲、性欲也罢，一旦在男人心里作祟，结成块垒，其狰狞才尤其可怖。

人老矣，欲衰也。

人不是常青树，欲望也非永动机。这是由生命规律所决定的，没谁能跳脱其外。一位老人，倘还心存些欲望的话，那些欲望差不多又是儿童式的，还有小孩子那种欲望的无邪色彩。故孔子说："七十而从心所欲，不逾矩。"意思是还有什么欲望念头，那就由着自己的性子去实现吧，大可不必再压抑了，只不过别太出格。对于老人们，孔子这一种观点特别人性化。孔子说此话时，自己也老了，表明做了一辈子人生导师的他，对自己是懂得体恤的。

"老夫聊发少年狂"，便是老人的一种欲望宣泄。

但也确实有些老人，头发都白了，腿脚都不方便了，思维都迟钝了，还是觊觎势利，还是沽名钓誉，对美色的兴趣还是不减当年。所谓"为老不尊"，其实是病——心理方面的。仍恋权柄，由于想象自己还有能力摆布时局，控制云舒云卷；仍好美色，由于恐惧来日无多，企图及时行乐，弥补从前的人生损失。两相比较，仍好美色正常于仍恋权柄，因为其更符合人性。"虎视眈眈，其欲逐逐"，这样的老人，依然可怕，亦可怜。

人之将死，心中便仅存一欲了——不死，活下去。

人咽气了，欲望戛然终结，化为乌有。

西方的悲观主义人生哲学，说来道去，归根结底就是一句话——欲望令人痛苦；禁欲亦苦；无欲，则人非人。

那么积极一点的人生态度，恐怕也只能是这样——伴欲而行，不受其累；"己所不欲，勿施于人"。从年轻的时候起，就争取做一个三分欲望、七分理性的人。"三七开"并不意味着强调理性、轻蔑欲望，乃因欲望较之于理性，更有力量。好比打仗，七个理性兵团对付三个欲望兵团，差不多能打平手。

人生这种情况下，才较安稳！

第九节

消费的位置

每从报上读到关于某些暴富的大款奢华一席挥霍几千几万十几万几十万，乃至上百万的报道，我便不由得想到"强暴"二字。

据我思忖，他们和金钱的关系，有如性心理错乱的男人同被其绝对占有的女人的关系。你不妨想象，他巴望绝对占有一个女人巴望了很久，那么他一旦占有了她，他蹂躏她，自恃合理合法地强暴她，其快感于他这方面而言，与正常的做爱相比，肯定是强烈十倍、巨大十倍的吧？

对于他们，金钱和女人也许是一样的东西吧？甚至是比女人更性感的东西吧？强暴女人法律难容。即或是对妻子，肆意蹂躏和性虐待之丑行，倘若妻子不是同样的性心理变态甘愿配合，难免也是要诉诸法律的。而强暴、蹂躏、虐待在他们看来即使不比女人更性感也和女人一样会使他们得到心理满足和泄欲快感的金钱，却是不必有丝毫顾虑的。因为金钱是永远不会控告它的占有者的。与女人相比，金钱，只要一个人占有了它，它是绝对百依百顺的。这是金钱比女人尤其好，尤其温柔的方面。

而且，强暴金钱，对某些暴富的大款们来说，肯定有种仿佛把世上全体的女人都强暴了似的特殊的性体验。无疑的，在他们看，金钱不但是和女人一样的东西，而且意味着几乎是一切女人的主宰。他连一切女人的主宰都强暴了，世上还有哪一个女人是他不可以强暴的吗？

这就好比旧中国某些有钱的嫖客。他们嫖到后来，将一个个女人嫖得够够的时候，他们的性欲居然会匪夷所思地转移到老鸨的肉体上去。对他们，那似乎意味着最后的、一次性的、统统的强暴。而往往在那之后，他们也就阳痿了。

当然也有反过来的情况——某些曾经盘桓妓院门口并被驱赶过的男人，一旦暴富，雄赳赳、气昂昂地进入了妓院，老鸨趋上前来，若问他要哪位"姑娘"，他便将钱啪地往桌上一拍："俺首先要的是你！"并不计较老鸨是否和"姑娘"一样有姿色。

对于今天某些暴富并穷奢极欲的大款们，床和席桌是一样的，"黄金宴"和秀色可餐的女人是一样的，挥霍金钱的快感和消受女人的快感是一样的。

如果终究有什么不同，那就是——强暴金钱，按照弗洛伊德的理论来分析，亦体现着他对全社会的潜意识里的报复式的强暴，以及他对他过去可能穷困潦倒的生活报复式的强暴。

他们是中国特色的怪胎，是一些由暴富而导致的病人。

我想，倘若为他们开一诊所，叫做"暴富症及强暴金钱综合症诊所"什么的，兴许还是经济效益、社会效益不错的呢！在他们康复之前，对于因穷困而失学或误治的儿童，哪怕气色怜人、气息奄奄，他们也是毫无同情心的。

至于那些吃掉了几百亿公款的形形色色的"公仆"们，则需要做另外的更深一层的分析和医疗了。

低消费，也潇洒。这厮自然是一个心甘情愿的低消费"主义"者，这厮也自然便是我自己。

低消费而且"主义"，无论怎样地表白并没有鼓吹的意思，都是枉然的。因为但凡是个"主义"者，总难免招至企图以自己的"主义"去影响别人的活法的嫌疑。但我本性上其实断无这种坏念头。倘若谁们不小心受了我的影响，其后大觉不幸，或被家属、亲戚、朋友、同事一干人等纷纷地认为不幸，我则自忖有言在先，是没什么罪过的，不奉陪打官司，补偿"心理纠纷"或"精神损失"之类。

在本季节，扳着指头一算，一身从上到下，从里到外，统统加起来，不足百元——五六年没穿过自己买的背心了。有一时期，我当时所在的儿影每拍一部影片，便印一批广告背心。好多年以后，《哦，香雪》仍穿在身，而电影已是上映多年了。衣橱里还没穿的背心上，有的印有"北京电影学院"，有的印有"深圳青年"，有的印有"旅行社"，总之这些背心还是可以穿几年的。

有次乘飞机，觉得"空姐"们对我格外亲切，就很纳闷。回到家里才明白，原来穿着一件印有"航空公司"字样的背心，而所乘也正是那一航空公司的航班。却想不起来是在什么时候、什么情况之下，得到了那么一件背心……

还有次出差，独行闹市，发觉无尽的目光，锥子似的盯在身上，凝冷，而且——分明地怀着仇恨似的。私下暗想此地的人欺生何以到了这等地步。恰巧遇到了北京的熟人，把自己的困惑对他说了。他绕我一圈儿，就脱下他的外套让我穿上，陪我走至僻静处才开口道："老兄，你怎么敢穿着印有这家公司字样的背心招摇过市？它的债券是一个大骗局的新闻已满天飞，此地几万受骗者们正不知找谁去算账呢！"惊出了一身虚汗，自忖和那么一个大骗局毫无勾搭啊，可背心又是从何而来呢？

说起来，这时代很像一个穿背心的时代。

其实这类赠送的背心，估计许多人家里都会有一两件的，只不过一些体面的讲究绅士风度的男人不屑于穿罢了。这广告如洪水般的时代，简直是太成全我这个低消费的男人了。

当然较庄重的场合，还是以背心外再穿件外套为宜，于是便有了几件外套。某天散步，顺便逛早市，忽听一阵富有吸引力的吆喝——"衬衣衬衣，不惜血本大甩卖，十五块钱一件啦！"我不禁地就驻足，就回望——这年头，物价不停地上涨，十五块钱还能买件衬衣吗？于是走回去，也不挑，买了两件，便夹回家。

妻见了,翻着白眼说:"又是从早市上买的处理货?"

我说:"都不在早市上买东西,人家还辟出早市干什么?"

我并不觉着多么难为情——文化人买便宜的东西未见得就不文化了,一身名牌也不见得就更文化到哪儿去。一件衬衣如果几百元、上千元,纵然是好得不得了,纵然你的形象很重要,不充那种"冤大头"又怎样?会血压升高、心肌梗死从此癌症潜伏吗?长裤当然也是早市上买的——三十元一条,已穿了两年了。鞋嘛,三十二元一双。

我穿着总价值不足百元从里到外从上到下的一身,就很热爱生活。而且不消说还能穿得比 20 世纪五六十年代好,这生活就起码可满足了。至于我自己,绝不敢在生活水平方面冒充"百姓",收入要比他们高不少。低消费乃是为了使高消费者们的队伍更"纯洁"些。我看对于中国而言,这支队伍不必人为地煽动着它的扩大。这种煽动,从表面看,似乎能在一个时期内猛增某些经商个人、集体、商企或国家的巨大利润,但从长远看,却近乎饮鸩止渴。低收入水平的,八成以上的中国人,尤其不要经不起高消费鼓噪的煽动。你经不起煽动,你明明达不到高消费的收入水平,却偏要挤进高消费者们的队伍,结果乃是你扩大了它,你中了牟取暴利的商业的诡计,它反过来有理由继续高抬一切商品的物价,并将这一灾难转嫁于老百姓,其中当然也包括你自己、你的家人……

抑制通货膨胀,除了国策的宏观调控,还要有老百姓的配合意识。老百姓如果不为高消费的种种煽动所蛊惑,某些商品价格的不道德的抬高,则只能是牟取暴利的商业利润追求者们的尴尬。商业也是有道德与不道德之分的。一种商品如果其利润高达几十倍、近百倍,乃至几百倍时,无疑是人类社会最不道德的丑陋现象之一。比如月饼,几千元、上万元一盒是极荒唐的。普通的老百姓若不能意识到这是对自己过一个传统的民间的节日之权益的亵渎,也跟着凑钱、借钱去买,则不但不令人同情,反而令人讨厌。那以后中国人就将吃不上几十元一盒的月饼了,"中秋节"对普通老百姓也将不"节"了。

第十节

"苦行文化"

理念好比黏在树叶上的蝶的蛹——要么生出美丽，要么变成毛虫。

不知从什么时候开始，从报刊上繁衍着一种荒唐又荒谬的文化意识，我把它叫做"苦行文化"的意识。其特征是——宣扬文化人及一切文艺家人生苦难的价值，并装出很虔诚、很动情的样子，推行对那一种苦难的崇拜与顶礼。

曹雪芹一生只写了一部《红楼梦》，而且后来几乎是在贫病交加、终日以冻高粱米饭团充饥的情况之下，完成传世名作的。

在我看来，这是很值得同情的。

我一向确信，倘若曹雪芹的命运好一些，比如有条件讲究一点饮食营养的话，那么他也许会多活几年。那么也许除了《红楼梦》，他还将为后世再多留下些文化遗产。

有些人可不是这么看问题。他们似乎认为——贫病交加和冻高粱米饭团构成的人生，肯定与世界名著之间有着某种意义重大的、必然的联系。似乎，非此等人生，便断难有经典之作。

仿佛，曹雪芹的命，既祭了文学，那苦难就不但不必同情，简直还神圣得很了。

对于凡·高，他们也是这么看的。

还有八大山人，还有阿炳，还有古今中外命运悲惨凄苦的文化人和文艺家……

仿佛，中国文化的遗憾，甚至唯一的遗憾仅仅在于——再也不产生以自己的生命祭文化和艺术，并且虽苦难犹觉荣幸之至、犹觉神圣之至的人物！

这真是一种冷酷得近乎可怕的理念，也无疑是一种病态的逻辑意识。好比这样的情形——风雪之日一名工匠缩在别人的洞里一边咳血一边创作，足旁行乞的破碗且是空的，而他们看见了却眉飞色舞地赞曰："好动人哟！好伟大哟！伟大的艺术从来都是这么产生的！"要是有谁生了恻隐之心欲开门纳之，暖以衣袍，待以茶饭。我想象，他们可能还会赶紧地大加阻止，斥曰："嘟！这是干什么？尔等打算破坏真艺术的产生吗？"

如果谁周围有这样的人士，那么请观察他们吧！于是将会发现，其实他们的言论和他们自己的人生哲学是根本相反的——他们不但绝不肯为了什么文化和文艺去蹈任何的小苦难，而且，连一丁点儿小委屈、小丧失都是不肯承受的。

但他们却总是企图不遗余力地向世人证明他们的文化理念的纯洁和至高无上，证明的方式几乎永远是礼赞别的文化人和艺术家的苦难。似乎通过这一种礼赞，宣言了他们自己正实践着的一种文化和艺术的境界。而我们当然已经看透，这是他们赖以存在，并且力争存在得很滋润、很优越的招数。我想，文化人和艺术家自身命运的苦难，与成就伟大的文化和伟大的艺术之间的关系，虽然有时是直接的，但并非逻辑上是必然的。

鲁迅曾说过——"文章憎命达。"当然这话也未必始于鲁迅之口，而是引用了前人的话。

这是有一定道理的。如果一个人生来有福过着王公般的生活，那么创作的冲动和刻苦，就将被富贵的日子溶解了。例外是有的，但是大抵如此。

鲁迅在一篇小品文中也传达过这样的观点——倘若人生过于不济，天才便会被苦难毁灭。不要说什么大苦大难了，就是要写好一篇短文，一般人毕竟尚需一二小时的安静。倘若谁一边在写着，一边耳闻床上的孩子饥啼，老婆一边不停地让他抬脚，并一棵接一棵地往他的写字桌下码白菜，那么他的短文是什么货色也就可想而知。

全世界一切与苦难有关的优秀的文学和艺术，作品优秀之点首先不在产生于苦难，而在忠实地记录了时代的苦难。纳粹集中营里根本不会产生任何文学和艺术，尽管那苦难是登峰造极的。记录只能是后来的事。

这么一想，真是心疼曹雪芹、心痛凡·高、心痛八大山人和阿炳们啊……

在他们所处的时代，倘有文化人和艺术家的人生救济基金会存在着的话，那多好啊！

还有伟大的贝多芬，我们人类真是对不起这位千古不朽的大师啊！他晚年的命运竟那么的凄惨，我们今人在富丽堂皇的场所无偿地演奏大师的乐章，无偿地将他的命运搬上银幕，无偿地将他的乐章制成音带和音碟，并且大赚其钱时，如果我们居然还连他的苦难也一并欣赏，我们当代人多么的不是玩意儿呢！

"苦行文化"的意识，是企图将文化和艺术用某种崇敬意识加以异化的意识。而这其实是比文化和艺术的商业化更有害的意识。

因为，后者只不过使文化和艺术泡沫化。成堆的泡沫热热闹闹地涌现又破灭之后，总会多少留下些"实在之物"；而前者，却企图规定文化人和艺术家的人生应该是怎样的，不应该是怎样的。并且误导世人，文化人和艺术家的苦难，似乎比他们留给世人的文化遗产和艺术经典更美！起码，同样的美！

不，不是这样的。文化人和艺术家的苦难，从来不是文化和艺术必须要求他们的，也和一切世人的苦难一样，首先是人类不幸的一部分。

我这么认为！

梁晓声

第十一节

医生圈

据说,曾进行过这样的民意测验——"你最尊敬的十种人",并要求以职业排列。

我不以职业来作为什么可尊敬或不可尊敬的原则。道理是那么明白,可敬的人不都包括在可敬的职业中。从事可敬的职业的人中,也有不可敬甚至可恶的人。如果将"尊敬"改为"重要",我想我会排列如下:一是农民、二是政治家、三是科学家、四是医生、五是教育工作者……

医生这一职业的社会位置,现在越来越突出。无论在中国或外国,你可以从第四位往前移它,不但移到科学家前边去,甚至直接移到政治家前边去,政治家也保准没什么不满情绪。因为人活着,第一要有饭吃,第二千万别生病,尤其别生危害生命的病,比如癌。而现在,不但生病的人多了,似乎得癌的也多了。一旦得了癌,似乎神医也束手无策。但还是有区别的,比如发现得早或晚,医治的及时或不及时,手术的效果……好医生、好医院保你多活许多年。否则,三个月半年,你就走了。

有一种社会现象是如今"社团"多了,也就是"校友会""战友会""同学会"——这个"会",那个"会"的。反正只要一些人由于某种缘分在一起待过,都赶紧联络感情,赶紧抱成个团儿,起码是一些人中的这几个和那几个,这一些和那一些,不论一次旅游活动或一期什么学习班。仿佛比玩和学习还重要的更大收获,是又认识了一些人。当然,人认识人是一门学问。有人愿意结识有共同语言的,有人愿意结识有用的。而有用的,似乎即使没有共同语言，也有那么点共同语言了。

另一种社会现象是，在任何"社团"中，或在任何一些人形成的圈子中，医生大抵是不可或缺的人。医生这一职业，渗透性极强，从下里巴人到达官显贵，都被视为愿意结识的。身为医生们的人，自己可能很失落、很不愿交际，但不会因此而减少别人认识他们的渴望。

试问，哪一位局长或职位相当于局长的人，不认识一位或几位主治医生？哪一位首长，不认识一位或几位内科或外科专家？而普通百姓，只要有幸结识了一位护士、挂号员、门诊医生，如果对方也同样表示出乐于和自己交往的诚意，谁都会有种喜不自胜的感觉啊！是不是呢？那则意味着，你一旦生了病，医院对你不是那么望而却步的地方了。你也许可以"走后门"挂上急诊号，医生询问你病情时，也许预先受到叮嘱，会细致点儿，不至于三五分钟便将你打发。

如果，一个社交圈子里，居然没有医生，那算是一个圈子吗？那样的圈子，算是一个结构完整的圈子吗？

谁的电话簿上，不是将护士、或医生、或仅仅是在医院工作的人，记在最明显的位置呢？而这一种关系，有时简直意味着是一笔"财富"，非至亲至交的人，非大动了同情心、怜悯心、恻隐心、慈悲心的时候，一般人是不肯轻易将这一种关系转赐他人的。

中国人与医生的关系，是人际关系中的至尚关系。普遍的人们，未见得非巴结着去结识一位局长或部长。但对医生，则是另外一回事了。

中国人与医生的关系，对于有幸有这种关系的人，简直又意味着是极其有价值的"专利"。

当今的中国式的"社团"现象，从本质上去分析，乃是对激变着的时代的忧患。而医生在一切人际的结合中，都是受欢迎的，这确实说明了两点：第一，中国人比以往任何时代都更加珍爱自己的生命了，这也同时说明社会进步了。正如反过来——对自己生命的无所谓说明人对社会的责任感降低到了极端。第二,看病在中国依然是"老大难"问题。尽管不断改善,但依然有苦衷,尤其对普通百姓们是这样。

当时代发展的利益还不能平等地具体到一切人身上的时候,当时代发展的负面强烈地困扰某些人的时候,人便企图同时代保持某种距离。于是人与社会的中介关系便产生。中国式的"社团"是目前"扬长避短"的选择,既是被动的,亦是主动的。普遍的中国人,希望通过它的产生,感受社会发展的利益,削弱社会发展的负面的困扰。并且,希望它是"小而全"的,希望三十六行、七十二业都囊括其中。那么换煤气、孩子入托、转学、生病、住院、往火葬场送葬,似乎一切都有了受"关照"的可能。我常想,一位主治医生、一位外科或内科以及其他医科专家,在一切人际圈子中,其特殊地位大概不啻是一位"教父"吧?

于是医生这一社会职业,便具有了双重服务的性质:一方面要服务于广泛的人;另一方面要服务于某一社会层面,或曰人际圈内的人。这是由不得他们自己的。

目前许多大医院都实行了专家挂牌门诊。这是极大的好事。这就使平民百姓,也有相应的机会,请专家们诊一次病或动一次手术了!

我曾经看到《中国高级医师咨询词典》一书。这本书的问世是一件极大的好事,一件造福于民的积公德的事。这使深受病苦的平民百姓,可以从一部词典,清楚到哪儿去才能有幸受一位高级医师的治疗。否则,愿望落了空的平民百姓,企图在他们的人际圈子里去结识一位高级医师或一位专家,岂非"天缘"才可以实现的事吗?

这对高级医师和医科专家们,也同样是好事。这就将他们,从"层面"范围的服务中"解放"了出来,使他们的高明的一技之长及宝贵的经验,得以从真正意义上服务于人民。我想,这一点,肯定是他们十分情愿并十分自慰的。因为这一点,和医生这一职业的对人平等的人道主义原则是一致的,也是和我们常常进行教育的社会主义的优越性是一致的。

否则，就不一致。

最后，我想对高级医师和医科专家们说，当一位平民百姓坐在您面前时，您千万要格外的细心、格外的耐心呵！他们不是想接受一位高级医师或专家的诊断治疗，就可以通过电话联系您上的人。他们不是从前根本不认识您，想认识您便能认识上您的人。替他们想想，能坐在您面前，对他们来说是多大的幸运呵！也许费了很大的周折！

请多关照，务必的，请多关照了！

第十二节

"住"向何方?

据我所知,民间房地产业之兴起,在长江以北,当是 20 世纪 90 年代前后的事情。它们中的一半左右,前身是民间施工队伍;另一半,大抵是有这样或那样权力背景的人士在操盘。国营单位实行股份制改造以后,也从国营建筑行业分化出一些人士,形成以民间股份资本进行运营的房地产公司。

最初,它们只不过行动在大城市的边缘,悄然进行,并不太引起社会关注。动作也都不是很大,对城市规划不构成直接的影响——无论可喜的,还是可忧的。

到了 20 世纪 90 年代中期,它们开始深入城市腹地;而对城市规划形成凶猛影响,则是近二十年以来的事。

客观地说,这一时期的城市建筑,质量有了多方面的提高。城市本身的容貌,由于民间房地产业加盟建筑而迅速改观,受益匪浅。第一批有经济能力购置私人房产的人士,对民间房地产公司的涌现亦多持肯定和欢迎的态度。至 21 世纪以后,民间房地产业便如雨后春笋,遂成为利润回报最为丰厚的民间行业。

我个人认为,倘若论及建筑风格、建筑艺术、建筑美学,仅就商品住宅楼盘而言,既不可要求甚高,亦不可评估太低。要求甚高,其价格将更加使一般城市居民望而生畏;评估太低,将有矫情之嫌。中式风格也罢,欧式风格也罢,二者结合的风格也罢,归根结底,一分钱一分货,风格和艺术是要作价买卖的,当由市场供求关系来调节。依我的眼看来,某些极其高档的商品楼住宅,不是还不够怎样,而是里里外外已经太过奢华。在一个发展中国家、在一个贫富差距尚大的国家,豪宅的不断推出而且当然都是隆重推出,显然具有超现实主义的意味。其品质无论多么的人性化,那也只不过是少数人才配享受的人性化,与绝大多数的、一般的人没什么关系。北京的天通苑和回龙观两大社区,那里的楼房是没多少建筑风格、艺术和美学的特别处可谈的,离市区远、交通不便、生活配套服务设施尚需完善,但是仍有许多人巴望入住。

我们曾看到种种建筑设计和城市规划的不良现象,我当然也承认那些现象对于城市自身容貌和气质的破坏。

希望房地产商在考虑自己商品设计的同时,也将其商品设计与整体城市规划的和谐与否关联起来进行考虑。我以为这样的一种寄托是过于天真的,房地产商在设计方面,通常只为思想中所定位了的买方市场来考虑。有时他们还很为自己的设计得意。事实上,孤立地看待他们的某些设计,也许还确有值得自鸣得意的地方。但摆放在城市规划的全局来看,则可能是不和谐的,甚至可能是破坏和谐的。或者,暂时看来与城市整体规划没有冲突,但在以后却会阻碍城市总体规划向更美好的方面去拓展。

比如一位对家园极有责任感的成员,当他拥有出售家园占地的权力的时候,他一定会对买方有要求;甚至限制买方只允许盖成什么样式的房舍,不允许盖成什么样式的房舍。他一定不会表示这样的意思——现在,我家园中的这片土地面积归你了,你想怎么盖就怎么盖吧,我一概不管啦!而且,究竟出售哪一片家园的土地,他一定是三思而后行的。他一定特别珍惜每一平方米家园的土地。他一定会每每这么想——这一块土地还要留一留,爷爷每天要在那儿锻炼身体;那一块也要留一留,可供小女儿在那儿荡秋千;还有另外一块,更要留一留,家园需要有一块绿地啊!

我们的城市太缺少有责任感的、总体的、具有长期考虑的规划者。即使有，他们的责任感、他们的长期考虑，也往往是一厢情愿。因为事情往往也是这样——批售土地的是一些官员，负责城市规划的是另一些官员。前者是有实权的大官，后者是有虚权的小官。

一座城市，它的总体的、将来的、长远的规划究竟构思在什么人心里呢？它二十年后会是怎样的？四十年后会是怎样的？半个多世纪后会是怎样的？——我们的城市，其实缺少如此为它鞠躬尽瘁的人，更缺少这样的固定的实权机构。

我想说——我们的每一座城市，有必要产生某种固定的、规划水平很高的，由官员、专家以及民众代表组成的规划权力机构。它所拥有的应是至高权力，超越于任何个人权力之上，正如司法部门超越于任何个人权力之上。它将只对人民负责，为人民大众着想，珍惜城市里的每一块土地。它将替人民大众构思城市总体的、长远的蓝图；它将更有效地鼓励房地产商加盟城市建设的能动性，同时也更有效地限制他们的资本无孔不入以及见缝插针的牟利行为……

而我们的城市公民，应提升起这样的一种正当意识——归根结底，城市乃是人民的城市。城市的土地面积是极为有限的，作为特种资源，是尤其值得珍惜的。每一个城市公民都有权睁大双眼，监督每一处城市土地的出售情况，要求那一过程的透明度。并且，每一个城市公民，都有权对自己认为不当的城市土地的出售和使用提出质疑、批评。

中国有句古话——"成也萧何，败也萧何。"此言用以形容房地产业和城市的关系，对双方面都包含警醒的意义。

不具备人文思想的头脑，作为公民难以产生自觉的公权要求；作为公仆，难以产生自觉的公权意识；作为城市，难以有理性的现在和更人性化的将来的对接。

城市化进程"化"什么？

中国之发展，目前看忧虑在城市、机遇在城市，挑战亦在城市；看未来：

忧虑在农村、机遇在农村，挑战亦在农村——我想，这便是促进农村城市化进程这一国家发展思路形成的初衷吧？

中国不但是世界上人口最多的国家，也是世界上农业人口最多的国家，而且是世界上农业人口比例最大的国家之一。城市人口和农村人口基本对等，这意味着，几乎可以说中国是由两个"部分"合并而成的一个人口超级大国——一是正在现代化轨道上，高速发展的城市部分；一是还不能完全达到机械化生产水平、小农生产方式尚多的农村部分。

这使中国的发展变化，似乎呈现撕裂状态。

城市化进程正是要弥合撕裂状态；否则，相比于乡村人口仅占百分之几的欧美发达国家，中国不可能真正成为世界强国。

世界的发展也是一个农业的世界向城市的世界发展的过程。这一点究竟对于人类为福兮祸兮，至今莫衷一是。有一点却已经是被事实证明了——哪一个国家的人口最大限度地城市化了，哪一个国家的综合强国指标就更高一些。只能这么认为"祸兮福所倚，福兮祸所伏"。

故依我看来，"促进农村城市化进程"，首先是促进中国之乡镇的县城化，以及促进中国之县城的规模化。中国之乡镇的数量可用多如牛毛来形容，中国之县城也是世界上最多的。事实上乡镇和县城都在本能地扩大范围，迅增人口。它们是进入大城市打工的当代农村青壮人口改变命运、成为城市人口的更实际的选择。

"农村城市化"只不过是一种姑妄言之的说法。农村没有必要城市化，但却一定要使一部分又一部分的农村人口"化"为城市人口。这是一个要由几代人来"化"的过程，大多数当今一代农村人口，只能先"化"为镇、县人口。"化"得成功，亦属幸运。

这种"化"，首先要体现在两种人的思想方面——政府官员与向往成为城市人的青壮年农民。

第一种人们，不要认为自己的使命仅仅是建设好省城；要替本省长远思考、规划,意识到将来省与省之间比的,肯定不仅仅是省城如何,而是县城面貌怎样?小镇风格怎样?对于本省甚至外省的农民,具有多大落户吸引力?

　　第二种人们,也就是当下犹如候鸟般的青壮年农民,他们也有必要明了——与其自甘作为大城市的弱等市民生存在它的褶皱里,莫如带着在大都市辛辛苦苦挣的钱,赶快相中一个发展前景良好的小镇或县城,趁早置下一处房产,为打工人生未雨绸缪,妥备退路。别看某些小镇现在小,三十年后也许就是一座美丽县城了;别看某些县城现在不起眼,三十年后也许就出落得令人刮目相看了。

　　当然,以上是往好了说。

　　这种发展造成什么样的局面状况,例如耕地的滥占,环境的污染,建设的任意性、粗劣性、急功近利性——凡此种,也是要在思想上“化”在前边的。

第十三节

"泡沫"也经济

经济学中有一种说法是：泡沫经济。对于经济学我是门外汉，但对于泡沫现象，我在生活中倒是比较的见惯了。

以我有限的常识而言，泡沫大抵生成于水吧？或起码是与水相反应的现象吧？如石灰，如硫黄，由块状而散碎，由散碎而粉细，只要不遇水，是怎么也不会起泡泛沫的，一旦遇水，则顿时泡沫翻腾，水本身也会起泡沫。如一塘死水，沤困久之，水色渐变，水面遂有泡沫，这是由于水的腐物污染了水，起了生化反应。却不过就是塘边薄薄的一层，绝不会越聚越多，漫上塘岸的。

一塘死水的肮脏，往往是从水底下开始，在塘边上呈现的。闻一多曾在他著名的诗《死水》中这么描述：

> 让死水酵成一沟绿酒，
> 飘满了珍珠似的白沫；
> 小珠们笑声变成大珠，
> 又被偷酒的花蚊咬破。
> 那么一沟绝望的死水，
> 也就夸得上几分鲜明，
> 如果青蛙耐不住寂寞，
> 又算死水叫出了歌声。

水库的水是不大会起泡沫的，因为它有活的源。而且，每一开闸，新水流入，旧水泻去，可保水质澄清。江河湖海当然也是不会起泡沫的，除非遭到极其严重的、极大面积的污染。一壶净水，沸而又沸，即使烧穿壶底也不会起泡沫，水变气而已。

缸里的酱却是会起泡沫的。

没有水的介入，豆不能自然成酱。在酱缸里，严格意义上的水已不复存在。倘缸中的酱很满，缸盖压得太严实，那么起了泡沫的酱，甚至可能使缸体迸裂。这证明酱的泡沫的生成，有一定的持续性，且有不可忽视的膨胀力。不消说，此时的酱已不再是佐料，它肯定臭了……

粥也是会起泡沫的。因为一切的粮食中，皆含有天然的胶质成分。在开锅的情况下，粮食中的胶质被煮出来，成糊。糊状的粥的泡沫是黏的，而黏的泡沫是不易破的。此时若插一根管子入锅，可吹出肥皂泡似的泡泡。

由于各种病都找上身来了，我也就每天亲自熬药了。中药被熬时是最容易起泡沫的。我服的中药有十几味之多，生化反应迅速，乍沸泡沫便起。用筷子搅是不行的，吹也是无济于事的。后来有了经验，知道应该用漏勺连续抄底，且要拧小火苗。中药的泡沫何以会那么快就泛将起来呢？十几味中药的生化反应就不去论它了，火候失控也不消说了——原来泡沫一旦形成，遍布水面，则便在水面与空气之间，连成一片真空。这一片或一层真空，阻碍水蒸气的顺畅上升。于是蒸气之力，"托举"泡沫，而新生成的泡沫，亦拱顶上面的泡沫，使真空层越积起厚；更厚的真空层，对药体中的水有吸力。此时若无措施，随着泡沫的涌出，药钵中的水顷刻即被吸干，药也就焦了。

依我想来，"泡沫经济"的现象，其生成的过程，大致若此。分析"泡沫经济"，首先必有太多种的非经济规律的因素，掺入了经济规律的清水中。对经济学是门外汉的我，不知怎么，总相信它的规律本身当是相对清澄的。

其次,泡沫即起,却视之任之,以为熬药哪有不起泡沫的道理,以为泡沫并不可怕,搅搅自然落下。于是很斯文,如我当初熬药那般,一手背后,一手持双筷子,轻轻地仅在一层泡沫间搅。其实应该抄底地搅,破坏那层泡沫也就是那层阻碍水气顺畅上升的真空层。这真空层被破坏了,水气无阻,药汁便沸而不溢了。在"泡沫经济"中,那一层真空层意味着什么呢?利益而已——形形色色的个人和大大小小的集团的利益,氤氲一片。这一种利益,靠了泡沫的掩护,将国家这一口钵中之水、之汁,吸出钵外。

所以可断定,凡"泡沫经济"发生过程中,非法的经济勾当比正常的经济形态要多得多。蓝烟紫气,反应过后,对国家、对公众什么有益的东西也不会剩下,一片肮脏罢了,一片狼藉罢了。那反应的效能,亦即所谓价值,皆随蓝烟紫气一并溢去也……

搅掉那泡沫的漏勺,好比保障经济规律的法。其抄底,又好比直搅非正常的经济因素。不管它们是黄连,还是甘草,抑或鳖甲、龟板之类……如是,经济规律之水方可沏好茶,可煮好粥,可酿好酒,可化气而升,可成汁不凝。

中国经济之立法滞后于经济发展的现象,不应该再继续下去了。具前瞻性而不是"马后炮",才显一切经济学家的作为。

梁晓声

第十四节

税是公平的砝码

我言税是社会公平的砝码,而不直接说它是天平本身,乃因在我看来,天平本身当是一个国家的财税体制。若体制并不尽完善,再加上砝码摆放失衡,天平必然严重倾斜,贫富悬殊遂成不争之事实。

我这里所言"公平",自然是相对的。全部人类的物质文明史,说到底是这么一部"史"——生产更多的面粉和奶油,做成更大的蛋糕,将蛋糕越来越相对公平地进行分配。

我进一步认为,"公平"在人类的词典中是这样的一个词——若抽掉其"人文"的,亦即自觉自愿地关怀弱势群体的内涵,那么也就失去了人类社会学的主要含义。这时的"公平"一词,只不过成了"弱肉强食"的丛林法则而已。人类社会若依据丛林法则行事,泛达尔文主义必成独步天下的主义,而泛达尔文主义是反人类的。

人类进入文明时代以后,在任何一个国家,税收的种类和额度,都是要由法律来决定的。有时增加某些种类,有时减少某些种类;有时提交某些额度,有时降低某些额度——这往往由国家的经济状况所决定。

税的现象,在人类的氏族公社时期就已经存在着了。强壮而勇敢的猎手单独猎杀了一头动物,"公社"在对这一"财富"进行分配时,首先割下一部分肉,放置一旁。为什么?因为氏族里还有需要全体强壮者予以关怀的老人、妇女、儿童、病残者,氏族集体有义务关怀他们。猎手有功,理应分到较大、较好的一部分肉,氏族其他成员不应对此提出异议。但是,若那有功的猎手自恃有功,企图独占好肉,只将蹄蹄角角、筋筋骨骨抛给别人,那么他将受到严厉谴责。如果他拒不服从氏族之"公平"原则,偏执地坚持胜者通吃的"公平",那么等于自己不愿承担氏族义务,不愿作为氏族一员而存在。这样的猎手,即使是狩猎英雄,也将被氏族所驱逐,甚至会受到惩罚。

现在我们人类的财富早已极大地丰富了,钱钞、股份代替了兽肉、兽皮,如何体现分配公平的问题,于是变得更复杂了,也需要以更"人文"的思维来对待了。世界上没有在此点上解决得无比良好的国家,只有解决得尚好的国家。解决得好与不好,人们都知道的,有一个评判标准叫"基尼系数"。又一个不争的事实是,中国目前的贫富对比系数差距较大。不愿承认此标准的人当然可以嗤之以鼻,但社会现实却是无法否认的。

我由此而联想到了两件事:

一是在一次全国政协会议上,有人士言之凿凿地指出——某国有垄断企业,多年以来很少向国家主动纳税。至那时,账面上已累积"趴"着数百亿元了,却似乎一向无人问津,其实是畏其强势背景。那么,几百亿元岂不是形同"小金库"了吗?这不是危言耸听,后来由小组会上的发言而通过为全体大会发言,并引起强烈反应。会后又怎样,我就不得而知了。

二是我曾访问日本时,晚间从电视新闻中看到这样一幕——警车呼啸至某处,荷枪实弹的法警包围了一座豪宅;警犬吠叫,细致地搜查,严肃地讯问——皆因宅主被怀疑巨额逃税。

在氏族公社时期,倘若一名成员有所猎获而不公开,藏匿独享,重则被处死刑。今天,在很多国家,坐实了的逃税是大罪,是和强奸一样可耻的罪。

国企对国家经济命脉的贡献甚大。但是在中国,某些戴着"国企"红顶子的企业,因其背景非同寻常,便似乎"老子天下第一"睥睨一切,包括税务部门往往也对他们的高门槛望而却步。这是极不正常的现象。往往,会使国有企业变质为权力集团所有,甚而变质为家族集团所有。

我很欣赏孟德斯鸠就税及税法所写过的一段话:"国家的收入是每个公民所付出的自己财产的一部分,以确保他所余财产的安全或快乐地享受那些财产,同时因对社会他人尽到了帮助而可以心安理得……"

国家必须在"财富"方面有所储备,以应对灾难,以图进一步发展。这的确是关系到国家每一个成员切身利益的问题,也是关系到子孙后代切身利益的问题。然而国家财富之积累是有前提的,那就是——必须充分考虑到全体公民人人负有积累并增长财富的积愿诉求。考虑到这一种积愿诉求,即国家理念的人性化体现。否则,便会导致国富民穷,而那时的国家不仅不是稳定的,而且是危险的。

"放水养鱼"不仅是对扶持中小企业而言,也是对全体公民而言。全体公民都是"鱼"。民富之国才是真正的富强之国,国富才有了首要意义。

故税法乃法中大法,乃调解社会财富相对公平分配的最直接的措施,也是维护社会稳定的最直接措施。

为了使受助济的群体不觉得仿佛在接受慈善,国家以税法的名义来做同样的事,以区别于一般慈善。对于国家,这样做正是公平的,而且也是责任。

税收是符合"上帝"意志的。

——这个"上帝"是人类对同胞的仁爱之心。

第十五节

崇尚"曲晦"乃一种变态

　　一个国家的封建历史漫长，必定拖住它向资本主义转型的后腿。比之于封建时期，资本主义当然是进步的。封建主义拖住向资本主义转型的后腿，也当然就是拖住一个国家进步的后腿。我们说中国历史悠久，有一点也是在说中国的封建时期漫长。

　　不论对于全人类，还是对于一个国家，几千年封建社会的发展成就，怎么也抵不上资本主义社会短短一两百年的发展成就——在政治、经济、科技方面都是这样，唯在文化方面是一个例外。封建历史时期，农业社会之形态，文化不可能形成产业链条，不可能带来巨大商业利益，不可能出现文化产业帝国以及文化经营寡头式的人物，故比之于资本主义及之后的文化，封建主义时期的文化反而显得从容、纯粹，情怀含量多于功利元素，艺术水准高于技术水准。

　　封建社会的历史越长久，封建体制对社会发展的控制力越强大。此种强大的控制力是一种强大的惰性力，不但企图拖住历史的发展，也必然异化了封建时期的文化。而被异化了的文化的特征之一，便是"不逾矩"，不逾封建主义之"矩"。但文化的本质是自由的，它是不甘于被限制的。在限制手段严厉乃至严酷的情况下，它便不得不以"曲晦"的面孔来证明自身非同一般的存在价值，这也是全人类封建时期的文化共性。

　　翻开世界文化史一瞥，在每一个国家的封建时期，文化无不表现出以上两种特征——"不逾矩"与"曲晦"。越禁止文化"逾矩"，文化的某种面孔越"曲晦"。中国封建历史时期的文化面孔，这种"曲晦"的现象尤其明显。

"曲晦"就是不直接表达，就是正话反说，反话正说。以此种方式间接表达，暗讽之意味遂属必然。"文字狱"就是专门"法办"此种文化现象及文人的，有些古代文人也正是因此而被砍头甚至株连九族的，其中却不乏冤案。于是，在中国古代，关于诗、歌、文、戏之文化的要义，有一条便是"曲晦"之经验。仿佛不"曲晦"即不深刻，就是不文化。唯"曲晦"，才有深刻可言，才算得上文化。《狂人日记》是"曲晦"的，所以被认为深刻、文化。《阿Q正传》中关于阿Q之"精神胜利法"的描写，讽锋也是"曲晦"的，当然也是深刻的、文化的。

确实深刻，确实文化。

但是若在人类已迈入21世纪的当下，一国的文化理念一如既往地崇尚"曲晦"，则其文化现象便很耐人寻味了。

而中国目前依然是这样。

在大学里，在中文课堂上，文学作品的"曲晦"片段，几乎无一例外地成为重点分析和欣赏的内容。若教师忽视了，简直会被怀疑为人师的资格；若学子不能共鸣之，又简直证明朽木不可雕也。"曲晦"差不多又可言为"曲笔"。倘"曲笔"甚"曲"，表意绕来绕去，于是令人寻思来寻思去，颇费猜心方能明白，或终究还是没明白，甚或蛮扭。《春秋》《史记》皆不乏"曲笔"。但古人修史，不计正野，皇家的鹰犬都在盯视，腐败无能岂敢直截了当地记载和评论？故"曲笔"是策略，完全应该理解。

可以直截了当地表达，却偏要"曲晦"，这属文风的个性化，也可以叫追求。

不能够直截了当地表达，但也还是要表达，不表达如鲠在喉，块垒堵胸，那么只有"曲晦"，是谓无奈。

今日之中国，对某些人、事、现象，其实是可以直截了当旗帜鲜明地表明立场的。这些不是奢望，"某些"却已是权利，起码是网上权利。我能感受到网上言论的品质和成色，据我所知，网上"曲晦"渐多。先是，"曲晦"乍现，博得一片喝彩，于是"顶"者众，传播迅而广。"曲晦"大受追捧，于是又引发效仿，催生一茬茬的"曲晦"高手，一下子蔚然成风。不计值得"曲晦"或并不值得，都来热衷于那"曲晦"的高妙。一味热衷，自然便由"曲晦"而延伸出幽默。幽默倘不泛滥，且"黑"，乃是我所欣赏，并起敬意的。但一般的幽默，其实往往流于俏皮。语言的俏皮，也是足以值得。如河南连降暴雨，郑州处处积水，有微信曰："白娘子，许仙真的不在郑州啊！"——便俏皮得很，令人忍俊不禁。然俏皮甚多，便往往会流于油腔滑调，流于嘻哈。语言的嘻哈，也每是悦己悦人的，但有代价，便是态度和立场的郑重庄肃，因而大打折扣。

故我便有了一种忧虑——担心中国人在网上的表态，不久从方式到内容到风格，渐被嘻哈自我解构，流于娱乐；而态度和立场之声，被此泡沫所淹没，形同乌有了。

我们都知道的，一个人在表态时一味嘻哈，别人便往往不将他的表态当一回事。而自己嘻哈惯了，对别人不将自己的嘻哈式表态当成一回事，也会习惯于自己不怎么当成一回子事的。

曾经听邱震海在凤凰卫视读报，调侃了几句后，话锋一转，遂正色曰："刚才是开玩笑，现在我要严肃地谈谈我对以下几件事的观点……"我认为，中国网民都要学学邱震海——有时郁闷之极，调侃、玩笑，往往也是某些事、某些人只配获得的态度，而且是绅士态度。

但对另外一些事、一些人，则需以极郑重、极严肃之态度表达立场。这种时候，郑重和严肃是力量。既是每一个人的力量，也是集体的力量、自媒体的力量、大众话筒的力量。语言还有另一种表态方式，即明白、确定、掷地有声、毫不"曲晦"的那一种。

网络自然有百般千种方便于人、服务于人、娱乐于人、满足于人的功用,但若偏偏没将提升我们的国民权利意识和国民素质这一功用发挥好。据我看来,则便枉为"大众话筒""自媒体"了。

是谓中国人的网事。

第十六节

中产之路

　　构建和谐社会，最终不在于是否形成中产阶级社会。从理论上说，中产阶级社会如果形成，整个社会的贫富结构就变成了"枣核型"，这也意味着较富裕的人多起来，自然构成了稳定因素。中产阶级社会形成的过程，就是较富裕的人群从少数变成多数的过程，壮大中产阶级只是其中一个途径而已。如果我们在财富分配政策方面失之于兼顾、失之于体恤、失之于相对公平，恐怕国家还没等到"枣核型结构"时，社会矛盾就已经尖锐万分了。

　　一则报道说，中国的城市初步形成了中产阶级化，以我的眼睛看，事实并非如此。2020年第七次全国人口普查主要数据显示，中国城镇人口已经突破了十四亿，要达到"枣核型"的社会结构，中产阶级怎么也得达到百分之六十以上。我们的中产阶级够达到八亿以上吗？我很怀疑。我写《中国社会各阶层分析》谈到的中产阶级，是指从城市平民阶层中上升出来的一个阶层。社会朝前发展，平民共享改革成果的份额越来越大，在此基础上，才可能上升出足够的中产阶级。当年我就提过，中国的城市平民阶层正处于一个相当脆弱的边缘，甚至完全有可能随时下跌。

　　平民的生活，如果在稳步地，哪怕是小幅度，但同时又必然是分批地提升的时候，社会的中产阶层才能开始成长，这是正常的发育，而我们的平民基础却是脆弱的。所以不应该急于谈如何壮大中产阶层，而首先要把城市平民这个阶层的状态分析清楚。他们的退休金普遍较低，和物价的上涨不能成正比。他们有一点存款,但用那点存款给儿女买房子的话,交首付都不够。即使交了首付,能够可持续还贷的能力也是较差的。何况他们的医疗保障都非常有限,家庭中如果有人罹患重大疾病,一次抢救就要花很多钱,于是会倾家荡产。一旦有这样一个病人,原来属城市平民阶层的这些家庭可能就会迅速滑入城市贫民阶层。社会保障如果没做好,平民阶层中每一个人都有下滑的危机感,即使有幸升为中产阶级的少数人,也根本无法拥有中产阶级本应有的稳定心态。

再譬如说,出身平民的高校大学生,毕业后能找到律师、医生这样的体面工作,在大城市工作上三五年,就仿佛可能纷纷加入中产阶层了。实际上,普遍而言,大学生起薪的相对消费能力较十几年前比不是上升,而是降低了。一般的工作,除去房租、衣食、通讯交通等各种生活开支,所剩也就不多了吧?如果这时你想反哺于父母的话,是会很难的。在这个状态下,你变成中产阶层的可能性非常微小,而且其他方面也没有给你提供一种感觉到上升的希望;你这一生的状态就不可能是中产阶级的状态,活得很累、很焦虑。

真实的中产阶级在哪儿呢?

仅有的这些所谓中产阶级,他们之间的价值观念也很不同。在中国同样是中产,一个是从平民家庭里,通过刻苦读书成为优秀分子的人;一个是官员子弟,通过种种优势过上中产阶级生活的人,价值观能一样吗?以一个平民子弟的眼光来看,他认为要反腐败,打破特权,加强底层的福利;可是,另一方可能对他的观点非常不屑。同属一个阶层,但达成共识的稳定价值观并不存在。

我们的大学生群体应该是未来中产阶级最有可能产生的土壤吧?但目前,这些准中产阶级们的价值观如何?恐怕,它可能很不像中产阶级价值观,而更像资产阶级价值观。它和人文的关系不再那么紧密,身上沾染了一种特别的亲和——与资本的亲和。最优秀的平民阶层里产生出来的大学生，当他感到要成为中产阶级非常困难的时候，他可能希望尽快地成为资产阶级。司汤达的《红与黑》里的"于连情结"，可能在当下的青年身上会体现得多一些，但绝对不能据此就责备我们的青年。

关怀、同情、平等、敬畏，这些人文观念在哪里？我们有主旋律文化、有红色革命题材，都有各阶层的强力支持；我们有商业文化，那里也有强势资本的运行规律在发挥作用。但是社会的人文力量在哪里？我们拭目以待！

中产阶级的概念是从西方引进的。在西方，资产阶级先于中产阶级产生。资产阶级是一些什么样的人呢？是一些敢于冒经济风险的人，是一些对商机有敏锐反应的人，甚至是一些唯利是图只认金钱原则不认其他原则的人。资产阶级产生之后，客观上带动了经济发展，从而使城市平民相对受惠。哪怕城市平民觉得受了剥削，但是比之于从前，实际生活水平还是渐渐提高。然后，从这些受资产阶级之惠的城市平民里，才逐渐派生出中产阶级。

资产阶级靠经济冒险的方式完成了阶层雏形。但是，中产阶级却是靠文化知识的提升。最初，中产阶级的成分是城市平民中的卓越分子和优秀子弟，这些人有着不同于平民阶层和资产阶级的思想。他们对民主非常在意。由于在意民主，就在意社会公正——主要是分配的公正。刚开始，中产阶级可能还是只为本阶层着想，但若当他们更深远地思考后，他们的思想就会兼顾到底层。西方的民主历程不是由资产阶级来推动的，民主意识很强的中产阶级才是主力军。资产阶级要保持稳定的有利于他们的框架。平民除了暴力，没有任何可能性去推动变革。只有平民中派生出来的优秀知识层——中产阶级，才有这个能力理性地通过思想表达民主、公正、自由的要求，表达人类的同情心、责任感。社会进步了，中产阶级的价值才会实现。社会进步已经不能依赖资产阶级了，资产阶级考虑的利益只是他们自己的利益，他们不管社会是否进步，他们只管自己的阶层拥有资产的量化问题；中产阶级主张体恤下层，除了以身作则，还要求政府、国家和资产阶级同时体恤，他们对于人性道德的主张是比较由衷的。因此，整个西方社会的进步，实际上是由两种力量推动：一种是资本运行本身的力量，一种就是人文的力量。

人文的力量，它不可能来自草根阶层，草根无法凝聚成一种力量。思想、读书，这更符合中产阶级的状态。资产阶级早期的时候是不太读书的，因此在西方的文学作品里面，常常有那种老贵族会指着一个暴发起来的资产阶级说，"瞧这个指甲黑乎乎的家伙"。没错，就是他——曾经"指甲黑乎乎的家伙"，现在变得腰缠万贯。创业的这一代资本家，何尝有精力、有心思、有情绪去读书，去关注历史，去思考社会呢？而这些却是中产阶层最接近的。中产阶层的优秀子弟，他的前人没有给他留下过多的资产，他们不可能像资产阶层那样去轻易冒险，进入大学后，他们乐于接受人文价值的洗礼，喜欢沉浸在公正平等的理想中。

底层面对严重的贫富差距产生了强烈的愤懑，很容易把情绪发泄向中产阶层。底层和资产者阶层的距离太远，他们想象不到富人的生活，对于他们来说，那是另一个国度里的事情，他们只能从网上偶尔知晓他们结婚花费了多少，股票又怎么样了。他们与新兴的中产阶层距离更近，对中产阶级的言行更为敏感，比如收一个红包可能几千元，他们一下子就能看到。正如哲学家所说，使我们郁闷、恼火和不高兴的往往是我们的左邻右舍。

中产阶级是要同情弱势的，尽管离底层最近，但是已经不能成为他们中的一员，顶多是底层的代言人，但是时常也做不到，这是一种夹缝中的状态。中产阶级将通过什么来证明自己的正当性或价值呢？中产阶级在西方是通过做了什么，真的担当了什么，有所牺牲，最后还要有所成果——当这个成果真的被底层分享到了，底层才会认可他们的。这是一个很沉重的悲剧过程。中产阶级要学会担当的太多了，这也是我们的社会最应该首先去考虑的。我从不指望中产阶级能有多大的作为，悲观地说，在中国这几乎是不可能的。

然而我深信，几十年之后，中产阶级会渐渐省悟——对底层的同情与代言，乃是本阶层最光荣也最值得欣慰的阶层本色。而底层也终将相信，除了中产阶层以外，他们没有更值得信赖的阶层良友。底层和中产阶层，实在是唇亡齿寒的关系。这一点对于双方，都是一个社会真相。而即使社会真相，有时也需要几十年来证明之。

第十七节

青年的机会

据 2021 年 2 月 8 日发布的最新《2020 方太·胡润财富报告》显示,亿元资产"超高净值家庭"比上年增加百分之二点五至十四万户。"二世祖"是南方民间对他们儿女的叫法。关于他们的事情民间谈资颇多,人们常津津乐道。某些报刊、网络亦热衷于兜售他们的种种事情,以财富带给他们的"潇洒"为主,羡慕意识流淌于字里行间。窃以为,十三万多户相对于十四亿人口,相对于五亿中国当代青年,实在是少得并没什么普遍性,并不能因为他们是某家族财富的"二世祖",便必定具有值得传媒特别关注之意义。故应对他们本着这样一种报道原则——若他们做了对社会影响恶劣之事,谴责与批判;若他们做了对社会有益之事,予以表扬与支持。否则,可认为他们并不存在。值得给予关注的群体很多,不是不报道"二世祖"们开什么名车、养什么宠物、谈几次对象便会闲得无事可做。传媒是社会的"复眼",过分追捧明星已够讨嫌,倘再经常无端地盯向"二世祖"们,这样的"复眼"自身毛病就大了。

以上"二世祖"的存在,使所谓"富二代"的界定难免模糊。倘不包括"二世祖"们,"富二代"通常被认为是这样一些青年——家境富有,意愿实现起来非常容易,比如出国留学、如买车购房、如谈婚论嫁。他们的消费现象,往往也倾向于高档甚至奢侈。和"二世祖"们一样,他们往往也拥有名车。他们的家庭资产分为有形和隐形的两部分——都已很可观,隐形的究竟多少,他们大抵并不清楚,甚至连他们的父母也不清楚。我的一名研究生曾幽幽地对我说："老师，人比人真是得死。我们这种学生，毕业后即使回省城谋生，房价也还是会让我们望洋兴叹。可我认识的另一类大学生，刚谈恋爱，双方父母就都出钱在北京给他们买下了三居室。只要一结婚，就会给他们添辆好车。北京房价再高，人家也没有嫌高的感觉！"——那么，"另一类"或"人家"自然便是"富二代"了。

有这样一件事——女孩在国外读书，忽生"明星梦"，非要当影视演员。于是母亲带女儿专程回国，联系了很多关系，认识了某一剧组的导演，声明只要让女儿在剧中饰一个小角色，一分钱不要，还愿意反过来给剧组几十万。导演说您女儿也不太具有成为演员的条件啊，当母亲的则说，那我也得成全我女儿，让她过把瘾啊！——那女儿，也当属"富二代"无疑了。

这样的"富二代"，他们的人生词典中，通常没有"差钱"二字。他们的家长尤其是父亲们，要么是中等私企老板，要么是国企高管，要么是操实权、财柄的官员，其家庭的隐形财富有多少，他们确乎难以了解。他们往往一边享受着"不差钱"的人生，一边将眼瞥向"二世祖"们，对后者比自己还"不差钱"的生活方式消费方式、每不服气，故常在社会上弄出些与后者比赛"不差钱"的响动来。

对于父母是国企高管或实权派官员的他们，社会应予以必要的关注。因为这类父母中不乏现行弊端的最大利益获得者及最本能的捍卫者。有些身为父母的人，对于推动社会公平是不安且反感的。有这样父母的"富二代"，当他们步入中年，具有优势甚至强势话语权后，是否会站在一向依赖并倍觉亲密的利益集团一方，发挥本能的维护作用；是会比较无私地超越那一利益集团，站在社会公平的立场，发符合社会良知之声，就只有拭目以待了。如果期待他们成为后一种中年人，则必须从现在起，运用公平之自觉的文化使他们受到人文影响。而谈到文化的人文思想影响力，依我看来，在中国不仅对于他们是少之又少、微乎其微，即使对最广大的青年而言，也是令人沮丧的。故我看未来的"富二代"的眼，总体上是忧郁的。不排除他们中会产生足以秉持社会良知的可敬人物，但估计不会太多。

如上之"富二代"的人数，我估计不会太少，即便不包括足以富及三代、五代的文娱界超级成功人士的子女。不过他们的子女人数毕竟有限，没有特别加以评说的意义。

世界上任何一个国家，高级知识分子家庭几乎必然是中产阶层不可或缺的成分，少则占三分之一，多则占一半。中国国情特殊，20 世纪 80 年代以前，除少数高级知识分子，一般知识分子的生活水平虽比城市平民阶层的生活水平高些，但其实高不到哪儿去。以后，这些人家生活水平提高的幅度不可谓不大，他们成为改革开放的直接受惠群体是无可争议的事实。不论从居住条件还是收入情况看，知识分子家庭的生活水平已普遍高于工薪阶层。另一批正有希望跻身于中产阶层。最差的一批，生活水平也差不到哪儿。

然而新世纪十年后的房价大飙升，使这一阶层的生活状态受到影响，他们的心理也受到重创，带有明显的挫败感。仅以我大学的同事为例，有人为了资助儿子结婚买房，耗尽二三十年的积蓄不说，儿子也还需贷款百万余，沦为"房奴"，所买却只不过八九十平方米面积的住房而已。还有人，夫妻双方都是五十多岁的大学教授，从教都已二十几年，手攒着百余万存款，儿子也到了结婚年龄，眼睁睁看着房价升势迅猛，不知如何是好，只有徒唤奈何。他们的儿女，皆是当下受过高等教育的青年，有大学学历甚至是硕士、博士学历。这些青年成家立业后，原本较为可能奋斗成为中产阶层人士，但现在看来，可能性大大降低，愿景极为遥远了。他们顺利地谋到"白领"职业是不成问题的，然"白领"终究不等于中产阶层。中产阶层也终究得有那么点儿"产"可言，起码人生到头来该有产权属于自己的一套房子。可即使婚后夫妻二人各自月薪万元，要买下一套两居室的房子，由父母代付部分购房款，也还得自己贷款一两百万。那么还清贷款，他们也奔五十了。人生到了五十多岁时，才终于拥有产权属于自己的两居室，尽管总算有份"物业"了，恐怕也还只是小康人家，而非中产。何况，他们自己也总是要做父母的。一旦有了儿女，那一份支出就大为可观了，那一份操心也不可等闲视之。于是，拥有产权属于自己的一套房子的目标，便离他们比遥远更遥远。倘若双方父母中有一位甚至有两位，同时或先后患了难以治疗的疾病，他们小家庭的生活状况也就可想而知了。

据我了解，这样一些青年，因为终究是知识分子家庭的后代，可以"知识出身"这一良好形象为心理的盾，抵挡住贫富差距巨大的社会现实的猛烈击打。所以，他们在精神状态方面一般还是比较乐观的。他们普遍的人生主张是活在当下、抓住当下、享受当下，更在乎的是于当下是否活出了好滋味、好感觉。这一种拒瞻将来、拒想将来、多少有点及时行乐的人生态度，虽然每令父母辈摇头叹息，对他们自己却未尝不是一种明智的行为。并且，他们大抵是当下青年中的晚婚主义者。内心潜持独身主义者，在他们中也为数不少。三分之一左右按正常年龄结婚的，打算做"丁克"一族者亦大有人在。

在中国当下的青年中，他们是格外重视精神享受的。他们也青睐时尚，但追求比较精致的东西，每自标品位高雅。他们是都市文化消费的主力军，并且对文化标准的要求往往显得苛刻，有时近于尖刻。他们中一些人极有可能一生清贫，但大抵不至于潦倒，更不至于沦为"草根"或弱势。成为物质生活方面的富人对于他们既已不易，他们便似乎都想做精神贵族。事实上，他们身上既有雅皮士的特征，也确乎同时具有精神贵族的特征。

一个国家是不可以没有一些精神贵族的；决然没有，这个国家的文化也就不值一提。即使在非洲的部落民族，也有以享受他们的文化精品为快事的"精神贵族"。

他们中有不少人将成为未来高品质文化的守望者。不是说这类守望者只能出在他们中间，而是说由他们之间产生更必然些，也会更多些。

梁晓声

出生于"城市平民"这个阶层的当下青年呢？

这部分青年，尤其是受过高等教育的他们，相当一部分内心是很凄凉悲苦的。因为他们的父母，最是一些"望子成龙""望女成凤"的父母，此类父母的人生大抵历经坎坷，青年时过好生活的愿景强烈，但这愿景后来终于被社会和时代所粉碎。但愿景的碎片还保存在内心深处，并且时常也还是要发一下光的，可谓"未泯"。设身处地想一想确实令人心痛。城市平民人家的生活从前肯定比农村人家强，也是被农民所向往和羡慕的。但现在是否还比农民强，那则不一定了。现在不少的城市平民人家，往往会反过来羡慕农村富裕的农民，起码农村里那些别墅般的二三层小楼，便是他们每一看见便会自叹弗如的。但若有农民愿与他们换，他们又是肯定会摇头的。他们的根已扎在城市好几代，不论对于植物还是人，移根是冒险的，会水土不服。对于人，水土不服却又再移不回去，那痛苦就大了。

"所谓日子，过的还不是儿女的日子！"这是城市平民父母们之间常说的一句话，意指儿女是唯一的精神寄托，也是唯一过上好日子的依赖，更是使整个家庭脱胎换骨的希望。故他们与儿女的关系，很像是体育教练与运动员的关系，甚至是拳击教练与拳手的关系。在他们看来，社会正是一个大赛场，而这也基本是事实，起码目前是一个毫无疑问的事实。所以他们常心事重重、表情严肃地对儿女们说："孩子，咱家过上好生活可全靠你啦！"出生于城市平民人家的青年，从小到大，有几个没听过父母那样的话呢？

可那样的话和"十字架"又有什么区别？话的弦外之音是——你必须考上名牌大学，只有毕业于名牌大学才能找到好工作；只有找到好工作才有机会出人头地，只有出人头地父母才能沾你的光在人前骄傲，并过上幸福又有尊严的生活；只有那样，你才算对得起父母……即使嘴上不这么说，心里也是这么想的。

于是，儿女领会了——父母是要求自己在社会这个大赛场上过五关斩六将,夺取金牌、金腰带的。于是对于他们,从小学到大学都成了赛场或拳台。然而,在任何省份的任何一座城市,考上大学已需终日刻苦,考上名牌大学更是谈何容易!并且,通常规律是——若要考上名牌大学,先得挤入重点小学。对于一般人家的孩子,上重点小学简直和考入名牌大学同样难,甚至比考上名牌大学还难。故背负着改换门庭之沉重"十字架"的平民家庭的儿女们,只有从小就将灵魂交换给"高考指挥棒",变自己为善于考试的机器。但即使进了重点初中、高中、大学,终于跃过了龙门,却发现在龙门那边,自己仍不过是一条小鱼。而一迈入社会,找工作虽比普通大学的毕业生容易点,工资却也高不到哪儿去。本科如此,硕士、博士情况差不多也是如此,于是倍感失落。

另外一些只考上普通大学的,高考一结束就觉得对不起父母,大学一毕业就更觉得对不起父母。那点工资,月月给父母,自己花起来更是拮据。不月月给父母,不但良心上过不去,连面子上也过不去。家在本市的,只有免谈婚事,一年又一年地赖家而居。天天吃着父母的,别人不说"啃老",实际上也等于"啃老"。家在外地的,当然不愿让父母了解到自己变成了"蜗居"的"蚁族"。和农村贫困人家的儿女们一样,他们是不幸的孩子——苦孩子!

我希望以后少争办些动辄"大手笔"地耗费几千亿的"国际形象工程",省下钱来,更多地花在"苦孩子们"身上——这才是正事!

他们中考上大学者,几乎都可视为坚卓毅忍之青年。他们中有人却最易出现心理问题,倘缺乏关爱与集体温暖,每酿一些悲剧,或伤害他人的惨案。然他们总体上绝非危险一族,而是内心最郁闷、最迷惘的一族,是纠结最多、痛苦最多,苦苦挣扎且最觉寡助的一族。他们的心,敏感多于情感,故为人处世每显冷感。对于帮助他们的人,他们心里也是怀有感激的,却又往往倍觉自尊受伤的刺痛,结果常将感激封住不露,饰以淡漠的假象。而这又每使他们给人以不近人情的印象。这种时候,他们的内心就又多了一种纠结和痛苦。比之于同情，他们更需要公平；比之于和善相待，他们更需要真诚的友谊。谁若果与他们结下了真诚的友谊，谁的心里也就拥有了一份大信赖，他们往往会像狗忠实于主人那般忠实于那份友谊。他们那样的朋友是最难交的，居然交下了，大抵是一辈子的朋友。一般情况下，他们不会轻易或首先背叛友谊。

我总觉得，他们像极了于连。与于连的区别仅仅是，他们不至于有于连那么大的野心。事实上他们的人生愿望极现实、极易满足，也极寻常。但对于他们，实现起来却需不寻常的机会。"给我一次机会吧！"——这是他们默默在心里不知说了多少遍的心语。但又一个问题是——此话有时真的有必要对掌握机会的人大声地说出来，而他们往往比其他同代人更多了说之前的心理负担。他们中之坚卓毅忍者，或可成将来靠百折不挠的个人奋斗而成功的世人偶像，或可成将来足以向社会贡献人文思想力的优秀人物。

人文思想力，通常与锦衣玉食者无缘。托尔斯泰、雨果们是例外，并且考察他们的人生，虽出身贵族，却不曾以锦衣玉食为荣。

家在农村的大学生们呢？

这些人中，或已经参加工作，倘若家乡居然较富，如南方那种绿水青山、环境美好且又交通方便的农村，则他们身处大都市所感受的迷惘，反而要比城市平民的青年少一些。这是因为，他们的农民父母其实对他们并无太高的要求。倘他们能在大都市里站稳脚跟，安家落户，父母自然高兴；倘他们自己觉得在大都市里难过活，要回到省城工作，父母照样高兴，照样认为他们并没有白上大学，即使他们回到了就近的县城谋到了一份工作，父母虽会感到有点遗憾，但不久那点遗憾就会过去的。

很少有农民对他们考上大学的儿女们说："咱家就指望你了，你一定要结束咱家祖祖辈辈都是农民的命运！"他们明白，那绝不是一个受过高等教育的儿女，所必然能完成的家庭使命。他们供儿女读完大学，想法相对单纯:只要儿女们以后比他们生活得好,一切付出都是值得的。中国农民大多是不求儿女回报什么的父母,他们对土地的指望和依赖甚至要比对儿女们还多一些。

故不少幸运地在较富裕的农村以及小镇、小县城有家的或就读于大都市、漂泊于大都市的学子和青年,心态比城市平民之家的学子、青年还要达观几分。因为他们的人生永远有一条退路——他们的家园。如果家庭和睦,家园的门便永远为他们敞开,家人永远欢迎他们回去。所以,即使他们在大都市里住的是集装箱——有的地方已有将空置的集装箱租给他们住的现象——往往也能咬紧牙关挺过去。他们留在大都市艰苦奋斗,甚至年复一年地漂泊在大都市,完全是他们个人心甘情愿的选择,与家庭寄托之压力没什么关系。如果他们实在打拼累了,往往会回到家园休养、调整一段时日。同样命运的城市平民或贫民人家的儿女,却断无一处"稚子就花拈蛱蝶,人家依树系秋千""罗汉松遮花里路,美人蕉错雨中棵"的家园可以回归。坐在那样的家门口,回忆儿时"争骑一竿竹,偷折四邻花"之往事,真的近于是在疗养。即使并没回去,想一想那样的家园,也是消累解乏的。故不论他们是就读学子、公司青年抑或打工青年,精神上总有一种达观在支撑着。是的,那只不过是种达观,算不上是乐观。但是能够达观,也已很值得为他们高兴。

不论一个当下青年是大学校园里的学子、大都市里的临时就业者或季节性打工者,若他们的家不但在农村,还在偏僻之地的贫穷农村,则他们的心境比之于以上一类青年,肯定截然相反。回到那样的家园,即使是年节假期探家一次,那也是忧愁的温情有,快乐的心情无。打工青年们最终却总是要回去的。

大学毕业生回去了毫无意义——不论对他们自己,还是对他们的家庭。他们连省城和县里也难以回去,因为省城也罢,县里也罢,适合于大学毕业生的工作,不会有他们的份儿。

梁晓声

所以，当他们用"不放弃，绝不放弃"之类的话语表达留在大都市的决心时，大都市应该予以理解，全社会也应该予以理解。

"这是一个最好的时代，也是一个最坏的时代。"

以上两句话，是狄更斯小说《双城记》的开篇语。那究竟是一个怎样的时代，此不赘述。狄氏将"好"写在前，将"坏"写在后，意味着他首先是在肯定那样一个时代。在此借用一下他的句式来说：

当代中国青年，他们是些虽然令人失望的青年；当代中国青年，他们是些足以令中国寄托希望的青年。

说他们令人失望，乃因以中老年人的眼光看来，他们身上有太多毛病。诸毛病中，以独生子女的"娇""骄"二气、"自我中心"的坏习性、逐娱乐鄙修养的玩世不恭最为讨嫌。说他们足以令中国寄托希望，乃因他们是真正意义上脱胎换骨的一代。在他们眼中，世界真的是平、是美的；在他们的思想的底里，对美好、创造、公平、正义的尊重和诉求，也都更本能和更强烈。

他们一旦整体发声，十之七八都会是社会进步的认同者和光大者。

第十八节

可怜天下父母心

　　有时候，父亲们对儿女们之宠爱、溺爱，竟远远超过于母亲们。将儿女们当作宠物一般来爱，是谓宠爱；将儿女们终日浸泡于这种过分的爱中，是为溺爱。宠爱也罢，溺爱也罢，都曰"惯"，民间又说成"惯孩子"。"惯"到无以复加，难免遭侧目，民间的批评语常是"惯孩子也没见过那么个惯法的"。此言之意有二：一是既为父母嘛，谁还没惯过自己的孩子呢？二是超乎一般的惯法，却委实是不可取的，而且肯定是对孩子有害的。故民间有句诫言：" 惯子如杀子。"结果，必然是身为父母者自食苦果，甚而恶果。

　　人类早就总结过这方面的许多教训。在别国，最典型的也是比较早的一例，记载于古希腊神话中，体现于太阳神阿波罗身上。阿波罗是很受凡人崇拜的一位神，关于他的事迹，几乎都是正面的。他似乎具有种种良好的神之品德，连他为数不多的一两次绯闻，凡人也当成无伤大雅的逸事来传诵，并不多么地诟病之，不像对他的父亲宙斯那么加以大不敬的一些评论。口碑极佳的太阳神最主要的缺点，便是"惯孩子"这一条。

　　太阳神的儿子叫法厄同。有一天，他向父亲提出了一个非分的请求，要驾父亲的神马、神车在天穹兜风。那神马、神车是太阳神的"公务车"，除了他自己，任何人连碰也没碰过。并且，那是多么危险的事情不言而喻，但太阳神出于对儿子的"惯"，居然答应了。神权乃神圣之特权，特权宠授，结果祸事发生——神车翻于空中，引起熊熊烈火。神马挣脱缰绳跑了，法厄同却被烧成一个火球，坠落一条河中，焦头烂额地惨死了。连大地也深受

梁晓声

天火之害,据说沙漠便是因这一场天火形成的。河神大为怜悯,埋葬了那碳化的少年之尸体。不幸到此还不算完,法厄同的妹妹们痛不欲生,哭了四天四夜,哭得众神不忍看下去、听下去,将她们变成了扎根在法厄同坟旁的杨树。阿波罗不但因自己铸成的大错使人间遭殃,失去了心爱的儿子,也失去了心爱的女儿们。

另一例惯子的教训,也同样记载于希腊神话中,便是特洛伊城的灭亡。帕里斯这个风流成性的特洛伊国小王子,本来是肩负着一国重任,但帕里斯却根本不是一个以国家使命为重的人,他趁斯巴达王并不在国内,说服对他一见倾心的海伦乘他们的船逃离了斯巴达国。而这一做法,使一次理直气壮的使命,变成了卑劣行径。公平论之,海伦未尝不值得同情。但解救一个值得同情的女人的命运,须以光明正大的方式才算正义。如果说"木马计"证明了希腊人的狡狯;那么帕里斯的行径,毫无疑问地使全体特洛伊人大蒙蝇苟之羞。作为兄长的赫克托耳是意识到了这一点的,所以他怒斥弟弟自私而可耻。事情严峻到如此程度,化解的策略也还是有的——赔礼道歉,劝海伦为特洛伊城众生免遭屠戮,谎辩自己实是被掠,暂且随斯巴达王回去,解救之事从长计议未尝不是明智之举,起码可以试一试。赫克托耳便是这么主张的,但更爱弟弟帕里斯的父王,又哪里听得进长子的话呢?他为了成全帕里斯与海伦的二人之欢,以"保护女人是男人的义务"做口号,激励全城军民众志成城,与希腊人决一死战。口号一经国王提出,不是统一的意志也只能而且必须是统一之意志。结果是人们都知道的,双方横尸遍野,美丽、富裕的特洛伊城灰飞烟灭。希腊人攻入城内之后,大开杀戒,屠城报复,特洛伊城幸免此劫者寡。特洛伊国王有包括赫克托耳和帕里斯在内的五十余个儿子皆战死沙场,特洛伊王普里阿摩斯也丧尽王的尊严,可悲地死于敌人剑下。

还有一位父亲对女儿的爱也很离谱,便是希律王。他美丽的女儿莎乐美爱上了游走到希律国的先知圣·约翰。但是圣·约翰的心另有所属,他早将自己的爱全部奉献给了"上帝",他拒绝莎乐美诱惑时的语言冰冷以致嫌恶,使莎乐美恼羞成怒怀恨在心。她在父亲的生日为父亲献舞。希律王大为开心,对爱女说无论她要什么,只要是世上有的,都将实现她的愿望。莎乐美的愿望令人不寒而栗,她要的东西是圣·约翰的头。希律王并非不知圣·约翰是一位伟大的先知,却为了使女儿高兴,命人砍下了先知的头,用金盘子托给了莎乐美。

巴尔扎克的名著《高老头》中的高老头,对两个女儿的爱具有拷贝现实般的虚荣特征和强迫症特征。他曾是面粉业巨子,为了使两个女儿光荣地成为侯爵夫人,不惜以巨额财富作为她们的嫁妆,致使自己变得一无所有,不得不孑然一身住进巴黎的廉价公寓。而他的两个贪得无厌的女儿仍一再地向他索钱,并且相互猜忌,认为对方肯定从父亲那儿索要到了比自己多的钱或好东西,于是彼此憎恨。只要一见面,就仿佛变成了两只好斗的公鸡,恨不得一下子将对方的眼珠啄出来。高老头最后死于饥寒交迫与病痛的折磨之中,而那时,两个仇敌般的女儿一个都不愿再到他身边去。

在中国,千夫所指的父亲是《水浒传》中的高太尉。他对高衙内的宠惯,使他不惜以高官身份亲自在阴谋诡计中扮演重要角色,害得林冲家破妻亡,最终被逼上梁山。

贪官的贪,目的各异,或为供一己挥霍享乐,或因金屋藏娇,包养"二奶"。但确乎有一些操权握柄的父亲,其贪主要是为了儿女。

想来,既为官,他们的儿女的工作、收入、生活,怎么也不会太差。但他们的父亲们,认为他们没有别墅、没有名车、没有巨额存款,便实在是自己的心病了。没有一定要有怎么办呢?于是便只能靠自己们利用职权替儿女们去贪。这一贪,往往便是收不住手的。几千万是贪,几个亿也是贪。索性,替儿女,将儿女们的儿女们未来的那份儿,也由自己在位时一总地贪足了。这才是,"惯孩子也没有那么个惯法的"!

这样一些父亲,大抵是不知以上我们所讲的故事;告诉他们也是白告诉,他们根本不信那种因果报应的"邪"。而事实上,"法网恢恢,疏而不漏"这种话,恐怕只验证在他们中一部分人身上了。倘若真有人神通广大,竟搞出一份翔实的"高官儿女富豪榜"来,那肯定会令全中国、全世界目瞪口呆的。连我这种从不关注所谓"黑幕"之人,也是多少知道一些的啦。

所以一般的人们,根本不要指望靠了文化的浸淫帮助他们获得救赎。据我所知,他们是极端蔑视文化的。他们一向认为,文化的教育功能,那主要是针对老百姓而言的。然而文化终究影响过人类的大多数。在我们人类还处在童年和少年时期,便通过种种的神话故事,试图一代代劝诫和教育后人——怎样做人为对,怎样做人为错;包括怎样做父亲、母亲,尤其怎样做有权势的父亲、母亲。古人此种良苦用心,值得今人感恩戴德。

故我认为,贪官们不信的,我们应当信。我们信起码对我们有一点保佑,那就是——将来某一天被他们所轻蔑的文化因了他们的叶公好龙而报复社会的时候,我们兴许会清醒地知道那报复的起源,因而便也能以文化的眼镇定视之,而不至于不知所措。

第十九节

中年交响曲

我常常回想人到中年之时,那时每一天都在失去一些东西。而所失去的东西,对任何人都是至可宝贵的。

首先是健康。

如果有人看到我那时写作的样子,定会觉得古怪且滑稽——由于颈椎病,脖子上套着半尺宽的硬海绵颈圈,像一条挣断了链子的狗。由于腰椎病,后背扎着一尺宽的牛皮护腰带。由于颈和腰都不能弯曲,一弯曲头便晕,写作时必得保持从腰到颈的挺直姿势。仅仅靠了颈圈和护腰带,还是挺直不到头不晕的姿势,就得有夹得住稿纸的竖架相配合。小稿纸有小的竖架,大稿纸有大的竖架,大的竖架一立在桌上,占去半个桌面。不像是在写作,而像是在制图。大小两个竖架——都是中国人民大学一位退休的老师让人替她送给我的,可以调换两个倾斜度。颈圈、护腰带、竖架,自从写作时依赖于这三样东西。写作之前,所做的预备,就如工厂里的技工临上车床似的。有几次那样子去为客人开门,着实将客人吓了一跳。

于是从此从中年开始,失去了以前写作时的良好状态。每每回想以前,常不免地心生惆怅。看见别人不必"武装"一番再写作,也不免地心生羡慕。

那时朋友们都劝——快用电脑哇!

是啊,那时就想,迟早有一天,我也会迫不得已地用起电脑来的。我说"迫不得已",乃因对"笔耕"这一种似乎已经很原始的写作方式,实在地情有独钟,舍不得告别呢!汲足一笔墨水,摆正一沓稿纸,用早已定形了的字体,工工整整地写下题目,标下页码,想着要从这开始开始,一页页标下去,那一份从容、一份自信、一份骑手跨上骏马时的感受,大概不是面对显字屏、手敲按键所能体验到的啊!

这一份儿写作者的特殊的体验失去了,还是一味地惆怅。

健康其实是人人都在失去着的。一年年的岁数增加着,反而一年比一年活得硬朗的人,毕竟是极少数。人也是一台车床,运转便磨损。不运转着,还生产什么,便似废物。宁磨损着而生产什么,不似废物般还天天进行保养,这乃是绝大多数人的活法。人到四十多岁以后,感觉到自我磨损的严重程度了,感觉到自我运转的状况大不如前了,肯定都是要心生惆怅的。

也许惆怅乃是中年人的一种特权吧?这一特权常使中年人目光忧郁。既没了青年的朝气蓬勃,也达不到老者们活得泰然自若那一种睿智的境界,于是中年人体会到了中年的尴尬。体会到了这一种无奈的尴尬的中年人,目光又怎么能不是忧郁的呢?心情又怎么能不常常陷入惆怅呢?

那些年代,我和我的中年朋友们相处时,无论他们是我的作家同行抑或不是我的作家同行,每每极其敏锐地感到他们的忧郁和他们的惆怅。也无论他们被认为是乐观的人抑或自认为是乐观的人,他们的忧郁和惆怅都是掩盖不了的。好比窗上的霜花,无论多么迷人,毕竟是结在玻璃上的。太阳一出,霜花即化,玻璃就显露出来了。而那定是一块被风沙扑打得毛糙了的玻璃。他们开怀大笑时,眸子深处隐藏着忧郁和惆怅;他们踌躇满志时,眸子深处隐藏着忧郁和惆怅;他们做小青年状时,眸子深处隐藏着忧郁和惆怅;他们装的什么都不在乎时,眸子深处尤其隐藏着忧郁和惆怅。他们的眸子是我的心境。两个中年男人开怀大笑一阵之后,或两个中年女人正亲亲热热地交谈着的时候,忽然间目光彼此凝视,忽然都从对方眼里看到了那一种企图隐藏到自己的眸子后面,而又没有办法做到的忧郁和惆怅,我觉得那一刻是生活中很感伤的情境之一种,比从对方发中一眼发现了一丝白发是更令中年人感伤的。

全世界的中年人本质上都是忧郁和惆怅的。成功者也罢，落魄者也罢，在这一点上所感受到的人生况味，其实是大体相同的。于是中年人几乎整代地被吸入了一个人类思想的永恒的黑洞——人生的意义究竟何在？

中年人比青年人更勤奋地工作，更忙碌地活着，大抵因为这乃是拒绝回答甚至回避思考的唯一选择。而比青年人疏懒了，比青年人活得散漫了，又大抵是因为开始怀疑什么了。

中年人的忧郁和惆怅，对这世界是无害的，只不过构成人类社会一道特殊的风景线罢了。而人类社会好比是一幅大油画，本不可以没有几笔忧郁的色彩、惆怅的色彩。如果没有这些，人类社会就是一个大幼儿园了。

中年人的忧郁和惆怅，衬托着少女们更加显得纯洁烂漫，衬托着少年们更加显得努力向上，衬托着青年男女更加生动多情，衬托着老人们更加显得清心寡欲、悠然淡泊。少女们和少男们、青年们和老者们的自得其乐，归根结底是中年人们用忧郁和惆怅换来的呀！中年人为了他们，将人生况味的种种苦涩，都默默地吞咽了，并且尽量关严"心灵的窗户"，不愿被他们窥视到。

中年人的忧郁和惆怅，归根结底也体现着社会的某种焦虑和不安。中年人替少男少女们、青年们、老者们，将社会的某种焦虑和不安，最大剂量地、默默地吞咽到肚子里去。因为中年人大抵是做了父母的人，是身为长兄、长姐的人，是仍身为长子、长女的人，这是中年人们的一种本能，也是人类的一种本能。

中年人成熟了——又成熟、又疲惫。咬紧牙关扛着社会的焦虑和不安，再吃力也只不过就是眸子里隐藏着忧郁和惆怅。

他们的忧郁和惆怅，一向都是社会的一道凝重的风景线。

谁叫他们是中年人了呢！

第二十节

心的种子

　　当然，种子在未接触到土壤的时候，是没有任何力量可言的。尤其，种子仅仅是一粒或几粒的时候，那么的渺小、那么的微不足道、那么的不起眼，谁会对一粒或几粒种子的有无当成回事呢？

　　我们吃的粮食，诸如大米、小米、苞谷、高粱……皆属农作物的种子；桃和杏的核儿，是果树的种子；柳树的种子裹在柳絮里，榆树的种子夹在榆钱儿里；榛树的种子就是我们吃的榛子，松树的种子就是我们吃的松子……都是常识。

　　据说，地球上的动物，包括人和家畜、家禽类在内，哺乳类大约四五千种之多，仅蛇的种类就在两千种以上。鸟类一万五千余种，鱼类三百种以上。虫类是生物中最多的，草虫之类的原生虫类一万五千余种，毛虫之类四千余种。章鱼、墨鱼、文蛤等软体动物近十万种，虾和螃蟹等甲壳类节肢动物估计两万种左右。我们常见的蜘蛛竟也有三万余种，蝴蝶的种类同样惊人。

　　那么植物究竟有多少种呢？分纲别类地一统计，想必其数字之大，也是足以令我们咋舌的吧？想必，有多少类植物，就应该有多少类植物的种子吧？

　　而我见过，并且能说出的种子，才二十几种，比我能连绰号都说出的《水浒》人物还少半数。

　　像许多人一样，我对种子发生兴趣，首先由于它们的奇妙。比如蒲公英的种子居然能乘"伞"飞行；比如某些植物的种子带刺，是为了免得被鸟儿吃光，使种类的延续受到影响；而某类披绒的种子，又是为了容易随风飘到更远处，占据新的"领地"……关于种子的许多奇妙特点，听植物学家们细细道来，肯定是非常有趣的。我对种子发生兴趣的第二方面，是它们顽强的生命力。它们怎么就那么善于生存呢？被鸟啄食下去，被食草类动物吞食下去，经过鸟兽的消化系统，随粪便排出，相当一部分种子居然仍是种子。只要落地、只要与土壤接触、只要是在春季，它们就"抓住机遇"，克服种种条件的恶劣性，生长为这样或那样的植物。有时错过了春季，它们也不沮丧，也不自暴自弃，而是本能地加快生长速度，争取到秋季的时候，和别的许多种子一样，完成由一粒种子变成一棵植物，进而结出更多种子的"使命"。请想想吧，黄山那棵"知名度"极高的"迎客松"，已经在崖畔生长了多少年！当初，一粒松子怎么就落在那么险峻的地方了？自从它也能够结松子以后，黄山内又有多少松树会是它的"后代"呢？飞鸟会把它结下的松子最远衔到了何处呢？

我家附近有小园林。前几天散步，偶然发现有一蔓豆角秧，像牵牛花似的缠在一棵松树上。秧蔓和叶子是完全地枯干了。我驻足数了数，共结了七枚豆角，豆荚也枯干了。捏了捏，荚里的豆子，居然相当的饱满。在晚秋黄昏时分的阳光下，豆角静止地垂悬着，仿佛在企盼着人去摘。

在一片松林中，怎么竟会有这一蔓豆角秧完成了生长呢？

哦，倏忽间我想明白了——春季，在松林前边的几处地方，有农妇摆摊卖过粮豆……

为了验证我的联想，我摘下一枚豆角，剥开枯干的荚儿，果然有几颗带纹理的豆子呈现于我掌上。非是菜豆，正是粮豆啊！它们的纹理清晰而美观，使它们看去如一颗颗带纹理的玉石。

那些农妇中有谁会想到，春季里掉落在她摊床附近的一颗粮豆，在这儿会度过了由种子到植物的整整一生呢？是风将它吹刮来的？是鸟儿将它衔来的？是人的鞋在雨天将它和泥土一起带过来的？每一种可能都是前提，但前提的前提，因它毕竟是将会长成植物的种子啊！

我将七枚豆荚都剥开了，将一把玉石般的豆子用手绢包好，揣入衣兜。我决定将它们带回交给传达室的朱师傅，请他在来年的春季，种于我们宿舍楼前的绿化地中。既是饱满的种子，为什么不给它们一种更加良好的、确保它们能生长为植物的条件呢？

已经是好多年前，我们十几位作家在北戴河开笔会。集体散步时，有人突然指着叫道："瞧，那是一株什么植物呀？"——但见在一片蒿草中，有一株别样的植物，结下了几十颗红艳艳的、圆溜溜的小豆子，红得是那么的抢眼、那么的赏心悦目。红得真真爱煞人啊！

内中有南方作家走近细看片刻，断定地说："是红豆！"

于是有诗人诗兴大发，吟"红豆生南国，春来发几枝"之句。

南方的相思红豆，怎么会生长到北戴河来了？而且，孤单单的仅仅一株，还生长于一片蒿草之间。显然，不是人栽种的，也不太可能是什么鸟儿衔着由南方飞至北方，带来并且自空中丢下的吧？

年龄虽长、创作思维却最为活跃浪漫的天津作家林希兄，以充满遐想意味的目光望那艳艳的红豆良久，遂低头自语："真想为此株相思植物，写一篇纯情小说呢！"众人皆促他立刻进入构思状态。

有一作家朋友欲采摘之，林希兄阻曰："不可。愿君勿采撷，留作相思种。数年后，也许此处竟生长出一片红豆，供人经过时驻足观赏，岂非北戴河又一道风景？"

于是一同离开。

林希兄边行边想，断断续续地虚构一则缠绵悱恻的爱情故事，直听得我等一行人肃静无声。可惜多年后的今天，我已记不起来了，不能复述于此。亦不知他其后究竟写没写成一篇小说。

我是知青时，曾见过最为奇异的由种子变成树木的事。某年扑灭山火后,我们一些知青徒步返连。正行间,一名知青指着一棵老松嚷:"怎么会那样! 怎么会那样!"——众人驻足看时,见一株枯死了的老松的秃枝,遒劲地托举着一个圆桌面大的巢,显然是鹰巢无疑。那老松生长在山崖上,那鹰巢中居然生长着一株柳树,树干碗口般粗,三米余高。如发的柳丝,繁茂倒垂,形成帷盖,罩着鹰巢。想那巢中即或有些微土壤,又怎么能维持一棵碗口般粗的柳树的根扎呢? 众人再细看时,却见那柳树的根是裸露的——粗粗细细地从巢中破围而出,似数不清的指,牢牢抓住巢的四周。并且,延长下来,盘绕着枯死了的老松的干。柳树裸露的根,将柳树本身、将鹰巢、将老松,三位一体紧紧编结在一起。那巢看上去非常的安全,不怕风吹雨打。

一粒种子,怎么会到鹰巢里去了? 又怎么居然会长成碗口般粗的柳树呢? 种子在巢中变成一棵嫩树苗后,老鹰和雏鹰,怎么竟没啄断它呢?

种子,它在大自然中创造了多么不可思议的现象啊!

我领教种子的力量,就是这以后的几件事。

第一件事是——大宿舍内的砖地,中央隆了起来,且在夏季里越隆越高。一天,我这名知青班长动员说:"咱们把砖全都扒起来,将砖下的地铲平后再铺上吧!"于是说干就干,砖扒起来后发现,砖下嫩嫩的密密的,竟是生长着的麦芽! 原来这老房子成为宿舍前,曾是麦种仓库。落在地上的种子,未被清扫便铺上了砖。对于每年收获几十万斤、近百万斤麦子的人们,屋地的一层麦粒,谁会格外在惜呢? 而正是那一层小小的、不起眼的麦种,不但在砖下面发芽生长,而且将我们天天踩在上面的砖一块块顶得高高隆起,比周围的砖高出半尺左右。

第二件事是——有位老职工回原籍探家,请我住到他家替他看家。那是在春季,刚下过几场雨。他家灶间漏雨,雨滴顺墙淌入了一口粗糙的木箱里。我知那木箱里只不过装了满满一箱喂鸡、喂猪的麦子,殊不在意。十几天后的深夜,一声闷响,如土地雷爆炸,将我从梦中惊醒。我骇然地奔入灶间，但见那木箱被鼓散了几块板，箱盖也被鼓开，压在箱盖上的腌咸菜用的几块压缸石滚落地上，膨胀并且发出了长芽的麦子泻出箱外，在地上铺了厚厚一层。

于是我始信老人们的经验说法——谁如果打算生一缸豆芽，其实只泡半缸豆子足矣。万勿盖了缸盖，并在盖上压石头。谁如果不信这经验，膨胀的豆子鼓裂谁家的缸，是必然的。

我们兵团大面积耕种的经验是——种子入土，三天内须用拖拉机拉着石碾碾一遍，叫"镇压"。未经"镇压"的麦种，长势不旺。

人心也可视为一片土。

因而有词叫"心地"，或"心田"。

在这样那样的情况下，有这样那样的种子，或由我们自己，或由别人，一粒粒播在我们的"心地"里了。可能是不经意间播下的，也可能是在我们自己非常清楚、非常明白的情况下播的。那种子可能是爱，也可能是恨；可能是善良的，也可能是憎恨的，甚至可能是邪恶的，比如强烈的贪婪和嫉妒、比如极端的自私和可怕的报复的种子……

播在"心地"里的一切的种子，皆会发芽，生长。它们的生长会形成一种力量。那力量必如麦种隆起铺地砖一样，使我们"心地"不平。甚至，会像发芽的麦种鼓破木箱、发芽的豆子鼓裂缸体一样，使人心遭到破坏。当然，这是指那些丑恶甚至邪恶的种子。对于这样一些种子，"镇压"往往适得其反。因为它们一向比良好的种子在人心里长势更旺。自我"镇压"等于促长，某人表面看去并不恶，突然一日做下很恶的事，使我们闻听了呆如木鸡，往往便是由于自以为"镇压"得法，其实欺人欺己。

唯一行之有效的措施是，时时对于丑恶的、邪恶的种子怀有恐惧之心。因为人当明白，丑陋的邪恶的种子一旦入了"心地"，而不及时从"心地"间掘除了，对于人心构成的危险是如癌细胞一样的。首先是，人自己不要往"心地"里种下坏的种子；其次是，别人如果将一粒坏的种子播在我们心里了,那我们就得赶紧操起我们理性的锄子。

"人之性如水焉,置之圆则圆,置之方则方。"——古人在理之言也。

人类测试出了真空的力量。

人类也测试出了蒸气的动力。

并且,两种力都被人类所利用着。

可是,有谁测试过小小的种子生长的力量吗?

什么样的一架显微镜,才能最真实地摄下好的种子或坏的种子在我们"心地"间生长的速度与过程呢?

没有之前,唯靠我们自己理性的显微镜去发现!

梁晓声

第二十一节

减法生活

某日,几位青年朋友在我家里,话题数变之后,热烈地讨论起了人生。依他们想来,所谓积极的生活观肯定应该是这样的——使活着成为不断地"增容"的过程,才算是与时俱进的,不至于虚度的。我听了就笑,他们问:"您笑是什么意思呢? 不同意我们的看法吗?"我说:"请把你们那不断地'增容'式的活法,更明白地解释给我听来。"

便有一人掏出手机放在桌上,指着说:"人活着好比是这手机,当然功能越多越高级。功能少,无疑是过时货,必遭淘汰。手机必须不断更新换式,人活着亦当如此。"

我说:"人是有主观能动性的,而手机没有。一部手机,其功能多也罢,少也罢,都是由别人设定了的,自己完全做不了自己的主。所以你举的例子并不十分恰当啊!"

他反驳道:"一切例子都是有缺陷的嘛!"

另一人插话道:"人活着就好比电脑。你买一台电脑,是要买容量大的呢,还是容量小的呢?"

我说:"你的例子和第一个例子一样不十分恰当。"

他们便七言八语"攻击"我狡辩。我说:"我还没有谈出我对活着的看法啊,'狡辩'罪名无法成立。"于是皆敦促我快快宣布自己对活着的看法,我说:"我用的手机是最便宜的,我用的电脑是最低档的。因为手机只要能够通话,电脑可以打出字来,其功能对我就足够了。所以我认为,减法的生活,未必不是一种积极的生活。而我所谓之减法的生活,乃是不断地从自己的头脑之中删除掉某些生活'节目',甚至连残余的信息都不留存,而使自己的生活'节目单'变得简而又简。总而言之一句话,使自己的生活来一次删繁就简……"

我的话还没说完,对方大摇其头曰:"反对,反对!"

"如此简化,活着还有什么意思?"

"面对丰富多彩、机遇频频的生活,力求简单的生活态度,纯粹是你们中老年人无奈的活法!"

我说:"我年轻时,所持的也是减法的生活态度。何况,你们现在虽然正值年轻,但几乎一眨眼也就会成为中老年人的。某些人之所以抱怨人生之疲惫,正是因为自己头脑里关于活着的'容量'太大、太混杂,结果连最适合自己的那一种生活的方式也迷失了。而所谓积极地、清醒地活着,无非就是要找到那一种最适合自己的活法。一经找到,确定不移,心无旁骛。而心无旁骛,则首先要从眼里删除掉某些吸引眼球的人生风景……"

对方们皆黯然,未领会我的话。我只得又说:"不举例了。世界上还没有人能想出一个绝妙的例子,将活着比喻得百分之百恰当。我现身说法吧。我从复旦大学毕业时,二十七岁,正是你们现在这种年龄。我自己带着档案到文化部报到时,接待我的人明明白白地告诉我,我可以选择留在部里的。但我选择了北京电影制片厂。别人当时说我傻,认为一名大学毕业生留在部级单位里,将来的人生才更有出息。可以科长、处长、局长地一路在仕途上'进步'!但我清楚我的心性太不适合所谓的'机关工作',所以我断然地从我的头脑中删除了仕途的一切'信息'。仕途对于大多数世人而言,当然意味着是颇有出息的。但再怎么有出息,那也只不过是别人的看法。我们每一个人的头脑里,在人生的某阶段,难免会被塞入林林总总的别人对活着的看法。这一点确实有点像电脑,若是新一代产品,容量很大,又与宽带连接着,不进入某些信息是不可能的。然而判断哪些信息才是自己所需要的信息，这一点却是可能的。又比如我在四十岁左右时，结识过一位干部子弟。他可不是一般的干部子弟，只要我愿意，他足以改变我的活法。他又何止一次地对我说，趁早别写作了，我看你整天伏案写作太辛苦了。当官吧！先从局级当起怎么样？正局！我替你选择一个轻松的没什么压力的职位，你认真考虑一下。我说，多谢抬爱，我也无须考虑。仕途根本不适合我这个人，所以你千万别替我费心——费心也是白费心！"我何以回答得那么干脆？因为我早就考虑过了呀，早就将仕途从我的生活"节目单"上删除掉了呀！以后他再劝我时，我的头脑干脆"死机"了。

大约在我四十五岁那一年，陪谌容、李国文、叶楠等同行到哈尔滨参加冰雪节开幕式。那一年有几十位我国台湾商界人士去了哈尔滨。在市里举行的欢迎宴会上，他们对我们几位作家亲爱有加，时时表达真诚敬意。过后，其中数人，先后找我与谌容大姐"个别谈话"——恳请我和谌容大姐做他们在中国大陆发展商业的全权代理人。

"投资什么？投资多少？你们来对市场进行考察，你们来提议。一个亿？两个亿？或者更多？你们只管直说！别有顾虑，我们拿得起的。酬金方式也由你们来定。年薪？股份？年薪加股份？你们要什么车，就配什么车……"

话都说到这个份儿上了，不由人不动心，也不由人不感动。

我曾问过谌容大姐："你怎么想的呢？"

谌容大姐说："还能怎么想，咱们哪里是能干那等大事的人呢？"她反问我怎么想的。

我说："我得认真考虑考虑。"

她说："你还年轻，尝试另一种人生为时未晚，不要受我的影响。"

我便又去问李国文老师的看法，他沉吟片刻，答道："我也不能替你拿主意。但依我想来，所谓活着，那就是无怨无悔地去做相对而言自己比较能做好的事情。"

那一夜,我失眠。年薪,我所欲也;股份,我所欲也;宝马或奔驰轿车,我所欲也。商业风云,我所不谙也;管理才干,我所不具也;公关能力,我之弱项也;盈亏之压力,我所不堪承受也;每事手续多多,我必烦也。那一切的一切,怎么会是我"比较能做好的事情"呢?我比较能做好的事情,相对而言,除了文学,还是文学啊!

翌日,真情告白,实话实说。返京不久,谌容大姐打来电话,说:"晓声,台湾的那几位朋友,赶到北京动员来啦!"

我说:"我也才送走几位啊。"

她又说那一句话:"咱们哪是能干那等大事的人呢?"

我说:"台湾的伯乐们走眼了,但咱们也惭愧了一把啊!"

我们便都在电话里笑出了声。

有闻知此事的人,包括朋友,替我深感遗憾,说:"晓声,你也把自己的活法搞得太消极、太狭窄了啊!生活大舞台,什么事,都无妨试试的啊!"我想,其实有些事不试也可以知道自己的斤两。比如一位大地产商,在房地产业无疑是佼佼者。在电影中演一个角色玩玩,亦活着的一大趣事。但若改行做演员,恐怕是成不了气候的。做导演、作家,想必也很吃力。而我若哪一天心血来潮,逮着一个仿佛天上掉下来的机会就不撒手,也不看清那机会落在自己头上的偶然性、不掂量自己与那机会之间的相克因素,于是一头往房地产业钻去的话,那结果八成是会令自己也令别人后悔晚矣的。

说到导演,也多次有投资人来动员我改行当导演的。他们认为观众一定会觉得新奇,于是有了炒作一通的那个点,就会容易发行一些。我想,导个一般的小片子,比如电影频道播放的那类电视电影,我肯定是能胜任的。小额投资的电影,鼓鼓勇气也敢签约的(只敢一两次而已)。倘言大片,那么开机不久,我也许就死在现场了。我曾说过,当导演第一要有好身体,这是一切前提的前提。爬格子虽然也是耗费心血之事,劳苦人生,但比起当导演,是两种累法。前一种累我早已适应,后一种累对我而言,是要命的累。

年轻的客人们听了我的现身说法，一个个陷入沉思。

我最后说："其实上苍赋予每一个人的生活能动力是极其有限的，故生活'节目单'的容量也肯定是有限的，无限地扩张它是很不理智的生活观。通常我们很难确定自己究竟能胜任多少种事情，在年轻时尤其如此。因为那时，生活的能动力还没被彻底调动起来，它还是一个未知数，但这并不意味着我们连自己不能胜任哪些事情也没个结论。在座的哪一位能打破一项世界体育纪录呢？我们都不能。哪一位能成为'乔丹第二'或'姚明第二'呢？也都不能。歌唱家呢？还不能。获诺贝尔和平奖呢？大约同样是不能的，而且是明摆着的无疑的结论。那么，将诸如此类的，虽特别令人向往但与我们的具体条件相距甚远的生活方式，统统从我们的头脑中删除掉吧！加法的生活，即那种仿佛自己能够愉快地胜任充当一切社会角色，干成世界上的一切事而缺少的仅仅是机遇的想法，纯粹是自欺欺人。"

一种活着的真相是——无论世界上的行业丰富到何种程度，机遇又多到何种程度，我们每一个人比较能做好的事情，永远也就那么几种而已。有时，仅仅一种而已。

所以即使年轻，也须善于领悟减法生活的真谛：将那些干扰我们心思的事情，一而再，再而三地从我们生活的"节目单"上减去，减去，再减去。于是令我们生活的"节目单"的内容简明清晰；于是使我们比较能做好的事情突显出来。所谓活着的价值，只不过是要认认真真、无怨无悔地去做最适合自己的事情而已。

花一生去领悟此点，代价太高了，领悟了也晚了；花半生去领悟，那也是领悟力迟钝的人。

现代的社会，足以使人在年轻时就明白自己适合做什么事。只要人肯于首先向自己承认，哪些事是自己根本做不来的，也就等于告诉自己，这种活法自己连想都不要去想。如今"浮躁"二字已成流行语，但大多数人只不过流行地说着,并不怎么深思那浮躁的成因。依我看来,不少的人之所以浮躁着并因浮躁而痛苦着,乃因不肯首先自己向自己承认——哪些事情是自己根本做不来的,所以也就无法使自己比较能做好的事情在自己生活的"节目单"上简明清晰地突显出来,却还在一味地往"节目单"上增加种种注定与自己生活无缘的内容。

中国的面向大多数人的文化在此点上扮演着很劣的角色——不厌其烦地暗示着每一个人似乎都可以凭着锲而不舍做成功一切事情;却很少传达这样的一种活法——更多的时候锲而不舍是没有用的,倒莫如从自己生活的"节目单"上减去某些心所向往的内容,这更能体现活着的理智,因为那些内容明摆着是不适合某些人的生活状况的。

梁晓声

第二章

有尊严地活着

第一节

民主到底是什么

事实上，民主作为一种人类社会的现象，古已有之。

诸侯称霸的社会有诸侯们的民主现象，权一统的社会有皇帝们的民主现象；推而论之，大约氏族时期，无论父系还是母系，也自有其民主现象吧？

在中国，后来被史家称为"帝"的尧、舜两位氏族首领，便在民主现象方面有过良好表现。也有史家认为，包括禹在内的"三帝"，并不真的存在。即或如此，假托的民主表现，也还是可以证明人类对于民主的早期想象。尧是有后代的，却将帝位传给了深孚众望的舜，这不能不说是"天下为公"的做法。舜也是有儿子的，却将帝位传给了禹，而且禹还是遭罪诛之人的后代——传说禹的父亲因治水无果，被砍了头，很可能还是经舜批准的。这也不能不说是"天下为公"的典范。禹也是一心想要以尧、舜为榜样的。考察期满了的第一位接班人，不幸死在他的前边。而第二位接班人尚未来得及接他的班，他自己却猝死了。偏偏他的儿子又有野心，威胁合理的接班人不许接班；偏偏合理的接班人又怯懦，所以也就不敢相争，结果禹的儿子成为首领。成为首领后，一不做，二不休，干脆将合理的接班人杀了。

"天下为公"的历史随之终结，"家天下"的历史随之开始。这一开始，也就一发而不可收。中国古代人的权力崇拜，远比近当代人强烈得多。权力得来不易，家传才心安理得，自然视民主思想、民主言论为大逆不道。

周武王伐纣，建立了周朝，分封有功者、立诸侯，起初也是想民主些，要求诸侯们每年年末到王朝所在地开一次会,互相交流统治的经验教训,很有点联邦的意思。这方式,也不能不承认是人类早期的民主现象。但是,又要天下太平、长治久安,又要一国权力家传,永远姓周,这就特别难。好景不长,周王朝也衰微了,于是群雄争霸,烽烟四起。

孔子一生大愿是"克己复礼",所要"复"的正是周朝那一种制度。也许在他想来,那就是光复民主。所以他的学生子路倡导文明祭祀,不杀活牲,孔子的反应是很冷漠的。子路不解,质问他何以不热忱地支持自己,他则叹道:"唉,你眼里只看到了几头牲畜的可怜,我心里日夜思想的却是何年、何月,才能恢复周朝的那种礼啊!"忧国忧民心境,令人感动。

假如孔子至今还活着,假如我们问他,周朝那一套封建秩序和那封建民主,恢复了又怎样呢?您明明心里清楚,那终究是不可持续的啊!他肯定是答不上来的,或者他认为,世代君王都接受他的谆谆教诲,争做仁君,便可持续了吧?但我们清楚,那不过是他的天真理想。后来的君王们倒是都极敬起他的学说来了,但没几个真照他的教诲做仁君的,而是要求百姓照他的教诲做良民。

中国历史上的情形如此,外国又何尝不是这样呢?

就说英国的亚瑟王吧,统一了疆土之后,实行圆桌会议,十几位有功的骑士,不但可以与他平等似的围坐在一起共议国事,还可以那样子和他共饮共食、碰杯同歌。如同中国古代开明的封建君王与大臣们那样,也还是民主的吧?但那又怎么样呢?

沙俄女皇叶卡捷琳娜仿佛也是很乐于实行民主的,有新思维的人都有几分可能被她请入宫中,待之以礼,赐给爵位。连法国的狄德罗也做过她的贵宾,并且写过锦绣文章,赞颂她的"与时俱进"。但法国一兴起真的民主革命来,远在俄国的她便视为洪水猛兽。一听说路易十六被"制宪议会"处以死刑,她立刻下令出兵,帮助法国"保王派"武装力量镇压革命,"替天行道"。

封建制度之下，民主从来都是现象，从来都是陪衬封建统治的"秀"。封建制度是绝不允许民主也制度化的。

古罗马的情况却是一个例外。在人类的社会中，民主作为一种形式，最先出现在古罗马文学中。

普罗米修斯的故事，一经从希腊神话中被移植到罗马神话中，便发生了微妙的情节改变：

人类不堪神们不断升级的崇拜指示和祭祀要求，只得和神们进行迫不得已的谈判。

要进行谈判就得有谈判代表，普罗米修斯成为人类公推的谈判代表。他的谈判条件只有两条——人类愿意对神们保持崇拜和敬畏，也愿意因而履行祭祀的义务；但神们不能对人类施加太多、太高的要求，使崇拜和敬畏成为人类的精神负担和压力，且神们也当集体自律，还应将人类最需要的火无条件地给予人类。

这是人类公推的代表，首次向神权理直气壮地提出人权诉求的文学记载，可视为人权最早的"白皮书"，当然也可视为人类最早的民主思想的萌芽。可能正因为这种最早的民主思想形成于古罗马，后来在古罗马出现了"元老院制"。全世界都不得不承认，是古罗马人首先在自己的古国里将民主制度化了。

仔细想想，令我们后人难免困惑——当时的古罗马，其实还是一个兼有显著的奴隶制特征的封建制古国，怎么就会产生了"元老院制"那么一种特现代的民主形式呢？

民主现象是一回事，民主制度是另一回事。民主只有制度化了，才进而合法化了；只有合法化，人民才能变为公民，才能拥有公民的公权力。

由于有了元老院，古罗马才废除了帝王制，改为保民官制。恺撒起初只不过是执政官。他这位"执政官"当多久，取决于元老院和古罗马公民对他的政绩评估如何。倘若他当得不好，别人经由公选取代了他，便是既合理也合法的事。当时一心想要取代他的，自然是另一位统率众兵的将军庞培。

元老院虽然使一个古国在民主方面制度化，但并不意味着这一个古国于是就成为"理想国"了。最血腥、最野蛮、最残酷、最违背人性的事情依然发生在古罗马——便是经常发生在角斗场里的事情；便是奴隶非人，奴隶主有权任意惩罚、买卖乃至杀死奴隶。而且在元老、贵族和执政官之间，权力争斗、尔虞我诈司空见惯，不足为奇，暗杀手段也是家常便饭。

恺撒不甘于仅仅做"执政官"而且还打算称帝，结果被元老们所杀。对于恺撒，这是悲剧；而对于一个古国的民主制，却是迫不得已。

只要人类的历史仍处于封建制度的历史时期，民主即使制度化了，也无法保证国家的公权力不被权力欲极大的人个人化。

又比如拿破仑……

文艺复兴运动首先发生在意大利实属必然。那时的意大利，资本主义已露端倪，资产阶级已经产生。

任何一个新阶级都必然是没有属于自己的文化的阶级。资产阶级不屑于仅仅充当封建贵族阶级文化的"异己继承者"，对于劳动人民的大众文化又看不上眼，所以倍感文化饥渴。如果不能尽快拥有属于自己的文化，那么将不但在文化方面被封建贵族阶级所蔑视，也会被劳动人民所讥笑。这是意大利资产阶级文艺复兴运动的客观原因。

只要有阶级存在，文艺就不但注定具有阶级的形式特征，也注定具有阶级的思想色彩。复兴来复兴去，不同于封建贵族阶级的文艺产生了，资产阶级的社会思想也悄然形成。

像孔子"克己复礼"是由于有一个周天朝的"样板"存在过一样，意大利资产阶级的文艺复兴，也是由于有一种古罗马的民主制曾存在过。

文艺复兴的接力棒一经传到法国，于是演变为启蒙运动。资产阶级的革命随之在法国全面爆发。

民主是需要用血来换的。法国资产阶级流不起那么多血,便将平民阶级鼓动起来,和他们一起造反。平民阶级不怕流血,一往无前,资产阶级反而被吓着了,于是就反戈,再与封建贵族阶级联合起来,镇压平民阶级的造反。封建贵族阶级、资产阶级、平民阶级,三方面都死人无数;三方面人的手上,都交错沾染了别的两个方面的鲜血。比起来,平民阶级所流的血最多。

人类用血浇铸了一部《人权宣言》,它使人类的血总算没白流。

民主对于人类而言,只有在西方的启蒙运动之后才牢固地确立了其文明意义。封建的王朝统治最长的也不过两三百年,还要依赖封建专制的手段。其不可持续,已无须证明。

人类希望借民主政体,以使每一个国家的每一个人都最大限度地享有公民权——人权。这一种可能性,也已无须证明。

故民主是"社会主义的生命",也是全人类的精神生命。在独裁的、专制的政体和泛民主的、无政府主义的社会状态之间,民主的管理方式,无论对于哪一个国家,都不是一件容易之事。幸而人类已经进入了理性时期,较能够靠理性包容各种民主制度的差强人意之点子。"民可使由之,不可使知之。"孔子替封建帝王们所出的这一统治招数是最阴损的,也是今日之中国人最应予以唾弃的。

归根结底,民主乃是使一个国家在思想上别沉睡不醒的"脑白金"。近代的中国之所以长期落后而不自知,首先就是由于封建统治者的卑鄙,致使国人在思想上集体睡着了。所以我们这一头"东方睡狮",当年被外国人用大炮来轰,起初却仍一眼开一眼闭,半醒不醒。

梁晓声

第二节

法与情

中国人的法制观念正在提高，这是一件极好的事。提高的标志之一，就是"官司"多了。

有次一位法制类报社的记者问我——"在法理与情理之间，你更看重法理还是情理？"

我说："涉法言法，涉情言情。"

他说："法理、情理纠缠不清呢？"

我想了想，向他举了三个例子：第一个，报载三名小学生，凑了十元钱——甲五元、乙三元、丙两元，合买了五张彩券。他们分撕五张彩券时，仅出两元钱的那孩子手中的三张彩券，有一张中了奖。

他喜呼："哈，我中彩啦！"

于是跑回家去，于是家长也跟着兴奋。奖品是一套组合音响、一台冰箱、一台洗衣机。

出了五元钱的孩子和出了三元钱的孩子，心中非常失落，回家与各自父母细说一遍。父母听后，都觉得与情理不通，于是相约了去到那个仅出两元钱的孩子家，对其家长提出分配的要求。那家长不情愿。于是闹到法庭上。

一审判决——谁中了彩，东西归谁。不支持另外两位家长的分配要求。他们不服，上诉。二审判决——既然当时是凑钱合买，足以认定共同中彩。以法律的名义，支持分配要求，并强制执行分配。

三个孩子的关系,原本是很友好的;三家的关系,也曾很亲密。经两次上法庭,孩子们反目了,大人们相恶了。

此一俗例,不可效也。法理固然权威,固然公正,但总该也给情理留存一点现实空间吧?不就是独自获得一样东西与三人各得一样东西的区别吗?不就是几千元的事吗?几千元,真的比三个孩子之间的友好与三个家庭的亲密关系重要得多吗?

我认为此事之不通情理,体现在孩子丙的家长身上。主动一点,请了另两个孩子的家长来,相互商量着分配,图个共同的喜兴,是多么好的事呀?从此孩子大人的关系,岂不更加相敬相亲了吗?"哈,我中彩啦",此话差矣。三人合买的彩券,只不过由你撕的一张中彩了。那是"我们中彩啦"!"我"与"我们",一字之差,情理顿丧。究竟什么原因,在利益面前,使我们的孩子变得心中只有"我",而全没了"我们"的概念呢?究竟什么原因,在利益面前,使我们的家长们,也变得和自私的孩子一个样,全没了半点情理原则了呢?

以法理的名义裁决违背情理的事情,证明这样的一种现象——人心中已快彻底丧失情理原则。在这种情况下,法理再权威、再公正,人的法制观念再强,人在现实中的生存质量却显然会下降。

第二个例子,报载一村支书,出面召集几位村委拟定一纸协议,"裁决"他的亲侄子、持枪杀人致死的凶犯赔偿死者家属二十万元,死者家属不得向司法机关起诉。"协议"由那村支书、镇委委员、市人大常委亲笔拟定,在几位村委的软硬兼施之下,强迫死者家属接受。

此事件本身已毫无情理可言,非向法理呼吁而难有正义的伸张。倘若弃法理而收钱款,不足取也。人或可忍,法却不能容。法本身和人一样,亦有原则,不可破也。

第三个例子,国外有一部电影,片名我忘了,内容是——一名单身青年,与一对夫妇为邻。那对夫妇有一男孩,青年爱那孩子如爱自己的孩子。

他与他们的关系，当然也就亲如一家。青年为那孩子买了一艘玩具艇，准备在孩子生日那天相送。两家之间的隔墙有一狗洞，那孩子常从狗洞钻来钻去。一天孩子又钻过青年家这边来，进到屋里，发现了玩具艇，便捧出放在游泳池玩，一失足落入池中，不幸淹死。而那青年当时正在锄草，浑然不知。孩子死后，那青年和孩子的家长一样痛不欲生。

而孩子的父母向法院告了那青年，理由是——你既然发现过我的孩子从狗洞钻来钻去，为什么不砌了那洞？如果砌了那洞，我的孩子会这样吗？法院判定那青年有责任罪。那青年也感到自己确有责任罪，不上诉，服判七年。并将自己的一份二十几万元的人身保险，主动赔偿给那失去孩子的父母，以表达自己的痛悔。

青年服刑后，那一对父母却不感觉有任何安慰。想到既痛失爱子，又使朋友成了犯人，伤心更甚。后来，他们主动退了那青年的赔偿，并撤诉，使那青年重获自由。他们认为，他们死了的爱子，一定希望他们能够纠正前一种做法——此法理与情理纠缠不清之一例也，影片也是根据真事改编的。法的条文再周全，也难以包括一切公正。法乎情乎，有时完全取决于人心。所以，一句名言是——"普通的良知乃法律的基础。"在民事案中，法理与情理，纠缠不清之时颇多。在民事案中，情理是法理的不在卷条文。故有人在法理上胜诉了，在情理上却"败诉"了。依我看来，此亦不可取也。这种情况之下，我的立场，倒是宁愿站在情理一边的。

第三节

人民的原则

先介绍一下马随意——农民,当过兵,在部队是名优秀的战士。复员以后,在一条河上驾舟打鱼为生,先后救起过多名落水之人,且从不张扬,一向认为自己做的是理所应当的事。

再介绍一些官——些个绿豆粒大的官,包括镇长、书记在内的些个官。马随意将他们告了——两级法院皆判马随意败诉,第二次宣判的是某市中级人民法院,很具有执法的权威性。于是马随意自认输到底了。马随意为什么要告那些官呢?是由这样的事引起的:河上翻了船,落水者众;参与营救者亦众,逾百人。

不再仅仅围观了,这是多好的现象。证明见义勇为,已成当地民众普遍的人道精神。马随意斯时正驾舟于河,自然也一如既往地参与营救。他立身船头,靠渔网机智而成功地救起最后两名落水者。

镇里的那些个干部,要开表彰大会,在会上给表现突出的营救者们发荣誉证书、发奖金。他们要通过此举,使见义勇为之精神在民众中更加得以弘扬。这显然也是必要之举,尤其是良好的愿望。于是他们限定了表彰人数——五名,还规定了表彰前提——跃入水中进行营救的。于是他们实行了一个看起来很民主的程序——先由群众推选,再由他们圈定。

马随意那个村里的人们,虽然明知他并未跃入水中而是站在船上进行营救的,但毕竟救起了两条人命,所以仍一致推选了他。二十余年间已先后救过几十人的马随意,倍觉欣慰。那是他一生将要受到的唯一一次表彰啊,而且他当之无愧。然而镇里的干部在进行最后圈定时,将他的名字从受表彰者名单上去掉。既然他们已经拟了"原则",照章而为就是。既然马随意没有跃入水中进行营救,当然不在公开表彰之列。何况,他们中已有人陪着获救者家属,登门向马随意当面感谢过。但是没有谁预先通告马随意——其实他不在受表彰之列。连村里的任何一个人也不知道。

结果尴尬就发生了——表彰会前,马随意被村人们簇拥到了第一排就座,第一排算他共六人,眼看着其他五人披红戴花,接受荣誉证书和奖金,唯独自己被冷落一旁,他当时的心情可想而知。他的尴尬仅止于此,则罢了。紧接着更令他感到尴尬的事发生——要给五名受表彰者合影,一名镇干部呵斥他:"又没你的份儿,你坐这儿干什么?闪一边去!"于是马随意反而成了哄笑的对象。这农民的自尊心严重受伤,他还从没逢过如此狼狈之事。我想,我们不应责怪这农民太小心眼吧?凡是个人,都有点儿自尊心的吧?一名普通农民的自尊心,谁会去重视它的受伤与否呢?于是马随意进而成了村人嘲弄的一个人。老实的农民,决定要自己讨回点儿自尊心。这也是很正常的吧?他要讨回自尊心的方式,无非就是去找镇干部,希望对他和另外五人一视同仁,补给他一份荣誉证书,使他得以挽回一点儿面子。这过分吗?但是这又是多么的难啊!第一次没结果,当然就觉得更没面子,当然就必得去第二次。直至十一个月以后,他才终于讨到一份荣誉证书。这简直成了一个农民为了维护自尊心的一场战役!正当他的心理平衡一点儿的时候,有一种说法从镇干部们口中传出来:"他那个证书是不算数的,只不过为了安定才……"倒似乎马随意是一个"不安定"分子,于是农民马随意感到最终还是受了愚弄。是不是真的对他一视同仁了呢?我看也根本不是。否则会拖到十一个月以后吗?否则镇里的工作人员会对他嚷:"就轻蔑你了!你能怎么着吧?"——这种话对吗?

于是马随意将他们告了。一审,马随意败诉。法庭认为——对于见义勇为者的表彰,法律尚无明确的条文规定。因而马随意的要求没有法律依据,不予支持……马随意不服,二审依然败诉。法官们的认为如上。而且看上去一个个还都振振有词,都一副副"依法办事"的面孔。这便是中央电视台某晚一栏节目的内容。节目主持人最后评论道:"这本来是不该发生的事……"却没有进一步分析为什么"不该发生的故事"居然发生了——分明是时间的原因。我已早就不写此类文章了,我也久不动气了。然而我当时又一次感到气愤,竟至于坐立不安,一边来回踱步一边看电视。

我至少十次劝自己打消写作的念头,但是我不写就如鲠在喉啊!联想以前从媒体上看到的诸事,气愤由是强烈——我替农民马随意抱不平!让我先来质问那些镇里的官:凭什么你们拟定了只能表彰五人,就一定得按你们的"既定方针"办,多一个马随意就当然不行?难道他救起来的就不是两条人命?难道你们不是在做要使见义勇为之精神发扬光大的事,而是在赐给什么享受终生特殊待遇的"高级职称"?难道是在增补镇领导班子成员?难道多一个马随意反而将肯定的不利于见义勇为之精神的发扬光大吗?不就是再多颁发一份荣誉证书,再补给马随意三百元钱吗?何况马随意还只要证书,也就是只要一种你们的承认不要钱!就凭他此前已救过几十人这一点,即使那一次并没下水却也用他的方式救了两条人命,一并予以表彰应该不应该?表彰了他是不是比将他摈除在名单以外更有利于见义勇为之精神的群众教育?难道不是连群众都认为他实在很配受到表彰吗?

凭什么你们一旦拟定了只有"跃入水中营救"才是表彰前提,用别的方法营救就"不算数"了呢?这是什么逻辑?以此表彰"原则"进行群众性的见义勇为之精神的教育,荒唐不荒唐?在来得及的情况之下充分利用器物而且事实上也达到了救命目的(马随意是站在船头用渔网网起两个落水者的)不正是可予以表彰的吗?难道营救落井之人垂索以援其"义"便打了折扣?难道营救火海中人倚靠了云梯由窗口接应便不够"勇为"?

如果事实上连跃入水中救起二人者,排不上表彰名单的也还多多,那么马随意被摈除在名单之外自然毫不奇怪。但这样的人不是算上马随意总共才六名吗？

如果预先不了解马随意多年间已救起过几十人，那么马随意前去请求补发给自己一份证书时，对其稍加一点调查了解是不难的吧？派个办事员到他村里去打听一下不就清楚吗？

如果事情这样去做——了解之后，鉴于马随意多年间救起过几十人的一贯事迹，鉴于他在"那一次"毕竟也救起了二人这一事实，派个人再到村上去补发给他一份证书，不是更加证明倡导见义勇为的真诚吗？

然而竟不！

为什么？还不是官本位的思想在头脑中作祟？

我们拟定了五人就五人！我们说了"只有跃入水中"营救才配表彰，那就是金口玉言的"圣旨"！

但我倒要再问了：倘若马随意本人即你们镇干部中的一位，或与什么高高在你们之上的大干部有着亲密的关系，他还会落到既救了人又遭讥笑的尴尬之境吗？

但我倒要问了：倘若有一位比你们大的官，哪怕官职比你们只高半级，哪怕是以商量的态度向你们建议——对于这个马随意，还是给以表彰的好，你们仍会固执己见吗？

但我倒要再问了：你们主持的若是别的大会，若有一位高于你们的干部该在名单上而没被宣报其名，该被请上台而竟被冷落台下，并且陷入大的窘况，你们将会如何？再三再四地检讨赔礼道歉唯恐不及吧？

而一个普通农民，伤了他的自尊又怎样？哼！这是否便是你们的心理？我们是镇里的官，既然我们已经定了大会只表彰五人，改成六人也不是不行——但要看谁要求我们改，为什么人改？马随意，一个普通的农民，拉他的倒吧！谁管他以前救过多少人！

我们是镇里的官，既然我们已经"统一了意见"——"跃入水中营救的才算数"，那也要看为谁修正这一前提——马随意，一个普通的农民，他有什么资格！那我们官的话还有斤两吗？那我们定了的"原则"还是"原则"吗？谁管他表彰会上出丑没出丑！

这难道不是你们冰冷的理念吗？表面上看，马随意败诉了，但你们就因而光彩了吗？工作方法被裁决在"并不犯法"的界线，如此之低的水平有什么光彩的？

我还要质问一审、二审法院：法律上没有条文可依，法律之外是否还有情理？法官都是只懂法理不懂情理之人吗？法庭是那种只讲法理根本无视情理的地方吗？

果而如此，法律上还制定去庭上调解庭外调解两条干什么？我很奇怪两级法院为什么在此事上都不进行调解？站在情理的正确立场上，切身想象一下一个救过那么多人的农民的感受，劝镇里的干部们做得像点干部的样子——这么调解是否竟有损了法律的严正呢？当然，这就需要将一个农民和一些镇干部，看成同样有尊严、同样在乎面子的人……于是——一个一向以救人为天经地义之事，一向救人并不图名图利，并且在最直接的一次落水事件中救起了两个人，并且在自尊心受了严重伤害的情况之下一如既往地还救起过人的普普通通的农民，被两级法院宣判——他仅想讨回一点点自尊心的要求，是法律不予支持的！而这一切竟是由倡导见义勇为的一次表彰大会引发的！是否太具讽刺意味了？是否太黑色幽默了？

我不禁联想到另外一些事，都是从媒体上看到的真实的事——

交通警察以维护交通规则为由，阻拦一辆马车的通行，不顾车上躺着呻吟不止的孕妇，结果造成人命死亡。

门卫以正在执勤站岗为由，对发生在面前的光天化日之下的强奸暴行熟视无睹……

港口官员同样以"上边有规定，先交钱后出船"为由，面对跪于眼前的渔民家属们冷若冰霜，结果渔民们只有在风暴中葬身大海。

梁晓声

医院为了实行救死扶伤,在从血站取不到血浆的紧急情况之下,向武警部队求援,抽取四十余名武警战士的鲜血使孕妇母子的生命得以双全,但却要受通报处分,因为违反了有关方面的规定。

什么规则、规章、规定,难道不都是人定的而是"上帝"定的吗?难道不是人为了人才定的吗?但在某些人那儿,尤其在某些官那儿,却仅仅成了权意识的一部分,成了冰冷的东西。

冰冷到什么程度?——冰冷到仿佛高束于人民的原则之上的东西!有时甚至连绿豆粒大的几个官甚或仅仅一个官的一句话,也似乎足以具有"铁律"的意味。在它面前,某些事变得极为荒唐;在它面前,情理常被颠倒;在它面前,普通人蒙受了天大的委屈而无处可诉;在它面前,有时连人命也仿佛不算什么!

这些中国人、这些官员们,我们什么时候可以使他们明白?——在这个世界上,不该有什么另外的东西是高于人民的原则之上的;为了使人民的原则居于神圣,现存的一切规则、规章、规定,其实都是完全可以,也完全应该灵活的事情。

或许,我不值得又激动起来?

第四节

权力美学

一个时期，头脑里常常有这样的想法——权力与美学之间是否也存在着某种关系。

头脑中产生如此问题，起先很是愧怍，不敢与人讨论，恐被视为荒唐，更怕被操权握柄的权力人士和美学家们两方面嘲讽。比如美学家们或可讥我"泛美学观点"、庸俗之见；而权力者们嗤之以鼻，认为我根本不晓权力为何物，并认为我标新立异，纯粹是企图哗众取宠。而我头脑中的问题却无论如何也挥之不去，深受困扰。以往出现这种情况，解脱的办法只有写。那么，便也写将出来吧，不管别的，先图解脱再说。

依我浅见，权力与美学之间，大约是有些什么关系的。

君不见，古今中外，为权力不是设计了不少象征人物吗？王冠、王杖、王宫或皇宫，是也；专车、专列、专机，是也。比如美国的"空军一号"，是总统们特权的象征。而中国古代的"乌纱帽"，是官居几品的象征。所以"空军一号"升空，每有战斗机护航；而中国古代的官员们一旦被定了罪，便会被当即摘去乌纱。玉玺和官印自然更是权力的象征。现在中国的官员们比起古代的官员们，不必再操心的一件事那就是——免去了守印之累。官印也已不再叫印，叫公章。公章，由专人保管。丢失了，作一次内部的或报上的声明就是。即使被盗用了，一般也不至于将责任直接追究到官员头上，而由保管者承担。但在古代，官丢了印，那对于他可是件天大的事。只有高官，"行政待遇"方面才配有"护印"官之类的专职服务人员。小官，比如九品芝麻官，是没资格享受那待遇的。所以那些官即使在大祸临头时，也每双手紧紧搂抱着印。那是他为官的命根子，一旦没了，官做不成事小，罪是担不起的。

依我看来，世界上的一切人，无不生活在权力制约之下。古时候权力阶层的人士叫"统治者"，"刑不上大夫"是他们的特权。现在这特权也还在世界上许多国家和国际惯例中部分地保留着，叫"豁免权"。世界文明了以后，权力阶层的人士不叫"统治者"了，在西方叫"公仆"了，在我们这样一些国家里叫"领导"了。也不只是叫法不同了，权力性质变了。"公仆"或"领导"与"统治者"的区别在于，后者往往为所欲为，而前者必须接受监督。故中国古时民间有句话是"只许州官放火，不许百姓点灯"；而现在全世界的官都害怕同一件事，那就是揭发检举。

正是在此点上，我认为权力和美学发生了关系。

我认为相对权力，民主和监督不但是政治话语，其实也是美学话语。权力是一柄双刃之剑。它足以使也很容易使权力拥有者的人性和人格异化，结果经由权力，往往伤害了并且异化人们的人性和人格。世界长期处于这一种情况之下美好又从何谈起呢？为了使更多的普通人都能够感觉到世界毕竟是美好的，少数人拥有的权力必须合法产生。为了使一切权力拥有者的言行也受到制约，那么必须赋予一切普通人监督他们的权力。人类的社会既不能处于没有权力的局面，又不能允许少数人通过权力变为人上人，便自然而然产生出对于权力从形式到性质所寄托的种种合乎公愿的理想。而凡赋理想之事，皆附美学的内容。

政者，正也。子帅以正，孰敢不正？（《论语》）

所贵圣人之治，不贵其独治，贵其能与众共治也。（《尹文子》）

为地战者不能成王，为禄仕者不能成政。（《说苑》）

不苟一时之誉,思为利于无穷。(《偃虹堤记》)

　　中国古代先贤、先哲关于权力的那些思想,多么美好啊! 如是,则权力拥有者是"美人"也,则权力本身亦美矣。只不过,在以王权为全社会的权力基础的古代,无论中国还是外国,权力阶层根本不可能达到那么理想化的程度,权力本身也不能。

　　我们应该谦虚、谨慎、戒骄、戒躁,全心全意地为中国人民服务……

　　我们一切工作干部,不论职位高低,都是人民的勤务员,我们所做的一切,都是为人民服务,我们有些什么不好的东西舍不得丢掉呢?

　　我们的责任,是向人民负责。每句话,每个行动,每项政策,都要适合人民的利益,如果有了错误,定要改正,这就叫向人民负责。

　　众所周知,以上都是毛泽东主席,对我们的谆谆教诲。
　　对于权力,健全的政治体制和成熟的经验,与思想理念是同等重要的。这一种形式和性质的统一,在美学上当可曰为"和谐美"。不和谐,则权力被人异化,人反过来异化权力,皆难"美"矣。
　　我们国家的政治体制已经比从前健全多了,司法体制也比从前健全多了,并且在继续改革、进步着。因而今天,对于权力,我们有了对被赋予权力的人和权力本身,寄托更加符合美学原则的希望。广泛的人性认知水平是美学的基础。我们希望代表权力的人和权力本身更美好些,也就是希望它和他们更智慧些、更仁慈些、更经验丰富些,从而更人民性一些。
　　在奥、法马伦哥战役中,奥军大败,司令官马可将军被俘。有一天,他趁机逃跑了。拿破仑得知情况后说:"立刻打发他的副官也随同去吧! 这么显要的人物,只身独行是不成体统的。"

我以为,这是战胜国最高权力代表者的仁慈的表现,亦是幽默处理的一例。

"公民,你有权保持沉默。我必须提醒你,你此刻回答的每一句话,都有可能在法庭上被当作证词。"每当我从电影或电视中听到这样的语言,内心里总是很感动。权力是完全有可能被滥用的,因而普通人的权力理应被考虑得更加周到。

我以为,这是权力的平等性的"完美"体现,起码在形式上体现着一种平等追求。

智慧、仁慈、平等、公正、明智、克己奉公的精神,无怨无悔的责任,丰富的经验和雄辩的风采以及幽默的方式,我以为,一个人他个人的品质美点越多,越具有人格之魅力,当他被赋予权力之后,那一种权力也就会变得像他本人一样,成为别人愿意自觉服从的权力,而不是反过来;同样道理,若我们对权力本身产生的方式、被赋予的仪式、行使的范围和受监督的前提思考得越周到、越符合公愿,它就越接近着是一种体现我们人类"思想之类"的"东西",而即使某个并不优秀的人拥有了它,也或许由于它的要求渐渐变得优秀起来。起码,不至于变得恶劣。

最后我认为——迄今为止,人类一切关于权力的文明的进步的思想成果,都是大体上符合美学原则的思想成果。

第五节

人文的尊严

我们拿什么拯救世界。

中华人民共和国成立以来相当长时期内,《卖火柴的小女孩》是小学生六年级课本中的一篇重要课文——许许多多的小学语文老师们曾在课堂上强调它的"基本思想"是安徒生对资本主义社会的"含泪的控诉"。

毫无疑问,《卖火柴的小女孩》确是安徒生的含泪之作。对于人世间的不平,它也确是一面镜子。是同情和国家人道主义。

对于一个民族也罢,对于一个国家也罢,人道主义是必不可少的教育。没有同情的人道主义不是人道主义,没有人道主义的人文文化不是人文文化。我只知道那不是,坚信那不是。至于究竟是什么,说不大好。

安徒生是懂得以上道理的,否则他不会写《卖火柴的小女孩》《柳树下的梦》《依卜和小克丽斯汀》《老单身汉的睡帽》《沙丘的故事》《丑小鸭》;王尔德也是懂得以上道理的,否则他不会写《快乐王子》;麦加菲也是懂得以上道理的,否则他不会在写给美国孩子的《成长的智慧》一书中,将同情和善良列为第一、二章,且为第一、二章写了全书最多的短文。

否则,屠格涅夫不会写《木木》和《猎人日记》,斯托夫人不会写《汤姆叔叔的小屋》,托尔斯泰不会写《午夜舞会》,契诃夫不会写《伊凡的信》,高尔基不会写《在底层》,雨果不会写《悲惨世界》,左拉不会写《萌芽》……

纵然一向以笔做投枪和匕首的鲁迅,大约也不会写《祝福》吧,而柔石则肯定不会写《为奴隶的母亲》……

一个人的头脑里，不会天生就产生出以人道主义为人性之原则的思想或曰作为人的基本情怀来的。那么，《卖火柴的小女孩》究竟是写给谁看的呢？作为童话，它当然是首先写给孩子们看的，但它绝对不是首先写给卖火柴的小女孩看的——卖火柴的小女孩们买不起安徒生的一本童话集。《卖火柴的小女孩》是写给不必为了生存在新年之夜于纷纷大雪之中缩于街角快冻僵了，还以抖抖的声音叫卖火柴的小女孩看的，基本情况差不多是写给生活不怎么穷的人家，乃至富人家的权贵人家的小女孩看的。通常，这些人家的小女孩晚上躺在柔软的床上，或坐在温暖的火炉旁，听父母，或女佣，或家庭女教师给她们读《卖火柴的小女孩》。她们的眼里流下泪来了，意味着人世间将有可能多一位具有同情心的、善良的母亲。而母亲们，她们是最善于将她们的同情心和善良人性播在她们的孩子的心灵里的——一代又一代，百年以后，一个国家于是有了文化的基因。

这是为什么全人类感激安徒生的理由。

同样，屠格涅夫的《木木》和《猎人日记》并不是写给农奴和农民看的，《汤姆叔叔的小屋》不是写给黑奴看的，《午夜舞会》不是写给被冷酷拷打的士兵看的，《在底层》不是写给人生陷入无望困境的失业者们看的，《悲惨世界》不是写给冉·阿让们看的，《祝福》也不是写给祥林嫂们看的……

以上一些书的及时问世，及时地体现着文化的良知。

当文化也没了良知，集体朝理应被同情的阶层和人们背转过身去佯装未见的时候，那样一个国家也就向和谐的宗旨背转过身去了。

而打压文化的良知，乃是打压全社会最底线的良知。

而连文化的同情都获得不到的一部分民众，乃是最不幸的民众。

我以我眼看世界，凡经济发达国家的文化，其文化之意义曾体现于特别重要的两个方面——启蒙了穷人和教育了富人，从而文化了国家。文化当然绝不仅仅有以上两个方面的作用。但倘竟从来没有好好地起到过以上两个方面的作用，其文化的品质，无论怎样提升了来进行评论，都是可疑的。

于是联想到了"希望工程",据有关资料统计——它的绝大多数捐款者,乃是小学生、中学生和退休的老人们。我们的老人和孩子们具有同情心和善良,这实在是中国的安慰。

我以我眼看中国,我们的孩子们和老人们,并不是人文主义的文化首先要教育的对象。自然,旁人们也不必首先接受此种教育。心灵中没有吸收过饱满的人文主义教育的人,不配当公仆。因为他不可能有什么人文主义的情怀,非要当也当得很冷漠——对人民的疾苦。

心灵中没有吸收过饱满的人文主义教育的人,纵然富了,也不可能是一个可敬的富人。因为他将宁肯赠豪宅和名车给女人,哪怕仅为一夜风流,却不太会捐出区区一百元帮一个穷孩子上得起学。

给自己的头脑几分尊重——我们因而发现,娱乐使我们同而不和,思考使我们和而不同。

给自己的头脑几分尊重——我们将会发现,思考的过程、产生思想的过程,是一个非常快乐的过程。这种快乐是其他快乐无从取代的。

给自己的头脑几分尊重——我们将因而活得更像个人,更愉快,更自然!

第六节

羞于说真话

无奈在非说假话不可的情况下,就我想来,也还是以不完美的假话稍正经些。

一生没说过假话的人肯定是没有的。故我认为尽量说真话,争取多说真话、少说假话,也就算好品质。何况我们有时说假话,目的在于息事宁人。有时真话的破坏性,是大于假话的。这个道理我们都很明白。但如果人人习惯于说假话,则生活必就真假不分了。然而我却越来越感到说真话之难,并且说假话的时候又越来越多。

仿佛现实非要把我教唆成一个"说假话的孩子"不可。

说真话之难,难在你明明知道说假话是一大缺点,却因这一大缺点对你起到铠甲的作用,便常常宽恕自己。只要你的假话不造成殃及别人的后果,说得又挺有分寸,人们非但不轻蔑你,反而会抱着充分理解、充分体谅的态度对待你。因此你不但说了假话,连羞耻感也跟着丧失了。于是你很难改正说假话的缺点,甚至渐渐丧失了改正它的愿望。最终像某些人一样,渐渐习惯了说假话。你须不断告诫自己或被别人告诫的,倒是说假话的技巧如何,说真话还是说假话的选择倒变得毫无意义了似的。

记得我小的时候,家母对我的第一训导就是——不许撒谎。因为撒谎,我挨过母亲的耳光;因为撒谎,母亲曾威逼着我,去请求受我骗的人原谅,并自己消除谎话的影响。

有位外国朋友,曾问我说假话时有何感想。

我回答："明明在说假话而不得不说，我便这样安慰自己——反正人一辈子总要说些假话。如果好多人都说假话，暂且自己也说点罢！说过以后，重新做人，不再说假话就是了。"

外国朋友又问："那么梁先生说过假话后，再没说过假话了?"问得我不由一怔。

犹豫片刻，我说出一个字是："不……"我因自己没有失掉一次说真话的机会，对自己又满意又悲哀。

外国朋友流露出肃然起敬、钦佩之至的表情。我赶紧说："我说'不'的意思，是我没有做到不说假话。"我想，如果我不解释，我说的这一个字的真话，实际上岂不又成了假话吗?

外国朋友也不由一怔，她问："那又是因为什么?"

我说："一方面，我感到并不是所有的地方，都已经有了一个维护真话的良好环境；另一方面，大概要归咎于我们有说假话的后遗症。"

她问："报纸、广播、网络，不少宣传手段，不是都曾被调动起来，提倡、鼓励和表扬说真话吗?"

我说："这恰恰证明假话之泛滥是多严重啊。倘若说真话需郑重地提倡、鼓励和表扬，细想想，不是有点可悲吗?"

她问："妨碍说真话的根源，主要是政治方面吧?"

我说："那倒不尽然。在党内，将说真话作为对党员的最基本要求一提再提，足见党组织还是多么希望党员们都说真话的。我不是党员，但对此确信不疑。而我感到，社会上似乎弥漫着将说假话变成一种社会风情的怡然之风。"

她不懂"怡然"二字何意。我请她想象小孩子玩"到底谁骗谁"这一种纸牌游戏获胜时的洋洋自得。

她说："梁先生，可是据我所知，你被认为是一个坚持说真话的人啊!"

我说："我当然坚持说真话。'坚持'并不是一个轻松的词，况且我常常坚持不住。在上下级关系方面、在社交方面、在工作责任感方面,在一心想要做好某件事的时候、在根本不想做某件事的时候,在不少方面,不少因素迫使你就范,不得不放弃说真话的原则,改变初衷而说假话。常常是,哪些时候,哪些方面有困难、有问题,你说了假话,困难和问题就迎刃而解了;你说了真话,困难就更是困难,问题就更是问题了。我说过多少假话只有我自己最清楚。我仅仅在某些时候、某些场合说过一些真话,人们就已经觉得我有值得尊重的一面,可见说真话在我们的生命中到了必须认真提倡的程度。"

她注视着我,似能理解,亦似不太能理解。

后来,我和一位友人又讨论起说真话的问题。是的,我们是当成一个问题来讨论的,而且讨论得挺严肃。

我又回忆起我小时候因为撒谎,使得母亲怎样伤心哭泣,以至于怎样打了我一记耳光,和对我进行过的撒谎可耻的教诲……我讲到我的老母亲在古稀之年,仍把我当成一个小孩子似的,耳提面命,谆谆告诫我:"傻儿子,你究竟为什么非说真话不可呢?该说假话你不说假话,你岂不是不见棺材不落泪,不碰南墙不回头吗?你都这么大的人了,还让妈为你操心到多大岁数呢?"

友人默想良久,严肃而又认真地说:"你母亲是对的。"

我问:"你是说我母亲从前对,还是说我母亲现在对?"

他说:"你母亲从前对,现在也对。"

我糊涂之极。

他诲人不倦地说:"撒谎是可耻的,这毋庸置疑,所以我说你母亲从前是对的。但说假话并不等于就是撒谎,甚至和撒谎有本质的区别。"

这一点,我的确没思索过。我一向简单地认为,撒谎——说假话,乃是同性质的可耻行径,好比柑和橙是同一种东西。于是我洗耳恭听,于是友人娓娓道来:"撒谎,目的在于骗人。在于使人上当而后快,是行为。行为——听明白了吧？撒谎之后果必然造成他人的损失，起码是情绪或情感损失，更严重的造成他人利益损失。所以正派人是不应该撒谎的。而说假话，不过心口不一而已。心口不一不是严格意义上的行为概念，通常情况之下体现为态度问题。一个人对于任何一件事，有表明自己真态度的权利，也有说假话的权利。听明白了，说假话是人的权利之一。假话是否使对方信以为真，以及在多大程度上影响了对方，责任完全在对方。因为任何人都有不相信假话的权利。谁叫你相信的呢？举一个例子，我们小学都学过《狼来了》这篇课文，那个撒谎的孩子之所以应该受谴责、不可取，是因为他以主动性的行为，诱使众多的人上当受骗。如果你一个同事告诉你，他在西单商场买了一件价格便宜的上衣，并用花言巧语怂恿你去买。你果然去了，可是却没有那种上衣出售，或虽有，价格可并不便宜，是谓撒谎，很可恶。但是，说假话的人之所以说假话，往往是被动的选择，通常情况是这样的——一个人指着一个茶杯问你，造型美观吗？你认为不。但你看出了对方在暗示你必须回答美观极了，于是你以假话相告。你又何必因说了假话而内疚呢？如果对方具有问你的权利，你连保持沉默的权利也没有，而对方又问得声色俱厉，带有警告的意味，你更何必因说了假话而内疚呢？如果对方信了你的话，那么对方只配相信假话。如果对方根本不信你的假话，却满意于你说假话，分明是很乐意地把假话当真话听。那么可悲的是对方，应该感到羞耻的也是对方。对应该感到羞耻而不感到羞耻的人，你犯得着跟他说真话吗？老弟，你看问题的方法，带有极大的片面性。你只看到人们在生活中说假话的一面，似乎没有看到生活中有多少人喜欢听假话，早已习惯于把假话当作真话听。他们以很高的技巧，暗示人们说种种假话，鼓励人们说种种假话，怂恿人们说种种假话，甚至维护种种假话，他们乐于生活在假话造成的氛围之中。他们反感说真话的人，因为真话常使他们觉得煞风景，觉得逆耳。一万个人或更多的人心口不一，他们根本不在乎，他们要的是一致的假话而轻蔑一致的人心。正是这样一些人的存在,使说假话变成了似乎可爱的现象。所以,与其惩罚说假话的人,莫如制裁爱听假话的人。因为少了一个爱听假话的人的同时,也许就少了一批爱说假话的人。人们变得不以说假话为耻,首先是由于有些人变得以听假话为荣啊！另外,老弟,因为咱俩是朋友,我向你提几个问题,你坦率回答我……"

我似乎茅塞顿开,有所省悟;又似乎更加糊涂,如堕五里雾中,只说:"请讲,请讲!"

"你说真话时,是不是感觉到一种人的尊严?"

我说是的。

"当别人都说假话时,你偏想说真话,以说真话而与众不同,并且换取尊重,这是不是一种潜意识方面的自我表现欲在作祟呢?"

我从未分析过自己说真话时的潜意识,倒是常常分析自己说假话时的潜意识。尽管我似乎觉得"作祟"二字亵渎人说真话时自然、正常而又正派的冲动,但也同时尊重潜意识之科学理论。犹豫了一下,我点了点头。

"难道出风头,就比说假话好到哪里去吗?"

"强词夺理!"我终于按捺不住内心的气愤。

友人自然是不屑与我斗气的,友人嘛！他笑曰:"瞧你,瞧你,也听不得真话不是？一听真话也羞、也恼、也要跳不是？能听得进真话并不是舒服的事哩,是一种特殊的,有时甚至非强制而不能自觉的训练啊！"

一番话,倒真把我说得虽"恼羞"而又不好意思"成怒"了。

友人谈锋甚利,其言自是,又道:"你不要以为别人不说真话,便一定是怎样的'观'风使舵。其实,不屑于而已。与人家的不屑于相比,你自己每每足令大智若愚者扼腕叹'憨'罢了！"

友人辞去,我陷入前所未有的困惑。

后来,我又向几个惯常说假话,却又能与我推二三层心至腹外之腹的人请教。皆答曰:

懒得说真话。

何必说真话？

说真话，图什么？

我相信他们对我说的话句句是真话，所谓酒后吐真言。为了这样一些真话，我奉献出了几瓶真的而不是假的好酒，还有佐酒菜。从此，我观察到，假话是可以说得很虔诚、很真实、很潇洒、很诙谐、很郑重、很严肃、很正确、很令人感动、很精彩、很精辟的。从此，每当我产生说真话的冲动，竟有几分羞于说真话的腼腆，在意识——当然潜意识中作梗了！

后来我做过一个梦——我因"十二大罪状"被判十二年徒刑。我望着法官们的面孔，觉得他们一个个似曾相识。我看出他们明知所有大罪都是无中生有，但他们一个个以假话把它说成是真的。他们那些假话同样说得水平很高，包容了我从生活中观察到的一切形式完美的假话之最……我忍无可忍咆哮公堂大喝一声——可耻！于是我醒了，我愿人人都做我做过的这个梦。那么人人都将不难明白，仅仅为了自己，也断不该欣赏假话，将说假话的现象，营造成生活中氤氲一片的景致。无奈在非说假话不可的情况之下，就我想来，也还是以不完美的假话稍正经些。不完美的假话，仍保留着几分可矫正为真话的余地啊！

梁晓声

第七节

代沟也是"沟"

相当长一个时期以来，我认为代沟仅仅是不同代之人对同一事物的不同看法。最近我才渐悟——不同看法，那固然也是代沟现象的一个方面，但却并非主要的方面，更非本质的方面；而本质的方面是——对同一事物，上一代人不管多么强调关注它的必须性，下一代人竟根本连眼角的余光都不瞥过去一下。

按鲁迅的话讲，此最大之轻蔑也。

对同一事物的看法，两代人或隔代人之间还发生争论，实在是上一代人上上一代人的欣慰。这一点起码证明，那事物以及对那事物的看法，下一代人或下下一代人们有点在乎着。

为什么我要指出是上一代人或上上一代人的欣慰，而不说是双方的欣慰呢？乃因归根结底，下一代的"在乎着"是暂时的、表面的，注定了要向根本不再"在乎"转化过去的。细分析之，此时两代人之间的争论，即使显得似乎白热化，其实证明上一代人对下一代人就某事物的看法毕竟还是客观发挥着一些影响力。争论表明下一代人对此种"代"作用于"代"的影响力还多少有几分"在乎着"。同时，未尝不包含着下一代人对上一代人的情绪的照顾，那是代与代之间的感情的效应。

真相往往是这样——当下一代人对社会、对时代的认识还处在较初级的阶段，亦即对自己的适应能力尚无把握缺乏信心的阶段，"代"与"代"之间的偶尔争论是以上一代人的优势为特点的。简直可以说，往往是上一代人首先发起的。此时下一代人从各方面来讲都处于劣势。无论他们仅仅是上一代人的儿女，或学生，或属下，或关系松散的社会群体。从性质上说，占尽优势的上一代人，在争论中往往表现出压迫的意味。谆谆教导，诲人不倦，不以为然，三令五申，反对禁止，总之是居高临下、好为人师的一套罢了。哪怕此时上一代人的看法是对的，是绝对对的；动机是好的，是绝对好的；见解堪称经验，是百分百的宝贵经验，都不能改变争论的性质。争论是什么？口舌之战而已。占尽优势的一方，就算刻意做宽宏大量之状、之秀，心理上也必是强硬的。明白胜券总归操在自己手中。而下一代，此时只有虚晃一枪，随之偃旗息鼓。那是他们的权宜之计，明智从来是人们处于劣势时的上策。

当下一代对社会、对时代的认识上升到了中级阶段，亦即对自己的适应能力有了些把握、有了些信心的阶段，于是代与代之间的争论从家庭到单位、到社会的各个层面开始频繁发生。这时候——几乎只有这时候，上一代人才恍然意识到，所谓"代沟"，在自己和下一代人之间已经形成。人类的社会，可以凭了良好的愿望和被它所促使的能动性，防止许多结果，消除许多结果的因素于端倪——但人类永远无法避免代沟，更不可能靠任何方法预先消除它的成因。它如生老病死，是人类社会自然和必然的规律。在上一代人那儿，这时候代沟仿佛刚刚形成，是自己所面临的一个新"问题"。而在下一代那儿，他们显然已经觉得忍受得太久了。他们有点急不可耐地要表达自己的看法了，要宣布自己的意见和主张了。总而言之，下一代要发言了。他们的这一种欲望此时特别强烈。他们的看法、意见和主张、理念和价值观，相对于上一代人所苦心构筑的社会和时代的稳定性以及伦理性秩序，往往意味着是叛逆、是挑战、是破坏、是颠覆，然而他们不准备一味妥协了。于是"代"与"代"之间的冲突无法掩盖，社会和时代的气氛，因此而令两代人甚至三代人都备感浮躁。隔代人无论是老的一代还是小的一代，处于关系紧张的两代人之间往往不知所措——怎么样都难以摆正自己的位置。争论通常是没有结果的，各执一词，据理力争，对错实难分清。所谓结果，往往已不由对错来决定，而由从家庭到单位到社会的各个方面，谁更强硬一些来决定。在家庭中，下一代人反而更强硬一些。在家庭中，上一代人也开始学着明智了，开始研究妥协的艺术了，开始咀嚼不得已的退让是什么滋味了。尽管上一代人每每会装出不是退让而是迁就的"高姿态"，但双方都明白，上一代人对下一代人的长期影响，从此式微了。在单位，上一代人表面还占尽着优势，依然是能左右冲突的结局。但那已不是靠着从前的影响力和魅力在左右，而往往更是靠着身份、地位和权力。倘不借助甚或完全依仗那些，上一代人对于下一代人的"冒犯"，便几乎束手无策。或换一种说法，在下一代心目中，上一代人的主导能力，已经变得越来越削弱了。通常，下一代人并非总有意识地非要"冒犯"上一代人，而确实是由于两代人之间的种种分歧日愈加剧，下一代人跃跃欲试，渴望上升为主导的一代，以自己的理念和方式、方法，充分显示自己的能力。如此而已，仅此而已。"代"与"代"之间的冲突、摩擦、争论，于是处于"活动期"的状态，如同疾病在人的身体中处于"活动期"，这只是一个不甚恰当的比喻。代沟现象，无论对于社会、时代和两代人而言，如前所述，当然并不是什么疾病，也不是什么问题。

在代沟的"活动期"，各种社会和时代测试的指标表明，两代人共同关注的事物是多的，而不是少的。冲突、摩擦、争论，皆因"共同关注"。这是"代"与"代"之间，最后的紧密又紧张的关系，或曰"藕断丝连"的一种关系。

到了代沟的第三阶段，情形反过来了。共同关注的事物越来越少了，各自关注的事物越来越多了。此时的社会和时代，其实业已悄悄地完成了通常每被社会学家们所忽略的，可以称之为"第三种势力"的再分配。于是上一代人猛地发觉，在自己不经意间，下一代人早已疏远了自己，并且在对社会和时代的适应能力、自主性两方面，令他们惊讶——下一代成长壮大起来。从前上一代人每想，下一代人离开了自己可怎么办呢？故有时他们也是完全出于一种责任感和使命感,而一厢情愿地掌控着下一代人的活法。而此时,实际上被"抛弃"的,似乎更是上一代人,于是上一代人别提有多么失落。他们连想和下一代争论,不,哪怕仅仅是讨论的机会也几乎没有了。下一代人早已不愿再和上一代人讨论什么了,更不屑于争论什么。他们在自己的势力范围内如鱼得水,自得其乐,充分享受由自己的成长壮大而占领了的"根据地"。他们的人生状态看去也许远不如某些上一代人那么风光,那么意得志满。但他们确乎比上一代人活得率性、活得自我,而那往往是下一代人热爱生活的第一种理由。这一点,在上一代人那儿,一向是被嗤之以鼻的。

因了他们对人的活法的理解已与上一代人大相径庭,甚至背道而驰,于是社会和时代中,产生出了新的种种的可用五花八门来形容的消费观、社交观、情爱观、婚姻观、择业观、审美观、娱乐观、伦理观等,不一而足。一言以蔽之,社会的许多方面都随之而改、而变。

代沟在这一个阶段"成熟"了,像一季果子成熟了。

它定型了。

我们都知道,成熟的果子不会再长大,却也不会再变小。而"成熟"了的代沟,不再冲突,也不再摩擦。因为,上一代人关注的,以为重要的事物,在下一代人那儿仿佛并不存在;而下一代人关注的,以为重要的事,上一代人已知之不多。那都是些新的事物呀!这时,几乎只有这时,代沟现象出现了反过来的情况——上一代人变得虚心,不耻下问了。有时,进而会变得以媚取悦了。上一代人的头脑之中于是发生了一种前所未有的迷惘与困惑,已搞不大清楚与下一代人之间的隔阂,是否便意味着是自己不可救药的落伍。他们开始放弃种种原本一向坚持的上一代人的原则,开始以讨好的"低姿态"向下一代人靠拢,并不被怎么友善地待见也不在乎了。上一代人与下一代人几乎只剩下一个共同的话题,那就是——钱。即使对于钱,分歧也多多。在家庭里,在单位里,在社会的各方各面,"代"与"代"之间的关系,可以说已无"沟",因为"井水河水互不犯",就水平一片了。也可以说那"沟"已深得不能再深,连玩笑都被看不见的"沟"隔开了,仿佛不同民族有着不同的语言。此时隔代冲突、摩擦、争论的现象已是鲜见之事,成心挑起也很难了。因为关系直接的两代人之间都不复那样了,隔代人还冲突个什么劲儿呢?

在代沟的"成熟"阶段,隔代人往往亲密有加起来。

我们回顾历史便会发现所谓"代沟"的另一条规律,或曰另一种真相——原来不管下一代人在上一代人心目中究竟是怎样的,社会和时代的天平最终总是要倾斜向下一代这边的。因为下一代,毕竟是一天比一天成长壮大的一代。而他们给社会和时代注入的新内容、活力,肯定比上一代多。

代沟是人类社会一门永远的课程。在这一门课程中没有过一位先生,全人类一代又一代皆是它的学生,谁想逃学、想旷课都办不到。也没有过任何标准答案,因为人类的社会和时代沧海桑田,今昔更替,是非对错永远被不断地反思和再认识、再检验。对于代沟这一张考卷,只有上一代和下一代人不同之解答方式的区别。对前者们,较好的解答方式其实只不过是顺其自然,以平常心接受并尊重它的真相。同时并不"媚下","媚下"也不配有上一代的自尊。

从哲学的角度讲,"同一事物"原本是不存在的。上一代人必须明白的起码一点是——自己们比下一代更应该做"代沟"这一门课程的好学生,而非下一代的先生!

第八节

"不忍"怎么忍

"不忍"二字，曾人言颇多。它指谁将做什么狠心之事，却受一时恻隐的干预，难以下得手去。于是，古今中外的小说和戏剧，便有了大量表现此种内心矛盾的情节。倘若具经典性，评论家们每赞曰："人性的深刻。"曾有唱红一时的一首流行歌曲《心太软》。"不忍"就意味着"心太软"，"心太软"每每要付出代价，最沉重的代价是搭上自己的命。一种情况是始料不及，另一种情况是舍生取义。

传统京剧《铡美案》中有一个人物叫韩琪——驸马府的家将。陈世美派他去杀秦香莲母子三人，"指示"复命时要钢刀见血。那韩琪听了秦香莲的哭诉哀求，明白了她的无辜，目睹了她的可怜，省悟了驸马爷派他执行的是杀人灭口的勾当。天良起作用，又没第二种选择，于是横刃自刎！

某日从电视里看到这一场戏，感动之余，突发篡改之念。原因是，似乎只有篡改，才能更符合当代之某些人的思想观念，才能更具有现实性，才能"推陈出新"……于是篡改如下：

韩琪："秦香莲，哪里走？留下人头来！"

秦香莲："啊，军爷！我秦香莲母子的可怜遭遇，方才不是已说与军爷听了吗？"

韩琪："听是听，可怜吗，倒也着实的可怜。但却饶你们不得！"

秦香莲复又双膝跪下，并扯一儿一女跪于两旁，磕头不止，泗泪滂沱，咽泣哀求："啊，军爷呀军爷！既听明白了，既信真相了，既已可怜于我们了,缘何不放小女子一马,又非要我们留下人头来?"

韩琪:"嘟!秦香莲,你也给我仔细听着!想我韩琪,乃驸马府家将。驸马爷与当朝公主,一向对俺不薄。并言事成之后,定有重赏。杀你们母子三人,对俺易如反掌。区区小事,驸马爷挚诚秘托,俺韩琪身为家将,岂有欺主塞责之理?倘不曾堵得着你们,还则罢了。已然堵你们于此庙中,心软放之,教俺如何向驸马爷交代!韩琪也乃一条好汉,站得直,坐得正,驸马爷与公主面前深获信任。言必信,行必果,驸马府里美名传。若今放了你母子,我将有何面目重见我那恩主驸马爷!"

秦香莲:"军爷呀军爷,难道没听说过'仁以为己任,不亦重乎'这句古话吗?"

韩琪:"秦香莲,难道没听说过'受人好处,替人消灾'这句古话吗?我今杀你们,天经地义,理所当然!不杀,倒特显得我韩琪迂腐!"

秦香莲:"军爷呀军爷,我们母子女与你往日无冤,今日无仇,军爷还是开恩饶命吧!"

于是再磕头,再哀求;于是子与女皆磕头如捣蒜,皆咽泣哀求。

不料韩琪怒从心起,喝道:"嘟!好个唪讨厌的秦香莲!都道是'理解万岁',你怎么只一味贪生怕死,丝毫也不理解我韩琪的难处!真真一个凡事当先,只为自己着想的女子!难怪世人说——可怜之人,必有可恨之处!韩琪从前不信,今日信啦!"

秦香莲:"军爷呀……"

韩琪:"休再唪,哪个有耐心听你哭哭啼啼,看刀!"

遂手起刀落,将那香莲人头削于尘埃;又唰唰两刀,结果了那少男与少女的性命。

当然的,开封府包大人帐前,韩琪也就免不了牵扯到人命官司里去了。包大人铡了世美,自然接着要铡韩琪的。当然还要一番篡改:

韩琪:"包大人,冤枉啊,冤枉!韩琪虽死,理上也是不服的!"

包大人："韩琪，似你这等冷酷无情、替主子杀人灭口的恶仆，铡了你，你有什么可冤枉的？你又有什么理上不服的！"

韩琪："包大人，韩琪有自辩书一份，容读。请大人听罢再做明鉴！自辩书云：'君命臣死，臣不得不死；父叫子亡，子不得不亡。此乃我中华民族昭昭纲常之首义也！推而及主奴关系，则可引申出主之忧，奴当解之；主之托，奴当照办的道理。家将者，府奴也。犹如臣唯命于圣上，子依从于父训。违之，殊不义也！抗之，殊大逆不道也！又常言道——有奶便是娘。奶者，实惠之物也；娘者，至尊之人也。如君相对于臣，如父相对于子，亦如主相对于奴也！臣奉君旨而行事，虽错虽恶，错恶在君耳！子依父训而差谬，虽差虽谬，差谬在父耳！奴为主杀人灭口，当诛者，主耳！在家将，只不过例行公事耳！小的韩琪杀人，实在也是出于为奴仆者尽职尽责的一片耿耿忠心呀！所以包大人若连韩琪也铡了，韩琪到了阴曹地府也是一百个不服的！'"

《赵氏孤儿》中，也有一个与韩琪类似的人物，叫钮麂，是奸臣屠岸贾的家奴。屠命其深夜去行刺忠臣赵盾。他勾足悬身于檐，但见那赵盾，秉烛长案，正襟危坐，批阅公文。他心里就暗想：早听说这赵盾是大忠臣，今日亲见，果然名不虚传！此夜此时，良辰美景，哪一王公大臣的府第之中，不是妖姬翩舞，靡音绕梁呢？满朝文武，像赵盾这么家居简陋，尽职至夜者实在不多了呀！我若行刺于他，天理不容啊！他这么一想，可就一时的"心太软"了。"心太软"，他就做出了太愧对自己的正义冲动之事来了——纵下檐头，蹿立厅堂，朗声高叫："赵大夫听了，我乃屠岸贾之家奴钮麂是也！今夜屠岸贾命我前来行刺大夫，并许以重赏。钮麂每闻大夫刚正不阿之名，心窃敬之。岂忍做下世人唾骂之事！然大夫不死，钮麂难以复命，故钮麂宁肯自尽了断恶差！我死之后，那屠岸贾必派他人继来行刺，望大夫小心谨慎，处处提防为是……"

小时候读过这戏本，台词意思记了个大概。于今想来，这钮麂其实也是不必自己死的。他不妨向赵盾说明自己的两难之境，请赵盾反过来同情自己、体谅自己，对自己"理解万岁"。想那赵盾，既要于昏君当道之世偏做什么刚正不阿之臣，必有思想准备，早已将生死置之度外。绝不会香莲也似的魂飞魄散，咽泣哀求。而那钮麂，杀人前先便获得了被杀者的理解和同情，天良也就不必有所不安了。即使后来因而受审，也可以振振有词地自我辩护——赵盾当时都理解我了，你们凭哪条判我的罪？难道我当时的两难之境就不值得同情吗？

联想开去——罪恶滔天的德国党卫军战犯，后来正就是以此种辩护逻辑为自己们罪名开脱的。

侵略者无罪是——"军人以服从命令为天职。"

屠杀犹太人无罪是——"执行本职'工作'。"

连希特勒的接班人赫尔曼·威廉·戈林在战后公审的法庭之上，也是自辩滔滔地一再强调——我有我的难处，对我当时的难处，公审法官们应该"理解万岁"。

日本大小侵华战犯，被审时的辩护逻辑还是如此，现在，这逻辑仍在某些日本人那儿成立。

若联想得更近些，说我们大家人人身边的事——读者诸君，你们是否也和我一样，对"不忍"二字有点久违了似的？你们是否也和我一样，经常能听到的，倒是"别心太软"的告诫，或"只怪我心太软"的后悔之言呢？

我们大家人人身边的事，当然都只不过是些"凡人小事"，并不人命关天——比如小名、小利……千万别心太软！有什么忍不忍的？这年头，你不忍，别人还不忍吗？你不忍，那么你等着吃哑巴亏吧！于是，我们往往也就正是为了那些小名、小利，将别人，甚至将朋友抛出去"变卖"一次，或将友情、信任出卖一次。当致别人于窘境、于困境，甚至可能毁了别人的名誉之时，我们又往往这样替自己辩护——

我不过是奉行了合理的个人主义啊！如今这年头，谁不像我一样呢？

真的,我眼见的这类人和这类事,多得早已使我的心有些麻木。于这麻木之中,我竟每每很怀念"不忍"二字。难道这"不忍"二字,真的将从我们某些人的日常用语中废除了吗?难道我们某些人迅速地"现代"起来了的头脑中的观念,真的半点古典的缝隙也不存在了吗?真得祈求,给我们中国人的人心,留下一条还能夹住"不忍"二字的缝隙吧!

现实中的"不忍"渐少,小说、戏剧、电影中的"心太软"自然就泛多起来。人们所想要的,总会以某种方式满足。画饼充饥的方式,于肚子是没什么意义的;于精神,却能起到望梅止渴的作用。在小说、戏剧和电影中,情节(而且往往是尾声情节)通常是这样设置的——即使是坏人、仇人,一旦落到任凭摆布之境,主角们便顿时恻隐起来、"不忍"起来。于是坏人、仇人大受感动,幡然悔悟,放下屠刀,立地成佛。于是人性的力量光芒四射!

但在现当代的小说、戏剧和电影中,这样的情节已不常见,被认为是陈旧的套路——事实上也确实成为陈旧的套路。当代的小说、戏剧和电影,在处理类似的情节时,似乎更愿告诫和强调人性恶的顽固。那情节一般是这样的——主角们手起而刀不落,枪逼而弹不发,虽咬牙切齿,却终究有几分心不忍。

于是遏敛杀心,刀归鞘,枪入套,转身而去。

被放条生路的坏人、仇人们却不领情,爬将起来,从背后进行卑鄙又凶恶的暗算。

于是惹得英雄怒发冲冠,慈悲荡然,不复心软,灭绝有理。

这类情节所证明给人看的,乃鲁迅"费厄泼赖应当缓行"的主张,或东郭先生可以休矣的理念。

还有另一种处理——坏人、仇人暗算成功,主角扑于尘埃,卧于血泊,绝命前指着他说出一个字是:"你……"

倘若我们用现今生活中的惯常话语替他说完,那句话大概是——"你怎么这样!"

坏人、仇人则冷笑不已。或说什么，或什么都不说，趋前再加残害。台词也罢，表情也罢，行为语言也罢，总之是这么个意思——你活该，谁叫你对我"心太软"？后悔晚啦！

从此等情节，可反观出我们近当代人对人性善与人性恶的大矛盾——我们是多么地希望自己的心有所"不忍"啊！我们又是多么地恐惧于一旦不忍导致的悲剧结果啊！

港台的武侠片、江湖片，外国的黑社会片，几乎片片都有相似情节，亦成套路矣。《这个杀手并不冷》曾冲击过不少影碟发烧友的内心，故事也比较动人心魄。我也曾是影碟发烧友，当然也动过我心魄。此片名译为中文，真有点儿怪怪的。我们将近当代之人心不冷的希望寄托于冷酷杀手，让他替我们去义无反顾出生入死地完成人心不冷的"任务"，足见我们自己的心已经多么承受不起"心太软"的人性的负担和后果，也多么渴求人心别太硬的温暖。

此片问世后，同类故事的影片相继而出。仿佛这世界上心并不冷、心最不冷的，倒仅剩下些杀手们似的。比如另有一部美国电影，片名译为中文是《黑杀手》。因为那杀手乃五十来岁、人高马大、外表迟钝木讷的哥们儿。他属于职业杀手；他也自认为杀人是他的职业，与歌唱、经商、体育、拳击、从政等职业没有什么两样。他从事此业二十余年仍能混迹人群、逍遥法外，证明他虽外表迟钝木讷，于业务方面还是有不少"宝贵经验"的。他无忏悔之心，因为他每次进入"工作阶段"之前，都被告之，对方是坏人。坏人们消灭不过来，他就"替天行道"。

他也是人，也有物质的需求，所以"替天行道"也不能白干。

他又认为他从事的是"风险行业"，索费颇高。但是他觉得"廉颇老矣"，厌倦了"工作"，打算自己允许自己"退休"。偏偏在这样的情况之下，又有人花钱雇他杀人了。若不干，对方威胁要告发他。那他岂不就只有"退休"到监狱里去了吗？

他没了选择，违愿地接了钱。

一接钱，黑社会内的规矩，就等于签合同了，就负有信誉责任了。而当时接头匆匆，竟忘了问明白将要被杀的是什么人，自己"替天行道"的前提充分不充分？

及至骗开了门，面对一位三分清醒、七分醉的水灵小少妇，他不禁地暗暗叫苦不迭。

因为他还从未杀过女性，因为那小少妇怎么看都不像坏人、恶人。而且，似乎还未成年……

他冒充检修电路的。她也就相信他是，让他顺便检修一下电视插板——当晚有她喜欢看的肥皂剧，她正因看不成而寂寞、而沮丧。他佯装检修，打开工具箱，取出手枪时；她奔入厨房去了，咖啡溏了，而卧室里传出婴儿的哭声。他蹑入卧室抱起婴儿，又拍又哄，唯恐哭声引来多事的邻居。此时这杀手，内心不但暗暗叫苦，简直还恼火透啦！杀女人已经违反他的职业原则，捎带着还得杀一个不满周岁的孩子！事情明摆着，只杀小母亲，那孩子没人哺乳，很可能也饿死。一不做二不休地一块儿杀了吧，雇主付给他的可是只杀一个大人的钱！杀了再去讨一份"工钱"吧，雇主肯定不认账，肯定会说我也没要求你多杀一个孩子呀！发慈悲不杀孩子呢？万一自己刚杀了母亲，前脚才出门，孩子的哭声就引来了人呢？公寓管理人员看见他进这房间了，那他还能继续逍遥法外吗？

接下来，大家能想象得到的，开始了一连串的喜剧情节。他抱着孩子问她："你怎么小小年纪就结婚，并且做了母亲？"他问的当然是气话。因为她的特殊性，使他这一次要完成的"工作"复杂化了——想想以前，"工作"多么简单啊！

她正有对人诉说的愿望，经他一问，于是珠泪成行，娓娓道出一名失足少女值得同情的经历。

在他以前的"工作"中，可没有过这种插曲。他听了，就"心太软"起来。

他一"心太软",就更加生气,因自己竟他妈的"心太软",因将被杀的是女性而生气;还因只收了杀一个大人的钱,有一个孩子的死也将算在自己账上而生气。

他一会儿要杀,一会儿"不忍":他要杀时她恐惧,可怜;他"不忍"时她接着娓娓诉说,显出涉世太浅心地单纯的可爱模样。

他有一句台词十分精妙:"住口,你已经使我没法进行我的'工作'!"潜台词当然是——你已使我"不忍"杀你!

此片算不上一部高品位的电影,只不过因为喜剧风格,情节还有意思,表演还逗哏,台词还俏皮。

我喋喋不休地讲这部二三流电影,归根结底想要说的是——我真希望从某些报刊上,有一日也读到类似的报道——被雇的杀手终于"不忍"下手,就像《黑杀手》的结局一样。

我也真希望——现实生活中喜剧多发生一些,甚或闹剧多发生一些。若人心不能在庄重的情况下兼容"不忍"二字的存在,于喜剧和闹剧的发生中出现"心太软"的奇迹,也是多么的好啊!

读者,你近来可曾听到你周围的人说他或她在某件事某些小名、小利的关头"不忍"过?

"不忍""不忍",人心中的"不忍"哦,真的,我们是不是久违了?

第九节

比之道

人类的许多伟大之处、高贵之处，以及迄今为止的辉煌文明，也可以说是人类互比的结果。比不断地激发人类的赶超心理，比是极高级的思维活动。除了人，只有极少数的动物在极少的情况之下才互比。比如极少数的鸟，在发情期比羽毛的美丽，比叫声；极少数的兽，在发情期比形体的雄壮、比吼声的威猛。但一过了发情期，它们的互比便宣告结束。动物的互比不是思维活动、不是意识，而是较纯粹的本能。始于本能，止于本能。本能促使之下的动物们的互比，即使从恶的结果方面分析，都是激发不出什么高级的行为的。人类的互比，却不仅能激发高贵的热情和冲动，而且能滋生罪恶的念头、能导致野蛮的冲动。

是的——人类的互比意识，也给人类带来许多烦恼、许多愤怒、许多嫉妒、许多痛苦。人类的痛苦，一部分是由灾难造成的，一部分是由贫穷造成的，一部分是由生理不幸造成的，一部分是由心理不幸造成的。互比意识在心理现象中是收缩性很大的一种存在。好比三个连体气球，一个大，两个小。吹起这样的气球，需要很均匀的气量。气量不均，两个小气球就可能一大一小。如果那大的恰恰充满了比富、比贫、比奸、比诈、比享乐、比堕落之"气"，那么人的痛苦也就随之而来了。吹爆它的时候，悲剧就发生了。悲剧不但可能毁了自己的人生，往往也可能毁了他人的人生、家庭和生命。

人总是要比的，比的意识几乎伴随人的一生。人老了还是要比，人是活到老比到老的。比是人生的功课，能学好这门功课不容易。

梁晓声

人与人不同,所比的内容也就不同,所比的目标也就不同。

一位名叫陈广泉的公安派出所的老民警,几十年如一日,默默无闻地为百姓做好事。随后受到百姓的由衷怀念,都把他称作"好人陈广泉"。由他的事迹,我不禁自问——倘若我是民警,我能做到像他那样吗?这一自问,我就更深刻地认清了我自己,因为我做不到。一年两年内,我也许还做得到。几十年如一日,我真的做不到。

还有一位育林老人,也是几十年如一日,将一座座荒山秃岭,披上了葱葱绿装。林木价值,高达数百万元之巨。但是他最后一文不取,都奉献给了国家。由这位育林老人,我依然自问——倘若我是他,我能做到吗?我坦率承认,我真的做不到。

在今天,这位民警陈广泉和那育林老人的事迹,对我们互比的意识,具有阳光般的作用。我们每个人问我们自己——"我能做到吗"这个时候,我们其实已经又是在比了。不过是在与无私和崇高比。

所以我常想,比是无妨的,但应全面地比一比。比富、比贪,使我们越比心理越倾斜。比比别人的无私和崇高,能使我们倾斜了的心理再度平衡。

一个时代、一个社会,普遍的人们比什么、怎么比,当然取决于人们的普遍的价值取向。而人们的普遍的价值取向,说到底又是和一个时代、一个社会的崇尚本质分不开的。

国与国也是经常互比的。

以我们中国和外国比,有人就头头是道地说了——人家外国人均有多富呀!咱们中国人均才有多少?我们每个人才称几个钱!

我想在今天,中国首先还是要和外国比别的方面——比外国的教育经费高于中国……

第十节

狡猾是一种冒险

从前印度有些穷苦的人为了挣点钱,不得不冒险去猎蟒。

那是一种巨大的蟒,一种以潮湿的岩洞为穴的蟒,背有黄褐色的斑纹,腹白色,喜吞尸体,尤喜吞人的尸体。于是被某些部族的印度人视为神明,认定它们是受更高级的神明派遣,承担着消化掉人的尸体之使命。故人死了,往往抬到有蟒占据的岩洞口去,祈祷尽快被蟒吞掉。为使蟒吞起来更容易,且要在尸体上涂了油膏。油膏散发出特别的香味,蟒一闻到,就爬出洞了。

为生活所迫的穷苦人呢,企图猎到这一种巨大的蟒,就佯装成一具尸体,往自己身上遍涂油膏,潜往蟒的洞穴,直挺挺地躺在洞口。当然是,赤身裸体,一丝不挂,最主要的一点是一脚朝向洞口。蟒就在洞中从人的双脚开始吞。人渐渐被吞入,蟒躯也就渐渐从洞中蜓出了。如果不懂得这一点,头朝向洞口,那么顷刻便没命了,猎蟒的企图也就成了痴心妄想。

究竟因为蟒尤喜吞人的尸体,才被入迷信地图腾化了;还是因为蟒先被迷信地图腾化了,才养成了"吃白食"的习性,没谁解释得清楚。

我少年时曾读过一篇印度小说,详细地描绘了人猎蟒的过程。那人不是一个大人,而是一个十三岁的孩子。他和他的父亲相依为命。他的父亲患了重病,奄奄待毙,无钱医治,只要有钱医治,医生保证病是完全可以治好的。钱也不多,那少年家里却拿不起。于是那少年萌生了猎蟒的念头。他明白,只要能猎到一条蟒,卖了蟒皮,父亲就不至眼睁睁地死去。

某天夜里,他就真的用行动去实现他的念头了。他在蟒出没的山下脱光衣服,往自己身上涂遍了那一种油膏。他涂得非常之仔细,连一个脚趾都没忽略。一个少年如果一心要干成一件非干成不可的大事,那时他的认真态度往往超过了大人们。

当年我读到此处,内心里既为那少年的勇敢所震撼,又替他感到极大的恐惧。我觉得世界上顶残酷的事情,莫过于生活逼迫一个孩子去冒死的危险。这一种冒险的义务性,绝非"视死如归"四个字所能包含的。"视死如归"有时只要不怕死就足够了,有时甚至"但求一死"罢了。而猎蟒者的冒险,目的不在于死得无畏,而在于活得侥幸,活是最终目的。与活下来的重要性和难度相比,死倒显得非常简单不足论道了。

那少年手握一柄锋利的尖刀,趁夜色仰躺在蟒的洞穴口。天亮之时,蟒发现了他,就从他并拢的双脚开始吞他。他屏住呼吸,不管蟒吞得快还是吞得慢——猎蟒者都必须屏住呼吸。蟒那时是极其敏感的,稍微明显的呼吸,蟒都会察觉到。通常它吞一个涂了油膏的大人,需要二十多分钟。猎蟒者在它将自己吞了一半的时候——也就是吞到自己腰际,猝不及防地坐起来,以瞬间的神速,一手掀起蟒的上腭,另一手将刀用全力横向一削,于是蟒的半个头,连同双眼,就会被削下来。自身的生死,完全取决于那一瞬间的速度和力度。削下来,便远远地一抛。速度达到而力度稍欠,猎蟒者就休想活命了。蟒突然间受到强疼痛的强刺激,便会将已经吞下去的半截人体一下子呕出来。人就地一滚躲开,蟒失去了上腭连同双眼,想咬咬不成,想缠看不见。愤怒到极点,用身躯盲目地抽打岩石,最终力竭而亡。但是如果未能将蟒的上半个头削下,蟒眼仍能看到,那么它就会带着受骗上当的大愤怒,蹿过去将人缠住,直到将人缠死,与人同归于尽。

不幸就发生在那少年的身体快被蟒吞进一半之际——有一只小蚂蚁钻入了少年的鼻孔,那是靠意志力所无法忍耐的。少年终于打了个喷嚏,结果可想而知。

数天后，少年的父亲也死了。尸体涂了油，也被赤裸裸地抬到那一个蟒洞口。

很多年过去了，我却怎么也忘不了这篇小说。其他方面的读后感想，随着岁月渐渐地淡化了。如今只在头脑中留存下了一个固执的疑问——猎蟒的方式和经验，可以很多人为什么偏偏要选择最为冒险的一种呢？将自己先置之死地而后生，这无疑是大智大勇的选择。

但这一种"智"，是否也可以认为是一种狡猾呢？

难道不是吗？

蟒喜吞人尸，人便投其所好，从蟒决然料想不到的方面设计谋，将自身作为诱饵，送到蟒口边上，任由蟒先吞下一半，再猝不及防地"后发制人"，多么狡猾的一招！但是问题又来了——狡猾也真的可以算是一种"智"吗？勉强可以算之，却能算是什么"大智"吗？我一向以为，狡猾是狡猾，"智"是"智"，二者是有区别的。诸葛亮以"空城计"而逼退压城大军，是谓"智"。曹操将徐庶的老母亲掳去，当作"人质"逼徐庶为自己效力，似乎就只能说是狡猾了罢！而且其"狡"、其"猾"，又是多么的卑劣呢！

那么在人与兽的较量中，人为什么又偏偏要选择最为狡猾的方式去冒险呢？如果说从前的印度人猎蟒的方式还不足以证明这一点，那么非洲安可尔地区的猎人猎获野牛的方式，也是同样狡猾、同样冒险的。这里的野牛身高体壮、狂暴异常，当地土人祖祖辈辈采用一种与众不同的方式猎杀之。他们利用的是野牛不践踏、不抵触人尸的习性。为什么安可尔野牛不践踏不抵触人尸，也是没谁能够解释得明白的。猎手除了腰间围着树皮、臂上带着臂环外，也几乎可以说是赤身裸体的。一张小弓、几支毒箭，和拴在臂环上的小刀，是猎野牛的全副武装。他们总是单独行动，埋伏在野牛经常出没的草丛中。而单独行动，则是为了避免瓜分。

当野牛成群结队来吃草时，埋伏着的猎手便暗暗物色自己的谋杀目标，然后小心翼翼地匍匐逼近。趁目标低头嚼草之际，早已瞄准它的猎手霍然站起放箭。随即又卧倒下去,动作之迅疾跟那离弦的箭一样。箭在野牛粗壮的颈上颤动。庞然大物低哼一声,甩着脑袋,好像在驱赶讨厌的牛蝇。一会儿,它开始警觉地扬头凝视,那是怀疑附近埋伏着狡猾的敌人。烦躁不安的几分钟过去后,野牛回望远离的牛群,想要去追赶伙伴们。而正在这时,第二支箭又射中了它。野牛虽然目光敏锐,却未能发现潜伏在草丛中的敌人。但它听到了弓弦的声响,颈上的第二支箭使它加倍地狂躁,鼻子翘得高高的,朝弓弦响处急奔过去。它并不感到恐惧,只不过感到很愤怒。突然间它停了下来,因为它嗅到了可疑的气味。边闻,边向前搜索。

人被看到了!

野牛低俯下头,挺着两支锐不可当的角,笔直地冲上前去,对那猎手来说,情况十分危险。如果他沉不住气,起身逃跑,那么他就死定了!但他却躺在原地纹丝不动。野牛在猎手跟前不停地踩蹄、刨地,摇头晃脑、喷着粗重的鼻息,大瞪着因愤怒而充血的眼睛。

最后,它却并没攻击那具"人尸",而是轻蔑地转身走开了。

但这只是一种"战术"而已——野牛的"战术"。这"战术"也许是从它的许多同类们的可悲下场,本能地总结出来的。它又猛地掉转身躯,冲回人跟前,围绕着人兜圈子,踩蹄、刨地,眼睛更加充血,瞪得更大,同时一阵阵喷着更加粗重的鼻息,鼻液直喷在人脸上。而那猎手确有非凡的镇定力。他居然能始终屏住呼吸,眼不眨,心不跳,仰躺在原地,与野牛眼对眼地彼此注视着,比真的死人还像死人。野牛一次次杀了五番"回马枪",仍对"死人"看不出任何破绽。于是野牛反倒认为自己太多疑,决定停止对那"死人"的试探,放开四蹄飞奔着去追赶它的群体,而这一次次的疲于奔命,加速了箭镞上的毒性发作,使它在飞奔中四腿一软,轰然倒地。这体重一千多斤的庞然大物,就如此这般地送命在狡猾的小小的人手里了。

现代的动物学家们经过分析得出结论——动物们不但有习性,而且有种类性格。野牛是种类性格非常高傲的动物,用形容人的词比喻它们可以说是"刚愎自用"。进攻死了的东西,是违反它的种类性格的。人常常可以做违反自己性格的事,而动物却不能。动物的种类性格,决定了它们的行为模式,或曰"行为原则"也未尝不可。改变之,起码需要百代以上的过程。在它们的种类性格尚未改变前,它们是死也不会违"行为原则"的。而人正是狡猾地利用了它们呆板的种类性格。现代的动物学家们认为,野牛之所以绝不践踏或抵触死尸,还因为它们的"心理卫生"习惯。它们极其厌恶死了的东西,视死了的东西为肮脏透顶的东西,唯恐那肮脏玷污了它们的蹄和角。只有在两种情况下才发挥武器的威力——发情期与同类争夺配偶的时候以及与狮子遭遇的时候。它的"回马枪"也可算作一种狡猾。但它再狡猾,也料想不到,狡猾的人为了谋杀它,宁肯佯装成它视为肮脏透顶的"死尸"。

比非洲这种猎取安可尔野牛更狡猾的,是吉尔伯特岛人猎捕大章鱼的方式。吉尔伯特岛是太平洋上的一个古岛,周围海域的章鱼之大,是足以令世人震惊的。它们的触角能轻而易举地弄翻一条载着人的小船。

猎捕大章鱼的吉尔伯特岛人,双双合作。一个充当"诱饵",一个充当"杀手"。为了对"诱饵"表示应有的敬意,岛上的人们也称他们为"牺牲者"。

"牺牲者"先潜入水中,在有大章鱼出没的礁洞附近缓游,以引起潜伏的大章鱼的注意。然后突然转身,勇敢地直冲洞口,无畏地闯入大章鱼八条触角的打击范围。

充当"杀手"的人,埋伏在不远处,期待着进攻的机会。当他看到"诱饵"已被章鱼拖到洞口,大章鱼已用它那坚硬的角质喙贪婪地在"诱饵"的肉体上试探着,寻找一个最柔软的部位下口。

于是"杀手"迅速游过去,将伙伴和大章鱼一起拉离洞穴。大章鱼被激怒了,更凶狠地缠紧了"牺牲者"。而"牺牲者"也紧紧抱住大章鱼,防止它意识到危险，而抛弃自己溜掉。于是"杀手"飞快地擒住大章鱼的头，使劲把它向自己的脸扭过来，然后对准它的双眼之间——此处是章鱼的致命部位，套用一个武侠小说中常见的词可叫"死穴"，拼命啃咬起来。一口、两口、三口……不一会儿，张牙舞爪的大章鱼渐渐放松了吸盘，触角也像条条死蛇一样垂了下去，就这样一命呜呼。

分析一下人类在猎捕和"谋杀"动物们时的狡猾，是颇有些意思的。首先我们可以得出结论，狡猾往往是弱类被生存环境逼迫生出来的心计。我们的祖先，没有利牙和锐爪，连逃命时足够快的速度都没有。在亘古的纪元，人这种动物，无疑是地球上最弱的动物之一种，不群居简直就没有办法活下去。于是被生存的环境、生存的本能，逼迫出狡猾。狡猾，而成了人对付动物的特殊能力。其次我们可以得出结论，人将狡猾的能力用以对付自己的同类，显然是在人比一切动物都强大了之后。当一切动物都不再可以严重地威胁人类生存的时候，一部分人类便直接构成了另一部分人类的敌人。主要矛盾缓解了、消弭了，次要矛盾上升了、转化了，比如分配的矛盾、占有的矛盾、划分势力范围的矛盾。因为人最了解人，所以人对付人比人对付动物有难度多了，尤其是在一部分人对付另一部分人、成千上万的人对付成千上万的人的情况下。于是人类的狡猾就更狡猾了，于是心计变成了诡计。"卧底者"、特务、间谍，其角色很像吉尔伯特岛人猎捕大章鱼时的"牺牲者"。"置于死地而后生"这一军事上的战术，正可以用古印度人猎蟒时的冒险来生动形象地加以解说。那么，军事上的佯败，也就好比非洲土人猎杀安可尔野牛时装死的方法了。

归根结底，我以为狡猾并非智慧，恰如调侃不等于幽默。狡猾往往是冒险，是通过冒险达到目的之心计。大的狡猾是大的冒险，小的狡猾是小的冒险。比如第二次世界大战时期日军偷袭珍珠港的军事行径，所冒之险便是彻底激怒一个强敌，使这一个强敌坚定了必予报复的军事意志。而后来美国投在广岛和长崎的两颗原子弹，对日本军国主义来说，无异于是自己的狡黠的代价。德国法西斯在第二次世界大战时对苏联不宣而战，也是一种军事上的狡黠。代价是使一个战胜过拿破仑所统帅的侵略大军的民族，同仇敌忾，与国共存亡。柏林的终于被攻陷，并且在几十年内一分为二，是德意志民族为希特勒这一个民族罪人付出的代价。

而智慧，乃是人类克服狡黠劣习的良方，是人类后天自我教育的成果。智慧是一种力求避免冒险的思想方法。它往往绕过狡黠的、冒险的冲动，寻求更佳的达到目的之途径。狡黠的行径，最易激起人类之间的仇恨，因而是卑劣的行径。智慧则缓解、消弭和转化人类之间的矛盾与仇恨，也可以说，智慧是针对狡黠而言的。至于诸葛亮的"空城计"，尽管是冒险得不能再冒险的选择，但那几乎等于是唯一的选择，没有选择之情况下的选择。并且，目的在于防卫，不在于进攻，所以没有卑劣性，恰恰体现出了智慧的魅力。

一个人过于狡黠，在人际关系中，同样是一种冒险。其代价是，倘被公认为一个狡黠的人了，那么也就等于被公认为是一个卑劣的人一样了；谁要是被公认为是一个卑劣的人了，几乎一辈子都难以扭转人们对他或她的普遍看法。而且，只怕是没谁再愿与之交往了。这对一个人来说，可是多么大的一种冒险、多么大的一种代价啊！

一个人过于狡黠，就怎么样也不能成其为一个可爱可敬之人了。对于处在同一人文环境中的人，将注定了是危险的。对于有他或她存在的那一人文环境，将注定了是有害的。因为狡黠是一种无形的武器。因其无形，拥有这一武器的人，总是会为了达到这样或那样的目的，一而再、再而三地使用之，直到为自己的狡黠付出惨重的代价。但那时，他人、周边的人文环境，也就同样被伤害得很严重了。

一个人过于狡黠，无论他或她多么有学识，受过多么高的教育，身上总难免留有土著人的痕迹，也就是我们的祖先们未开化时的那些行为痕迹。现代人类即使对付动物们，也大抵不采取我们祖先们那种种又狡黠又

梁晓声

179

冒险的古老方式、方法。狡猾实在是人类种的性格的退化,使人类降低到仅仅比动物的智商高级一点点的阶段。比如吉尔伯特岛人用啃咬的方式猎杀章鱼,谁能说不狡猾得带有了动物性呢?

人啊,为了我们自己不承担狡猾的后果,不为过分的狡猾付出代价,还是不要冒狡猾这一种险吧!试着做一个不那么狡猾的人,也许会感到活得并不差劲儿。

当然,若能做一个智慧之人,常以智慧之人的眼光看待生活、看待他人、看待名利纷争、看待人际摩擦,则就更值得学习。

第十一节

心理贫穷症

人类生活的一切不幸的根源，就是贫穷。这是很明白的，贫穷使一切穷人对生活产生共同的恐怖和疑惧。

贫穷是人类最大的丑恶根源。如果我们已知人类有百种丑恶，那么三分之二盖源于贫穷，三分之一盖源于贪婪……穷人是贫穷的最直接的受害者和牺牲品。贫穷恰恰是剩余价值的产物，正如富有是剩余价值的产物一样。

当剩余价值造就了第一个富人的时候，同时也便造就了第一个穷人。穷人永远是使富人不安的影子，进而使社会和时代不安……高尔基说过——"人类生活的一切不幸的根源，就是贫困。"这是很明白的，贫穷使一切穷人对生活产生共同的恐怖和疑惧。卢梭说过——"贫困使一切做好事的手段显得脆弱。"它产生了如此强大的社会和时代难以消化的繁衍罪恶的能力，它有使人类本性和道德这一公正存在的原则，几乎完全丧失的效应。高尔基、卢梭都曾体验过贫困的屈辱和压迫，他们的话代表知识分子对社会和时代的警告。约翰逊也曾说过——"贫困是人类幸福最大的敌人；它确实破坏了自由，使平等无法实现，使多数人处于极端困难的境地。""开城门，迎闯王，闯王来了不纳粮。"这是穷人对社会和时代发出的警告。关于贫困也有另外一些名人说过另外一些著名的话，比如伊壁鸠鲁说过——"甘于贫困就是一笔体面的不动产！"比如卢克莱修说过——"甘于守贫，是一个人的巨大财富。"当我们研究他们的经济基础时，却发现他们自己从不曾被贫困所窘过。对于时代和社会而言，他们的话仅仅是一些供富人品味的隽语而已。并且，他们的话常被教会所引用，借以对穷人进行说教。

在贫穷超过了穷人的心理承受能力的情况下，通常便爆发了革命。革命最初的使命，或者更准确地说，被穷人所理解的使命，乃是消灭富人。革命的原始口号正如我们所知道的那样，是——革地主的命！革资本家的命！革一切富人的命！然而历史向穷人开了一个很大的玩笑——它最终告知穷人，消灭富人并不等于消灭了贫穷，也不一定就能使穷人得到富有的拯救。正如卢梭所言："消灭富人要比消灭贫困现象容易得多，而穷人却只能从后一种行动中获得普遍的利益。"中国改革的最终目标，我想可以归结为这样一句话——消灭贫穷。使一部分人先富起来是不难的；使先富起来了的一部分人，继续参与使别人也富起来的改革是较难的；使许许多多处在贫穷生存状况的人，在眼见别人先富起来很久的情况之下，仍以高度的理性忍耐改革的步骤，这是更难的。而舍此，则不能完成中国之改革大业。

改革像一切事物一样，也是自有其负面的。一个值得政治家们关注的事实——最有能力和最善于避开改革负面压力的人，往往是最先富起来的一部分人；而最没有能力和最不善于避开改革负面压力的人，则往往是最直接承受贫穷摆布的人——对中国而言，他们是比先富起来的人多得多的人。在国家不能替他们分担压力的那些地方和那些方面，将从他们中产生出对改革的怀疑、动摇，乃至积怨和愤愤不平。而他们恰恰又是曾对改革寄予最大希望的人。

贫穷是可以消灭的，穷人却是永远都存在的。

西方的金融大亨到阿拉伯石油王国去做客，离开那里的金碧辉煌的宫殿时，自嘲地说感到自己变成了一个"乞丐"。

"心理贫穷症"将是商品时代的一种"绝症"，全世界的人们对此"绝症"

都是束手无策的。时代、社会和大家，都无须乎对"心理贫穷症"者的嘟哝做出任何认真的反应。

现在是叫响另一个口号的时候了，那就是——消灭贫穷！

改革的最庄重的课题只能是——消灭贫穷！

第十二节

不仅仅是钉子

钉子——大人孩子，全知道是什么。

我小时候，常到建筑工地去捡废钉子，也就是用过后又被拔下来丢弃的钉子。我清楚地记得，一斤废钉子二角四分钱，几乎是废品中除了铜以外最贵的。二角四分钱能买一本一百余页的小人书。不过捡一斤废钉子并不容易，有时一天才能捡到几根，一斤废钉子起码有五六十根。倘捡到虽弯曲了却还是新的钉子，其实是舍不得当废钉子卖的，家家都经常有急需一根钉子用的情况。

我那时也偷过新钉子。趁工人叔叔不备，从人家工具箱里抓起一根就跑。明知是偷的行径，便不敢多抓，仅仅抓起一根而已。倘若抓一把，工人叔叔是要急的，一定要追赶。被逮着，一顿当众的羞辱也是够受的。

一把削铅笔的小刀一角钱，偷钉子是为了做一把削铅笔的小刀。要偷最大型号的，一寸半或二寸长的。偷到手，便去铁路线那儿，摆在铁轨上。经火车轮一压，钉子就扁了。压扁了的钉子，在砖上或水泥台阶上一磨，一把削铅笔的小刀就成了。

在某些小说和电影，包括某些革命题材的小说和电影中，钉子是重要的情节载体。有时主人公们就是靠了一根钉子越狱成功的。

在中国的传统戏剧中，钉子也是重要的情节载体。比如京剧《钓金龟》中，弟弟就是被见财起歹心的哥哥、嫂子合谋杀害——趁弟弟熟睡，将一根大钉子从他百会穴处钉入他脑中，致他于死地。

"包公案"中也有类似的情节——包公审一命案,百思不得其解。忽一日捕快头建议——"老爷可散开死者发髻,他也许会发现死者是被钉死的。"包公依言,于是案破。他于是犯了疑惑,问捕快头怎么会想到这一点。捕快头从实招来,是自己老婆指点的。问那女人可是捕快头的原配之妻,答非原配。问其先夫怎么死的,答不明暴症而亡。包公听罢,心中已做出了七分判断,命速将那女人传来,当堂一审、一吓,女人浑身瑟瑟发抖,从实招了——原来她竟是以同样手段害死自己的先夫的。

在法国小说《双城记》中,关于钉子的一段描写,给我留下至今难以磨灭的记忆——暴动的市民在女首的率领之下夜袭监狱,见老更夫躺在监狱门前酣睡。女首下令杀他,听命者殊不忍,说那老更夫乃是一位善良的好人。但在女首看来,善良的好人一旦醒来,必然会呼喊,则必然破了"革命"的大事。于是就亲自动手,用铁锤将一根大钉砸入老更夫的太阳穴——后者在浑然不觉中无痛苦地死去。尽管书中写的是"无痛苦",但我读到那一段时,仍不禁周身血液滞流,一阵冷战。

世界上有四根钉子是最不寻常的——那就是将耶稣基督,活活钉死在十字架上的四根钉子。它们被基督徒们视为"圣钉",它们竟因沾了基督的血而被一部分人类牢记着。它们虽被视为"圣钉",但对于基督徒们来说却意味着一桩耻辱——它们是这世界上唯一直接钉入信仰的物质之物。五百多年前意大利文艺复兴初期的画家曼特尼亚的名画《哀悼基督》中,基督两只脚的脚心和双手之手背上的钉孔被画得触目惊心。

将人钉死在十字架上的残酷做法,似乎是那时的罗马人惯用的。除了基督,还钉死过伟大的"奴隶战士"斯巴达克斯,和他负伤而失去了战斗能力的六千余名战友。尽管《斯巴达克斯》这部书中不是这么写的,但在我上中学时,讲世界历史的老师却是这么讲的。并且,《斯巴达克斯》这部电影中,也是这么表现的。故在我少年的思想中,罗马的统治者是极端暴戾的统治者,罗马帝国的军队是极端暴戾的军队。对它后来的衰亡,我一向心怀当代人的幸灾乐祸。

俄国小说《父与子》中写到一位名叫巴扎洛夫的早期革命者。他的职业是乡村医生。但他像鲁迅一样，相信与其治病救人，毋宁先启蒙人们的思想。他明白革命是冒险的、必定要饱尝苦难的事业，于是他经常睡在钉满钉子的木板上，就像现在的硬气功师们当众表演气功那样。

20世纪有一个美国人，他体内被钉了长短三十六根铆钉以后仍活了近二十年。一次车祸几乎使他全身的骨头都不同程度地受损。医生为他做的那一次手术，仿佛用钉子钉牢一只四分五裂的凳子。

法国蓬皮杜艺术中心的某一展厅内，曾展出过大约三四百根崭新的、一寸多长的钉子。那些钉子大约是迄今为止世界上唯一被"艺术品"化了的钉子。丝毫也没有其他的任何艺术性陪衬，更没被加工过，就那么尖端朝外一根根呈扇形摆在水泥地上，摆了几组。而且，单独占据一个不小的展厅。参观者们进入，绕行一圈，默默离去。那一层的大厅里无人驻足过。

我曾经访问法国时，以虚心求教的口吻问法方翻译："有什么人看出过其中的艺术奥妙吗？"

他摇着头回答："目前还没有。"

问艺术"创作"者何人？

答曰名气不小。

我说我的儿子也能摆成那样。

他说——但只有一个法国人这么想，自己既可以认为那就是艺术创作，又有勇气向艺术中心提出参展申请。

我说，那样使我感兴趣的倒不是那些钉子，而是中心艺术审查委员们的鉴赏眼光了。

他说，正因为他们的艺术鉴赏眼光与众不同，才有资格作为艺术审查委员啊！

据报载，艺术中心将一批毫无意义的"垃圾展品"清理掉了——不知其中是否也包括那些被展出了二十多年的钉子？那些钉子常使我暗想——有时我们的人们是不是太容易被某些"天才"们愚弄了？

不是在戏剧中，不是在电影中，不是在小说中，而是在现实中，同时又成了罪证的一根钉子，在某县的法庭上被出示过——一个做继母的女人，用一根钉子害死了后夫四岁的儿子。她先用木棍将那儿童击昏，接着将一根大钉子顺着耳孔狠狠钉进了那儿童的头颅。

这即使是戏剧中或电影中的一个情节，也够令人胆战心惊的了。何况是真事？故我确信，有些人类的内心里，也肯定包藏着一根钉子。当那根钉子从他们或她们内心里戳出来，人类的另一部分同胞就不可避免地会受到危害。一个事实恐怕是——人类面临的许多灾难，十之五六是一部分人类带给另一部分人类的。而人类最险恶的天敌，似乎越来越是人类自己。

在以后的时日里，人类如何从这种最大的生存困扰之中解脱出来呢？

第十三节

经受时间的考验

少年时读过高尔基的一篇散文《时间》，他在文中表现出对时间的无比敬畏。不，不仅是敬畏，甚至可以说是一种极其恐惧的心理。是的，是那样，因为高尔基确乎在他的散文中用了"恐惧"一词。他写道——"夜不能眠，在一片寂静中听钟表之声嘀嗒，顿觉毛骨悚然，陷于恐惧……"

少年的我，读这篇散文时是何等的困惑不解啊！怎么，写过激情澎湃的《海燕》的高尔基，竟会写出《时间》那般沮丧的东西呢？步入中年后，我也经常对时间心生无比的敬畏。我对生死问题，比较地能想得开，所以对时间并无恐惧。我对时间则另有一些思考。有神论者认为，一位万能的神化的"上帝"是存在的。无神论者认为，每一个人都可以成为自己的"上帝"，起码可以成为主宰自己精神境界的"上帝"。我的理念倾向于无神论。但是，某种万能的，你想象其寻常便很寻常，你想象其神秘便很神秘的伟力是否存在呢？如果存在是什么呢？我认为它就是时间，我认为时间即"上帝"，它的伟力不因任何人的意志而转移。"愚公移山""精卫填海"，其意志可谓永恒，但用一百年挖掉两座大山又如何？用一千年填平了一片大海又如何？因为时间完全可以再用一百年堆出两座更高的山来，完全可以再用一千年"造"出一片更广阔的海域来。甚至，可以在短短的几天内便依赖地壳的改变完成它的"杰作"。那时，后人早已忘了移山的愚公曾在时间的流程中存在过，也早已忘了精卫曾在时间的流程中存在过，而时间依然年轻。

只有一样事物是不会古老的，那就是时间。

只有一样事物是有计算单位但却是无限的,那就是时间。

"经受时间的考验"这一句话,细细想来,是人的一厢情愿——因为事实上,宇宙间没有任何事物能真正经受得住时间的考验。一千年以后金字塔和长城也许成为传说,珠穆朗玛峰会怎样也很难预见。

归根结底我要阐明的意思是——因为有了人,时间才有了计算的单位;因为有了人,时间才涂上了人性的色彩;因为有了人,时间才变得宝贵;因为有了人,时间才有了它自己的简史;因为有了人,时间才有了一切的意义。

而在时间相对于人的一切意义中,我认为,首要的意义乃是——因为有了时间,人才思考活着的意义;因为在地球上的一切生命形式中,独有人进行这样的思考,人类才有创造的成就。

人类是最理解时间的真谛,也是最接近时间这位"上帝"的。每个具体的人亦如此,连小孩子都会显出"时间来不及了"的忐忑不安,或"时间多着呢"的从容自信。决定着人的心情的诸事,掰开了揉碎了分析,十之八九皆与时间发生密切关系。人类赋予冷冰冰的时间以人性的色彩;反过来,具有了人性色彩的时间,最终是以人性的标准"考验"人类的状态——那么,谁能说和平不是人性的概念? 谁能说公平不是时间要求于人类的?

人啊,敬畏时间吧!

因为,它比一位神化的"上帝"对我们更宽容,也比一位神化的"上帝"对我们更严厉。

人敬畏它的好处是——无论自己手握多么至高无上的权杖,都不会幼稚地幻想自己是众生的"上帝"。因为也许,恰在人这么得意的某个日子,时间离开了他的生命。

第十四节

报复心

不唯人有报复心，较高级的动物也是有的。

然而动物之报复，不论对同类、对包括人在内的另类，绝对只不过是愤怒的宣泄，满足于一口咬死而已。它们有时也会继续攻击报复对象的尸体，甚而吃掉。那当然是很血腥、很恐怖的场面，但对于报复对象而言，痛苦与恐惧毕竟在起初致命地一咬、几咬之后，已经结束。从没听说过这样的事情——一只或一群动物，在报复另一只或一群动物时，将它们咬得半死，然后蹲卧一旁，听它们哀号，看它们痛苦万状，而达到享受的极大快感。

是的，动物断不会这样。

某些人却会这样。

就此点而言，真不知该说是人比动物高级，还是比动物残忍。不，恐怕我们不得不承认，我们的同类即某些人的报复行为，显然证明人性中具有远比兽性更加凶残的方面。"人面兽心""蛇蝎心肠""禽兽不如"这样一些形容词，稍一深想，其实在人兽之间是颠倒是非的。"禽兽不如"改为"禽兽莫及"，反倒恰当。

人对禽兽之报复，大抵也往往能控制在一个有限的尺度，手段并不至于多么的残忍。倘若猛禽凶兽伤了人自己或他的亲友，人对它们的报复，不过就是得手之际，杀死完事。例如，《水浒传》中的李逵，对老娘是何等的孝心，高高兴兴地下山接母，为老娘寻水去的一会儿工夫，不料双目失明的老娘已被一窝猛虎吃掉。那李逵，斯时该是何等的悲伤、何等的愤怒，但也不过就是将一窝四只大小老虎杀死了之。以他的勇猛,将其中一只杀个半死,再加以细细的折磨,并非完全做不到的事。

然而他却没有。

故李逵虽也曾在与官军交战中杀敌无数,但我们并不因而斥其"惨无人道"。

但人对人的报复,有时竟异乎寻常的残忍。最为典型的例子,是一个女人对另一个女人的报复——吕后对戚夫人一次次下的毒手。她先是命人打得戚夫人皮开肉绽,体无完肤;之后命人挖掉戚夫人双眼,豁开戚夫人脸腮,割下戚夫人舌头;再之后,砍掉戚夫人的四肢,将其抛入猪圈,使其生不如死,死亦不能,还要给戚夫人起一个供观赏的名叫"人彘";又带自己的儿子刘盈来与之一起参观,以至于那年轻的皇帝看得心惊胆战,连道"非人所为,非人所为"——所为者虽是生母,也不禁要予以道义的谴责。

似乎,正是因为这一《史记》里的记载,后来被改成了戏剧,搬上了舞台,看的人多了,以后有了"最毒不过妇人心"一句话。分明,此话是男人们先说开的。

一个人类社会的真相乃是,就总体而言——世上大多数残忍之事,皆是由男人们做下的;那些残忍之事中的许多,是男人们对女人们做下的。吕后的所为,当属个案。做残忍的事,须有铁石般的心肠。大多数女性身上,同时具有母性之特征,而母性是与残忍相对立的。故基本上可以这么说,堪与动物的残忍相比的,基本上是男人。

古代种种连听来也令人毛骨悚然的酷刑,皆男人们发明的,由男人们来实施的。男人们看着受刑之人,可以做到面不改色心不跳。鲁迅曾夜读记载古代酷刑的书,仅看数页便即掩卷,骇然于那林林总总的残忍。

人有报复心本身,并不多么值得谴责。倘若竟无,那么人也就成"圣"、成"佛"了。说穿了,以法律的名义判罪犯刑期,乃至死刑,便是人类社会对罪大恶极之人实行公开、公正之惩罚的方式。惩罚者,报复也。然人类社会进入文明时期以后，司法过程是绝对禁止用刑的。纵使对坏人、恶人，一旦用刑，那也是知法犯法；执法犯法，同样要受法律制裁。

报复的尺度，折射着人类文明的尺度。

人类很早的时候，就已经开始相当严肃地思考报复之尺度的问题了。比如特洛伊城下成为战场，两军交战，特洛伊城的卫城统帅赫克托耳，误将阿喀琉斯的表弟当成了阿喀琉斯本人。在一对一单挑的决斗中结果了对方。阿喀琉斯与其表弟感情深笃，于是单枪匹马叫阵赫克托耳，并在决斗中替表弟报了仇，杀死了赫克托耳。

在从古至今的战争中，这种人对人的仇怨、憎恨、报复，真是在所难免。但人类社会对此点，却也以"人道"的名誉做出了种种约定俗成的尺度限制。报复一旦逾越了那尺度，便要对自己的不人道负责。在这类尺度还未以法理之观念确立之前，人类便借助神的名义来告诫。

还以赫克托耳与阿喀琉斯为例，后者杀死前者，报复目的其实已经达到，但却还要用剑将赫克托耳的脚扎出洞来，穿过绳索，拖尸数圈，以使在城头观战的赫克托耳的老父亲、妻子和弟弟等一概亲人伤心欲绝——这，便逾越了报复的尺度。

《希腊神话故事》中是这样记载的——阿喀琉斯的行为，触怒了包括太阳神阿波罗和众神之王宙斯在内的几乎所有神的愤怒。他们一致认为，阿喀琉斯必须因他的行为而受到严厉的惩罚。宙斯还命阿喀琉斯的母亲水神连夜去往她儿子的营帐，告知她的儿子：是晚赫克托耳的老父亲一定会前来讨要尸体，而阿喀琉斯则必须毫无条件地允许——这是神们一致的态度。

所谓"人文原则""人文主义""人文精神"，乃是源远流长的文化现象。无论在中国古代的文学作品中还是西方古代的文学作品中，只要我们稍稍提高接受的心智水平，就可以发现古人刻意体现其中的、那种几近苦口婆心的对我们后人的教诲。而这正是文化的自觉性、能动性、责任感之所在。

有时,在同一部作品中,其善良愿望与糟粕芜杂一片,但只要我们不将自己的眼光降低到仅仅看热闹的水平,那么便是不难区别和分清的。

据此,我们当然便会认为,美狄亚的遭遇是令人同情的。美狄亚对伊阿宋的报复之念是我们所理解的,但她为了达到报复目的,连自己与背叛爱情的丈夫伊阿宋所生的两个孩子竟也杀死,这便逾越了报复的尺度,超出了我们普遍之人所能认同的情理范围。而这一则故事,如果我们不从这一文化立场来看,对于今天的我们便毫无认识价值了。而摈除了认识价值,那则故事的想象力本身,正如托尔斯泰所说——只不过体现了人类童年时期的想象力,并无多少可圈可点之处。

若我们以同样之眼光来看我们的古典文学名著,比如《水浒传》吧,武松替兄报仇而杀潘金莲,是谓私刑。衙门既被收买,报仇那么心切,连私刑这一种行为,我们也是可以宽容的。但是,当一个被缚住的弱女子终于口口声声认罪、哀哀乞求时,却还是要剖胸取心,我们今人都能认可吗?武松血溅鸳鸯楼,连杀十余人之多,其中包括马夫、更夫、丫鬟。他们中有人求饶命,武松却一味地只是说:"饶你不得!"武松这一文学人物,本色固然堪称英雄,民间声誉甚高,但其愤怒之下的暴烈复仇行为,难免会使后人对他的喜爱打几分折扣。然作为文学人物,那一些情节的设置仅而可以说是成功的,因为它恰恰描写出这样一种事实——报复源于仇恨,仇越大,恨便越深。大仇恨促生之大愤怒,如烈火也,能将人烧得理性全无,唯剩仇恨一报为快,殃及无辜全不顾耳。武松报仇雪恨之后,用仇人之血于壁上题"杀人者武松也",按现今说法,这叫对某事件"负责"。所谓"好汉做事好汉当",又显英雄本色也。但也可以认为,一通的劈杀之后,仇恨之火终灭,理性又从仇恨的灰烬之中显现。

民间原则、司法条例、国际法庭、联合国会议,不但为主持正义而形成,亦为限制报复行为的失控而存在。在现代了的世界的今天,一切历史上的人和事,以及文化现象中的人和事,都当以更"人性"的立场来重新审视。

是以，国民党反动派之杀害渣滓洞、白公馆那些所谓"党国"的敌人，竟连几个连连哀哭着求生的孩子也不放过，其残忍的报复污点，到任何时候也是抹不尽的。

第十五节

一半幸运，一半迷惘

倘若我们放眼世界，并且对世界进行历史性的回顾，只要稍加梳理，便不难发现这样一条规律——几乎每一个国家都有过它们内容极为生动活跃的一页，而这一页的内容提要就是"青年时代"。

我用"生动活跃"来形容，意在表述不确定的、介于中性的词性。依我看来，政治进步、经济昌盛、文化繁荣，是为生动活跃；反之，亦是。因既反之，便注定了有青年们被时代所利用、所抛弄于股掌之上，将自己的狂热附祭历史反面的教训；也注定了有青年们吹响号角，摧枯拉朽，勇做铁血牺牲的大剧上演。只不过后一种大剧的"风格"往往是惨烈的，以"生动活跃"来形容未免轻佻。

从正面看中国历史，一部《三国演义》，青年英雄辈出；往前推，春秋、战国的历史舞台上，青年政治家、军事家、思想家比比皆是；往后查，先秦统一的过程中，大唐建业的过程中，戊戌变法、辛亥革命、五四运动，直至中国共产党领导的革命，精英聚结，俊杰代出。倘若将中国各个重要发展阶段总结而论，凡社会转型期，几乎皆以各阶层青年立大志、做大事、图大业为时代特点。此特点推及世界史来分析，亦有共性。在这些历史的重要发展阶段，青年们往往在少年时期就萌生了相当明确的想法：二十余岁开始作为，三十余岁便受了种种的时代洗礼和实践考验，四十岁左右大抵已是较为成熟的社会各方面的实践家。

反之，倘若时代出了问题，诸种社会负面氤氲一片，也会自然而然地滋长出破坏性的恶力。

所幸无论对于中国还是世界，以往的一页都会成为深刻的反省。

世界进入 21 世纪以后，当然包括中国在内，是明智地进入了空前理性的时代。尤其是中国，各阶层维护国家大局的意识也变得相当成熟。虽然各阶层有其不同限度和不同性质的迷惘、困惑、无所适从以及浮躁，也有相互之间不同程度、不同性质的利益摩擦和冲突，但并不妨碍顾全大局意识的一致。因为有一点是都明白的：有安定才有发展，有发展才有各阶层，乃至个人命运朝向良好方面的转化。

因而在中国，在这样的一个时期，也最是青年们的人生希望较多、机遇较多、才能较容易得以呈现和发挥的时期。

如果回顾一下中华人民共和国成立最初阶段的年代特征，则任谁都不能不承认，总体而言，那是一个全民热情高涨的年代，并且尤以青年们的建国热情和人生状态最为积极而富有能动力。各行各业，年年涌现模范人物，如雨后春笋。

与以往任何时代的青年相比，20 世纪末期出生的中国青年，毫无疑问是幸运得多的——这不但是当代中国青年的幸运，也体现着当代中国的发展和进步。

当今之青年，即或思想上真的不成熟，甚而真的偏激，也自有其可以不成熟和可以偏激的权利。只要自己不因而走向反时代、反社会的人生反面，是有权而且可以一边带着不成熟的思想一边在其他方面，比如文艺才能、科技才能、商业才能等方面努力追求其人生愿望的。只要才能被公认，一样获得时代和社会的尊重。人们即使对他们的思想成熟与否不以为然，但对他们被公认了的其他方面的才能是不会加以抹杀的。

当今之青年，也不太会受城市户口或农村户口的终生捆绑了。户口在某些方面，与以往任何时代相比，其限制性是小之又小了。

当今之社会和时代，已基本上形成了这样的理念，那就是——中国的每一座城市，包括首都北京在内，已不仅是城市人的，同时也是属于广大农村青年的。只要他们愿意，他们可以到各个城市，包括北京寻求他们人生的机遇——当然别忘了带身份证。只要遵纪守法，只要他们靠了人生的能动力和实际技能，哪怕是最简单的技能，也可以在城市，乃至北京生存下去，那么他们的此种权利基本上是不受剥夺的。比如北京电视台的主持人田歌，就曾将一名外地长住北京的捡破烂的青年农民请入演播室做嘉宾。他以他的城市生存表现获得了北京某小区居民的信赖和欢迎。他离开那小区后，北京居民还要设法寻找到他。有些城市，包括北京，多年前就开始向在城市生存表现优秀的"打工仔"和"打工妹"颁发过表彰证书。

人类社会还从未经历过如此美好的时代。

然而，具体问题还得具体着想。由于青年们家境的不同、个人的先天资质和条件不同，决定着他们出生以后，不可能在同一起点上开始自己的人生。比如有的出生于寒门，有的成长于富家；有的父母操权握柄，有的父母积劳成疾；有的被上帝赋予了好的容貌、嗓子和身姿，打理人生的能动力加上令人羡慕的机遇，入世不久便成为演员、歌星、节目主持人、模特、运动员等，于是年纪轻轻住豪宅、开名车，并且爱情浪漫美满，于是春风得意，人生一路顺遂，喜事接踵；而有的却以残疾人的体貌，自幼开始在这世界上的唯一一次"竞走"，人生对于自己来说等于磨难不休的代名词。

那些都叫"命运"。

是如基因一样纯粹先天的人生元素，与时代和社会无涉，也是难以依赖时代和社会的扶持与幸运者们共舞的。只能靠自己后天对人生的耐受力和对磨难的坚忍，像战士一样而不是像这世界的贵客和嘉宾一样，去实践人生。

时代和社会的原因，毕竟是影响更多数青年人生季节的大气象，使当代中国青年中的一部分，虽幸逢"改革开放"却也有些现实的问题。比如经济发展状况的不均衡问题，比如传统大工业的解体造成的失业问题，比如

梁晓声

农民负担过重的问题，比如社会保险和慈善事业不完善的问题，比如有些人的作威作福、挥霍、浪费和贪污腐化漠视百姓疾苦的问题。这样，有些省份农民的生活仍处在较低的水平线上，有些城市里还会产生新的贫民——这样一些家庭中的青年，其人生无疑仍是举步维艰的。倘若要追求到人生的满意，无疑是极不容易的。对他们一味回忆从前时代的苦，以启发他们感受现在的甜，是既不能使他们真的觉得幸运，更不能使他们真的觉得幸福的。

时代和社会的原因，乃时代和社会必须承担的义务。什么时候时代和社会的义务在以上方面的作为显著了，什么时候他们才会向时代、向社会交一份发自内心填写的调查表。

现在的中国，虽一年比一年重视教育，大学虽然每年都在扩招，但我们是一个人口众多的国家，大学仍不能做到宽进严出，应试教育仍不能从根本上改变。城市里的少年、青年，因学业竞争的压力而疲惫；生活困难的农家的个别少年、青年，因交不起学费而不得不背对教育。在科技如此迅猛发展的现在，那些少年和青年们背对教育的人生，未来怎样，是可想而知的。在以后若干年内的中国，他们也许离提高人生质量的就业机会，就越来越远了。

毫无疑问，科技的发展，必然促成科技的产业化；科技的产业化，必然带来新型的就业机会。但是，也毫无疑问，科技的产业化，是以摧毁传统的工业模式和工业链条为前提的；而支撑后者的，又是为数众多的传统型的、只善于操作单一工种的工业技工。科技发展带来的更多项新型的就业机会，其所能吸纳的就业人员的总和，往往抵不上被其淘汰的一种传统工业所造成的失业人数的几分之一，或几十分之一。也就是说，在新派生的科技产业代替传统工业的转型期，失业是面式的现象，就业是点式现象，而且，科技产业所需要并择优吸纳的，必然是高知识结构的青年。他们起码应当有大学毕业的科技产业入场券。无此入场券的青年，将被阻挡在展示新型就业机会的时代场馆入口外，那么他们几乎只能从事社会服务工作。后一种工作较之前一种工作，是薪金低得多的工作。被无情挡在新型就业机会的时代场馆入口外的青年们，做好充分的心理准备了吗？何况，时代和社会倘未具备足够他们就业的社会服务工作条件，有待他们自己去一点一滴地干起来。

无论在城市还是在农村，两个家庭、两个中国人、两个青年之间的收入差别，可能有很大的差别。而且，这个差别，就咄咄逼人地呈现于近旁，并被形形色色的文化反反复复地渲染着，人想装作不知道都是不可能的。低收入青年，则难免会在咄咄逼人的差异比衬面前，内心充满了焦躁，而且深深地痛苦着。

有些人的心理感受是不对的。倘若仅仅从总体经济量来感受中国，那么将会产生极大的错觉，以为它已然是世界上第二富裕的国家了，以为每一户人家的收入都已很高了，因而如果不天天追求时尚、进行高消费，钱就会变成负担之物了。

有些商业广告接近厚颜无耻。比如某些房地产广告，比如某些珠宝、钻戒广告。它们的意思一言以蔽之那就是——"多便宜呀！"而其标价对于工薪阶层，如画在天空上的饼之于饥汉。或曰本就不是向老百姓做的广告，那么就应该把意思说得更明白——"对于富人多便宜呀！"那些广告犯的不是语焉不详的错误，而是故意混淆广告受众群体的常识错误。

有些媒体热衷于宣扬三十岁以前成为"百万富翁"是容易的。而我们都知道，这不但在中国对于大多数的青年不容易，在全世界对于大多数的青年也不容易。

中国有十四亿人口。比十年前多了近三亿，比三十年前多了近一倍。青年人数究竟翻了几番，小学算术能力也能算得出来。在这样一个人口众多的国家，能够过上今天这样的生活，已然是国家的幸事，已然是中国人的幸事。而时下有的媒体似乎总在齐心协力地诱惑人们——富有的生活早已摆在你面前，就看你想要不想要啦！

许多当代中国青年，面对如此聒噪不休的媒体，包括每每睁着两眼说瞎话的传媒，内心不但痛苦、沮丧，而且备感低贱和屈辱。

然而，中国毕竟在向前发展着。遭受全球新冠疫情打击、扑朔迷离的中国经济，正出现着有根据乐观的拐点，它的向好不是不可能。

时代变了，是为"道变"。

"道"既变，人亦必变。

变了的时代，衍生出新的时代人。

新时代的人不可能适应从前的时代——尽管他们需要不断地适应新的现实环境，而他们不会让时代退回到从前，因而他们一定会将时代继续推向前去，并在此过程中渐渐适应他们所生逢的时代，并渐渐提高他们打理自己人生的能动力。

归根结底——时代发展的潮流不可抗拒，其实意味着的是这样的法则——倘新的时代人衍生出来了，他们解决他们和时代的关系的方式也是新的、不可抗拒的。他们与时代共同舞向前去的能动力是不可抗拒的。

因为他们明白，他们的希望在前头，而不是在从前。

第十六节

不保护，难文明

谈到文明现象，人们每言构建。

所以，我们的地球家园，构建之成果比比皆是；但文明的缺憾，同样比比皆是。而这一反差，在我们身边，分明更是不争的事实。

近年，情况确乎好转了不少。从普遍的层面看，我们的同胞，都渐渐开始明白自然生态环境、历史遗址、野生动物需要加以保护的道理了。这是值得欣慰的。单说在保护野生动物方面，我国制定的法律、法规越来越多，越来越细了；监管的力度，也越来越大了。但保护它们，是否真的成为我们的本能了呢？

我不敢妄下结论。

不久前的一天，偶然听到几个孩子在争论，引起了我的思考。

一个孩子说："你属蛇的，我顶怕蛇了，你叫我怎么能跟你成为好朋友呢？"

属蛇的孩子说："别怕我，世界上如果没了蛇，老鼠就成灾了。"

"那又怎么样？用药把老鼠都药死！"

"要是没有了老鼠，蛇吃什么？连蛇也没有了！"

"谁在乎世界上有没有蛇了呀！"

"没有了蛇，以后的人连蛇的印象都没有了！"

"没有就没有！你有龙的印象吗？你有凤的印象吗？你不照样活得好好的？影响你什么了呀？"

"对人类有影响,生物链会断掉的!"

"又扯什么生物链了!恐龙都灭绝了,人类少点儿什么了呀……"

于是这些孩子争论不休。

于是我又联想到了另一件事,几位朋友相聚,其中一人知道我也是野生动物保护协会的特邀作家,不无挖苦意味地说:"野生动物当然是应该保护的,但我最烦夸大其词的宣传,仿佛少了某一物种,人类就会灭绝似的!至于吗?少了鳄鱼,人类的命运真就大难临头了吗?"

我一时不知该怎么回答。

"对于那些死于黑矿井、黑砖窑的农民工,你们这种人多一些悲天悯人的情怀不是更好吗?"他的第二句话,令我面红耳赤,许久哑口无言。

接连数日,我一直在想那些孩子们的争论和那位朋友的挖苦。

终于思考出了一点心得,便是生物链之学说,我个人是信服的,但那是生态学方面很专业的道理。许许多多我们的国人,其实是半信半疑的。

要使一个生活在北京的中国人相信,非洲草原上如果消失了猎狗对自己会直接构成多大危害,个中道理肯定是大费口舌的。即使相信了,那也不过是由于对自然法则的一种害怕——害怕报复而已。

人心有敬畏,当然比没有好。

但仅仅有畏惧,似乎还不够,还不足以证明文明。因为远古的我们的先祖,其实内心对自然界种种现象的敬畏,比今人多得多,但他们尚且互相残杀。

我的意思是——对自然生态环境的保护,如果于害怕报复的心理之外,再加上"感恩"二字来认识,也许才更容易成为深深植根于心的本能意识。而对野生动物的保护,我们的认识其实也应更丰富一些。"关爱生命"这句话不应仅仅理解为关爱自己的生命,理解为关爱同类的生命也还是有局限的。

人类完全可以通过对野生动物的关爱来提升人作为人的爱心和情

怀。那么，爱自己的同胞，也就不必再是道德律条，而是自然而然之事。同时，也不会再有人将爱护同胞和爱护野生动物孰重孰轻的问题，当成一个现实的问题了。

第十七节

大众的情绪

曾有些时日,民间和网上流行着一句话——"羡慕、嫉妒、恨",在许多场合,包括电视上,往往都能听到这句话。

依我想来,此言只是半句话。大约因那后半句有些恐怖,顾及形象之人不愿由自己的嘴说出来。倘若竟在电视里说了,若非直播,必定是会删去的。

后半句话应是——"憎恨产生杀人的意念。"

确实是令人身上发冷的话吧?我也断不至于在电视里说的。不吉祥!不和谐!

写在纸上,印在书里,传播方式局限,恐怖打了折扣,故自以为无妨掰开了揉碎了与读者讨论。

"羡慕、嫉妒、恨"——在我看来,这三者的关系,犹如水汽、积雨云、雷电的关系。

人的羡慕心理,像水在日晒下蒸发水汽一样自然。从未羡慕别人的人是极少的:或者是高僧大德,以及圣贤;或者是不自然、不正常的人,即便是智障者,每每也还是会有羡慕的表现的。

羡慕到嫉妒的异变,是人大脑里发生了不良的化学反应。说不良,首先是指对他者开始心生嫉妒的人。由羡慕而嫉妒,一个人往往是经历了心理痛苦的。那是一种折磨,文学作品中常形容为"像耗子啃心",同时也是指被嫉妒的他者处境堪忧。倘被暗暗嫉妒却浑然不知,其处境大不妙也。

此时嫉妒者的意识宇宙仿佛形成浓厚的积雨云，而积雨云是带有强大电荷的云，它随时可能产生闪电，接着霹雳骤响，下起倾盆大雨，并夹带着冰雹。想想吧，如果闪电、霹雳、大雨、冰雹全都是对着一个人发威的，而那人措手不及，下场将会是多么的悲惨！

但羡慕并不必然升级为嫉妒。

正如水汽上升并不必然形成积雨云。水汽如果在上升的过程中遇到了风，风会将水汽吹散，使它聚不成积雨云。接连的好天气晴空万里，阳光明媚，也会使水汽在上升的过程中蒸发掉，还是形不成积雨云。那么，当羡慕在人的意识宇宙中将要形成嫉妒的积雨云时，什么是使之终究没有形成的风或阳光呢？文化！除了文化，还能是别的吗？一个人的思想修养完全可以使自己对他者的羡慕止于羡慕，并消解于羡慕，而不在自己内心里变异为嫉妒。一个人的思想修养是文化现象。文化可以使一个人那样，也可以使一些人、许许多多的人那样。但文化之风不可能临时召之即来，它不是鼓风机吹出的那种风，文化之风对人的意识的影响是逐渐的。当一个社会普遍视嫉妒为人性劣点，祛妒之文化便蔚然成风。蔚然成风即无处不在，自然亦在人心。

劝一个人放弃嫉妒，这种现象也是一种文化现象；劝一个人放弃嫉妒不是那么简单容易的事，没有点正面文化的储备难以成功。起码，得比嫉妒的人有些足以祛妒的文化。

文化确能祛除嫉妒。但文化不能祛除一切人的嫉妒，正如风和阳光，不能吹散天空的每堆积雨云一样。美国南北战争时期，一名北军将领由于嫉妒另一位将军的军中威望，三天两头地向林肯告对方的刁状。无奈的林肯终于想出了一个主意，某日对那名因妒而怒火中烧的将军说："请你将那个使你如此愤怒的家伙的一切劣行都写给我看，丝毫也别放过，让我们来共同诅咒他。"

那家伙以为林肯成了自己同一战壕的战友，于是其后连续向总统呈交信件式檄文，每封信都满是攻讦和辱骂。而林肯看后，每请他到办公室，与他同骂。十几封信后，那名将军省悟了，不再写那样的信，羞愧地向总统认错，很快就动身到前线去了，并与自己的嫉妒对象配合得亲密无间。

省悟也罢，羞愧也罢，说到底还是人心里的文化现象。那名将军能省悟，且羞愧，证明他的心不是一块石头，而是"心"字，所以才有文化之风和阳光。否则，林肯的高招将完全等同于对牛弹琴，甚至以怀化铁。

但毕竟，林肯的做法，起到了一种智慧的文化方式的作用。

苏联曾有一位音乐家协会副主席，因嫉妒一位音乐家，不断向勃列日涅夫告刁状。勃氏了解那无非是些鸡毛蒜皮的积怨，也很反感那一种滋扰，于是召见他，不动声色地说："你的痛苦理应得到同情，我决定将你调到作家协会去！"那人听罢，立即跪了下去，着急地说自己的痛苦还不算太大，完全能够克服痛苦继续留在音协工作。

勃氏的方法，没什么文化成分，主要体现为权力解决法。而且，由于心有嫌恶，还体现为阴招。但也很奏效，那音协副主席，以后再也不用告状信骚扰他。然效果却不甚理想，因为嫉妒仍存在于那位的心里，并没有获得一点释放，更没有被"风"吹走，亦没被"阳光"蒸发掉。而嫉妒在此种情况之下，通常总是注定会变为恨的——那位音协副主席，不久疯了，成了精神病院的长住患者，他的疯语之一是："我非杀了他不可！"

一个人的嫉妒一旦在心里形成了"积雨云"，那也还是有可能通过文化的"风"和"阳光"使之化为乌有的。只不过，善劝者定要对那人有足够的了解，制定显示大智慧的方法。而且，在嫉妒者心目中，善劝者也须是被信任、受尊敬的。

那么，嫉妒业已在一些人心里形成了"积雨云"将又如何呢？

文化之"风"和"阳光"仍能证明自己潜移默化的作用，但既曰潜移默化，当然便要假以时日了。

若嫉妒在许许多多成千上万的人心里，形成了"积雨云"呢？

果而如此,文化即使再自觉,恐怕也力有不逮。

成堆的积雨云凝聚于天空,自然的风已无法将之吹散,只能将之吹走。但积雨云未散,电闪雷鸣注定要发生的,滂沱大雨和冰雹也总之是要下的。这只不过不在此时此地,而在彼时彼地罢了。但也不是毫无办法——最后的办法乃是向积雨云层发射驱云弹。而足够庞大的积雨云层即使被驱云弹炸散,那也是一时的。往往上午炸开,下午又聚拢了,复遮天复蔽日了。

将以上自然界律吕、调阳、云腾、至雨之现象,比喻人类社会,那么发射驱云弹便已不是什么文化的化解方法,而是非常手段了,如同是催泪弹、高压水龙或真枪实弹。

将"嫉妒"二字换成"郁闷"一词,以上每一行字之间的逻辑是成立的。

郁闷、愤懑、愤怒、怒火中烧——郁闷在人心中形成情绪"积雨云"的过程,无非尔尔。

郁闷是完全可以靠文化的"风"和"阳光"来将之化解的,不论对于一个人的郁闷,还是成千上万人的郁闷。

但要看那造成人心郁闷的主因是什么。倘若属自然灾难造成的,文化之"风"和"阳光"的作用一向是万应灵丹,并且一向无可取代。但若由于显然是社会人生问题造成的,则文化之"风"便须是劲吹的罡风,先对起因予以扫荡。而文化之"阳光",也须是强烈的光,将一切阴暗角落、一切丑恶行径暴露在光天化日之下。文化须有此种勇气,若无,以为仅靠提供了娱乐和营造了暖意便足以化解民间成堆的郁闷,那是一种文化幻想。文化一旦开始这样自欺地进行幻想,便是异化的开始。异化了的文化,只能使事情变得更糟——因为它靠了粉饰表面而遮蔽真相,遮蔽真相便等于制造假象,也不能不制造假象。

那么,郁闷开始在假象中自然而然地变向愤懑。

当愤懑成为愤怒时——情绪"积雨云"便形成了。如果是千千万万人心里的愤怒，那么便是大堆的"积雨云"形成在社会上空。

此时，文化便只有望"怒"兴叹，徒唤奈何。不论对于一个人、一些人、许许多多千千万万的人，由愤怒而怒不可遏而怒从心头起恶向胆边生，往往是迅变的过程，使文化来不及发挥理性作为。

相对于社会情绪，文化有时体现为体恤、同情及抚慰，有时体现为批评和谴责，有时体现为闪耀理性之光的疏导，有时甚至也体现为振聋发聩的当头棒喝。

但就是不能起到威慑作用。

正派的文化，也是从不对人民大众凶相毕露的。因为它洞察并明了，民众之所以由郁闷而愤懑而终于怒不可遏，那一定是社会本身积弊不改所导致。

集体的怒不可遏是郁闷的转折点。

而愤怒爆发之时，亦正是愤怒开始衰减之刻。正如电闪雷鸣一旦显现，狂风暴雨、冰雹洪灾一旦发作，便意味着积雨云的能量终于释放。于是，一切都将过去，都必然过去，只是时间长短罢了。

在大众情绪转折之前，文化一向发挥其守望社会稳定的自觉性。这一种自觉性是有前提的，即文化感觉到社会本身是在尽量匡正种种积弊的——政治是在注意地倾听文化之预警的。反之，文化的希望也会随大众的希望一起破灭为失望，于是会一起郁闷、一起愤怒，更于是体现为推波助澜的能量。

在大众情绪转折之后，文化也一向发挥其抚平社会伤口、呼唤社会稳定的自觉性。但也有前提，便是全社会首先是每个个体亦在自觉地或较自觉地反省错误。

文化却从不曾在民众的郁闷变异为愤怒，而且怒不可遏地转折之际发生过什么遏止作用。

那是文化做不到的。

正如炸药的闪光业已显现,再神勇的拆弹部队也无法遏止其强大气浪的膨胀。

文化对社会伤痛的记忆远比一般人心要长久,这正是一般人心的缺点、文化的优点。文化靠这种不一般的记忆,向社会提供反思的思想力。阻止文化保留此种记忆,文化于是也郁闷。而郁闷的文化会逐渐限于自我麻醉、自我游戏、自我阉割、了无生气而又自适,最终完全彻底地放弃自身应有的一概自觉性,甘于一味在极端商业化的泥淖打滚。

倘若论到文化自觉,恐怕理应发挥的人文影响作用与已然发挥了的作用是存在大差异的。我们某些文艺门类不要说人文元素还少,连当下人间的些微烟火也似乎不多,真烟火尤其难以见到。

倘若最应该经常呈现人间烟火的艺术门类恰恰最稀有人间烟火,全然地不接地气,一味在社会天空的"积雨云"堆间放飞五彩缤纷的好看风筝,那么几乎就真的等于玩艺术了。

是以忧虑。

第十八节

最合适的,便是最美的

哪一个青年没有过理想?谁甘愿度过平庸的一生?

当这样的问题摆在面前,很多人也许会想到宗教,其实宗教也是一种理想。

人和植物、动物的区别,重要的一点恰恰在于人会设计自己的愿望,有实现这一愿望的冲动。理想使人高出宇宙万物,理想使人具有百折不挠的精神力量。当人实现这一愿望的冲动受挫,理想便使人感到痛苦。

如果能够进行统计的话,实现了自己的理想的人必然是少数。那么是否绝大多数的人又都是不幸的呢?我相信不是这样。

理想,说到底无非是对某一种活法的主观的选择。客观的限制通常是强大于主观的努力的。只有极少数人的主观努力,最终突破了客观的限制,达到了理想的实现,这便使人对"主观努力"往往崇拜起来,以为只要进行了百折不挠的努力,客观的限制总有一天将被"突破"。

其实不然。

所以我认为,有理想是一种正确的生活态度,放弃理想也是一种正确的生活态度。有时,后一种态度,作为一种活着的艺术,乃是更明智的。有理想、有追求是一种积极主动的活法,不被某一不切实际的理想或追求所折磨,调整选择的方位,更是积极主动的活法。

一种活法,只要是最适合自己的,便是最好的、最美的。当然,这活法,首先该是正常的、正派的活法。如果人觉得,盗贼或骗子的活法,才最适合自己的话,那我们就无法与之沟通了。

曾有一位大学生,给我写信倾诉自己对文学的虔诚,以及想成为作家的恒心,并且因为自己是学工的,便感到自己是世界上最不幸的人了。

我给他回信指出——首先,他不是实事求是的。因为考入一所名牌大学,与同龄青年相比,已首先使他成为最幸运的人了。其次,他是一名大学生,那么学习对他目前来说就是最适合的。学习生活,目前对他是最好的、最美的生活。即使他最终还是要专执一念当作家,目前的学习生活,对他日后当作家,也是有益的积累。而且作家是各式各样的——无职无业的“个体作家”、有职有业的半专业作家,还有以创作为唯一职业的专业作家。随着社会结构的变化,拿工资的专业作家会少起来,不拿工资的“个体作家”和有职有业的半专业作家会多起来。他究竟要当哪一种作家呢?马上就当不拿工资的“个体作家”?生活准备不足,能靠稿费养得了自己吗?连我自己目前也不能做到这样,所以我为他担忧。我劝他目前要安心学习,先按捺下当作家的迫切愿望,将来大学毕业了,从业余作家当起,继而半专业,继而专业——如果他确有当作家的潜质的话。

可是他根本听不进我的劝告。他举例说,巴尔扎克就是根本不理睬父母希望他成为律师的预想,终于成为大作家的。他那么固执,我对他的固执表示无奈。结果他学习成绩下降,一篇篇稚嫩的“作品”也发表不出来,连续补考又不及格,不得不离开了大学校园。他在北京流落了一个时期,写作方面一事无成,在我的资助下回老家去了。

现在他精神失常了。

这多可悲呀!

北京电影制片厂曾有过一百六七十位演员。设想,一旦成为演员,谁不想成大明星呢?但这受着个人条件的局限,受着种种机遇的摆布,致使有些人,空怀着“明星梦”,甚至十几年内,没上过什么影片。其中一些明智的人,醒悟较快,便改行去做剪辑、录音,或其他方面的工作。有些是我的朋友,他们在人到中年这个关键时刻,毅然摆脱过去曾怀抱过的、引起不切实际的理想的纠缠,重新选择最适合自己的活法,自然也活得好了。

作家铁凝也有过和我类似的与青年的接触。

一位四川乡村女青年不远万里找到她,希望在她的指导之下早日成为作家。须知一位作家培养另一个人成为作家这种事,古今中外实在不多。一个人能不能成为作家,关键恐怕不在培养,而在自身潜质。铁凝是很善良、很真挚、很会做思想工作的。铁凝询问了她的情况之后,友好地向她指出——对于她,第一是职业问题,因为有了职业就有了工资,有了工资就有了衣食住行的起码保障。曹雪芹把高粱米粥冻成砣,切成块,饿了吃一块儿,孜孜不倦写《红楼梦》,那对于他实在是无奈的下策,不是非如此便不能写出《红楼梦》。十年辛苦一部书。如果那十年的情况好些,他的身体也便会好些,也许在完成《红楼梦》之后,还能完成另一部名著。对于今天的青年,没有效仿的意义和必要。今天的青年,可以找到一份工作,取得衣食住行的起码保障,为什么不这样做呢? 当然,你要一心想在什么中外合资的大公司当上一位公关小姐,每月拿着高额的工资,当是另一回事。须知如今大学生、研究生找到完全合乎自己愿望的工作也有因,你凭什么指望生活格外地垂青你呢?

那女青年悟性很好,听从铁凝的劝告,回到家乡去了,在一个小县城找到了一份最普通的工作。以后她常把她的习作寄给铁凝,铁凝也很认真地予以指导。终于她的文章开始在地区的小报上陆续刊登,当然都是些小文章。她终于在自己生活的那个地方,渐渐引起了人们的注意。后来因这"一技之长",她被调到了县里相应部门搞宣传工作。后来她寻找到了一个好丈夫,组成了一个温暖的小家庭,有了一个可爱的孩子,生活得挺幸福。她在她生活的那个地方,寻找到了最适合她的"坐标",对她来说,那是最好的生活,也是最美的,起码目前是这样。至于以后她是否会成为大作家,那就非铁凝能帮得的事了。

有些青年谈论理想的时候,往往忽略了现实和理想之间的时空距离。或者虽然承认有距离,但却认为只要时来运转,一步便能跨越。其实有些距离,是终生不能跨过的。嗓子天生五音不全而要成为歌星,身材不美而要成为芭蕾演员,没有表演才能而非迷恋影视生涯……凡此种种,年轻时想一想是可爱的,倘非当作人生理想、人生目标去孜孜追求,又何苦呢?倘若一位中国的乡村女孩的理想是有朝一日做西方某国的王妃,并且发誓不达目的誓不罢休,这"理想"本身岂不是就怪令人害怕吗?正如哪一位中国的作家如若患了"诺贝尔情结",发誓不获诺贝尔文学奖便如何,这也是要不得的。

一切生活都是生活,无论主观选择的还是客观安排的,只要不是穷困的、悲惨的、不幸接踵不幸的,只要是正常的生活,便都是值得好好生活的。须知任何一种生活都是有正面和负面的。帝王的权威不是农夫所能企盼得到的,但农夫却不必担心被杀身篡位。一切名流的生活之负面的付出,都是和他们所获得的正面成比例的。人往高处走,水往低处流,一人改变自己的命运的想法永远是天经地义无可指责的,但首先应是从最实际处开始改变。

荀子说过一句话:"自知者不怨人,知命者不怨天。"字面看来有点"听天由命"的样子,其实强调的是一种乐观的生活态度。没有乐观的生活态度,哪还谈得上什么积极进取呢?不必在二十多岁的时候,便给自己的一生设计好什么"蓝图"。在以后的几十年中,机遇可能随时会向你招手,只要你是有所准备的。

社会越向前发展,人的机遇将会越多而不会越少。三十岁至四十岁得到的,绝不会是你最后得到的,失去它的机会却像得到它一样偶然。同样三十岁至四十岁未得到的,并不意味着你一生不能实现。你的一生也许将几次经历得到、失去,再得到、再失去的反复,有时你的人生轨迹竟被完全彻底地改变,迫使你一切从头开始。谁准备的方面多,谁应变的能力强,谁就越能把握住一份属于自己的生活。

当代社会越向前发展,则越将任何一种事业与人的关系,变成为若即若离、若离若即,偶尔合一、偶尔互弃的关系。

第十九节

人活着，要有敬畏之心

畏，是连动物也有的表现。畏极，于是害怕；怕极，于是恐惧。

畏之表现，不敢轻易冒犯耳。此点在动物界，比在人类社会更加司空见惯。因所谓动物界，乃杂类同属。而人类的社会，毕竟是同类共处。

在动物界，大到虎豹狮熊、象犀鳄蟒，小到蜈蝎螳螂、甲虫蝼蚁，若遭遇了个碰头对面，倘都是不好惹的，并且都本能地感到对方是不好惹的，便相畏。常见的情况是，彼此示威一番之后，各自匆匆抽身而去。

在人类，这种情形每被说成是——各自心中掂量再三，皆未敢轻举妄动，明智互避。确乎，此时之互避，实为明智选择。但如果一方明显强势，一方明显弱势，那么无论在动物界还是在从前的人类社会，后者之畏，不必形容。为什么要强调是从前的社会呢？乃因从前的社会，人分高、低、贵、贱的种种等级。这一种分，延及种族、姓氏与性别。小官见到大官、大官见到皇帝乃至皇亲国戚，也是不可能不畏的。在种族歧视猖獗时代的美国，黑人远远望见白人，通常总是会退避开去的。大抵如此。

在特别漫长的历史时期内，畏是人类社会的潜规则，也是人类心理的一种遗传基因。故那时的"民"，快乐指数是很低的，须活得小心谨慎、战战兢兢。因为他的天敌不但有动物界凶猛邪毒的大小诸类，还有天降之灾，更有形形色色的自己的同类。"宦海多厄""如履薄冰""官大一级压死人""伴君如伴虎"，这些文言俗语，或是受畏压迫的官们的自白，或是看得分明的非官场人士们的观察心得。官们尚且活得如此不潇洒，百姓又哪里来的多少快乐呢？故很久以前的"民"，又被称为"草民""愚民""贱民"。不仁的权贵者可践踏也，可羞戏也，可欺辱也。

现代人类社会的标志之一是人格的互尊，人权的平等。人格是译语，最直接的意思其实是"界"，暗示着彼人也，吾亦人也，同属"人"界，勿犯于我的思想。一言以蔽之，人皆站在同一地平线上。

由是，在人类的社会中，人畏人的现象，便渐渐少了许多。

人遭动物的进攻和伤害的概率少了，人对自然灾害的预知能力提高了、抗击能力增强了、控制能力加大了。人对人的畏，如上所述，也几乎全变成历史记忆——那么，人是否就可以变得天不怕、地不怕呢？

人类感到人类还不应该这样。

因为现代的人类，头脑更智慧了。而天不怕、地不怕是反智慧的，正如宇宙是无边无际的，不符合人的思维逻辑。

于是我们人类从以往的宗教中、文化中、习俗中，筛选出某些仍有必要保留、保留将有益无害的成果，加以补充，加以修正，加以完善，加以规范，使之成为原则，并以另一种畏的虔诚态度对待之，便是敬畏。

值得人类敬畏的事虽已不多，却更有质量了。

比如法律，人类每曰之为"神圣的法律"。法律无情，故人甩之；法律公正，故人敬之。法律的天平一旦歪斜，全社会的心理平衡便紊乱了。所以人需要对法律保持敬畏，这种敬畏符合普遍之理性。

但世界上所有的法典加在一起，也还是不能尽然解决人类社会的全部是非问题。有相当多归不进法律的是非问题，依然和人类的心灵是怎样的有关。

所以除了法律，人类的文化主张还要敬畏良心的谴责。良心者，好的心。善为好，故良心首先是善良的心。倘不善良，一颗搏动了八十多年的心，即使还像运动健将的心一般跳得强劲有力，那也只能说是一颗好的心脏而已。这样的人，是没良心可言的。没良心可言的人难以长久，虽不好但也不至于坏的人，其坏是迟早之事。因为，他以为他没犯法，而实际上，他已站在法律电网的边沿，任何一阵诱惑的风，都极可能使他跌入犯法的坑里。并且，站在法律边沿之人，每有一种试探法律权威的冒险念头，以及擦边而过的侥幸者的沾沾自喜，这也都是最终导致其跌下去的原因。

良心不在法律的边上。

良心在法律的上空，无时无刻地照耀着法律，故良心又叫"天良"，虽无形，但有质。倘无天良之心的照耀，连法官也会成为坏法官，结果导致法律被玷污。人类也要敬畏天良之谴责。生命不仅对人只有一次，对一切生物也只有一次。故生命对一切使地球现象丰富的、美好的、有趣的生物，不但是宝贵的，而且具有神圣性。除了不仅有害于人类，同时也有害于绝大多数别种生物的害虫、病菌，人也应该对一切生命予以珍视。爱一物之生，怜一物之死，此曰敬畏生死。敬生不等于畏死，畏死乃指不敢于轻生。既不轻人类自己的生，也不轻别种生物的生。并且，连对尸体也当尊重。

"天地有定律，四季有成规，万物有法则。"人还应敬畏于自然界的秩序。急功近利地或无端地破坏自然秩序的行为，将使人类受到严厉惩罚。所幸，今日之人类，对此已有共识。

敬畏，并非由畏而敬。害怕的心理，其实不能油然转化为敬意。敬畏乃指由敬而生的尊重，不是畏别的，畏己之冒犯之念也。一个人也罢，一个民族也罢，一个国家也罢，倘若几乎没有什么敬畏，是很可怕，最终也将是很可悲的。

我们中国，时至今日，是有敬畏之心的人多呢，还是无敬畏之心的人多呢？这是一个我们必须正视，并且必须做出诚实回答的问题。

由此而想到——有轻生少女犹豫于高楼，我同胞围观"白相"者众，且有人喊："姐们快跳啊，别让大家等急！"

由此而想到——七八个大学学子为救溺水儿童，其中三人献出宝贵生命，所谓"捞尸船"上的人，竟以铁钩勾肤、绳索系腕，任几小时前还是朝气青年的尸体浸泡江中,却指手画脚,狮子大张口,在船头、岸上抬高其价!

那三名大学生孩子,真是死得让人心疼,死后还让人心疼! 那些个"捞尸人",那样子对待同胞,那样子对待同胞中欲殉身的孩子,还有半点天良吗?

鲁迅说:"救救孩子!"

而我要说:"救救大人!"

谁帮现在的某些大人们,找回敬畏之心、找回天良! 连大人都越来越丧失了的,又凭什么指望我们的孩子们会自然而然地有!

梁晓声

第三章

体面地活着

第一节

速成"贵族"

"培养一个贵族至少需要三代的教养。"——众所周知,这是巴尔扎克的名言。

我想,一个人是不是贵族,或者像不像贵族,至少有一条标准——那就是看他或她的言谈举止、待人处世是否达到了所谓"贵族"的风范。比如是否斯文、做派是否优雅、是否深谙"上流社会"的礼仪要求,等等。

巴尔扎克的名言曾被我们中国人广泛引用,原因是"一部分中国人先富起来"了。他们行有名车代步,止有靓女相陪,大小官员常是他们的座上客,这个"星"、那个"星"常是他们的至爱亲朋。他们每每出手阔绰,一掷万金、几万金、十几万金,以搏奢斗豪为乐、为荣,因而便都俨然"贵族"了似的。而有些人则指责他们还算不上真正的贵族,所持的根据就是巴尔扎克的名言。

我也引用过巴尔扎克的名言,但是现在我不太相信"巴先生"此名言的正确性了。

《百万英镑》这部电影,就具体、形象、生动地颠覆了"巴先生"的名言。一个落魄到走投无路的青年,一旦拥有了百万英镑,不是在很短的日子里,便顺理成章、自然而然地完成了由一个穷光蛋嬗变为一位贵族的过程吗?

美国还有一部电影《不公平的游戏》,讲的是两位老资本家百无聊赖时打了一次十美元的赌——一个要使一名怎么也谋不到职业、整日流浪街头乞讨的黑人青年迅速成为大亨,从里到外贵族起来;一个要使一位踌躇满志、不久将成为自己乘龙快婿的"准贵族"白人青年,从贵族的高门槛

梁晓声

外一个筋斗跌到贫民窟去。结果两位老资本家都不费吹灰之力地达到了他们之目的。

至于什么风度、礼仪常识、言谈举止啦，那都是完全可以在人指导下"速成"的，绝不比一个厨子的"速成"期长。

反正两部电影是这么告诉我们的，信不信由你！

别说贵族了，国王也是可以"速成"的。

还有一部外国影片似乎叫《金头盔》，讲的是这样一个故事——王后生了双胞胎，由于某些大臣们的野心暗中起作用，将本该按老国王遗嘱继承王位的哥哥从小送出了王宫，沦为穷乡村里的贫儿，使弟弟成功地篡了位。二十几年后，另一些大臣出于同样的权势野心，将哥哥寻找到了，暗中加紧"培训"——当然是按国王的言谈举止、风度和威仪进行"培训"的。"速成"之后，绑架国王，取而代之。弟弟从此由王而囚，并被戴上了金头盔至死。

可见，"巴先生"的名言，的确是不足信的。

古波斯王居鲁士一世出身平民。按说，他的儿子该是平民的孙子，可却毫无平民情感，在历史上是臭名昭著的。他在宫廷里自小就骄横跋扈，目中无人，不可一世。

有次他因对其父王无礼，遭到居鲁士训斥。居鲁士说："从前我跟我父亲讲话，决不像你现在跟我讲话的样子。"

小居鲁士仰脸叉腰地说："你只是平民的儿子，而我，是居鲁士大帝的儿子，咱们两个是可以相比的吗？"

老居鲁士非但未怒，反而异常高兴，将他搂在怀中，连连夸奖"说得有理，说得有理，果然不愧是居鲁士大帝的儿子"！

一位大帝的儿子，是多么容易否认自己也是平民的孙子啊！对平民阶级，又是多么自然而然地就予以轻蔑了啊！哪里需要三代之久才能洗心革面脱胎换骨呢？

扫视我们的生活，谁都不难发现——中国正"速成"地派生着一茬又一茬的大小"贵族"。长则十几年内，短则几年内，再短甚至一年内、几个月内、几天内，一些原本朴朴实实的老百姓的孙儿、孙女，就摇身一变，成为"大款""富豪"，起码是什么"老板"的公子或千金了。这一种"变"当然也是好事，总比他们永远是老百姓的孙儿、孙女，甚至不幸沦为贫儿、妓女要好。但遗憾的是，他们一旦"贵族"起来，在风度、礼仪、言谈举止方面，反而变得越发地缺少甚至没有教养，变得像些个小居鲁士一样。而他们的成了"大款""富豪"或"老板"的父辈，也那么自然而然地便忘了自己其实是——可能不久前仍是老百姓的儿子。他们对他们自己的那些像小居鲁士一样骄横跋扈、目中无人、不可一世、专擅比阔的儿子，又往往是那么的沾沾自喜。

这些个"速成"起来的"贵族"，对平民百姓很轻蔑，毫无感情，毫无体恤，毫无慈悲。据我所知，据我看来，是比巴尔扎克笔下的某些贵族人物对平民百姓的恶劣的"阶级立场"尤甚的。

所以有话道"千好万好，不如有个好爸"。所以一般只比"爸"而不怎么比"爷"。因为一比祖父，现今的许多达官新贵、才子精英、文人学士、名媛淑女，则也许统统都只不过是农民的孙儿、孙女。所以，巴尔扎克的名言，放之于中国而不准也。培养一个劣等贵族是极容易的！

梁晓声

第二节

拒做儒家的优秀生

文化是一个内涵极其广泛、极其丰富的概念。我想仅就中国文化中的思想现象，而且主要是关于国家、民族、民主和知识分子们——亦即古代文人们与权力、权势关系的某些思想现象，说一些自己的浅薄之见。

夏朝是中国历史上第一个传说和古人追述之中的朝代，始于公元前2070 年，距今四千余年了。商朝是中国第一个有文字记载的朝代，那么商朝应该说是中国真正意义上的思想史、文化史的端点。其后一概思想现象，皆由此端点发散而存。到了公元前 500 年左右，就应该是春秋战国时代了，那是一个大动荡、"大改组"的历史阶段，统治权分分合合、合合分分，可谓波澜动魄、时事惊心。也许正是因为那样一种局面，促使和刺激中国古代的思想者们积极能动地思考统一与统治的谋略。他们相互辩论、取长补短，力争使各自的思想更加系统、成熟，具有说服力。那是中国古代思想者们自发贡献思想力的现象，后人用"诸子百家"来形容。而孔子则当之无愧地成为那一时期的思想家代表。

以当时而谈，孔子们的思想确乎是博大精深的。政治、军事、经济、民生、文化、风俗、人和自然、家庭、人以及自身的关系——如生老病死，我们古代的思想家们当时都想到了。

我们古代的思想家们，是特别重视思想美感的，这一点是非常值得后人学习的。比如"天道酬勤，天行健，君子以自强不息；地势坤，君子以厚德载物"这句古代名言，道理并不深奥，但与天、与地进行了修辞联系，语境宏大开阔，不仅具有思想美感，而且具有极为亲和的说服力。因为其修辞暗示显然是——且不论你能否做到，只要你愿意接受此思想，你仿佛就已经是君子了。而成为君子的感觉，当然是人人都愿意有的、令人愉快的感觉。正确的思想，以美的语言或文字来传播，才更有利于达到其教化作用。中国古代的思想家们，不但重视思想力的美感，分明还深谙并尊重接受心理学。

看我们有些官员的话语，即使在宣传很正确的思想时，也往往是令人打瞌睡的，有时甚至是令人反感的。他们宣传思想的语言表达能力是难以令人恭维的，缺乏形象、生动的词汇，仿佛一旦撇开人人耳朵都听出老茧来了的那一套言语，便不会以自己的语言来表达了。

我认为，他们尤其应该向我们古代的思想家们学习。我国古代思想家们的思想，还是很精粹的。比如"治大国若烹小鲜"这一绝妙比喻，即使从文学角度来看，也堪称佳句经典。"苛政猛于虎"，则一针见血。

我个人认为，铲倒性的思想力，难免更是思想冲动力。思想冲动力也是浮躁之思想力。目的纵然达到，代价往往巨大。

中国古代的思想家们，在方法和目的之关系方面，是很重视代价大小的。

我觉得，中国古代思想家们的思想遗产有如下特征：第一，农耕时代"以农为纲"的思想；第二，渴望明君、贤王的抱负寄托自己的思想；第三，求稳、抑变的保守主义思想——这里指的是后来成为主流思想的儒家思想，法家思想现象另当别论；第四，道德理想主义思想；第五，文人实现个人功利前途的特质；第六，唯美主义的思想力倾向。

总而言之，中国古代"思想家"或"思想力"这一概念，同时也必然是封建时代"思想家"和"思想力"的概念。既然是封建时代的，再博大、再精深，那也必然具有封建时代的杂质，存在服务于封建秩序的主观性。所以，我个人绝不是所谓"传统文化思想"的崇拜者。中国古代思想家们的一大兴趣点,往往更在于做帝王的老师。——这是我不崇拜的主要原因。好为帝王的老师,难以做到在思想立场上基本不站在帝王者一边。

当然站在帝王身侧的一种思想立场,也往往贡献出有益于国泰民安的思想。比如孔子说:"大道之行也,天下为公;选贤与能,讲信修睦。"这样的思想,帝王们若不爱听,其实等于自说自话。

中国古代的思想家们,比较自信只要自己苦口婆心,是完全可以由他们教诲出一代代好的帝王的。

帝王统治不可能完全不依靠思想力。

儒家思想乃是帝王们唯一明智选择的思想力,所以他们经常对儒家思想表现出半真半假的礼遇和倚重。这就形成一种王权对社会思想的暗示——于是后来的中国知识分子,或曰中国文人,越来越丧失了思想能动力,代代相袭地争当儒家思想的优秀生,做不做帝王的老师都不重要了,能否进入"服官政"的序列变得唯一重要。当前,"儒家文化"似乎炽热,对此我不免心存忧虑的。

在 21 世纪,对于一个正在全面崛起的泱泱大国,当代思想力并未见怎样的发达,却一味转过身去从古代封建思想家们那儿去翻找思想残片,这是极耐人寻味的。而如此一种思想现象究竟说明了些什么,我还没想清楚,等想清楚了再做汇报。

第三节

教育的诗性

当我们在反省自己的中小学教育方法时，我想说，我们或许正是在丧失着教育事业针对小学生们的诗性内涵。

我一向觉得，"教育"二字，乃具有诗性的词。它使人联想到另外一些具有诗性的词——信仰、理想、爱、文明、知识等。它使人最直接联想到的词是——母校、学生时代、师恩、同窗。还有一个词是"同桌"——温馨得有点曼妙，牵扯着情谊融融的回忆。

学校是教育事业的实体。学生将自己毕业的学校称为母校，其终生的感念，由一个"母"字表达得淋漓尽致。学生与教育这一特殊事业之间的诗性关系，无需赘言。

没有学生时代的人生是严重缺失的人生，正如没有爱的人生一样。

"师道尊严"强调的主要不是教师的个人尊严问题，而是教育之"道"，亦即教育的理念问题。全人类的教育理念从前都未免褊狭，"尊严"二字是基本内容。此二字相对于教育之"道"，也包含着古典的、庄重的诗性。人类现代教育的理念十分开放，学校不再仅仅是推动个人通向功成名就的"管道"，实际上已是关乎一个民族、一个国家，乃至全人类文明前景的摇篮……

于是教育的诗性变得扩大了。"教育"二字，令我们视而且肃，书而神端，谈而切切复切切。因为它与一概人的人生关系太紧密啊。一个生命就是一次空前绝后的奇迹，父母的精血决定了生命的先天质量。生命演变为

梁晓声

人生的始末,教育引导着人生的后天历程。对于每一个具体的人,左右其人生轨迹的因素尽管多种多样,然而凝聚其人生元气不散的却几乎只有一个,那就是教育的作用和恩泽。

因为教育与社会的关系太紧密啊。

一个绝大多数人渴望享受到起码教育的愿望遭剥夺的社会,分明的是一个被关在文明之门外边的社会。在那样的社会里,极少数人的幸运,除了给极少数人的人生带来成就和光荣,很难也同时照亮绝大多数人精神的暗夜。

教育是文明社会的太阳。

因为教育与时代的关系太紧密啊。

爱迪生为人类提供了电灯,他改变了一个时代。但是发电照明的科学原理一经被写入教育的课本里,在一切有那样的课本被用于教学而电线根本拉不到的地方,千千万万的人心里便首先也有一盏教育的"电灯"亮着了……

全世界被纪念的军事家是很多的,战争却被人类更理智地防止着;全世界被纪念的教育家是不多的,教育事业却被人类更虔诚地重视了。

少年和青年们谈起文学家、艺术家难免是羡慕的,谈起科学家难免是崇拜的,谈起外交家、政治家难免是钦佩的,谈起企业家难免是雄心勃勃的——但是谈起教育家,如果他们也了解某几位教育家的生平的话,则往往是油然而生敬意的了。因为有一个事实他们必定肯于默认——世界上有些人是在富有了以后才致力于教育的,却几乎没有因致力于教育而富有的人。他们正从后者们鞠躬尽瘁所致力的事业中,获得人生的最宝贵的益处。

教育家和教育工作者们是体现教育诗性的优美的诗句,而教育的诗性体现着人类诸关系之中最为特殊也最为别致的一种关系——师生关系的典雅和亲近。所以中国古代有"一日为师,终身为父"的箴言,所以中国古代将拜师的礼数列为"大礼"。

那么，让我们来分析一下，上学这件事，对于一个学龄儿童，究竟意味着些什么吧！

记得我报名上小学那一天，哥哥反复教我十以内的加减法，因为那将证明我智力的健全与否。母亲则帮我换上了一身干干净净的衣服，并一再替我将头发梳整齐。我从哥哥和母亲的表情里刻下一种印象：上学对我很重要。我从别的孩子们的脸上刻下另一种印象：我们以后将不再是个普通的孩子……

报完名回家的路上，忽听背后有一个清脆的声音高叫我的"大名"——也就是我出生后注册在户口本上的姓名。回头看，见是邻院的女孩。她的母亲和我的母亲要好，我和她熟稔之极，也经常互相怄气。此前我的"大名"从没被人高叫过，更没被一个熟稔之极的女孩在路上高叫过，而她叫我的小名早已使我听惯了。

我愕然地瞪着她，几乎恓惶起来。

"怎么，叫你的学名你还不高兴呀？以后你也不许叫我小名了啊！"她眨着眼问我，又说，"你再欺负我，我就不告诉你妈了，要告诉老师了！"

一个人出生以后注册在户口本上的名字，只有当他或她上学以后才渐被公开化。对于孩子们而言，小学是社会向他们开放的第一处"人生操场"，班级是他们人生的第一个"单位"。人与教育的诗性关系，或一开始就得到发扬光大，或一开始就被教育与人的急功近利的不当做法歪曲了。

儿童从入学那一天起，一天天改变了"自我"的许多方面。他或她有了一些新的人物关系：老师、同学、同桌。有了一些新的意识：班级或学校的荣誉、互相关心和帮助、尊敬师长以及被一视同仁、平等对待的愿望等。有了一些对自己的新的要求：反复用橡皮擦去写在作业本上的第一个字，横看竖看总觉得自己还能写得更好，甚至不惜撕去已写满了字的一页，直至一字字、一行行写到自己满意为止。

第一个满分、集体朗读课文、课间操、第一次值日……几乎所有的小学生，都怀着本能般的热忱进入了学生的角色。

那一种热忱是具有诗性的，是主动而又美好的，是在学校这一教育事业的实体环境培养之下萌生的。如果他或她某天早晨跨入校门走向班级，一路遇到三位甚至更多位老师，定会一次次郑重其事地驻足、行礼、问好。如果他或她已经是少先队员，那么定会不厌其烦地高举起手臂行标准的队礼。怎么会烦遇到的老师太多了呢，因为那在他或她何尝不是一种愉快呢！

当我们在以颇为怀疑的眼光，审视某些国家对小学生实行的"快乐教育"时，我们内心里暗想的是——那不成了幼儿园的继续了吗？

其实不然。

据我想来，他们或许正是在以符合自己国家国情的方式，努力体现着教育事业之针对小学生的诗性吸引力。

当我们在反省我们自己的中小学教育方法时，我想说，我们或许正是在丧失教育事业针对小学生们的诗性内涵。

当全社会都开始检讨我们的中小学生所面临的学业压力已成重负时，依我看来，真正值得悲哀的乃是中小学教育事业的诗性质量，缘何竟似乎变成了枷锁？

将一代又一代儿童和少年培养成一代又一代出色的人，这样的事业怎么可能不是具有诗性的事业呢？

问题不在于"快乐教育"或其他教育方式孰是孰非，各国有各国的国情。别国的教育方式，哪怕在别国已被奉为经验的方式，照搬到中国来实行，那结果也很可能南辕北辙。问题更应该在于，我们中国人自己的头脑中，是否有必要进行这样的思考：如果我们承认教育之对于学生，尤其对于中小学生确乎是具有诗性的事业，那么我们怎样在中小学校保持并发扬光大其诗性的特征？

儿童和少年到了学龄,只要他们所在的地方有学校——不管那是一所多么不像样子的学校;只要他们周围有些孩子天天去上学——不管是多数还是少数,他们都会产生自己也要上学的强烈愿望。

这 愿望之对于儿童和少年,其实并不一概地与家长所灌输的什么"学而优则仕"或自己暗立的什么"鸿鹄之志"相关。事实上即使在城市里,绝大多数家长也并不经常向独生子女灌输那些,绝大多数的学龄儿童也断然不会早熟到人生目标那么明确的程度。

它主要体现着人性对美好事物的最初的趋之若"渴"。

在孩子的眼里,别的孩子背着书包单独或结伴去上学的身影是美好的;学校里传出的琅琅读书声是美好的;即使同样是在放牛,别的孩子骑在牛背上看书的姿态也是美好的……

这一流露着羡慕的愿望本身亦是具有诗性的。因为羡慕别的孩子的书包,和羡慕别的孩子的新衣服,是那么不同的两种羡慕。

这一点,在许多文学作品甚至自传作品中有着生动的描写。一旦自己也终于能去上学了,即或没有书包,即或课本是旧的、破损的,即或用来写字的只不过是半截铅笔,即或书包是从母亲的某件没法穿了的衣服上剪下的一片布做成的,终于能去上学了的孩子,内心里依然是那么激动。

这也不是非要和别的孩子一样的"从众心理"。

因为,情形很可能是这样的,当这个曾强烈地羡慕别人能去上学的孩子向学校走去的时候,他也许招致另外更多的不能去上学的孩子们巴巴的羡慕目光的追随。斯时,后者们才是"众"。

我多年前曾到过很偏远的一个山区小学。那学校自然令人替老师和孩子们寒心。黑板是抹在墙上的水泥刷上墨,桌椅是歪歪斜斜的带树皮的木板钉成的,孩子们的午饭是每人从家里装去的一捧米合在一起煮的粥,下饭的菜是半盆盐水泡葱叶。我受委托去向那一所小学捐赠一批书和文具,每个孩子分到书和文具的同时还分到一块橡皮。他们竟没见过城市里卖的那种颜色花花绿绿的橡皮，以为是糖块儿，几乎要往嘴里塞……

我问他们上学好不好？

他们说好，说还有什么事比上学好呢？

问上学怎么好呢？

都说识字呀，能成有文化的人啊。

问有没有志向考大学呢？

他们皆摇头。有的说读到小学毕业就得帮家里干活儿了，有的以庆幸的口吻说爸爸、妈妈答应了供自己读到初中毕业。至于识字以外的事，那些孩子们根本连想也没想过。

人们早已熟悉的解海龙拍摄的、成为"希望工程"宣传明星的那个有着一双大大的黑眼睛的小女孩，凝聚在她眸子里的愿望是什么呢？是有朝一日能跨入名牌大学的校门吗？是有朝一日戴上博士帽吗？是出国留学吗？是终于成为人上人吗？

尽管现在她已实现了很多，但我很怀疑她当时能想到那么多、那么远。

我觉得她那双大大的黑眼睛所巴望的，也许只不过是一间教室、一块老师在上面写满了粉笔字的黑板、一套属于她的课桌椅——而她能坐在教室里并且不必想父母会因交不起学费而发愁，自己也不必因买不起课本、文具而愀然。

总而言之，我的意思是，恰恰在那些被称为穷乡僻壤的地方，在那些期待着"希望工程"资助教育事业的地方，在简陋甚至破败的教室里，我曾深深地感受到儿童和少年无比眷恋着教育的那一种简直可以用"黏连"二字来形容的、"糯"得想分也分不开的关系。

那是儿童和少年与教育的一种诗性关系啊！我在某些穷困农村的黄土住宅墙上，曾见过用石灰水刷写的这样的标语："再穷也不能穷了教育，再苦也不能苦了孩子！"它是农民和教育的一种诗性关系啊！虽有点豪言壮语的意味，然而体现在穷困农村的黄土住宅墙上，令人联想多多，看后眼睛发湿。

我的眼睛并不专善于从贫愁形态中发现什么"美感",我还未矫揉造作到如此地步。我所看见的,只不过使我在反观城市里的孩子与教育,具体说是与学校的关系时,偶尔想点儿问题。

究竟为什么,恰恰是可以坐在宽敞明亮的教室里,而且根本不被"学费"二字困扰的孩子,对上学这件事,对学校这一处为使他们成才而安排周全的地方,往往表现出相当逆反的心理呢?

这一种逆反的心理,不是每每由学生与教育的关系、与学校的关系,迁延至学生与老师、与家长的关系中了吗?

不错,全社会都看到了中小学生几乎成了学习的奴隶,猜到了他们失去学习乐趣的心理,看到了他们的书包太大、太重,看到了他们伏在桌上的时间太长、太久……

于是全社会都恻隐了,于是采取对他们"减负"的措施。但又究竟为什么,动机如此良好的愿望,反而在不少家长们内心里被束之高阁,仿佛你有千条妙计,我有一定之规呢?但究竟又是为什么,"减负"了的学生,有的却并不肯"自己解放自己",有的依然小小年纪就满心怀的迷惘与惆怅呢?如果他们的沉重并不主要来自书包本身的压力,那么又来自什么呢?一名北京市的初二学生在寄给我的信中写道:

> 我邻家的哥哥、姐姐们,大学毕业一年多了,还没找到工作,他们可都是正牌大学毕业的呀!我十分地努力,将来也只不过能考上一般大学。我凭什么,指望自己将来找到一份普普通通的工作竟会比他们容易呢?如果难得多,考上了又怎么样?学校扩招并不等于社会工作也同时扩招呀!可考不上大学,我的人生出路又在哪里呢?爸爸、妈妈经常背着我嘀咕这些,以为我听不到。其实,我早就从现实中看到了呀!一般大学毕业生的出路在何方呢?谁能给我指出一个乐观的前景呢?我现在经常失眠,总想这些,越想越理不出个头绪

来……

倘若这名初二女生的信多多少少有一点代表性的话，那么是否有根据认为——我们的相当一批孩子，从小既被沉重的书包压着，其实也被某种沉重的心事压着。那心事本不该属于他们的年纪，但却不幸过早地滋扰着、困惑着他们……他们也累在心里，只不过不愿明说。

我们的孩子的状态可能是这样的：第一，爱学习，并且从小学三四年级起，就将学习与人生挂起钩来，树立了明确的学习目标；第二，在家长经常的耳提面命之下，懂了学习与人生的密切关系；第三，有"资格"不想也不必怎样努力，反正自己的人生早已由父母负责铺排顺了；第四，厌学也没"资格"，却仍不好好学习，无论家长和老师怎样替自己着急都没用；第五，明白了学习与人生的密切关系，虽也孜孜努力，却仍对考上大学没把握。

对第一种孩子不存在什么学习负担过重的问题，倒是需要家长劝他们也应适当放松；对第二种孩子，家长就不但应有关心，还应有体恤之心了。不能使孩子感到，他或她小小的年纪已然被推上了人生的"拳击场"，并且断然没有了别种选择。

前两种孩子中的大多数，一般都能考上大学。他们和他们的家长，无论社会在主张什么，总是"按既定方针"办的。

对第三种孩子，社会和学校并不负什么特别的责任。"减负"或"超载"也都与他们无关。甚至，只要他们不构成某种社会负面现象，社会和学校完全可以将他们置于关注之外、谈论之外、操心之外。

第四种孩子每每与青少年社会问题有牵涉。他们的问题并不完全意味着教育的问题，也并非"中国特色"，几乎每个国家都有此类青少年存在。他们应是一个值得关注的问题，却也不必大惊小怪。

第五种孩子最堪怜。从他们身上折射出的，其实更是教育背后突显的人口、就业问题。无论家长还是学校，有义务经常开导他们，使他们能够相信——我们的国家正在发展着。这发展过程中，国家捕捉到的一切机遇,其实都在有益的方面决定着他们将来的人生保障。

我们为数不少的孩子,确乎过早地"成熟"了。

本来就中小学生而言,他们与学校亦即教育事业的关系,应该相对单纯一些才好。"识字,成为有文化的人。"——就是单纯。在这样一种儿童和少年与教育事业的相对单纯的关系中,教育体现着事业的诗性,孩子体验着求知的诗性,学校成为有诗性的地方。学校和教室的简陋不能彻底抵消诗性。教师和家长对学生之学业要求,也不至于彻底抵消诗性。

但是,倘若学校对于孩子成了这样的地方——当他们才小学三四年级的时候,教师和家长就双方面联合起来使他们接受如此意识:如果你不名列前茅,那么你肯定考不上一所好中学,自然也考不上一所好高中,更考不上名牌大学,于是毕业后绝无择业的资本,于是平庸的人生在等着你;而你若连大学都考不上,那么你几乎完蛋了。等着瞧吧,你连甘愿过普通人生的前提都谈不上了。街头那个摆摊的人,或扛着四十斤的桶上数层楼给邻家送纯净水的人,就是以后的你。

这差不多是符合逻辑的,差不多是现实,同时,也差不多是某些敏感的孩子的悲哀。

这一点比他们的书包更沉。

这一点,一旦被他们过早地承认了,"减负"不能减去他们心中的阴霾。

于是教育事业对于孩子们所具有的诗性,便几乎荡然无存了。

最后我想说——如果某一天,教师和家长都可以这样对中小学生说——你们中谁考不上大学也没什么。瞧瞧你们周围,没考上大学的人不少啊!没考上大学就过普通的人生吧,普通的人生也是不错的人生啊!

倘若这也差不多是一种逻辑、一种现实,那么,我们就有理由根本不谈什么"减负"不"减负"的话题了。中小学教育的诗性,就会自然而然地复归于学校。当然,这一天的到来,是比"减负"难上百倍的事。我却极愿为我们的中小学生,祈祷这样一天的尽早到来!

梁晓声

第四节

情感教育

首先，我们所言之"情感"二字，当然的，非仅指爱情现象的那一种情感，也不是包括了亲情和友情关系便全部涵括了的那一种情感。不，不是这样的。我们所关注、研讨、分析和提升的情感，很丰富，很广博。

马克思说——"人是一切社会关系的总和。"这"一切社会关系"，包括政治、经济、法律、科技，等等。自然，也包括人类的情感现象，也就是说，倘若忽视人类社会的、林林总总的情感现象，则"人是一切社会关系的总和"这句话，就不能成立。或换一种说法，人和社会、和他人的一切社会关系，最终必然会呈现于人的情感方面。

其次，谁教育谁？师生共同接受教育，师生相互教育。

我们共同地、自觉地自己教育自己。并且，将这一种自我教育，首先当成对自身有益的精神保健。

那么，究竟谁是教师呢？一言以蔽之——文化。古今中外人类文明发展至今的文化遗产中，蕴含着极为丰富的解读人类情感现象的正面的和反面的记录，都可作为我们的教材。

当然，人类的全部文艺的、文化的发展过程，是一个不断扬弃的过程。即使我们教与学的是各个专业，各个专业和我们的关系，也远不及社会和我们的关系那么紧密。

故我们的眼、我们的耳、我们的心，不能只去看、听和想从前的人事，文艺中的人事，文化中的人事，更要关注现实。我们必然要立足于今天审视文化,也必然要借助文化来解析现实。

我们的情感教育所涉及的情感现象较多,比如情调、情绪、情结、情愫、情操、情怀……

依我想来,情调是后天的,易变的;往往与时尚有关,甚至某阶段比较刻意的、做作的一种表层面的情感现象,每具有欺人性和自我欺骗性,却又往往是宁愿的、愉悦的。

而情绪,则是一种司空见惯的情感的冲动表现。每一个人都常有这样的情况,企图掩饰是一件极难之事。比之于情调,它是情感的真实流露。不一定可取,但肯定真实。一般情况下,它是一种应该予以宽容的情感表现,但同时又是一种需要克制的情感表现。

情结乃是情感长期堆积于心而形成的意识块垒。通常并无大害,只不过使人一厢情愿地一往情深,但也可能导致人的情感偏执,于是远离了客观和真实。

情愫是可持续的,相对稳定的情感现象,每以相对稳定的价值取向为其基础。

情操是在情愫的基础之上升华的一种情感现象。这一词汇的表意是正面的。它所体现的情感之质,高于人类普遍情感之质,它并非人人都具有的一种情感现象。正因为如此,一个有情操可言的人,几乎必有良好的信仰和操守,于是亦可敬。

情怀是一种超越一般情感本能的,受理性引导而又与理性水乳相融的现象。世上没有一个人是没有什么情操可言而居然有情怀的,世上也没有一个人是有情怀的而居然毫无操守。情怀乃一种大情感,使人具有不寻常的情感之境界。这使有情怀的人有时有点像宗教徒。他们的信仰不一定与宗教有关,但肯定和人类情感的崇高方面有关。

最基本的情怀是人道主义以及对公平、正义的超一己利益关系的主张。真正的公仆理应是对国家、对民族、对公众有着责任性质的真挚情怀的人。国家和民族若有许多这样的人，实乃幸也。

以上种种情感现象，都必然地生发于人的心里，亦作用于人的心，于是决定人心理的明暗，于是体现为林林总总的言行：高尚、无私、爱、同情、宽容、感激、理解……或相反：恨、妒、歧视、轻蔑、嫌恶、恐惧、自私自利……

而有时，情怀以相反的状态所表现的，恰恰是它的优秀之质。比如，对于不道德的、丑陋邪佞的人事所表现的轻蔑和嫌恶，拒绝同流合污。我们每一个人，不分性别、年龄、职业、社会地位和贫富，几天内至少有一次会受到以上正反两个方面的情感所影响。我们的人性是有先天弱点和缺点的，我们不必修行为圣人。但我们若不互相进行情感的教育，若不师从于人类文化中的文明，就有可能渐渐成为邪劣之辈、丑陋之人，而我们还不自知。仅仅具有本能情感的人是没有进化的人，因为本能的情感，那是动物也有的。甚至连动物身上，也偶尔表现有超本能的情感。

没有以文化方式为依托所进行的教育，人类的历史将停止在原始社会，而那时的人类是凶恶的，比地球上的任何一种动物都凶恶。

第五节

大学之精神

前面曾有大学精神的一点点思索，不管是多么的浅薄，其实已经说了不少。那么，再说说其他的一点点看法，也就只能算是浅薄者的补充。浅薄者总是经常有补充的，这一种冲动使浅薄者或有摆脱浅薄的可能。

我在决定调入大学之前，恰有几位朋友从大学里调出，他们善意地劝我要"三思而行"，并言——"晓声，万不可对大学持太过理想的幻感。"

而我的回答是——"我早已告别理想主义。"《告别理想主义》是我五十岁以后发表的一篇小文，曾以为告别了理想主义，我一定会活得潇洒起来，可事实却并没有。于是每想到雨果，想到托尔斯泰。雨果终其一生，一直是一位特别理想的人道主义者。《九三年》证明，晚年的雨果，尤其是一位理想的人道主义者。而托尔斯泰，也一生都是一位特别理想的平等主义者。现在我郑重地说——要重新拥抱理想主义。我认为，无论对于自己的人生，还是对于自己的国家还是对于全人类社会，泯灭了甚而完全丧失了理想，那么一种活法其实是并无什么快意的。我这么认为是有切身体会的，故我接着要说——我愿大学是使人对自己、对国家、对人类的社会，形成理想的所在。

无此前提，所谓"大学精神"无以附着。

1917 年 1 月 9 日，北京大学举行开学典礼，蔡元培先生发表《就任北京大学校长之演说》；现在如果重读其演说，他对大学的理想主义情怀依然感人。蔡先生在演说中对那时的北京大学学生寄予厚望，既希望他们砥砺

德行,又希望他们改造社会。他说:

> 诸君为大学学生,地位甚高,肩此重任,责无旁贷,故诸君不唯思所以感己,更必有以励人……

现在的情况与 1917 年很不相同。

那时,蔡先生对大学的定义是"大学者,研究高深之学问者也"。若以本科生而论,恕我直言,包括北京大学学生在内,似乎应是——大学者,通过颁发毕业文凭,诚实地证明从业能力的所在。

故我对"大学精神"的第二种看法是——要从建立在现实主义的基础上来说道。

连大学都不讲一点理想,那还能到一个国家的哪儿去寻觅理想的踪影呢? 倘若一国之人对自己的国家连点理想都不寄望了,那不是很可悲吗?

如果连大学都回避现实问题种种,包括大学生就业难的问题在内,那么还到一个国家的哪儿去听关于现实的声音呢? 若大学生渐渐地都只不过将大学视为逃避现实压力的避风港,那么大学与从前脚夫们风雪之夜投宿的大车店是没什么区别的了。

又要恪守理想,又要强调现实,岂非自相矛盾吗?

我的回答是——当今之大学,尤其是像中国这样一个人口众多,每年有数以百万计的大学生跨出校园迈向社会的大学,其实是在为国家培养一批批思想意识上不普通,而又绝不以过普通的生活为耻的人。可现在的情况似乎恰恰反了过来,受过高等教育于是以过普通生活为耻的人很多,受过高等教育而思想意识与此前相比并未发生多大改变的人也很多。

如此说来,似乎是大学出了问题。

否。

我认为,一个家庭供读一名大学生,一个青年用人生最宝贵的四年乃至更长的时间就读于大学，尤其是像北京大学这样的大学——于是要求人生不普通一些，是完全可以理解的。社会成全他们的诉求，也是"以人为本"的体现。

普通人的生活之所以竟被视为沮丧的生活，乃是因为普通人的生活实在还是太过吃力的生活。要扭转这一点，对于一个国家而言也是很吃力的，绝非一日之功可毕。要扭转这一点，大学是有责任和使命的。然江河蒸发，尔后云室布雨，间接而已。若仰仗大学提高 GDP，肯定是错误的理念。大学若不能正面地、正确地解惑大学生之尴尬，大学本身必亦面临尴尬。

然而，大学一向是能够解惑人类许多尴尬的地方，大学精神于是在此过程中逐渐形成。人类之登月渴望一向停留在梦想时期，是谓尴尬。梦想变为现实，是大学培养出来的人们的功劳，也是大学的功劳。大学精神于是树立，曰"科学探索精神"。

我曾随中国电影家代表团访问日本，主人们请我们去一小餐馆用餐，只五十几平方米的营业面积而已，主食面条而已。然四十岁左右的店主夫妇，气质良好，彬彬有礼且不卑不亢。经介绍，丈夫是早稻田大学历史学博士，妻子是东京大学文学硕士。他们跨出大学校门那一年，是日本高学历者就业难的一年。

我问他们开餐馆的感想，答曰："感激大学母校，使我们与日本许多开小餐馆的人们不同。"问何以不同？笑而未答。临别，夫妇二人赠我们一行人他们所著的书，并言那只是他们出版的几种书中的一种。其书是研究日本民族精神演变的，可谓具有"高深学问"的价值。但若运拙时艰，从大学跨出的学子竟能像那对日本夫妇一样的话，窃以为亦可欣慰了。当然，我这里主要指的是中文学子。比之于其他学科，中文能力最应是一种难以限制的能力。中文与大学精神的关系也最为密切。大学精神，说到底，乃文化精神。

最后，我借用雨果的三句话表达我对大学精神的当下理解——"平等的第一步是公正。""改革意识，是一种道德意识。""进步，才是人应该有的现象。"

如斯，亦即我所言之思想意识上的不普通者也。

第六节

大学何为

大学是人类之一概文明的"反应堆"。举凡人类文明的所有现象,无一不在大学里有所反映并进行反应。这里所言之"文明"一词,还包含人类未文明时期的地球现象以及宇宙现象;当然,也就同时包含对人类、对地球、对宇宙之未来现象的预测。

故大学里,"文明"一词与在词典中的解释是有区别的,也是应该有区别的。后者是一个有限含意的词汇,而前者的含意几乎是无限的。此结论意味着人类文明的现实能力,所能达到的非凡超现实程度。而如此这般的、非凡的、超现实程度的能力,只不过是人类文明的现实能力之一种。

这里所言之"反应"一词,也远比词典中的解释要多意。它是排斥被动作为的。在这里,或曰在大学里,"反应"的词义一向体现为积极的、主动而且特别生动、特别能动的意思。人类之一概文明,都会在大学这个"反应堆"上,被分门别类,被梳理总结,被分析研究,被鉴别,被扬弃,被继承,被传播,被发展……

故此,大学最是一个重视稳定的价值取向的地方。故此,稳定的价值取向之相对于大学,犹如地基之相对于大厦。稳定的科学知识和丰富的科技成果,乃是自然科学发展的基础;稳定的人文理念和价值观,乃是社会科学发展的前提。

相对于自然科学,价值取向或曰价值观的体现,通常是隐性的。但隐性的,却绝不等于可以没有。倘若居然没有,即使自然科学,亦必走向歧途。例如化学本身并不直接体现什么价值观，但化学人才既可以应用化学知识制药，也可以制毒品，还可以来制生化武器。于是，化学之隐性的科学价值观，在具体的化学人才身上，体现为显性的人文价值观之结果。制假药往往不需要什么特别高级的化学专业能力，但那也还是必然由多少具有一些化学知识的人所为的勾当，而那是具有稳定的人文价值观的人所耻于为的。

故稳定的价值观，在大学里绝不可以被认为，只有社会学科的学生们才应具有的。故我认为，大学绝不仅仅是一个传授知识和教会技能的地方，还必须是一个培养具有稳定的价值观念的人才的地方。考察一个国家的发展和它的大学的关系，是具有决定性的一点。首先，大学教师们自身应该是具有稳定价值观念的人。对于从事文科教学的大学教师们，自身是否具有稳定的价值，决定着一所大学的文科教学的品质。

因为在大学里，再也没有别的什么学科，能像文科教学一样每天会面对各种各样的价值观问题。有时体现于学子们的困惑和提问，有时是五花八门的社会现象和社会问题，反映到、影响到大学校园里。

为了达到一己之名利的目的，不择手段是理所当然的人生经验吗？大学文科师生每每会在课堂上共同遭遇这样的问题。大学教师本身倘无稳定的做人的价值观念，恐怕不能给出对学子们有益的回答吧！

窃以为，这样的"问题"成为问题本身便是一个问题。然而，无论在社会上还是在大学里，其成为"问题"已多年矣。幸而在大学里曾有一位前辈给出了自己的明确回答——他说："我不是一个坏人，我在顾及个人利益的同时，也很习惯地替他人的利益着想。"不少人都知道的，此前辈便是国学大师季羡林先生。倘若无几条终生恪守的德律，一个人是不会这么主张的。倘若无论在社会上还是在大学里，不这么主张的人远远多于这么主张的人，那么"他人皆地狱"这一句话，真的就接近"真理"了。那么，人类到世上，人生由如此这般的"真理"所规定，热爱生活也就无从谈起。

但我也听到过截然相反的主张。而且不是在社会上还是在大学里，而且是由教师来对学生们说的。

其逻辑是——根本不替他人的利益着想是无可厚非的。因为任何一个"我"，都根本没有责任在顾及自己的利益的同时，也替他人的利益着想。他人也是一个"我"，那个"我"的一概利益，当然只能由那个"我"自己去负责。导致人人在一己利益方面弱肉强食，也没什么不好。因而强者更强，弱者要么被淘汰，要么也强起来，于是社会得以长足进步。

这种主张，有时反而比季老先生的主张似乎更能深入人心。因为听来似乎更为见解"深刻"，并且还暗合着人人都希望自己成为强者的极端渴望。

大学是百家争鸣的地方。

但大学似乎同时也应该是固守人文理念的地方。所谓"人文理念"，其实说到底，是与动物界之弱肉强食法则相对立的一种理念。在动物界，大蛇吞小蛇，强壮的狼吃掉病老的狼，是根本没有"不忍"一说的。而人类之所以为人类，乃因人性中会生出种种不忍来。这无论如何不应该被视为人比动物还低级的方面。将弱肉强食的自然界的生存法则移用到人类的社会中来，叫做泛达尔文主义。泛达尔文主义，其实和法西斯主义有神似之处。它不能使人类更进化是显然的，因而相对于人类，它是反"进化论"的。

我想，人类中的强者，与动物界的强者，当有人类评判很不相同的方面才对。

当下有些传媒，竭尽插科打诨之能事，以媚大众、以愚大众。仿此种公器之功用，乃传媒之第一功用似的。于是，据我所知，"花边绯闻"之炒作技巧，也堂而皇之地成为大学新闻课的内容。

报纸这一种传媒载体，出现在人类社会少说已有三百多年历史，广播已有百余年历史，电视的出现已逾半个世纪——一个事实乃是，人类近二三百年的文明步伐，是数千年文明进程中最快速的；而另一个事实乃是，传媒对于这一种快速迈进的文明步伐，起到过和依然起着功不可没的推动作用。故以上传媒既为社会公器，其对社会时事公开、公正、及时的报道功用以及监督和评论责任；其恢复历史事件真相的功用以及通过那些事件引发警世思考的使命，当是大学新闻专业不应避而不谈的课程。至于其娱乐公众的功用，虽然与其始俱，但只不过是其兼有的一种功用，并不是它的主要功用。而"花边绯闻"之炒作技巧，不在大学课堂上津津乐道，对于新闻专业的学生们也未必便是什么学业损失。因为那等技巧，真正好学的人，在大学校门以外反而比在大学里学得还快、还全面。在大学课堂上津津乐道，即使不是取悦学生，也分明是本末倒置。传媒专业与人文宗旨的关系比文学艺术更加紧密；法乎其上，仅得其中；法乎其中，仅得其下；若法乎其下，得什么也就可想而知了。播龙种而收获跳蚤，自然是悲哀。但若有意无意地播着蚤卵，日后跳蚤大行其道岂不必然？

大学里讲虚无主义，倘若老师在台上讲得天花乱坠，满教室学生听得全神贯注——一个学期结束了，师生比赛着似的以虚无的眼来看世界，以虚无的心来寻思人间，那么太对不起含辛茹苦地挣钱供子女上大学的父母们了！

大学里讲暴力美学，倘若讲来讲去，却没使学子明白——暴力就是暴力，无论如何不是具有美感的现象；当文学艺术作为反映客体，为了削减其血腥残忍的程度，才不得不以普遍的人们易于接受的方式进行艺术方法的再处理——倘若这么简单的道理都讲不明白，那还莫如干脆别讲。

将"暴力美学"讲成"暴力之美"，并似乎还要从"学问"的高度来培养专门欣赏"暴力之美"的眼和心，我以为几近于是罪恶的事。

大学里讲文学作品中人物的心理复杂性，比如讲《巴黎圣母院》中的克洛德神父吧——倘若讲来讲去，结论是克洛德的行径只不过是做了这世界上所有男人都想做的事而又没做成，仿佛他的"不幸"比艾丝美拉达之不幸更值得后世同情，那么雨果地下有灵的话，他该对我们现代人做何感想呢？而世界上的男人，并非个个都像克洛德吧？同样是雨果的作品，《悲惨世界》中的米里哀主教和冉·阿让，不就是和克洛德不一样的另一种男人吗？

....

大学是一种永远的悖论。

因为在大学里，质疑是最应该被允许的。但同时也不能忘记，肯定同样是大学之所以受到尊敬的学府特征。人类数千年文明进程所积累的宝贵知识和宝贵思想，首先是在大学里经历肯定、否定、否定之否定，于是再次被肯定的过程。但是如果人类的知识和思想，在大学里否定的比肯定的更多，继承的比颠覆的更多，贬低的比提升的更多，使人越学越迷惘的比使人学了才明白点的更多，颓废有理、自私自利有理、不择手段有理的比稳定的价值观念和和谐的人文准则更多，那么人类还办大学干什么呢？

以我的眼睛看大学，我看到情况似乎是——稳定的价值观念和大众的人文准则若有若无。

但是我又认为，据此点而责怪大学本身以及从教者们，那是极不公正的。因为某些做人的基本道理，乃是在人的学龄前阶段就该由家长、家庭和人文化背景之正面影响来通力合作已完成的。我以上所举的例子毕竟是极个别的例子，为的是强调这样一种感想，即大学所面对的为数不少的学生，他们在进入大学之前所受的普遍而又必须的人文教育的关怀是有缺陷的，因而大学教育者对自己的学理素养应有更高的人文标准。

我也认为，责怪我们的孩子们在成为大学生以后似乎仍都那么的"自我中心"，而又"中心空洞"同样不够仁慈。事实上我们的孩子们都太过可怜——他们小小年纪就被逼上了高考之路，又多是独生子女，肩负家长甚至家族的种种期望和寄托，孤独而又苦闷，压力之大令人心疼。毕业之后择业迷惘，不但令人心疼而且想帮都帮不上，何忍苛求？

那么，对于大学，仅仅传授知识似乎已经不够。为国家计、为学生长久的人生计，传授知识的同时，也应责无旁贷地培养学生成为不但知识化了而又是坚卓毅忍的人，岂非使命？

那种在大学里用实用思想取代人文思想，以为进行了实用思想灌输就等于充实了下一代人之"中心空洞"的"完"事大吉的"实用做法"，我觉得是十分堪忧的。

第七节

为自己办一所大学

曾几何时，中国的大学都有计划而又尽量地扩招，更有新的大学在兴办着。确乎的，有机会读大学的下一代，人数比例是快速地增加了。

但是，不少在别人们看来很幸运地考上大学的学子们，往往一年两年读下来，随之对他们的大学感到了失望。除了名牌大学和热门专业的学子们状态良好，其他的那一种失望是较普遍的。他们在被形容为"金色年华"的六年的时间里，连续经历三次中国特色的升学考试。而那六年从人的心理年龄上讲，是本不该经历那么严峻的"事件"的。真的，他们所经历的三次考试，无论对于他们自己，还是对于家长们，难道还不算是严峻的"事件"吗？他们原本以为，终于考上了大学，终于可以在经历了三次严峻的"事件"之后喘息一下了，可是大学里的学业更加繁重，有的专业的课程达四十几门之多，连星期六和星期日都要加课。

家长们普遍有着这样一种观点——我们已经尽所有的能力使你们无忧无虑，你们要做好的事情只有一桩，那就是学习。而学习是多么愉快之事啊，你们怎么还水深火热似的呢？

看来，这未免是太局外人的疑问。

某件事的性质无论对人是多么有益，当它的进行时成了一种超负荷的过程时，它对人的性质往往会倾斜向反面；即使它的性质原本是诗性的，其诗性也会不同程度地被抵消掉。

大学的课程真的需要四十几门之多吗？

这四十几门之多的课程，究竟是在以学生为中心的教育理念之下确定的，还是太多地考虑到了其他的因素？

这四十几门之多的课程，真的反而有利于专业的精深吗？

是不是课程的门类越多，便越体现着综合素质的培养呢？

若论综合素质的培养，则我以为，普遍的大学里最薄弱的环节，薄弱得几乎被忽视的环节，反而是人文思想教育的方面了。而大学里，无论理科的、工科的，还是文理综合类大学里，倘若薄弱了人文思想之教育，那也就几乎将大学的教育功能降低到了民间匠师的水准了。

而即或从前民间的匠师，也是既教技艺，又教做人的。"师傅领进门，修行在个人。"——不是好师傅的座右铭，而是好徒弟的座右铭。从前，父母将孩子引至师傅跟前，行过拜师之礼后——从前拜师之礼是大礼，往往说的一句话是——"师傅，托付给您啦!"正包含着父母对孩子将来成才的双重希望——谋生的技能方面和立世的做人方面。而从前的师傅们，如果是一位好师傅的话，也总是尽量从两方面不负重托的。"认认真真演戏，清清白白做人。""货真价实，童叟无欺。""同行相冤，莫如相全。"这些都是从前的师傅们对徒弟们的训诲，具有民间的极朴素的人文教育意味。

初级是很初级的，但毕竟是尽心思了。

现在的大学，一届一届、一批一批地向社会输送着几乎纯粹的技能型毕业生。而几乎纯粹的技能型毕业生，活动于社会的行状将无疑是简单功利的。其人生也每每因那简单功利而磕磕绊绊，或伤别人，或害自己。

但是在四十几门课程的压力之下，教师们又怎么能做得比从前的师傅们更好？学子们又怎么能在大学里也兼顾做人的自修？

我听说过这样一件事，是一位外国朋友告诉我的，发生在他的外资公司公开招聘的现场：一名大学生填表格之际，错了揉，揉了又错，揉成的纸团便扔在地上；而另一名大学生接连替之捡起，没发现纸篓，便揣在自己兜里……

我的外国朋友将这一切看在眼里,他手指着两名大学生说:"你,不要填了,因为你没有必要再接受面试了;你,也不要填了,后天可以直接来面试。"

　　我还是不写出那名连填表资格都当场被取消的大学生,是哪一名牌大学的学生吧。但那一名不必填表就被允许直接面试,并被录取了的学生,我的外国朋友告诉我,他是——郑州的一所纺织机械院校男生。这件事其实和他们各自的学校毫无关系,却不能不说和他们各自做人方面的起码自修有关系。

　　这世界上的任何一所大学都无法连这一点也一并教,那么大学就真的是高等幼儿园了。

　　大学要不要减负,也主要是国家教育部的事情。

　　其实,我最想说的是要说给大学生们的话:既然对大学的现状不满意,那么就自己为自己办一所大学吧——在自己的心灵里。学生,只是自己一个人;教师,是一切古今中外的学者,或作家,或诗人;教材,是一切自己喜欢的读物,或历史的,或文艺的,或传记的,或足以陶冶性情的甚或足以消遣的——这不用教委决定,这是自己完全做得了主的事;教育方针——自修以及自娱式的阅读,一种最容易向自己一个人推行的教育方针。

　　这肯定会使你们在大学里学习的时间更不够用。

　　那么我进一步的谏言是:除了几门直接关系到将来择业的硬主科,其他一概的课程,对付个及格就行了。某些被列为主科或必考的课程,我以为,无论是对于教着的教师还是学着的学生,都是不值得必"争一搏二"地对待的。

　　我对教文化选修课的老师们也斗胆谏言,那就是,千万思想明白了,目前,我和你们在大学里的使命,不妨理解为是一种减缓学子们课程多多的压力,使他们得以换脑的一种方式。在这一纯粹为使他们轻松一时的前提之下,我们或多或少、潜移默化地将人文的营养提供给学子们,完全由他们任意地选择性地接受。倘若他们的评价是——"我并不反感。"我以为我们便有理由欣慰。

我为将来的学子们做这样的虔诚祈祷:有一天有一所按照新理念兴办起来的大学出现了,学生可以只按照愿望主攻一门主科和几门副科。主科当然定是他们为了迈出校门以后择业而学的,副科是他们为了第二职业而学的。教这些课程的老师,又一定会是使他们学得深、学得透的老师。其余一概课程,全由他们凭兴趣选修,从社会学到心理学到文化艺术甚至到收藏到烹饪,好比最丰盛的自助餐。目的只有一个,那就是到他们毕业的时候他们能说:"大学不仅仅教给了我谋生之本,还使我成了一个可爱的人、幸运的人,是我一辈子最怀念的地方!"

第八节

大学生要"大"

对于当今的大学生,多年以来,我头脑里始终存在着一个看待上的误区。这误区没被自己意识到之前,曾非常地使我困惑。不明白问题究竟是出在我自己这儿,还是只出在大学生们那儿。

真的,实话实说,我曾多么惊讶于他们的浅薄啊!我是多次被请到大学里去与大学生们进行过"对话"的人。每次回家后,继续想他们所提的问题,重看满兜的纸条,不禁奇怪——当代大学生们提问题的水平便是这样的吗?与高中生有什么区别?甚至,与初中生有什么区别?

多年前我在大学演讲,曾有过这样两张条子——"当代知识分子英年早逝者多多,这是否与他们年轻时缺乏营养饮食的起码常识有关?""我讨厌我们学校那些穷困大学生。既然家里穷,明明上不起大学,干嘛还不认命,非要在激烈的竞争中挤到大学里来!害得我这样家庭富裕的大学生,不得不假惺惺地向他们表示爱心。他们在大学校园里的存在是合情合理的吗?这种强加于人的爱心是社会道德的原则吗?"

这问题振振有词,但其理念是多么的冰冷啊!

是的。我承认我在大学里曾很严厉地斥责过他们,甚至很粗鲁地批评过他们。……我终于明白,问题不出在他们那儿,而几乎完完全全地出在我自己这儿。完完全全地是我自己看待他们的一个早就该纠偏的误区,是我儿子使我明白了这一点,那年他已经高二了。

有一天我问他:"你能说出近半年内,你认为的一件国际大事件吗?"

他想了想回答道:"周润发拍了一部被美国评为最差的影片。"

"你!……再回答一遍!"

"我又怎么了?"

"克隆羊的诞生知道不知道?"

"知道哇。"

"科索沃问题知道不知道?"

"知道哇。"

"那为什么不回答那些?"

"那些是你认为的,不是我认为的。你不是让我说出我认为的吗?"

"但是你!……你怎么可以那样认为!"我真想扇他一耳光。

他也振振有词:"我怎么不可以那样认为? 你不是也常常向人表白,你是多么渴望思想的自由吗?"

我压下怒火,苦口婆心:"但是儿子呀,如果是一道政治考题,你就一分也得不到了!"

"但是考试是一回事,平时是另一回事!"

我凝视着自己的儿子,一时无法得出正确的判断——他究竟是成心气我,还是真的另有一套古怪的却又自以为是的思想逻辑? 我不禁暗想,如果他已然是一名大学一二年级学生,我对他这样的大学生该下什么结论好?

而我每次被请到大学生里去"对话",所面对的,其实主要都是大一、大二的学生群体,大三、大四的学生很少。大学生一到了大三、大四,基本上不怎么热衷于与所谓的名人"对话"了,而那正是他们渐渐开始成熟的表现呀!

大一、大二的大学生,他们年龄真小!

他们昨天还叫我们叔叔,甚至伯伯,经历了某一年的一个 6 月,于是摇身一变成了大学生。的确,与是高中生时的他们相比,思想的空间又会一下子扩展到了多么大的程度呢？

大学并非一台思想成熟的加速机器呀！大学的院墙内，并不见得一律形成着对时代、对社会的真知灼见呀。长期自禁于大学校园内的人，无论教授们还是博士们、硕士们、本科生们，他们对社会、对时代的认识，与社会和时代状态本身的复杂性、芜杂性，是多么严重的脱节，难道这不是一个不争的事实吗？

当年我的儿子又看过几本课本以外的书籍？他有几多时间看电视？每天也就洗脚的时候看上那么十几分钟。他又有几多时间和我这个父亲主动交谈？如果我也不主动和他交谈，我几乎等于有的是一个哑巴儿子。家中随处都摆着的报刊，他又何尝翻过？

每年的 6 月以后，不正是有许许多多这样的我们的孩子，经过一番昏天暗日的竞争之后，带着身体的和心理的疲惫摇身一变成了大学生吗？

大一简直就相当于他们的"休闲假"，而大二是他们跃跃欲试证明自己组织能力的活动年。我在他们大一、大二时"遭遇"到他们，我又有什么理由对他们产生过高的要求？

大学生毕竟不是大学士啊！

一名大一、大二的学生，虽然足可以在他们所学的知识方面笑傲他们没有大学文凭的父母，但在其他方面，难道不仍是父母们单纯又不谙世事的小儿女吗？

都是独生子女，他们的少年期在父母心目中往往被无形地向后延长了。

由我自己看待大学生们的误区，我想到了许许多多成年人、许许多多知识分子，乃至几乎整个社会看待大学生们的误区。

一本书是否有价值，往往要以在大学生们中反响如何来判断——他们的评说就那么权威？

须知不少大一、大二的女生，床头摆的是琼瑶，甚至是《安徒生童话集》。在她们成为大学生以前,在她们所识的字足可以自己阅读以后,她们几乎连一则世界著名的童话故事都未读过……

一部电影仅仅受大学生喜欢就特别值得编导演欣慰了?

须知他们中许许多多人在是大学生以前就没看过几场电影。使他们喜欢,并非很高的标准;使他们感动的,也往往感动许许多多不是大学生的人。我们要提出的问题倒是——如果感动了许许多多的人,竟不能感动大学生们,那么,原因何在?是许许多多的人"心太软",还是大学生们已变得太冷?

一位成年人在大学演讲获得了阵阵掌声,就一定证明他的演讲很有思想、很精彩?

须知有时候要获得大学生们的掌声是多么的容易!一句浅薄又偏激甚至一句油滑的调侃就行了——而那难道不是另一种媚俗!

而所有误区中最可怕的误区乃是——有时我们的成人社会,向大学生们做这样的不负责任的暗示——因为你们是大学生啊,所以请赶快推动这个国家的进步吧!除了指望你们,还能指望谁呢?

甚至那暗示可能是这样的意思——拯救中国吧,你们当代大学生们!

倘若接受了这样的暗示,倘若大学生们果真激动起来、热血沸腾起来、义不容辞起来、想当然起来,他们便以他们的方式反腐败,他们便以他们的方式要公平,他们便以他们的方式去一厢情愿地推动中国的时代车轮……

而这些伟大又艰巨的使命,即使一批又一批对国家有真责任感的成年人,实践起来也是多么的力难胜任?

成人社会凭什么将自己力难胜任,需要时间,需要条件,需要耐心之事"委托"给当代大学生们,去只争朝夕地完成?

反省我自己,何尝不也是那样的一个成年人?

我不是也在大学的讲台上激昂慷慨过吗?仿佛中国之事只要大学生

们一参与，解决起来就快速得多、简单得多似的……羞耻啊，羞耻！虽然我并没有什么叵测之心，但每细思忖，不禁自责不已。当代大学生——他们是这样一些人群；甚至，可以说是这样一些孩子——智商较高，思想较浅；自视较高，实际生存的社会能力较弱；被成人社会看待他们的误区宠得太"自我"，但他们的"自我"往往一遇具体的社会障碍就顿时粉碎……

说到底，我们成人社会应向他们传递的是这样的意识——学生还是应以学为主。不要分心，好好学习。至于谁该对国家更有责任感，结论是明确的，那还不是他们。

责任，包括附带的那份误解和沉重。

也应传递这样的意识——思想的浅薄没什么，更不令人自卑。而且，也不一定非从贬义去理解。"浅"，无非由于头脑简单；"薄"，无非是人生阅历决定的。浅薄而故作高深，在大学时期是最可以原谅的毛病。倘若不过分，不失一种大学生的可爱。而且，包括忍受他们种种冰冷的理念，不妨姑且相信他们由于年龄小暂时那样认为。

说到底，我认为，成人社会应以父辈的和母辈的成熟资格去看待他们——而不是反过来，仿佛他们一旦一脚迈入大学，成人社会就该以"小字辈"三鞠其躬似的。

那会使他们丧失了正确的感觉，也会使我们成人社会丧失了正确的感觉。

梁晓声

第九节

父母是最朴素的人文

一年一度,每年都逢母亲节、父亲节。

我的意识中,母亲像一棵树,父亲像一座山。他们教育我很多朴素的为人处世之理,令我终生受益。我觉得,对于每一个人,父母早期的家教都具有初级的、朴素的人文元素。我作品中的平民化倾向,同父母从小对我的教育和影响密不可分。

我出生在哈尔滨一个建筑工人家庭,兄妹五人。为了抚养我们五个孩子,父亲在我很小的时候就到外地工作,每月把钱寄回家——他是国家第一代建筑工人。母亲在家里要照顾我们五个孩子的生活,非常辛劳。母亲给我的印象像一棵树,我当时上学时看到的那种树——秋天不落叶,要等到来年春天,新叶长出来后枯叶才落去。

当时父亲的工资很低,每次寄回来的钱都无法维持家中的生活开支,看着我们五个正处在成长时期的孩子,食不饱腹,鞋难掩足,母亲就向邻居借钱。她有一种特别的本领,那就是能隔几条街借到熟人的钱。我想,这是她好人缘所起的作用。尽管这样,我们因为贫困还是生活得很艰难,五个孩子还是经常挨饿。

我上小学的时候,一次放学回家走在路上,肚子饿得咕咕叫,正无精打采地往家赶时,看到一个老大爷赶着马车从我面前走过。一股香喷喷的豆饼味迎面扑来,我立即向老大爷的马车看过去,发现马车上有一块豆饼。我本来就饿,再加上豆饼香味的刺激,当时只有一个念头,拿豆饼填饱肚子。我趁着老大爷不注意，抱起他身旁唯一的一块豆饼，拔腿就跑。

老大爷拿着马鞭一直在后面追我，我跑进家里，他不知道我一下子跑入了哪间房子。我心惊胆战地躲在家里，可没想到他还是找到了我家。

"你看到一个偷我豆饼的小孩吗？"老大爷问我母亲。

母亲对发生的事全然不知。老大爷就把事情的经过给母亲详细说了一遍，然后蹲在地上沮丧地说："我是农村的庄稼人，专门替别人给城里的人家送菜，每次送完菜，没有工钱，就只得到四分之一块豆饼，可没想到半路上豆饼被一个学生娃给抢了，可怜我家里还有妻子和孩子，就靠这点豆饼充饥……"

母亲听完后，立即命令我把豆饼还给了老大爷。他走了十几米远后，母亲突然喊住了他。母亲将家中仅剩的几个土豆和窝头送给了他，老大爷看到玉米面做的窝头时，就像一个从未见过粮食的人一样，眼睛放亮，一边不停地说着感谢的话一边流着眼泪。

母亲回到家时，我以为她会打骂我，可她没有，她要等所有的孩子都回来。晚饭后，她要我将自己的行为说了一遍，然后她才严厉地教训我——"如果你不能从小就明白一个人绝不可以做哪些事，我又怎么能指望你以后是一个社会上的好人？如果你以后在社会上都不能是一个好人，当母亲的又能从你那里获得什么安慰？"这些道理不在书本里、不在课堂上，却使我一生受益。

当时我家虽然非常穷，但母亲还是非常支持我读书，穷日子里的读书时光对我来说是最快乐的。当时家中买菜等事都由我去做，只要剩下两三分钱，母亲就让我自己留着。现在两三分钱掉到地上是没人捡的，那时五分钱可以去商店买一大碟咸菜丝，一家人可以吃上两顿，两分钱可以买一斤青菜，有时五分钱母亲也让我自己拿着。我拿着这些钱去看小人书。《红旗谱》在同学那里借来读过后，才知道还有下册，上下两册加起来一块八毛钱多一点，我还清楚地记得书的封面是浅绿色的，画有红缨枪，颜色鲜红,我很喜欢,非常想看这本书的下册。当时正读中学,我下了很大的决心才鼓起勇气去找母亲要钱。

那天下午两点多钟,我来到母亲做工的小厂。进去一看,原来母亲是在一个由仓库改成的厂房里做工。厂房不通风,也不见阳光,冬天冷夏天热,每个缝纫机的上方都吊着一个很低的灯泡。因为只有灯泡瓦数很高,才能看得见做活。厂房很热,每个人都戴着厚厚的口罩,整个车间像一个纱厂一样,空中飞舞着红色的棉絮,所有工人戴的口罩上都沾满了红色的棉絮,头发上、脸上、眼睫毛上也都是,很难辨认哪位是我母亲。

我一直不知道母亲是在这样的环境下工作,后来还是母亲的同事帮我找到了她。见到母亲,本来找她要钱的我,一时竟说不出话来。

母亲说:"什么事说吧,我还要干活。"

"我要钱。"

"你要钱做什么呀。"

"我要买书。"

"梁嫂,你不能这样惯孩子,能给他读书就不错了,还买什么书呀。"母亲的工友纷纷劝道。

"他呀,也只有这样一个爱好,读书反正不是什么坏事。"母亲说完把钱掏给了我。

拿着母亲给的钱,我的心情很沉重,本来还沉浸在马上拥有新书的喜悦中,现在一点买书的念头都没有了。当时我心里很内疚,因为母亲在那里工作了两年多,我一直不知道她在那里。我一次都没有看望过她,我也没有钱孝敬她,我怀着这样的心情去用母亲给的钱给她买了罐头。

母亲看到我买的罐头反而生气了,然后又给了我钱去买书。那时我就拥有了完整的《红旗谱》和《播火记》,我非常喜欢这两本书。这件事给我的印象很深,以至参加工作后我的第一件事就是用二三十元钱,给母亲买回所有款式的罐头和点心。母亲看着我买的礼物,泪流满面。她把这些罐头擦得很亮,整整齐齐地摆在桌子上。

母亲最令我感动的事,是发生在三年自然灾害期间的那件事。当时因为我们家里小孩多,所以政府给了一点粮食补贴,补了五至十斤粮食吧。月底的最后一天,家里一点粮食都没有了,揭不开锅,母亲就拿着饭盆将几个空面粉袋子一边抖一边刮,终于刮出了一些残余的面粉。母亲把它做成了一点疙瘩汤,然后在小院子里摆上凳子。

正在我们吃饭的时候,来了一个讨饭的。那是一个留着长胡子的老人,衣服穿得很破,脸看上去也有几天没洗。他看着我们几个孩子喝疙瘩汤的时候,显得非常馋。母亲给他端来洗脸水后,又给他搬凳子,把她自己的那份疙瘩汤盛给了他而自己却饿着肚子。

然而这件事被邻居看到后,不知是谁开居委会时把这个事讲出来了,说我们家粮食多得吃不完,还在家中招待要饭的人。从这以后,我们家就再也没有粮食补贴了。可我母亲对这件事并没有后悔,她对我们说你们长大后也要这样。我觉得有时母亲做的某些小事都具有对儿童和少年早期人文教育的色彩。我现在教育我的学生时也经常这样讲,少写一点初恋、郁闷,少写一点流行与时尚;多想一下自己的父母——如果连自己的父母都不了解,谈何了解天下。

老舍在写他的母亲时说,我母亲没有穿过一件好衣服,没有吃过一顿好饭,我拿什么来写母亲。我能感受到作者当时的心情。萧乾在写他母亲时说,他当时终于参加工作,并把第一个月的工资拿来给母亲买罐头。当他把罐头喂给病床上的母亲时,她已经停止了呼吸。季羡林在回忆他母亲时写道,我后悔到北京、到清华学习,如果不是这样,我母亲也不会那么辛苦培养我读书。我母亲生病时,都没有告诉我,等我回到家时,母亲已经去世,我当时恨不得一头撞在母亲的棺木上,随她一起去……

如果我们的父母也长寿,到街心公园打打太极拳,提着鸟笼子散散步,过生日时给他们送上一个大蛋糕,春节一家人到酒店吃一顿饭,甚至去旅游，我们心中也会释然。如果我们少一点粗声粗气地对母亲说话，惹她生气；如果我们能多抽出一点时间来陪陪母亲，那就好了。我们仔细看一下"老"字和"孝"字，上面都是一样的，"老"字非常像一个老人半跪着，人到老年要生病，记性不好，像小孩，不再是那个威严的教育你的父母。父母变成弱势了，在别人面前还有尊严，在你面前却要依靠

最后我想说，爱是双向的。只有父母对孩子的爱，没有孩子对父母的爱，这种爱是不完整的。父母养育孩子，子女尊敬父母，爱是人间共同的情怀和关爱。

第十节

"孝"行天下

有位大二的文科女生,曾在写给我的信中问——"你们这一代以及上一代的许多人,为什么一谈起自己的父母就大为动容呢?为什么对于父母的去世往往那么悲痛欲绝呢?这是否和你们这一代人头脑中的'孝'字特别有关呢?难道人不应以平常心对待父母的病老天年吗?过分纠缠于'孝'的情结,是否也意味着与某种封建的伦理纲常撕扯不开呢?难道非要求我们中国人,一代又一代地背负上'孝'的沉重?"

这信引起我连日来的思考。

依我想来,"孝"这个字,的的确确,可能是中国独有的字。而且,可能也是最古老的字之一。也许,日本有相应的字,韩国有相应的字。倘若果然有,又依我想来,大约因中国文化与日本文化和韩国文化的渗透有关吧?西文中无"孝"字。"孝"首先是中国,其次是某些亚洲国家的一脉文化现象。但这并不等于强调,只有中国人敬爱父母,西方人就不敬爱父母。

毫无疑问,全人类的大多数都是敬爱父母的。

这首先是人性的现象,其次才是文化的现象,再次才是伦理的现象,最后纳入人类的法律条文。

只不过,当"孝"体现为人性,是人类普遍的亲情现象;体现为文化,是相当"中国特色"的现象;体现为伦理,确乎掺杂了一些封建意识的糟粕;而体现为法律条文,则便是人类对自身人性原则的捍卫。

在中国、在印度、在希腊、在埃及——人类最早的法案中,皆记载下了对于不赡养父母，甚至虐待父母者的惩处。

西方也不是完全没有"孝"的文化传统。只不过这一文化传统，被纳入了各派宗教的大文化中，成为宗教的教义要求着人们、影响着人们、教诲着人们。只不过不用"孝"这个字。"孝"这个中国字，依我想来，大约是从"老"字演化的吧？"老"这个中国字，依我想来，大约是从"者"字演化的吧？"者"为名词时，那就是一个具体的人了。一个具体的人，他或她一旦老了，便丧失自食其力和生活自理的能力。这时的他或她，就特别需要照料、关怀和爱护。当然，这种义务、这种从人性的最温馨的本能出发的义务和责任，首先应由他或她的儿女们来完成。正如父母照料、关怀和爱护儿女一样，也是从人性的最温馨的本能出发的义务和责任。源于人性的自觉，便温馨；认为是拖累，那也就是一种无奈了。

人一旦处于需要照料、关怀和爱护的状况，人就刚强不起来了。再伟大、再杰出、再卓越的人，再一辈子刚强的人，也刚强不起来了。仅此一点而言，一切老人都是一样的，一切人都将面临这一状况。

故中国有"老小孩，小小孩"一句话。这不单指老人的心态开始像小孩，还道出了老人的日常生活形态。倘若我们富有想象地看这个"老"字，多么像一个跪姿的人呢？倘若这个似乎在求助的人又进而使我们联想到自己的老父、老母，我们又怎么能不心生大爱之情呢？那么这一种超出一般亲情之上的大爱，依我想来，便是"孝"的人性的根吧？

不是所有的人步入老年都会陷于人生的窘地。有些人越到老年——无论在社会上还是在家族中，越活得有权威就越活得有尊严，越活得幸福就越活得刚强。

但普遍的人类状况乃是——大多数人到了老年，尤其到了不能自食其力、丧失生活自理能力的人生阶段，其生活的精神和物质的起码关怀，是要依赖于他人首先是依赖于儿女给予的。否则，将连老年的自尊都会一并丧失。

寻常百姓人家的老年人，依我想来，内心里对这一点肯定是相当敏感的。儿女们的一句话、一种眼神、一个举动，如果竟然包含有嫌弃的成分，那么对他们和她们的伤害是非常巨大的。

老人对这一点真是又敏感、又自卑、又害怕啊！所以汉语中有"反哺之情"一词。

无此情之人，真的连禽兽也不如啊！

由"者"字而"老"字，而"孝"字——我们似乎能看出中国人创造文字的一种人性的和伦理的思维逻辑——一个人老了，他或她就特别需要关怀和爱护，没有人给予关怀和爱护，就几乎只能以跪姿活着了。那么谁该给予呢？当然首先是儿子。儿子将跪姿的"老"字撑起来，是通过"孝"。

在民间，有许许多多、代代相传的关于"孝"的故事。在中国的文化中，也有许许多多颂扬"孝"的诗词、歌赋、戏剧、文学作品。

我认为——这是人类人性记录的一部分。何以这一部分被记录下来，在世界文化中显得特别突出呢？乃因中国是一个人口众多的国家，是一个农业大国，是一个文化历史悠久的国家。

人口众多，老年现象就普遍，就格外需要有伦理的或曰"纲常"的原则，维护老年人的"权益"。农业大国两代同堂、三代同堂，甚至四世同堂的现象就普遍，哪怕从农村迁移为城里人了，大家族相聚而居的农业传统往往保留、延续，所以"孝"与不"孝"，便历来成为中国从农村到城市的主要的民间时事之内容。而文化——无论民间的文化还是文人的文化，便都会关注这一现象，反映这一现象。

"孝"一旦成为文化现象了，它就难免每每被"炒作"、被夸张、被异化，便渐失原本源于人性的朴素。甚至，难免被帝王们的统治文化所利用，因而，人性的温馨就与文化"化"了的糟粕掺杂并存。比如"君臣""父子"关系由"纲常"确立的尊卑从属之伦理原则。

小时候母亲给我讲过《二十四孝》中"王小卧鱼"的故事——说有一个

孩子叫王小,家贫,母亲病了,想喝鱼汤。时值寒冬,河冰坚厚。王小就脱得赤条条的一丝不挂,卧于河冰之上……

干什么呢?

王小企图用自己的体温将河冰融化,以求捞条鱼为母亲炖汤。

我就不免地问,为什么不用斧子砍个冰洞呢?

母亲说,他家太穷,没斧子。

我又问,那用石头砸,也比靠体温去融化更是办法呀!

母亲答不上来,只好说,你明白这王小有多么的"孝"就是了!

而我们百思不得其解——倘若河冰薄,怎么样都可以弄个洞;而坚厚,不待王小融化了河冰,自己岂不早就冻僵、冻死了吗?

"孝"的文化,足可折射出一部中国劳苦大众的"父母史"。姑且撇开一切产生于民间的关于"孝"的故事不论,举凡从古至今的卓越人物、文化人物,他们悼念和怀想自己父母的诗歌、散文,便已洋洋大观、举不胜举了。

从一部书中读到老舍先生《我的母亲》,最后一段话,令我泪如泉涌——"生命是母亲给我的。我之能长大成人,是母亲的血汗灌养的。我之所以能成为一个不十分坏的人,是母亲感化的。我的性格、习惯,是母亲传给的。她一世未曾享过一天福,临死还吃的是粗粮。唉!还说什么呢?心痛,心痛!"

季羡林先生在《我的母亲》一文中写道——"我这永久的悔就是:不该离开故乡,离开母亲。"我相信季先生这位文化老人此一行文字的虔诚。个中况味,除了季先生本人,谁又能深深地理解呢?季先生的家在"鲁西北一个极端贫困的村庄里",他的家更是"贫中之贫,真可以说是贫无立锥之地"。离家八年,成为清华学子的他,突然接到母亲去世的噩耗,赶回家乡——"看到母亲的棺材,伏在土炕上,一直哭到天明。"季先生在文章的最后写道——"古人说:'树欲静而风不止,子欲养而亲不待',这话正应到我身上。我不忍想象母亲临终时思念爱子的情况;一想到,我就会心肝俱裂,眼泪盈眶……我真想一头撞死在棺材上,随母亲于地下。我后悔,我真后悔,我千不该万不该离开了母亲……"当时已年近八十——季先生的文章写于1994年,学贯中西的老学者,写自己半个世纪前逝世的母亲,竟如此的行行血、字字泪,让我们晚辈之人也只有"心痛,心痛"了……

萧乾先生写母亲的文章最后一段是这样的——"就在我领到第一个月工资的那一天,妈妈含着我用自己劳动挣来的钱买的一点儿果汁,就与世长辞了。我哭天喊地,她想睁开眼皮再看我一眼,但她连那点儿力气也没有了。"

我想,摘录至此,实际上也就回答了那位大二女大学生的困惑和诘问。我想,她大约是在较为幸福,甚至相当幸福的生活环境中长大的。她所感受到的人生最初的压力,目前而言恐怕仅只是高考前的学业压力;她眼中的父母,大概也是人生较为顺达,甚至相当顺达的父母吧?她的父母对她的最大的操心,恐怕就是她的健康与否,和她能否考上大学、考上什么样的大学吧?当然,既为父母,这操心还会延续下去,比如操心她大学毕业后的择业,是否出国?嫁什么人?洋人还是国人?

不论时代发展多么快,变化多么巨大,有一样事是人类永远不太会变的——那就是普天下、古今中外为父母者对儿女的爱心,操心即爱心的体现。哪怕被儿女认为琐细、讨嫌,依然是爱心的体现——虽然我从来也不主张父母们如此。

但是从前的许多父母的人生是悲苦的,这悲苦清晰地印在从前的贫穷落后的底片上。

但是从前的儿女从这底片上,眼睁睁地看到了父母人生的大悲大苦。从前的儿女谁个没有靠了自己的人生努力,而使父母过上几天幸福日子的愿望呢?

现当代许许多多优秀的知识分子、文化人,是从贫穷中脱胎出来的。他们谁不曾站在"孝"与知识追求的十字路口踟蹰不前过呢?

是他们的在贫穷中愁苦无助的父母,从背后推他们踏上了知识追求的路。他们的父母其实并没用"父母在,不远游"的"纲常"羁绊他们,也不要他们那么多的"孝",唯愿他们是于国、于民有作为的人。否则,我们的现当代文化中,也就没了老舍先生和季先生们了。中国的许多穷父母,为中国拉扯了几代知识者、文化者精英。这一点,乃是中国文化史以及历史的一大特色,岂是一个"孝"字所能了结的? 老舍先生《我的母亲》一文最后四个字——"心痛,心痛",恰恰道出了他们千种的内疚、万般的悲怆。让读过的后人,除默默地愀然,真的"还能再说什么呢"?

老舍先生的"心痛",季羡林先生"永久的悔",萧乾先生欲说还休的伤感记忆。——我想,恐怕今天和以后,也还是有许多儿女们要体验的。

《生活时报》曾发表过一篇女博士悼念父亲的文章。那是经我推荐的——她的父亲病危却嘱咐千万不要告诉她,因为她正在千里外的北京准备博士答辩。待她赶回家,老父已逝……

朱德的《母亲的回忆》最后一段话是——"使和母亲同样生活着的人能够过一个快乐的生活,这就是我所能做的,也是我一定做的。"

只有使中国富强起来,才能达此大目标。只有使中国富强起来,中国历代儿女们的孝心,才不至于泡在那么长久的悲怆和那么哀痛的眼泪里。

只有使中国富强起来,亲情才有大的前提——温馨的天伦之乐;儿女们才能更理念地面对父母的生老病死;"孝"字才不那般沉重,才会是拿得起也放得下之事啊!

第十一节

家长、孩子和作文

首先我们应明确一点，这里谈的是作文，而非小说。作文是一个语文教学中的概念，小说是一个文学概念。二者都以语言为前提，正如数、理、化以定理和公式为工具。但区别还是很大的——对于学生而言，写作文主要是提升自己能力的过程；对于语文教师而言，指导学生写作文，是助益学生提升自己能力的过程。小说却不一样，它主要是写给别人看的。小说不能公开发行，其目的和意义就没有全部实现。作文不同，百分之九十九点九的作文不会被编汇成书，但绝不能说因此作文的教与学就根本没有意义。对于普遍的小学生、中学生，其意义大焉。他们从写不太好作文到能将作文写得挺好，这个过程，其意义远非是一般课程可以相比的。

为什么一开始要强调写作文和写小说的区别呢？因为现在的小作家和少年作家也很多，他们的书甚至很畅销。有次我乘飞机从北京到外地去开会，一个看起来是中学生的女孩坐我旁边的位置。那个月份不是学校的假期，也不是星期六或星期日，所以我奇怪她为什么没在学校里，一问才知，她是要和我到同一座城市去签名售书。我大为惊诧，她却轻描淡写地说，她当年已经出版了三本书，而且每一本都挺畅销。第二天，我在该市的媒体上看到了关于她的新闻，报道了她签名售书的火爆场面，并且她也举办了一次关于怎样写作的讲座。我们的国家有许多孩子热爱写作，这是好的、可喜的文化现象。我今天要说的，跟我提到的女孩所讲的内容，肯定不是同一种内容。

言归正传——在小学、中学，语文教学所要达到之目的，常被归纳为四个字，即提升学生识、读、说、写的能力。

小学三年级以前，是孩子们的识字阶段。识了字就要善于阅读。读的能力的提升，是对字、词、句加深理解的过程。加深了理解以后，那些字、词、句就会被孩子们特别本能地运用在语言中。这种运用，对孩子们是一件高兴的事。家长们一定也会有一种发现，就是自己的孩子是小学生以后，说话逐渐变了。他们的口中经常说出一些大人话，甚至经常说出一些很文气的话。

小学三年级以后，孩子们开始写作文了。直至高考过去，每一名学生都要在九年的时间里与写作文发生"亲密"的关系，想要摆脱是不可能的。作文写得好的学生，会由之带来学习的自信和愉快。那是一种与作文的亲密关系，也可以形容为"与作文共舞"。写不好作文的学生，一听到"作文"二字就会烦恼，甚至会感到是一种折磨。于是家长们也郁闷，心想都是一样的孩子，我的孩子又不傻，不过就是写篇作文，为什么别的孩子能写好，我的孩子就成了烦恼呢？——作文写不好，语文考试要拉分的呀！如果自己的孩子已是初中生、高中生，考试时作文总分往往就是三十分、四十分。别人的孩子作文几乎拿满分，自己孩子的分数却只得了一半多一点的分数，甚至不及格，一下子就少了十几分呀！这还了得！

孩子的烦恼，家长的郁闷，在很大程度上都与分数有关。中考、高考都有分数线的，怎么可能不重视呢？

但我认为，仅仅将作文和分数紧密联系起来，未免太过功利，其实是一个很大的认识误区。不过我们暂且不谈为什么是误区，先谈究竟为什么有的孩子能将作文写得好一些，而有的孩子为什么却不能？

那么究竟为什么呢？某些家长认为和基因有关，说自己当年是学生时，作文就不好，自己那口子是学生的时候作文也不好。于是要求孩子在别的课程方面多用些功，采取一种变相放弃的态度。某些作文写不好的学生,往往也是这样,转而将更多的精力放在背英语上,或一头扎进数、理、化习题的海洋。所谓"萝卜地里的损失,白菜地里补"。

其实,和基因会有些关系,但关系不是太大——小狼狗和小猎犬的那一种基因差别而已。这和老师们的教学水平有一定的关系,但只是关系之一。另一种也是主要的关系往往被忽略了——即家长和学生作文的关系,也就是家长和自己孩子的作文的关系。我进一步要说的是——作文绝不仅仅是孩子们的文字能力单一方面的问题,更体现孩子们的内心世界的真相是这样的或者是那样的。在这一点上,一篇好的学生作文和一篇好的小说有相同之处,都会是真切情感和有意义的人生悟性的表达。

"茶壶煮饺子——倒不出来。"这话反映在孩子们身上,其实是茶壶里没有饺子,所以倒不出来,也没有茶叶,有茶叶还可以注入开水,倒出茶水来。往往是什么也没有,空空如也。也往往是什么都有,杂七杂八,除了另类的、恶搞的,就是时尚的、嘻哈的。将这些都用文字铺张在稿纸上,当然很难成为一篇好作文。某些学生也许大不以为然,说那是你的看法,我写的东西虽然得不了高分,为什么一放到网上就点击率很高,一片喝彩呢?还不是标准不一样?让你们那一套学校标准见鬼去吧!

我的回答是,学校作文教学标准与网上标准肯定是不一样的。学校作文教学标准肯定有较为教条的一面。但普遍而言,大多数老师对一篇好的作文还是会有共识的。

我进一步要说的是——较少有家长这么问自己,作文对我的孩子除了分数,另外还意味着些什么? 如果另外确实还意味着些什么,我作为家长和我的孩子的作文有什么关系? 我从那样一些关系方面,有意识地引导和影响过我的孩子没有?

我认为,普遍的中国的孩子从来没有像今天这么聪明过。他们面对的新事物、新知识是那么多,他们接受起新事物、新知识来又是那么快。但并非一切新的对孩子来说都是最重要的,比如一双新牌子的鞋、一辆最新款的电动车、一名新歌星的演唱会。当老师要求孩子写第一篇作文以前，孩子们就有很强烈的表达愿望了，孩子们又是比大人们更容易产生从众心理的。一般是别的同学写什么内容，自己便也写什么内容。他们还不太明白，与众不同的内容具有特殊的意义。或者反过来，为了显示个性，偏要另类，不懂得真情实感比刻意另类的词句，更能使一篇作文成为好作文的道理。为了有一种感性的认识，我谈谈我任教的北京语言大学中文系的一次考试情况。考题是我出的，题目之一是《雪》、之二是《雨》，针对的是大三中文系学生。一名写《雪》的女生的现场作文卷，我给了全班最高分。因为从卷面看得出，她写得极为认真，对于写作之事，认真最难能可贵。

还有一名女同学，她选的文题是《雨》。她的现场作文开篇之语很另类，也可以说很反叛——"我讨厌这样的文题！我上大学中文系不是来学怎么样描写风花雪月的……"

是的，她的现场作文就是这样开篇的，字里行间，分明还充满了强烈抗议的意味。她在作文中写到了这样一件事——

她高考那一年的夏季，家乡久旱无雨。而她家是农户，眼见正处于成熟期的菜蔬日渐蔫黄，她的父亲心焦如焚。天天盼雨，雨水偏不来。父亲每天说几番诅咒老天的话，而母亲终日唉声叹气，还偷偷抹过眼泪。她知道，父母正在口挪肚攒地为她积蓄上大学的学费，指望着家里那几亩菜地能有好收成，无奈之下的父亲，只得花一百元钱，请有抽水机的人家从公共水塘里抽水浇园。她也知道，一百元钱需要父母从菜地里摘下满满一手推车豆角或茄子，而且得推到二十几里外的集上去卖掉才能挣到。钱付了，父亲也开始浇园了，天空却阴云密布，转瞬大雨滂沱。从窗口望着站立在雨中、仰头朝天的父亲，她不禁流下了眼泪。她在心里面暗暗对父亲说："爸爸，如果我考上了大学，绝不会在大学里虚度光阴，将大学当成高等幼儿园的……"

我当然也给了这一名女同学很高的分数。

我想通过这两个例子说明，写一篇作文的过程，对于我们的孩子其实也是自我进行情感教育的过程。能写出那样的作文的孩子，怎么能不爱父母、亲人呢？而能那么感恩地爱父母、亲人的孩子，他们将来成为我们社会中一个善良的人，大约也是没有什么疑问的。

　　有的家长会坦率地说——先别谈我的孩子以后怎样，我现在顾不上考虑那么多，究竟该怎样才能让我的孩子现在写好作文？

　　而我的回答是——如果一个孩子对父母感情都极其冷漠，不要说我并没有什么法子让他或她写出好作文。因为，对于小学生、中学生，好作文要么是健康的真情实感的表达，要么是正确的思想观念的表达。是的，仅仅是真实的情感和真实的思想表达还不够，还须是健康的和正确的。

　　有的家长肯定对这大不以为然，会一味地认为，拉倒吧，只不过是孩子，只不过是怎么样写好作文，扯什么健康不健康、正确不正确呀！

　　我对于这样的家长，也是大不以为然的。

　　我有几名学生，毕业后的工作是教在北京工作的外国人的小孩子学汉语。有次他们来看望我，讲到了他们工作中发生的事，使我沉思不已。

　　其中一名学生，在给外国的小孩子们讲完《水晶鞋》的故事后，问那些外国的小孩子们——终于与王子结婚，后来成了王后的灰姑娘，该怎样对待那人品恶劣的母女三人呢？那些外国孩子七言八语，想出了种种惩罚和报复的方式。这使他们格外开心、快乐，直至下课都还意犹未尽。

　　但是后来便有外国的家长们纷纷提出严肃的批评，说那样给孩子上课是不可以的。

　　我的学生说——我这样上课怎么了？你们外国人不是强调对孩子们应该采用快乐教育的方式吗？当时你们的孩子很快乐呀！不那样上课又该如何上课呢？

　　外国的家长们更严肃了，说道——该怎么上课是你自己应该想的事情，别问我们。言下之意是——你教不了就走人。

我的学生就很郁闷,打电话请我解惑。

我一听就明白双方在什么问题上发生矛盾冲突了。

于是我的学生第二天在课堂上,对外国的孩子们谈了她自己的一番看法。她说,人性是有先天缺陷的,比如自私、嫉妒、报复心理等。所以人要自我教育,以防止自己人性的先天缺陷一味地发展,最后堕落为人性的恶。她说,《水晶鞋》中那人品恶劣的母女三人,最终毕竟因为自己的所作所为感到内疚和羞愧,所以她们在可以教育之列。而教育她们的方式一般应该是宽恕。如果做了王后的灰姑娘,利用自己的权势派兵将那母女三人统统抓起来,投入监狱,则证明灰姑娘自己的人性在从弱者成为强者之后,也开始由善变恶,被恶驱使了。当一个人变得强势的时候,他或她就应该更具有宽恕之心,而不是任由强烈的报复之心驱使自己的行为……

我的学生这样讲了以后,那些有意见的外国家长们终于满意了。

《丑小鸭》这一篇安徒生的童话,至今也很值得讲给任何一个国家的孩子们听。它本身绝不涉及什么宽恕与报复的问题,不料我的学生讲给她的学生们听了以后,又有外国家长们不甚满意。

他们的问题是——如果童话里那只丑小鸭渐长渐大,最终还是命中注定地长成了一只鸭子,而且不是野鸭,还是一只普普通通的家鸭,那么它该拿自己怎么办呢?它的自卑感不是会更加强烈了吗?它还能正常地活下去吗?

安徒生的童话可不是这么说的。

安徒生写那一篇童话时,估计也根本没有料到有家长竟会提出以上问题。

但我个人觉得以上问题提得何等的好啊!

因为世上的鸭子从来就比天鹅多。童话以天鹅象征高贵优雅,以鸭子象征平庸无奇。将鸭子和天鹅来拟人,普通的人一向就比不普通的人多。普通并不意味着平庸。一个人在小时候向往不普通的人生,这是自然而然的。但在自己成为大人以后,却发现自己的人生与"不普通"三个字根本无缘,那么便有一个如何面对普通人生的心理问题。外国的家长们,之所以替自己的孩子们提出问题,其实说明他们颇为重视对自己的孩子们的"普通人之人生观"的教育而已。也同时说明,即使一篇经典的童话,包括经典小说等,如果不进行更理性的诠释,也都有可能被误读。

我的学生明白了外国家长们的意图,于是隔日在课堂上鼓励她的学生们改编《丑小鸭》,其前提是,长大了的丑小鸭并没变成美丽的天鹅,倒是确定无疑地成为一只鸭子。尽管它是从一只主人捡来的野鸭蛋里孵出来的,那么,它也只能从此与比野鸭更普通的家鸭为伍了……

让老师——也就是我的学生没有料到的是,这些外国的小孩子们表现出了和讨论《水晶鞋》时同样高涨的参与热情。他们为鸭子设想出多种多样的命运。有的设想它获得了宝贵的友谊,那只起先处处看着它不顺眼的老鸭子成为它的启蒙老师,教给它许多为"鸭"处世的经验,让它成为一只善于与那一户农家饲养的其他家畜家禽和睦相处的鸭子;一只对其他家畜家禽富有同情心的鸭子;一只肯于无私帮助其他家畜家禽的鸭子;一只在其他家畜家禽之间产生矛盾冲突时,勇于表明正义立场同时又极力主张和平的鸭子。总而言之,它成为一只不仅奉献鸭蛋也备受尊敬的鸭子……还有的孩子是这么设想的——使它成为一只可敬的鸭子并不是老鸭子的教诲,而是一只年轻的公鸭对它的真爱的影响。而那只老鸭却依然瞧着它不顺眼,坚决反对儿子的爱情。老鸭一再督促儿子去追求一只美丽的白天鹅。最终当然是爱情战胜了专制的父权,而且还一次次挽救了鸭父子的生命。主人看在它是那么好的一只母鸭子的份儿上,才不再动杀掉两只公鸭的念头,为的是不伤它的心,为的是成全它的爱情……

外国的孩子也罢,中国的孩子也罢,世界上的一切孩子原本都是心地善良的。因为善良的想法比之于恶毒的想法更能使孩子们的人性感到愉悦。而孩子们的想象力无论多么超常,本质上也是平凡的,他们想象力的方向,大抵总是要归于善的。——所以孩子们是不深刻的。希望和要求孩子们的思想"深刻"起来的大人们，想法是不切实际的，甚至是可怕的。故我认为，老师也罢，家长也罢，要特别爱护孩子们平凡又善良的作文思想。这还不够，还要特别加以欣赏，予以肯定。要知道这世界上的一切大思想家们的思想，都是生长在善的情怀中的。那么鲁迅呢？我认为鲁迅先生也不例外。如果鲁迅笔下没有写出过《记念刘和珍君》《伤逝》《祝福》《一件小事》《孔乙己》《为了忘却的记念》《论"人言可畏"》《无花的蔷薇》，那么他还是我们心目中完整的鲁迅吗？包括他的《狂人日记》和《阿Q正传》也是大善情怀结出的深刻果实啊！"哀其不幸"是指什么？心中无善，大文人哀"阿Q式"的小人物干什么呢？鲁迅不是先"哀其不幸"，才"怒其不争"的吗？

我接着再举二例：

其一，某次我和一位熟人在路旁相遇，他的儿子站在他身旁。我关心地问那孩子高中几年级了？其父代他回答高二，明年就该高考了。话题一说到高考，当父亲的顿时激动起来，忽然手指马路，诲"子"不倦地说："儿子你看，马路最边上是骑自行车的人、蹬平板车的人，自行车道往里是公共汽车车道，再往里是小汽车道。你再看那些小汽车，有国产的、有合资的、有进口的，有'比亚迪'、有'捷达'、有'宝马'。车是分等级的，人也是分等级的。我和你妈妈，一辈子快过去了，一辈子都是乘公共汽车的、骑自行车的，咱们家改变门户的指望全落在你身上啦！你可千万要争气！只考上大学不行，一定要考上名牌大学！你以后一定要成为开小汽车的人！开上'捷达'还不算争气——如今买得起低档车的人太多了！你一定要成为开'奔驰'、开'宝马'的人！最起码要成为一个买得起'奥迪'的人！如果你不能，那么咱们一家三口活得还有什么劲呢？"

我见那当儿子的面红耳赤，窘迫地不知说什么好。

当父亲的却还要问我："你说我教导得对不对？"

我也一时不知说什么好……

其二，还有一次，我走在小街上，忽听一楼的一窗内传出一个女人数落孩子的声音："妈给你借的复习参考书，你为什么要再借给同学？你缺心眼呀？"

接着听到一个女孩子的声音："她是我朋友啊，我好意思不借给她吗？"

我不由得驻足倾听起来——我并非一个喜欢偷听别人家谈话的人，只不过因为那一位母亲的话太令我奇怪了。

又是母亲的声音，她说："说你缺心眼，你还就是缺心眼！同学之间能是什么朋友？现而今这世上哪有什么真正的朋友关系？不是利用和被利用的关系，那就是竞争的关系！你和她就是竞争的关系！你俩的成绩不相上下，这一点你自己还不清楚吗？你若强她就弱，你若弱她就强！明天撒个谎，把复习参考书要回来！"

我要坦率地说——如果家长在家里如此这般的教育儿女，却希望儿女写出一类作文来，我认为是事与愿违的。对这样的家长，我的回答只能是，我提供不了什么指导，直接去请教"上帝"好了。

我进一步要说的是——大部分老师是不会那么教育学生的。家长自己的教育大成问题，却抱怨老师教作文课的水平，那么对老师们也是有失公平的。

一个真相就是——如果以上二例中的家长对子女的"教诲"真的在子女心中扎根——这是很可能的，那么孩子在写一篇与人生观有关、与友情有关的作文时，他或她的内心肯定是别扭的、痛苦的、极其反感的。他的人格在那一时刻也肯定是分裂的。因为如果按照爸爸、妈妈的教诲实话实说，他们明知那样一些思想太灰暗，写入作文里是得不了高分的，也许还会被当成反面例子——我要声明一点，对于孩子作文中的实话实说，即使是极其错误的，我也反对批判式的点评；而不写又是不行的，于是只有干脆写满纸违心的假话。这时孩子们是多么的可怜！久而久之，孩子习惯于以作伪的态度写作文了。笔下写着，心里却厌烦。再久而久之，连以后做人也会渐渐地失真了。

作文是一件和孩子之情感的、心灵的、人生观的自我提升有关的事，不仅仅关乎分数。心灵中多一些阳光、多一些温暖、多一些对他人的理解和同情、多一些对父母亲人给予自己的爱的感恩，这样的孩子的心灵是较可爱的、情感是较丰富的、观察是较细腻的，是较容易被调动起表达冲动的。那么，他们对于写作文这一件事是不大会反感的。面对文题和稿纸，自然也会有自己的话可说，有内容可写。

我认为我们的孩子普遍是挺孤独的。他们没有弟弟、妹妹，故从未体验过做小哥哥、小姐姐的责任感。也没有哥哥、姐姐，故从不知什么叫手足之情。家穷也罢，家富也罢，总而言之，都同样是家中的核心成员、焦点人物。他们想不以自我为中心，都不知怎么样才算不是。所以，做独生子女的父母不是简单了，反而是更不容易。在家庭关系中，是哥哥、姐姐的孩子，往往是弟弟、妹妹与父母关系中的桥梁。我们做父母的没有了这一种桥梁，孩子一天天长大，我们与他们的关系便一天天隔膜。这要求我们得扮演两种角色，既是父母，又似乎是哥哥、姐姐。做父母的人同时还要当自己孩子的哥哥、姐姐，这听起来太滑稽。但既然我们都是爱孩子的，那又为什么不呢？要知道与父母比起来，孩子更乐于与哥哥、姐姐交心啊！在这种交心中与孩子讨论一篇作文怎么写才好，比前来听我的夸夸其谈实际效果好得多。同时也得承认，我们的孩子小小年纪却已普遍地备感倦怠。他们从小就被卷入一场又一场竞争管道，能不倦怠吗？由于我们对他们的体恤和怜悯，以及对他们将来前途的担忧，我们在他们的成长过程中，给予他们的物质满足，远远多于应该给予他们的心灵营养；我们因他们时刻想到"竞争"二字的时候，远远多于我们与他们交流对"竞争"看法的时候；我们自己的人生观明明已成问题，还往往用成问题的人生观去影响孩子——这很悲哀。

心灵缺乏营养的孩子，面对任何文题几乎都会下笔艰难。

把作文视为分数竞争之不得已，厌烦写作文这件事是必然的。

第十二节

有一种情愫叫感激

有一种情愫叫感激，有一句话是"谢谢"。

年头临近年尾将终的日子里，最是人忙于做事的时候。仿佛有些事不加紧做完，便是一年的遗憾似的。

而在如此这般的日子里，我却往往心思难定，什么事也做不下去。什么事也做不下去，我就索性什么事也不做。唯有一件事是不由自主的——那就是回忆。朋友们都说这可不好，这就是怀旧——怀旧更是老年人的心态呀！

我却总觉得自己的回忆与怀旧是不太一样的。总觉得自己的回忆中有某种重要的东西。它们影响着我的人生，决定着我人生的方方面面是现在的形状，而不是另外的形状。

有一天我忽然明白，我之所以频频回忆实在是因为我内心里渐渐充满了感激。——这感激是人间的温情，从前播撒在一个少年心田的种子。我由少年而青年而中年，那些种子就悄悄地如春草般在我心田上生长……

我感激父母给我以生命。

在我将尽孝而却未来得及更周到地尽孝的年龄，他们先后故去，在我内心里造成很大的两片空白——这是任什么别的事物都无法填补的空白，这使我那么忧伤。

我感激我少年记忆中的陈大娘，她常使我觉得自己的少年曾有两位母亲。在我们那个大院里我们两家住在最里边，是隔壁邻居。她年轻时就守寡,靠卖冰棍拉扯两个女儿、一个儿子长大成人。童年的我甚至没有陈大娘家和我家是两户人家的意识上区别。经常的,我闯入她家进门便说:"大娘,我妈不在家,家里也没吃的。快,我还要去上学呢!"

于是大娘一声不响放下手里的活,掀开锅盖说:"喏,就有两个窝窝头,你吃一个,给正子留一个。"正子是他的儿子,比我大四五岁。饭量也比我大得多。那正是饥饿的年代,而我却每每吃得心安理得。

后来我们那个大院被动迁,我们两家分开了。那时我已是中学生,上课是下午班。每提前上学,就去大娘家。大娘一看我脸色,便主动说:"又跟你妈赌气了是不是? 准没在家吃饭! 稍等会儿,我给你弄口吃的。"

仍是那个年代,我照例吃得心安理得。

少不更事,从不曾对大娘说过一个"谢"字。甚至,心中也从未生出过感激。

有次,在路口看见卖冰棍的陈大娘受恶青年的欺负,我像一条凶猛的狼狗似的扑上去和他们打,咬他们的手。我心中当时愤怒到极点,仿佛看见自己的母亲受到欺辱。

那便算是感激的另一种方式,也仅只那么一次。

我下乡后再未见到过陈大娘。

我落户北京后她已去世。

我写过一篇小说是《长相忆》——可我多希望我表达感激的方式不是小说,不是曾为她和力不能抵的恶青年们打架,而是执手当面地告诉她——大娘……

由陈大娘于是自然而然地忆起淑琴姐。她是大娘的二女儿,是我们那条街上顶漂亮的大姑娘——起码在我眼里是这样。我没姐姐,视她为姐姐。她关爱我,也像关爱一个弟弟一样。甚至,她谈恋爱,去公园幽会,最初几次也带上我,充当她的小伴郎。淑琴姐之于我人生的意义,在于使我对于女性从小培养起了自认为良好的心理。我一向怀疑"男人越坏,女人越爱"这种男人的逻辑，觉得它没什么道理。淑琴姐每对少年的我说："不许学那些专爱在大姑娘面前，说下流话的坏小子啊！你要变那样，我就不喜欢你啦！"男人对女人终生的态度，据我想来，取决于他有没有幸运地在少年时代，就获得到种种非血缘甚至也非亲缘的女人，那一种长姐般的、有益于感情质地形成的呵护和关爱，以及从她们那儿获得怎样的潜移默化的教育。我这个希望自己有姐姐而并没有的少年，从陈大娘漂亮的二女儿那儿都幸运地获得过。非姐似姐的淑琴姐当年使我明白——男人对于女人，有时仅仅心怀爱意是不够的，而加入几分敬意是必要的。淑琴姐令我对女性的情感和心理从小是比较自然的，也几乎是完全自由的。这不仅是幸运，何尝不又是幸福？

细细想来，我怎能不感激淑琴姐？她使当年是少年的我，对于女性情感呵护和关爱的需要，体会到温馨、饱满又健康的获得。

1962年我的家划入另一个区另一条街上的另一个大院——一个在1958年由女工们草草建成的大院，房屋的质量极其简陋，九户人家中七户是新邻居。

那是那一条街上邻里关系非常和睦的大院。这一点不唯是少年的我的又一种幸运，也是我家的又一种幸运。我的家受众邻居们帮助多多，尤其在我的哥哥精神分裂以后，倘若我的家不是处在那一种和睦的互帮互助的邻里关系中，日子就不堪设想了。

我永远感激我家当年的众邻居们！

后来，我下乡了。

我感激我的同班同学杨志松，他曾经是《大众健康》的主编。在班里他不是和我关系最好的同学，只不过是关系比较好的同学。我们是全班下乡的第一批，而且这第一批只我们二人。我没带褥子，与他合铺一条褥子半年之久。亲密的关系是在北大荒建立的。有他和我在一个连队，使我有了最能过心、最可信赖的知青伙伴。当人明白自己有一个在任何情况之下都绝不会出卖自己的朋友的时候,他便会觉得自己有了一份特殊的财富。实际上他年龄比我小几个月,我那时是班长。——我不习惯更不喜欢管理别人,小小的权力和职责反而使我变得似乎软弱可欺。因为我必须学会容忍、制怒,故每当我受到挑衅,他便往往会挺身上前,厉喝一句——"干什么?想打架吗!"

我也感激我另外的三名同班同学王嵩山、王志刚、张云河。他们半点也不关心那时的"国家大事"。下乡前我为全班同学做政治鉴定,我力陈他们其实都是政治上多么"关心国家大事"的同学,唯恐一句半句不利于肯定他们"政治表现"的评语影响他们以后的人生。为此我和原则性极强的军宣队班长争执得面红耳赤。他们下乡时本可选择去离哈尔滨近些的师团,但他们专执一念,愿望只有一个——我和杨志松在哪儿,他们去哪儿。结果被卡车在深夜载到了兵团最偏远的山沟里。见了我和杨志松的面,还都欢天喜地得忘乎所以。

他们的到来,使我在知青的大群体中,拥有了感情的保险箱,而且是绝对保险的。在我们之间,友情高于一切。时常,我脚上穿的,是杨志松的鞋;头上戴的,是王嵩山的帽子;棉袄可能——又是王玉刚的;而裤子,真的,我曾将张云河的一条新棉裤和一条新单裤都穿成旧的了。当年我知道,在某些知青眼里,我也许是个喜欢占便宜的家伙。但我的好同学们明白,我根本不是那样的人。他们格外体恤我舍不得花钱买衣服的真正原因——为了治好哥哥的病,我每月尽量往家里多寄点钱。

后来杨志松调到团部去了,分别那一天他郑重嘱咐另外三名同学:"多提醒晓声,不许他写日记;开会你们坐一块儿,限制他发言的冲动。"

再后来王嵩山和王玉刚调到别的师去了。张云河调到别的连当卫生员去了。一年后杨志松上大学去了……

我陷入了空前的孤独。此时我有三个可以过心的朋友——一个叫吴志忠,是二班长;一个叫李鸿元,是司务长;还有一个叫王振东,是木匠。——都是哈尔滨知青。他们对我的友情,及时填补了由于同班同学先后离开我,而对我情感世界造成的严重空白。

对于我,仅仅有友情是不够的。我是那类非常渴望思想交流的知青,思想交流在当年是很冒险的事。我要感激我们连队的某些高中知青,和他们的思想交流使我明白——我头脑中对当年现实的某些质疑,并不证明我思想反动,或者是疯了。如果他们中仅仅有一人出卖了我,我的人生将肯定是另外的样子。——而我不曾被出卖过。这是很特殊的一种人际关系。因为我与他们,并不像与我的四名同班同学一样,彼此有极深的感情作为关系的前提和基础。在我,近乎人性的分裂——感情给我的同班同学,思想却大胆地仅向高中知青们坦言。他们起初都有些吃惊,也很谨慎。但是渐渐的,都不对我设防了。

真的,我很感激他们——他们使我在思想上不陷于封闭的苦闷。

我还感激我的另外两名好同学——一个叫刘树起,一个叫徐彦。刘树起在我下乡后,去了黑龙江的饶河插队;徐彦因母亲去世、妹妹有病,受照顾留城。一般而言,再好的中学同学,一旦天南地北,城里农村,感情也就渐渐淡了。即便是夫妻,两地分居久了,还会发生感情变异呢!

但我和他们二人之间的感情,却相当不可思议地因为分离而加深。凡几十余年间,仿佛在感情上根本就不曾被分开过。故我每每形容,这是我人生的一份永不贬值的"不动产"。

我感激我们连队小学校的魏老师夫妻。魏老师是1966年转业到北大荒的老战士,吉林人,他妻子也是吉林人。当年他们夫妻待我如兄嫂,说对我关怀备至丝毫也不夸大其词。离开北大荒后我再未见到过他们。魏老师1995年已经病故。我每年春节,与嫂子通长途电话电话问安。

1972年我调到了团部。

我感激宣传股的股长王喜楼,他是现役军人。他使宣传股像一个家,使我们一些知青报道员和干事如兄弟姐妹。在宣传股的一年半时间对我而言几乎每天都是愉快的。如果不是每每忧虑家事,简直可以说很幸福。宣传股的姑娘们个个都是品貌俱佳的好姑娘,对我也格外友好,友好中包含着几分真挚的友爱。不知为什么,股里的同志都拿我当大孩子。仿佛我年龄最小,仿佛我感情最脆弱,仿佛我最需要时时予以安慰。这可能由于我天性里的忧伤,还可能由于我在个人生活方面一向瞎凑合。实事求是地说,我受到几位姑娘更多的友爱。友爱不是爱,友爱是亲情之一种。当年,那亲情营养过我的心灵,教会我怎样善待他人。

我感激当年兵团宣传部的崔干事。他培养我成为兵团的文学创作员,他对于改变我的人生轨迹起到重要的作用,他就是我的小说《又是中秋》中的"老隋"。

他曾经因经济案,当年被关押在哈尔滨的监狱中。如果他的案件所涉及的仅是几万,或十几万,我一定替他还上。但据说二三百万,也许还要多,超出了我那时的能力。每忆起他的这些往事,心都为之怆然。

我感激木材加工厂的知青们——当我被惩处性地"精简"到那里,他们以友爱容纳了我,在劳动中尽可能地照顾我。仅半年内,就推荐我上大学。一年后,第二次推荐我。而且,两次推荐,选票居前。对于从团机关被"精简"到一个几乎陌生的知青群体的知青,这在一般情况下是根本没指望的。若非他们对我如此关照,我后来上大学就没了前提。那时我已患了肝炎,自己不知道,只觉身体虚弱,但仍每天坚持在劳动最辛苦的出料流水线上。若非上大学及时解脱了我,我的身体某一天肯定会被超体能的强劳动量压垮。

我感激复旦大学的陈老师。这位生物系抑或物理系老师的名字我至今不知道——实际上我只见过他两面。第一次是在团招待所他住的房间,我们之间进行了一个多小时的谈话,算是"面试"。第二次是在复旦大学。我一入学,就住进了复旦医务室的临时肝炎病房。我站在二楼平台上,他站在楼下,仰脸安慰我……

任何一位招生老师,当年都有最简单干脆的原则和理由,取消一名公然嘲笑当年文艺现状的知青入学的资格。陈老师没那么做,正因为他没那么做,我才有幸终于成了复旦大学的"工农兵学员"——而这个机会,对我的人生,对我的人生和文学的关系,几乎是决定性的。

如果说,我的母亲用讲故事的古老方式,无意中影响了我对故事的爱好,那么——崔长勇、木材加工厂的知青们、复旦大学的陈老师,这三方面的综合因素,将我直接送到了与文学最近的人生路口。他们都是那么理解我爱文学的心,他们都是那么无私地成全我。如果说,在所谓人生的紧要处其实只有几步路这句话是正确的,那么他们就是推我跨过那几步路的恩人。

我感激当年复旦大学创作专业的全体老师。于今回想,创作专业的任何一位老师其实都是爱护我的。翁世荣老师、秦耕老师、袁越老师,又简直可以说对我关怀备至。教导员徐天德老师在具体一两件事上对我曾有误解,但误解一经澄清,他对我一如既往的诚恳,这也是很令我感激的。

我感激我的大学同学杜静安、刘金鸣、周进祥。因为在某些事上受了点冤屈,我竟产生过打起行李一走了之的念头。他们当年都曾那么善意又那么耐心地劝慰过我。所谓"良言一句三冬暖",他们对我的友爱,当年确实使我倍感温暖。我和小周是同学,又同时是入党的培养对象,而且,据说二取一。这样的两个人,往往容易离心离德,终成对头。但幸亏他是那么明事理的人,从未视我为妨碍他重要利益的人。记得有一天傍晚。我们相约在校园外散步,走了很久,谈了很多。从父母谈到兄弟、姐妹,谈到我们自己。最后达成了这样的共识——我们天南地北走到一起,实在是一种人生的缘分。我们都要珍惜这缘分,至于其他,那不是自己探臂以求的,我们才不在乎!从那以后到毕业,我们彼此真诚,友情更深。

我感激北京电影制片厂。我在北影的十年,北影文学部对我任职于电影厂而埋头于文学创作,一向理解和支持,从未有过异议。

我感激北影十九号楼的众邻居。那是一幢走廊肮脏的筒子楼，我在那楼里只有十四平方米的一间背阴住房。但邻居们的关系和睦又热闹，给我留下许多温馨的记忆。

我也感激儿童电影制片厂。童影分配给我宽敞的住房，这使我总觉为它做的工作太少太少。

我感激王姨——她是母亲的干姊妹。在我家生活最艰难的时日，她以女人对女人的同情和善良，给予过母亲许多世间温情，也给予过我家许多帮助。

我感激北影卫生所的张姐——在父亲患癌症的半年里，她次次亲自到我家为父亲打针，并细心嘱咐我怎样照料父亲。

我感激北影工会的鲍婶、老放映员金师傅、文学部的老主任高振河——父亲逝世后，我已调至童影，但他们却仍为父亲的丧事操了许多心。

我甚至要感激我所住的四号楼的几位老阿姨们。母亲在北京时，她们和母亲之间建立了很深的感情，给了母亲许多愉快的时光。

我还要感激我母亲的干儿女单雁文、迟淑珍、王辰锋、小李、秉坤等人。他们带给母亲的愉快，细细想来，只怕比我带给母亲的还多。

我还要感激我哥哥的初中班主任王鸣歧老师。她对哥哥像母亲对儿子一样。哥哥患精神病后，其母爱般的老师感情依然，凡三十余年间不变。每与人谈及我的哥哥，必大动容，王老师也已病逝多年。

我还要感激我的班主任孙荏珍老师，以及她的丈夫赵老师——当年她做我们的老师时才二十二三岁。她对我曾有所厚望。但哥哥生病后，我开始厌学，总想为家庭早日工作，这使她一度对我特别失望。然恰恰是在后来的动荡中，她开始认识到我是她最有独立思想的学生，因而我又成了她最为关心的几个学生之一。

我还要感激我哥哥的高中同学杨文超大哥，他是哈尔滨一所大学的教授。我给弟弟的一封信，家乡的报纸转载了。文超大哥看后说——"这肯定是我最好的高中同学的弟弟!"于是主动四处探问我三弟的住址,亲自登门,为我三弟解决了工作问题——事实上,杨文超、张万林、滕宾生,加上我的哥哥,当年也确是最要好的四同学。同学情深若此,不枉"同学"二字矣!

我甚至还要感激我家当年社区所属派出所的两名年轻警员——一姓龚,一姓童。说不清究竟由于什么原因,他们做片警时,一直对母亲操劳支撑的那个家,给予着温暖的关怀。

还有许许多多、许许多多我应该感激的人,真是不能细想,越回忆越多。比如哈尔滨市委前宣传部部长陈凤珲,比如已故东北作家林予,都既不但有恩德于我,也有恩德于我的家。

在这个难忘的年底,我回头向自己的人生望过去,不禁讶然;继而肃然,继而内心里充满一大片感动!——怎么,原来在我的人生中,竟有那么多、那么多善良的好人帮助过我,关怀过我,给予过我持久的或终生难忘的世间友爱和温情吗?

我此前怎么竟没意识到?

这一点怎么能被我漠视?

没有那些好人,我将是谁?我的人生将会怎样?我的家当年又会怎样?我这个人的一生,却实际上是被众多的好人,是被种种的世间温情簇拥着走到今天的啊!我凭什么拥有如此大的幸运却长久以来麻木得似乎浑然不觉呢?亏我今天还能顿悟到这一点,这顿悟使我心田生长一派感激的绿茵。生活,我感激你赐我如此这般的人生大幸运!我向我人生中的一切好人深深鞠躬!让我祝好人一生平安!我想——心有感激,心有感动,多好!因为这样一来,人生中的另外一面,比如嫌恶、憎怨、敌意、细碎,就显得非常小器、浅薄和庸人自扰。

第十三节

让我们爱憎分明

让我们共同体验爱憎分明之为人的第一坦荡、第一潇洒、第一自然吧！

几经犹豫我才决定写下这一行题目，写时我的心里竟十分古怪——仿佛基督徒写下了亵渎"上帝"的字句。仿佛我心怀叵测，企图向世人散布很坏的想法。我能预料到某些人对这样一个题目的忐忑不安，他们大抵是些丧失了爱憎分明之勇气的人，这使我怜悯。我能预料到某些人对这样一个题目的不以为然乃至愤然，他们大抵是些毫无正义感的人，并且希望丑恶与美好混沌在我们的生活中。因为他们做人的原则以及选择的活法，更适应于丑恶而有违于美好。唯恐敢于爱憎分明的人多起来，比照出自己心态的阴暗扭曲，甚至比照出自己心态的邪佞。我不怜悯这样的人，我鄙夷这样的人。

世上之事，常属是非。人心倾向，便有善恶。善恶之分，则心之爱憎。爱憎分明之于人而言，实乃第一坦荡、第一潇洒、第一自然之品格。

古人云："审其所好恶，则其长短可知也；观其交游，则其贤不肖可察也。"又云："民之所好，好之；民之所恶，恶之。"

怎么的，现在有的人，却像些皮囊里塞满稻草似的人？他们使你怀疑，胸腔内是否有谓之为"心"的器官，纵有，那也算是心吗？

男欢女爱之"爱"，他们倒是总在实践。不但总在实践，而且经验丰富。窃恨妒仇，也是从不放过体验机会的。不但自己体验，还要教唆别人，于是污浊了我们的生活环境。在这些人看来世界大概是无是无非、无美无丑、无善无恶的。童叟扑跌于前,佯视而不见,绝不肯援挽扶之手,抬高腿跨过去罢了。妇姬呼救于后,竟充耳不闻,只当轻风一阵,何必"庸人自扰"? 更有甚者,驻足"白相",权作消遣。

苏格拉底说:"没有人自愿去作恶,或者去做他认为是恶的事。舍善而趋恶不是人类的本性。"

苏格拉底是对的吗?

帕斯卡尔说:"我们中大多数人欲求恶。"又说:"恶是容易的,其数目是无限的。"还说:"某些人盲目地干坏事的时候,从来没有像他们是出自本性时干得那么淋漓尽致,而又兴高采烈了。"

帕斯卡尔所指的是人类生活现象的一方面事实吗?

而屠格涅夫到晚年也产生了对人类及其生活的厌恶,他写了一篇优美如诗,但情感色彩冷漠之极的散文《山的对话》,就体现出了他的这种情绪。

当然我们不必去讨论苏格拉底和帕斯卡尔之间孰是孰非。人"性本善"抑或人"性本恶"早已是一"世纪命题",并且在以后的世纪必定还有思想家们继续进行苦苦的思想。

我要说,目前我们中的某些人,似乎也患一种"疾病",可否叫做"爱憎丧失症"?

爱憎分明实在不是人类行为和观念的高级标准,只不过是低级的、最起码的标准。但一切高尚包括一切所谓崇高,难道不是构建在人类德行和品格的这第一奠基石上吗? 否则每个人的内心必将再无真诚可言,我们的词典中将无"敬"字。

中国人口占世界人口四分之一。如果我们中国人在心理素质方面优秀,那么世界四分之一人类将是优秀的。反之,又将如何?

哲人告诫人类——"对善恶的无动于衷,是人类精神最可怕的堕落。"

生物学家则告诫我们——"一类物种的灭绝,必导致生态链条的断

梁晓声

裂,进而形成对生态平衡的严重威胁和破坏。"

人类绝不是首先因憎而激发了爱的冲动、力量和热情。恰恰相反,是由于爱的需要才悟到了憎的权力,好的教养可以给予我们爱的原则。懂得了这一点才算懂得了爱的尺度,也就懂得什么是恶,也就必然学会怎样用我们的憎去反对、抵制和战胜恶。

爱憎分明的人是人类不可缺的"物种"、是人类精神血液中的白细胞、是细腰蜂、是七星瓢虫、是邪恶当前却奋不顾身的勇敢的蚁兵。因了爱憎分明的人存在,才会使更多的人感到世上有正义,社会有良知,人间有进行道德监督和道德审判的所谓"道德法庭"。

中国人是很讲"中庸之道"的,但我们的老祖宗也留下了这么一句"遗嘱":"道不同,不相为谋。"并指出:"物以类聚,人以群分。"

可是我们有些人,似乎早把老祖宗"道不同,不相为谋"之"遗嘱"彻底忘记了;似乎早把"物以类聚,人以群分"这凭以自爱的、起码的,也差不多是最后的品格界线擦掉了。仅只恪守起"中庸之道"来,并且浅薄地将"中庸之道"嬗变为一团和气,于是中庸之"士"渐多。并经由他们,将自己的中庸推广为一种时髦。仿佛倡导了什么新生活运动,开创了什么新文明似的。于是不难看到这样的情形——原来应被"人以群分"的正常格局孤立起来的流氓、痞子、阴险小人、奸诈之徒,以及一切行为不端、品德不良的居心叵测者,居然得以在我们的生活中招摇而来、招摇而去,败坏和毒害我们的生活到了随心所欲的地步,所到之处定有一群群的中庸之"士"与他乘兴周旋、逢场作戏、握手拍肩、一团和气。

我们常常希望有人拍案而起,厉曰:"耻与尔等厮混!"

对这样的人,我们心中便生钦佩。

我们环顾左右,觉得这样做其实并不需要太大的勇气,然而我们当中有许多人唯恐落个"出头鸟"或"出头的椽子"之下场。于是我们自己便在一团和气之中,终究扮演了本不情愿扮演的角色。

更可悲的是，爱憎分明的人一旦表现出分明的爱憎，中庸之"士"们便会摆出中庸的嘴脸进行调和。我们缺乏勇气，光明磊落地同样敢爱敢憎，却很善于在这种时候作乖学哆。

我们谁有资格说自己从未这样过呢？

因而我觉得首先应该憎恶我们自己，憎恶我们自己的虚伪，憎恶我们已经染上了梅毒一样该诅咒的"爱憎丧失症"。

那么，便让我们从此爱憎分明起来吧！

将这一希望寄托在别人身上，莫如寄托在我们自己身上。倘若你周围确实无人在这一点上值得你钦佩，你何不首先在这一点上给予自己以钦佩自己的资格呢？如果你确想做一个爱憎分明之人，的确开始这样做了——我认为你当然有钦佩自己的资格，你也当然应该这样认为。

以敢憎而与可憎较量，以敢爱而捍卫可爱，以与可憎之较量而镇压可憎之现象，以爱可爱之勇气而捍卫可爱在生活中发扬光大，让我们的生活中真、善、美多起来，再多起来！让我们在每一个人的生活范围内，做一只盾，抵挡假、丑、恶对自己以及对生活的侵袭，同时也做一支矛。让我们共同体验爱憎分明之为人的第一坦荡、第一潇洒、第一自然吧！其后，才是能否更多地领略人类之种种崇高和美好的问题。

第十四节

我心与人心

心对人而言，是最为名不副实的一个脏器。从人类的始祖们刚刚有了所谓"思想意识"那一天起，它便开始变成个"欺世盗名"的东西，并且以讹传讹至今。当然，它的"欺世盗名"，完全是由于人的强加。同时我们也应该肯定，这对人无疑是至关重要的。其重要性相当于汽车的马达，双手都被截掉的人，可以照样活着，甚至还可能是一个长寿者。但心这个脏器一旦出了毛病，哪怕出了一点小的毛病，人就不能不对自己的健康产生大的忧患。倘若心的问题严重，人的寿命就朝不保夕，人就会惶惶不可终日。

我一向百思不得其解的是——所谓"思想意识"，本属脑的功能，怎么就张冠李戴，被人强加给了心呢？而这一个分明的大错误，一犯就是千万年，人类似乎至今并不打算纠正。中国的、西方的文化中，随处可见这一错误的泛滥。比如中国文人视为宝典的那部古书《文心雕龙》，就堂而皇之地将艺术思维的功能划归给了心。比如信仰显然是存在于脑中的，而西方的信徒们做祈祷时，却偏偏要在胸前画十字——因为心在胸腔里。

伟人毛泽东曾说过这样的话——"人的正确思想是从哪里来的？是从天上掉下来的吗？不是。是自己头脑里固有的吗？不是。人的正确思想，只能从社会社会实践中来……"

当年我背诵这一段语录，心里每每产生一份高兴。但是在语录本上，白纸黑字印着的"思想"两个字，"思想"下边分别地都少不了一个"心"字。全世界至今都在通用这样一些不必去细想、越细想越对文化的错误难以纠正这一事实深感沮丧的字、词,比如心理、心情、心灵、心肠、心事、心地、心胸……

心脑功能张冠李戴的错误,只有在医生那儿被纠正得最不含糊。比如你还没老,却记忆超前减退,或者思维产生了明显的障碍症状,那么分号台一定将你分到脑科。你如果终日胡思乱想,噩梦多多,那么分号台一定将你分到精神科,让精神科医生判断你精神方面是否出了毛病——其实精神病也是脑疾病的深层范围。如把你打发到心脏专科那儿去的话,便是医院大大的失职了。

人类的文化,中国的也罢,外国的也罢;东方的也罢,西方的也罢,一向对人的心灵问题,是非常之花力气去琢磨的。一个人对另一个人的心灵琢磨不透了,往往会冲口而出这样一句话——"我真想扒出你的心,看看究竟是红的还是黑的!"许多中国人和外国人都说过这句话,说时都不免恨恨地、狠狠地。

但是我观察到,在现实生活中,许许多多的人,其实是最不在乎心灵的质量问题的。越来越不在乎自己的,也越来越不在乎他人的。这一种不在乎,和我们人类文化中一向的很在乎、太在乎,越来越形成鲜明的,有时甚至是相悖的、对立程度的反差。人们真正在乎的,只剩下了心脏的问题,也许这因为,人们仿佛越来越明白,心灵是莫须有的、主观臆想出来的东西。而心才是自己体内的重要器官,才是自己体内的实在之物吧?

的确,心灵原本是不存在的。的确,一切与所谓心灵相关、与德性有关的问题,原本是属于脑的。的确,这一种张冠李戴,是一个大错误,是人类从祖先那时候起就糊里糊涂地搞混了的。

但是,另一个不容争辩的事实乃是——人毕竟是有德性的动物啊!

人的德性毕竟是有优劣之分的啊!关于德性的观念,纵使说法万千,也毕竟是有个"质"的问题吧?

人类成熟到如今,对与人的生存有关的一切的要求都高级起来,唯独对自身德性的"质"的问题,一任地降低着要求的水准。中国文化中,对于所谓人的心灵问题,亦即对于人的德性问题,一向是喋喋不休充满教诲意味的。我们仿佛又一下子回到千万年以前去了。正如我们都知道的,在那一种年代,所谓"人类文化",其实只有两个内容——"人为财死,鸟为食亡",以及对死的恐惧。

我们的头脑中,只剩下了关于一件事情的思想——金钱。已经拥有了大量金钱的人们的头脑,终日所想的还是金钱。他们对金钱的贪婪,比生存在贫困线上的人们对金钱的渴望,还要强烈得多。他们对于死的恐惧,比普通人要深刻得多。

民间有一种说法——人心十窍,意思是心之十窍,各主七情六欲。当然有一窍是主贪欲的,当然这贪欲也包括对金钱的"贪"。所以,老百姓常说——某某心眼儿多,某某缺心眼儿,某某白长了心眼儿死不开窍。如今我们许多人之人心,差不多只剩下一窍——那就是主贪欲的那一窍。所"贪"的东西,差不多也只剩下了钱,外加上色点缀着,主其他那些七情六欲的窍,似乎全都封塞了。所以我前面说过,这样的人心,它又怎么能比人手的感觉更细微、更细腻呢?它变成在"质"的方面很粗糙、很简陋,功能很单一的一个东西,岂不是必然的吗?

我曾一向敬重的一位老者。一生积攒下了一笔钱。他仅有一子,已婚,当一家公司的经理,生活相当富足。可这位老者,却一向吝啬得出奇,正应了那句话——"瓷公鸡,铁仙鹤,玻璃耗子,琉璃猫",绝对的一毛不拔。什么"希望工程"、什么"赈灾义捐"、什么"社会道义救助",几乎一概装聋作哑,仿佛麻木不仁。倘若需捐物,则还似乎动点恻隐之心。旧衣服、破裤子的,也就是只能当破烂儿卖的些个弃之不惜之类,倒也肯于"无私奉献"。但一言钱,便大摇其头,准会一喋声地道:捐不起,捐不起!我自己还常觉着手头钱紧不够花呢!——这说的是他离休以后。离休前,堂堂一位正局级享受副部级待遇的干部,出差途中买一罐饮料喝,竟要求开发票,好回单位报销。报销理由是非常之充足的——不是因公出差，我才不买饮料喝呢！以为我愿意喝呀？对于我这个人，什么饮料也不如一杯清茶！尽管是"一把手"，在单位的名声，也是可想而知的了。却有一点是难能可贵的，那就是根本不在乎同僚们、下属们对自己又如何的看法。

就是这样的一位老同志，去年患了癌症之后，自思生命不久将走到尽头。一日用电话将我召了去，郑重地说是要请我代他拟一份遗嘱。大出我意料的是，遗嘱将遗体捐献给医科院，以做解剖之用。仰躺病榻之上的他，一句句交代得那么的从容，口吻那么的平静，表情那么的庄严。这一种境界，与他一向被别人背地里诮议的言行，真是判若两人啊！我不禁地心生敬仰，亦不禁地满腹困惑。他看出了我有困惑，便问："听到过别人对我的许多议论是吧？"

我点头坦率回答，是的。

他又问："对我不那么容易理解了是吧？"

我又点头。

他便叹口气，说出一番道理，也是一番苦衷——"不错，我是有一笔为数不少的存款。但那既是我的，实际上又不是我的，而是儿孙的。现在提倡爱心，我首先爱自己的儿孙，应该是符合人之常情的吧？一位父亲、一位祖父，怎么样才算是爱自己的儿孙呢？当然就看死后能留给他们多少钱、多少财产啦。其他都是白扯，根本就体现不出爱心。所以，我现在虽然还活着，钱已经应该看成是儿孙们的了。我究竟有多少钱，他们是一清二楚的。我死那一天，钱比他们知道的数目还多些，那就证明我对他们的爱心比他们的感觉还多些。如果少了，那就证明爱心也少了。我当然希望他们觉得我对他们的爱心多些好。我到处乱捐，不是在拿自己对儿孙们的爱心随意抛撒吗？我活到这岁数，早就不那么傻了。再说，那样也等于是在侵犯儿孙们的继承权呀！至于我死后的遗体，那是没用的东西——人死万事休嘛。好比我捐过的些旧衣服、破裤子，反正也不值钱了。谁爱接受了，去干什么就干什么吧！还能写下个生命的崇高的句号，落下个好名声，矫正人们以前对我的种种偏见。干嘛不捐？捐了对我自己，对儿孙们，都没有什么实际的损失嘛！我这都是大实话。大实话要分对象讲的，当着我不信赖的人的面，我是绝不说这些大实话的……"

听罢他的"大实话"，我当时的心理感受是很难准确形容的。只有种种心理感受之一种是自己说得清楚的——那便是心理的尴尬。好比误将一名三流喜剧演员，可笑地当成了一位悲剧大师，自作多情地暗自崇拜似的。

对于我们这一位老同志，钱和身，钱才是更重要的。而身，不过是"钱"外之物，倒不那么在乎。尤其当自己的身成了遗体后，似乎就是旧衣服、破裤子了。除了换取好名声，实际上一钱不值。更重要的留给儿孙，一钱不值的才捐给社会——这又该是多么现实、多么冷静的一副生意人的头脑里才可能产生的"大思维"呀！

那一天回到家里，我总在想这样一个问题——皆云"钱"财乃身外之物，怎么的一来，从哪一天开始，有人仿佛都活到了另一种境界？一种"钱财之外本无物"的境界？无物到包括爱情，包括爱心，包括生前的名、死后的身，似乎还有那么一股子禅味。

正是从那天开始，我更加敏锐地观察生活，倍感生活中的许多方面，确实发生了，并且正在发生着翻天覆地的观念的"大革命"。

如果一个男人宣布自己是爱一个女人的——那么给她钱吧！"我爱你有到底多深，金钱代表我的心"！

如果做父母的要证明自己是爱儿女的——那么给他们钱吧！"世上只有金钱好，没钱的孩子像根草"！

如果哪一行、哪一业要奖励哪一个人——那么给他或她奖金吧！没有奖金衬托着，奖励证书算个啥？

人心大张着它那唯一没被封塞的一窍，呼哒呼哒地喘着粗气，如同美国科幻电影中宇宙异形的活卵，只吞食钱这一种东西。吞食足了，"啪啦"一下，卵壳破了，跃出一头狰狞邪恶的怪物。

于是，我日甚一日地觉得，与人手相比，我们张冠李戴的错误，使人心这个我们体内的"泵"，不但越来越蒙受垢辱，而且越来越声名狼藉，越来越变得丑陋。当然，若将丑陋客观公正地归于脑，心是又会变得非常之可爱的。如同卡通画中画的那一颗鲜红的红桃般可爱，那么脑这个家伙，却将变得丑陋。脑的形象本就不怎么美观，用盆扣出的一块冻豆腐似的。再经指出丑陋的本质，它就更令人厌弃了不是？

有些错误是只能将错就错的，也没有太大纠正的必要，认真纠正起来前景反而不美妙。反正我们已只能面对一个现实——心也罢，脑也罢，我们人身体中的一部分，在经过了五千多年的文化影响之后，居然并没有文明起来多少。从此我们将与它的丑陋共生共灭，并会渐渐没有了羞耻感。

心耶？脑耶？——也就都是一样的了。

第十五节

真理与道理

　　我曾读过《书屋》刊登的两篇文章,是关于真理与道理的,两篇文章观点相反。其一认为,真理之"理"才更真,因为绝大部分所谓真理是相对于自然科学而言,可以为其补充很多例子,如三角形两边之和大于第三边,如两点之间最短的线是直线等。而人世间的道理,因带有显然的主观色彩,对错便莫衷一是,甚至往往极具欺骗性。与之相反的观点则认为,人世间的许多道理,虽然不能以科学的方法证明其对错,但却可以从人性的原则予以判断,比如救死扶伤,比如舍己为人,比如知恩图报……古往今来,人同此心,心认此理,遂成普遍接受的道理。这样的一些道理,早已成为共识,根本无须再经科学证明的,自然也不具有欺骗性;倒是所谓"真理",往往被形形色色的权威长期把持着解说权,逐渐沦为愚弄人的舆论工具,正因为前边冠以"真"字,本质上却又是荒谬的,所以比普遍道理具有更大的欺骗性。

　　大家就以上两种相反的观点,纷纷表达了自己的看法,也同样莫衷一是。我也谈谈我自己的一些看法。

　　第一,据我所知,"真理"一词,对于我们中国人,其实是舶来词。原词当出宗教,指无须怀疑的要义,最初指"上帝"本人对人类的教诲。

　　第二,"真理"一词后来被泛用。对于人类,某些自然科学方面的认识成果,也是无须怀疑的,而且无须再证明。于是这些认识成果,同样被说成是"科学真理"。

第三，求真是人类的天性，怀疑也是人类的天性。人类社会的秩序，需要靠某些共识来维系。共识就是大家所认为是对的，反之为不对的。所谓"普遍原则"，其实也就是这样一些道理而已。它并非百分百的意思，而是绝大多数的意思，使百分百的人类接受同一道理是根本不可能的。但有些道理，显然是接受的人越多越好。怎么才能使更多的人虔诚接受，而不怀疑呢？除了将某些道理视为真理，似乎也再没有更好的方法。这便是"真理"一词从宗教中，被借用到俗世中的目的。

第四，但是现在情况发生了变化，那就是——即使在自然科学界，"真理"一词也不常被使用。因为，人类已经取得的认知自然世界的成果，其实用自然世界的真相来表述，显然比"真理"更为确切。何况，许多真相仍在被进一步探究，探究的动力依然是怀疑。而所谓"真理"，是不允许怀疑的。而不允许怀疑，是不符合科学精神的。

第五，在一切社会学话题之中，"真理"一词更是极少被用到的。因为在人类社会中，某些普遍的原则，历经文化的一再强调，已经被主流认可，人文地位相当稳定，进一步成为不可颠覆的共识。既然如此，那样一些道理，又何须偏要被说成是什么"真理"呢？

第六，当代人慎用"真理"一词，将从宗教中借用的这一词汇，又奉还给了宗教，意味着当代人对于自然科学界的"真"和社会现象中的"理"，持更加成熟也更加明智的态度。科学真相比之于科学真理，表意更准确；普遍共识比之于人生真理，说法也更恰如其分。"真理"一词除了仍存在于宗教之中，再就是还存在于古典哲学中。可以这样讲，真理和道理，哪一种理的"真"更多一些、"骗"更少一些——此争论，除了公开发生在两位中国知识分子之间，在别国知识分子之间，是不太会发生的。

第七，那么，是否意味着两位中国知识分子闲极无聊，钻牛角尖呢？我觉得也不能这么认为。事实上我相当理解他们——在从前的中国，有太多的歪理，以"大道理"的强势话语资格，甚至干脆以"真理"的话语资格，堂而皇之地大行其道,不允许人们心存任何一点怀疑。这一种过去时的现象,给两位中国当今的知识分子留下了太深的印象。那印象也许是直接的,也许是间接的。他们都试图以自己的文章,对今人做他们认为必要的提醒。我从中看出了两位中国知识分子的良苦用心。

第八,我进而认为,表面看起来,他们的观点是那么对立,其实又是那么一致。一言真理才真,道理易有欺骗性;一言道理普遍,于是为真。"真理"往往披着真的袈裟,有时却实属荒唐。怎么说又是"那么的一致"呢?在从前的中国,歪理有时以"真理"的面目横行,有时也以"道理"的说教迷惑人。故一人鄙视那样的"真理",一人嫌恶那样的"道理",所鄙视的、所嫌恶的,都是实质上的歪理。所以我说他们又是那么的一致。

究竟歪理伪装成真理的时候多,还是伪装成道理的时候多,这倒没有多大争执的必要了。

第十六节

接近事实

　　古今中外，"事实"二字，与人类的关系颇为紧密。以小言之，肯定的，每一个人都会经常面临"事实"二字；以大言之，每一个利益集团、每一个民族、每一个国家，也都会经常面临"事实"二字。一个人也罢，一个国家也罢，一旦面临"事实"二字，则就意味着面临严肃甚至严峻的问题了。而对待"事实"的态度，证明一个人的品格如何，也证明着一个国家的形象怎样。

　　故汉语言中有一名词曰"实事求是"，毛泽东主席当年曾亲笔书写过这四个字，至今这四个大字，仍是人们在各级党政机关经常见到的，并且必然会镶在庄重的框子里。

　　"实事"与"事实"是一个意思，都是指一事发生，便有真相。而所谓"真相"，乃指实际之情况。西方曾有一个哲学流派，认为"事实"只不过是一种主观印象、主观结论；既掺杂了主观，便不复是纯粹的客观。客观既难以纯粹，那么人所言之"事实"，其实多少已不是事实。故这一派哲学认为，所谓"事实"是并不存在的。

　　此一派哲学的观点，有一定的逻辑学道理。但逻辑学本身是有区分的，比如辩证逻辑学、实用逻辑学、普通逻辑学……还有，庸俗逻辑学，庸俗逻辑学自然是贬义的逻辑学。搞逻辑学的人，倘若被视为庸俗逻辑学者，肯定没有不愤慨的。庸俗逻辑学是指这样一种思维方式——如果某人有敌人，那么敌人的敌人一定可以成为某人的朋友，而敌人的朋友自然也必是某人的敌人。反之，某人的另一敌人，必定迟早会成为敌人的朋友；而某人的朋友若与敌人有往来，不论是怎样的往来，则必定等于是对某人的背叛，因而是比敌人更危险的敌人。

这样的逻辑，显然愚蠢可笑到极点。因为完全忽略了别种人与人、民族与民族、国家与国家的关系之可能性；比如化敌为友的可能性；比如争取敌人的朋友之理解，进而也与敌人的朋友达成良好关系，进而发展为朋友的可能性；比如尽量不使敌人与敌人结成联盟的可能性；比如通过与敌人有往来的朋友，逐渐消弭和敌人之间的敌对心理的可能性……

"美曰美，不一毫虚美；过曰过，不一毫讳过。"这是海瑞的话。

我们今人大抵知道的，海瑞是明代清官。"清正廉明"四字中，那个"正"字，意指正直、正派也。一位正直的官员，他就应该具有实事求是之品格。一个正直的人，也应该那样。否则，即使其他方面无可置疑，终究还是谈不上有多么正派的。正直之"直"，针对的是曲意逢迎的"曲"。人的品格若"曲"，他对"事实"之态度、之立场就暧昧背反了。而这样的人多了，"事实"必然便被遮蔽，并且每被涂上种种极为任意的色彩。

"不一毫虚美""不一毫讳过"之"一毫"，形容而已，是根本无法用尺子加以度量的。海瑞的话，其实更是一种对人、对事的思想，亦即实事求是的思想。秉持这种思想的人多了，多数人之主观看法，毕竟可以最大可能地接近客观事实。一事发生，些人卷入，另外的人们，每习惯于以最严峻的态度来下结论，一言以蔽之，曰"上纲上线"。以前倘若发生过，不妨作为教训吸取。但仅仅吸取教训还不够，还应以更加实事求是之勇气，继续纠正某些与事实大有出入的错事。

一种规律特别值得认真思考，即——事虽已成史，人虽已死去，但活着的人们，一代又一代的，一些又一些的，却总在研究资料，总在对早已成为所谓"定论"的"事实"提出质疑。这样的一些人，有时是当事者的后人，他们提出质疑，再容易理解不过了。却也有一些人，与当事者其实没有任何瓜葛。故他们的质疑也每每受到质疑。以我看来，他们之中大多数人的动机,其实并非政治的,而是文化的。

文化具有某些能动力,如凝聚力、解构力、教化力、美育力……还有,便是修正力。文化总是力图修正那些不符合事实,以及与事实有出入的事情。这是文化的本能,也可以说是文化的自觉、文化的责任。文化叩问事实的本能,如同植物有向阳的本能。说这也是一自觉和责任,乃因人比植物高级。植物没有同情心,而人有。某些人不但同情那些被不符合事实或不完全符合事实的事所压迫并且活着的人,也同情那样一些死去的人。因为后者们不再能活转来替自己辩说,文化对他们的同情便也更执着。此种同情,体现着文化的良知和文化的温暖,也体现着人的良知和人性的温暖。是文化的宝贵品质,绝不是文化的恶习,更不是文化人的恶习。是应爱护而不是应禁止的。并且,终究也是禁止不了的。禁得了一时,禁不了永远。

一种事实乃是——普遍之人心与事实的关系,如同人心与美丑的关系。一个国家的现实之事与成史之事,越接近事实,则人们对国家的信任度越高、亲和力越强。国人会以审美般的愉悦心情来看待自己的国家,于是油然而为自己的国家感到荣耀和自豪。并且,这种愉悦是超乎阶层与贫富的,是超乎物质的。一个国家的国人超乎物质的愉悦指数,乃是他们的幸福指数不可或缺的组成部分。

苏轼者,文人也。

曾曰:"事有是非,义难隐讳。"

曾曰:"事当论其是非,不当问其难易。"

有些事,相对于中国之国情,实难也。

但若关乎事实,便总得有人来做。真做了,结果其实未必多么可怕。倒是,必定显示我们国家之大自信、大胸怀、大形象……

梁晓声

303

第十七节

皇帝文化"化"了什么

在 20 世纪末 21 世纪初的二三年里,纵观全世界的文化现象,有一种发生在中国的文化现象特别泛滥。将这一种特别泛滥的文化现象,置于全世界的文化现象之中来看待,进而来思考,于是便有了异乎寻常的意味。

其文化的品格性质,便不免地令人疑惑。

那就是——风起云涌般地发生在中国的皇帝文化,或曰皇权文化。这一种文化,既是关于古代历史事件的一种文化,又是关于古代政治权谋的一种文化;既是文艺的,又是娱乐的;既表现为庄重的,又表现为嬉戏的。从出版业,到影视业,到广告业,到报刊业,所有这一切类型的皇帝文化现象,形成芜杂而多产的"滚滚皇尘"。

众所周知,它首先是从台湾刮来的,来势类乎沙尘暴,代号是《还珠格格》。

事实上,在《还珠格格》以前,大陆的皇帝影视剧已拍过几部,如《努尔哈赤》、如《唐明皇》、如《武则天》。严格地说,《努尔哈赤》是一部王者传,是准皇帝电视连续剧。在《还珠格格》之前,它们的收视率虽也曾创下很高的纪录,但并没有"拉动"泛滥的文化现象,更没有形成泛滥的文化局面。

《还珠格格》在商业上大获成功之后,文化局面不同了,几乎是一时间,皇帝影视剧泛滥了,泡沫般在中国的文化之鼎中沸腾。以至于有的时候,电视里七八个台同时滚动播出一部或交叉播出几部。长辫子、短马褂的我们的形形色色身份的前人,似乎在与我们今人共度心照不宣的文化狂欢节。

于是在电视中,皇帝们首先成了这样一些人:他们气宇轩昂、举止潇洒、风流倜傥,而又知书达理。并且与臣子们相比,简直更富有人情味,更善于理解人。一旦与百姓接触一下,那一种皇帝对百姓的爱心,便油然地流露出来。他们又是些多么饱学幽默之人啊!因为他们自幼由国师授教,早已是满腹经纶,整个被文化浸泡得透透的啊!他们或许使我们的下一代边看边想:唉,这些个皇帝都是些多么好、多么可亲可爱的人啊,尽管有时未免太过威严了点儿,但可别忘了人家是真龙天子、是皇帝啊!若做了我的父兄,我将多么的幸福啊!若我们的少男少女们的父兄,又恰巧是下岗者、失业者,则我们尤其不敢对少男少女们看时的内心深处的想法往细处寻思了。

于是在电视中,皇帝们接着又成了这样一些人:他们雄才大略、他们坚定果敢,他们运筹帷幄决胜千里,他们治大国如烹小鲜。最主要的,原来他们为了国泰民安,是多么的废寝忘食、日夜操劳啊!真是不看不知道,一看才明白!原来国家有时被弄得糟透了,征战不息,哀鸿遍野,民不聊生,都是没法子的呀!做老百姓的,应该进一步明白这样一种历史常识啊——那就是,从前的皇帝,头脑里装着的,全是老百姓的长远利益啊!没有他们当初的英明,哪有老百姓今天的幸福啊!于是与自己从前的皇帝们,在今天达成了跨历史的理解。岂止是理解,简直恨不得唤回他们的魂,使他们回到今天的现实中来,或自己干脆想法子穿越时间隧道,去往他们的朝代,每日"三敬""三祝",做他们的忠顺子民。

于是,在电视中,历史成了这样的,皇帝们倒是都堪称伟大的,起码接近伟大。历史上记载的统治罪恶嘛,那大抵是奸臣们所为。皇帝们也有凡人的弱点啊,他们最大的弱点大不过是轻信了奸臣的谗言。

而这些皇帝们,尤其是被以正剧面目推出的皇帝们,又差不多都是按照一种接近"三突出"的文艺创作原则弄出来的——即在矛盾斗争中,突出正面力量,以英明的皇帝为首的忠诚于他的政治力量;在正面力量中突出主要英雄人物,皇帝们的忠臣良将是也;在主要英雄人物中,突出皇帝本人的正面形象。他们或者也有些小不然的缺点、过失,但他们最终的形象,必须是高大的。

连雍正都几乎是这样的一位皇帝了,对别的皇帝们还有什么话说?

而且,这些皇帝们的寿终正寝,又仿佛全都是心系百姓操心种种累死的。天下者,人民的天下。人民的天下,皇帝家承包了,为人民服务,鞠躬尽瘁。

就差不打出一行字幕来——中国人呀,怀念自己的皇帝吧!

仅仅怀念就够了吗?

当然不够。

还要向皇帝学习。

皇帝们的周围,上演着一幕幕多么惊心动魄的权谋之争,展现了多少权术经验啊!简直丰富多彩,简直百科大全。君臣斗,臣臣斗,忠奸斗,奸奸互斗。即使皇帝与忠臣,忠臣与忠臣,也得尔虞我诈些个啊,人心隔肚皮啊!

中国的球迷和世界上任何一个国家的球迷,我以为是没什么两样子的。

但是中国某些男人对于权谋和权术的兴趣,我以为至今仍是世界上最浓厚的一种兴趣表现。岂止是兴趣,简直还是本能。简直还善于化腐朽为神奇,善于古为今用,善于推陈出新,且能用得很活,立竿见影,游刃有余。

在 21 世纪的初年,放眼世界,没有哪一个国家的文化,抽了疯似的向本国民众,如此泛滥成灾地兜售封建政治权谋和封建官场权术,而乐此不疲。也没有哪一个国家的男人们,像太多的中国男人们似的,那么地被吸引,那么地津津乐道,那么地心领神会,那么地不反感、不知餍足。

封建权谋思想和封建官场权术，在令我们中国的男人们看了叹服的当儿，无疑污染着我们当代人的心智，使我们某些官场上的男人，变得越发的没了真话、真立场、真态度，进而连真观点也没了，变得特阴，或不阴不阳的。

观察一下我们的周围，已变得这样了的男人，为数还少吗？

前延后续多少年中几代人的林林总总的体会，还不够回味的吗？

当然，沙尘暴般造势而来的滚滚"皇尘"中，情形是很不一样的，一概而论则以偏概全。何况，皇帝文化或曰王朝文化，毕竟也是中国古代文化的一部分。不仅中国，外国也曾多次将他们的这一种历史人物郑重其事地再现过。比如《彼得大帝》，比如《斯特凡大公》，比如俄国女皇叶卡琳娜和英国女王伊丽莎白。但却绝对地没有在别的国家也形成过滚滚"皇尘"。他们的男人，也绝对地没有过大开眼界、津津乐道的、异乎寻常的表现。

在 21 世纪的初年——时光已过去十多年了，在中国正跃跃欲试与世界全面接轨的那个非同一般的时代，中国文化中的滚滚"皇尘"之现象，很值得沉思。也许说明着这样一点——在我们这个民族的根子上，由于长期的封建文化的浸泡，一再地容易生出一种很贱的芽。如果我们这个民族不能极其自觉地一再地消除它，则我们这个民族似乎仍只配是皇权之当代阴影下的子民。

千万别让皇帝文化，"化"掉了那一种自觉！

第十八节

选择的困惑

　　已经是多年前的事了,曾与林非先生共同参加一次文学颁奖活动,我就坐在他的旁边。确切地说,那是一次中学生作文赛的颁奖活动,台下是来自全国许多省份的获奖中学生。他们胜出的比例是一比一百多。我在表示祝贺时说,他们实在是有理由感到骄傲的,作文与文学创作当然是不同的。但我认为,经过数次评委们的筛选,以一比一百多的比例胜出了的优秀作文,是完全可以用看待文学作品的眼光来看待的。

　　回答问题是免不了的。同学们有的向我提问,有的向林非先生提问。林非先生是我所尊敬的文学界长者,然而我却是第一次见到他。

　　我留心到,林非先生在回答中学生们的问题时,第一句话总是这样说——"这个问题,我不一定能够回答得好,但我争取给同学们一个满意的回答……"

　　其谦彬彬,其诚笃笃,令我肃然。并且,他的回答,言之成理,每次都确乎令同学们满意的。我相信,他的话对同学们是大有裨益的。活动结束以后,我挽着林非先生往台下走时,情不自禁地对他说:"我要向您学习。"

　　他站住,看着我不解地问:"向我学习什么呢?"

　　我说:"谦虚。以后我也要对我的学生们经常说——这个问题我不一定能够回答得好……"

　　"是啊,太复杂了。所以回答好一个关于文学的问题,即使是由中学生提出来的,实在也不是一件容易的事情。"他沉吟片刻,又说,"我们头脑之中曾认为确实正确的文学理念，现在又剩下了多少呢？"

我默然，深思……

后来，无论在课堂上回答我学生们的问题时，还是在指导我学生们的论文时，我偶尔开始这么说了："这个问题我不一定能够回答得好……"

有时还要加上一句："这个问题我的看法也不一定是对的。"

然而我发现——在我这儿，谦虚的效果并不那么好。因为，我的学生们希望听到的是我的自信的回答。毕竟，我与文学发生的亲密关系，比他们要长久得多；我读的书，也比他们要多得多；我头脑里每每思考不止的关于文学的理念，还要比他们多。我较为善于将诸种关于文学的现象，置于中外文学史的宏大背景之下来进行考量；而那史，对于他们，往往只不过是书本上的概述或年表。

我的学生们虽然也像大多数青年们一样，个个比较自负，但他们内心里又都十分清楚，他们明白的终究还是太少。倘若我一味谦虚，连我应该肯定地回答的一些问题，都不做肯定的回答，那么他们非但不会欣赏我的谦虚，反而会对我大失所望的。

由此我想到了另一个问题——选择的困惑。

通常情况之下，我们在好的、不好的，甚或坏的三种答案间进行选择时，其实并非一件难事。这三种答案，大多数情况之下区别是显而易见的。难就难在，有时候我们所面临的选择不是三种，仅是两种，而且两种都是坏的。

在青少年面前自骄自大，俨然以"祖师爷"自居，或在他们面前无原则巴结，尽显奉迎取悦之能事，便都是坏的选择。如果一个人把自己弄到了在青少年面前只剩那么两种态度选择的地步，那么自己首先也就着实的可悲了。

反过来也难。比如林非先生的谦虚，无疑是长者的美德；而我有时候敢在青少年们面前大声说——你们肯定错了！你们要相信我一次，我的话是对的！这态度也是要的。

倘若我变了，青少年们所能听到的，坚决不赞同他们的声音，只怕就更稀少了。倘若我行我素，我在青少年们眼里，可能就渐变为一个自以为是、动辄一厢情愿地诲人不倦、好为人师的讨厌之人。谦虚的修养，我所欲也。"你们青少年肯定错了！"——这一种成年人的话语权，我也还要坚决地保留。

正所谓鱼与熊掌，二者不可兼得，是以困惑。但目前，困惑期已经过去。因为在我写到这里时，终于自行地想通了——正确的话正因为它是正确的，所以最没有必要厉声厉色地来说。

"我不一定能够回答得好，让我尽量给你们一个满意的回答……"

对于我，学林非先生那么彬彬地对青少年们说话，是一种修养方面的进步。

"你们肯定是错了，而我是对的。因为我说出的不是我一个人的想法，而是通过我的嘴，将数千年来中外某些关于人类原则的思想成果告知给你们。"

如果我对自己的话无比自信，我也完全可以继续以我的语言方式与青少年，包括我的学生们沟通——只要不再以训人的方式。甚或，就是偶尔又训了，也不必太过自责。

当代某些青少年，有时确乎也是需要有几分胆量的人训一训才好的；训了而遭千万只狼崽子似的"围咬"，又何必害怕？

他们毕竟不真的是狼崽子，而是我们的孩子。无论已多么像狼崽子，归根结底，那错也首先错在我们大人这里。因为一个事实是明摆着的——某些关乎人生的、伦理的、人类荣辱观的底线，不是我们的孩子们突破瓦解了的。查一查，恐怕我们成年人不得不承认——那首先是我们可耻地干下的事情。

底线已遭处处突破，伦理观念已遭大面积的瓦解，是非界限表面看似乎混乱不清，我理解林非先生口中说出的"复杂"二字，大概是感慨于此吧？在这种情况之下，成年人与青少年交流、沟通，谦虚抑或相反，倒还在其次了。

更重要的是——我们要将一种人类文明发展至今显而易见、不言而喻、毫无疑问的世事观点表述得较为正确，在我们的青少年们连对那样一些世事观点也质疑多多时，使他们信服他们所接受了的是正确的观点，这已经不是一件容易之事。

我其实并不好为人师，而我又"不幸"已为人师，更不幸的是——我对由自己口中说出的不管文学的、文化的还是世事的观点，真的是否正确，竟越来越缺乏自信了。

悲哉也夫！

想来，也只有开口之前，认真，再认真地思考。

梁晓声

第四章

幸福地活着

第一节

普通人的幸福

希腊神话中有所谓"美惠三女神"，她们妩媚、优雅、美丽，乃三姐妹，都是宙斯的女儿。一位是欧佛洛绪涅，意为欢乐；一位是塔里亚，意为花朵；还有一位是阿格拉伊亚，意为灿烂。她们喜爱诗歌、音乐和舞蹈。一言以蔽之，人类头脑中的文艺灵感，得益于她们的暗示、启发和引领。

除了她们，希腊神话中还有所谓"复仇三女神""梦境三女神"，也都是"三姐妹"。

而在美术创作中，有所谓"三原色"之说，即红、黄、蓝。

我想这么比喻——不幸、不幸福与幸福，也如同我们大多数人之人生的"三女神"，也如同我们大多数人之人生的"三原色"。她们同时出现在我们人生某阶段的情况极少，但其中两姐妹接踵而至甚至携手降临的现象却屡屡发生，于是有"否极泰来""乐极生悲"一类词。比如，苏三的人生可谓是否极泰来之一例，范进的人生可谓是乐极生悲之一例。

我将不幸、不幸福、幸福比作我们大多数人之人生的"三原色"，并不是指以上三种人生状况与红、黄、蓝三种颜色有什么直接关系，我的意思是——如同"三原色"可以调配出"七常色"及"十二本色"；不幸、不幸福、幸福三类人生状况，几乎是各种各样的人生的"底色"。世界不是固定不变的，人生更是如此。"底色"只不过是最初之色。

我认为构成人生不幸的原因主要有如下方面：第一，严重残疾与严重疾病；第二，贫困；第三，受教育权利的丧失；第四，由之而沦为社会弱势群体;第五,又由之而身为父母丧失了抚育儿女的正常能力,身为儿女竟无法尽赡养父母的人伦责任。

也许还有其他方面,我们姑且举出以上几方面原因。

在以上原因中,有个人命运现象,比如先天失明、智障、患白血病、癌等;也有自然生存环境和社会苦难造成的群体命运现象,比如血吸虫病、瘟疫、艾滋病、战争造成的伤残与疾病。

一个人的严重残疾与疾病,每每是一个家庭的不幸。一个群体的不幸,当然也应视为一个民族、一个国家的不幸。个人的不幸命运既需要社会来予以关怀,也需要个人来进行抵抗。

海伦·凯蒂、霍金、保尔、张海迪……他们证明了人生底色确实是可以一定程度地改变的,有时甚至可以改变得比成千上万正常人的人生更有声有色。

但不论怎样,不幸是具有较客观性的人生状况。这世界上没有人因残疾和疾病反而有幸福感。而某些自认为很不幸的人之所以并不能引起普遍人的深切同情,乃因他们的不幸不具有较客观的标准。所以我们才未将失恋也列入不幸范畴,尽管许多失恋的少男少女往往痛不欲生,自认为是天下第一不幸、第一值得同情者。当然,于连是有几分值得同情的,因为他的失恋也反映了一种社会疾病,那就是社会所公开维护的等级制。

我们当下的媒体有一大弊端,那就是——讳言贫困、落后、苦难和不幸,却热衷于宣传和炒作所谓“时尚的生活方式”。似乎时尚的、时髦的,甚至摩登的生活方式,便是幸福的生活。而能过那种生活的人,在全世界任何一个国家都是少数。如此这般的文化背景,对新一代成长中的人,几乎意味着是一种文化暗示,即幸福的人生仅属于少数不普通的人;而普通人的人生是失败的,令人沮丧的,难有幸福可言的。

除了文化的,这种不是成心却类似成心的错误导向,我们每个人时有经历的非常事件,也是每每使普通人感觉不幸福的原因。普通人这一概念在中国是有其特殊性的。即使是在北京、上海、广州、深圳等特大城市,普通人及普通人家的生活水平其实也是脆弱的。往往是一人生病——这里指的是重病,全家愁苦,甚而倾家荡产。现在情况好了,公费医疗、医疗保险等社会福利保险制度正在全面加强,但仍尚需完善。粮食一涨价,人心就恐慌;猪肉一涨价,许多普通人家就奉行素食主义了;而目前的房价,使许多普通人家的"九零后"一代拥有自己住房的愿望几成梦想……

这使新一代都市年轻人,看在眼里,心生大虑,唯恐自己百般努力,却仍像父母辈一样,摆脱不了普通人的命运。

如果将大学学子、研究生们与进城打工的农村儿女相比较,结果是十分耐人寻味的——如果不是家境凄凉或不幸,只要有钱可挣,后者的日常快乐反倒还会多一些似的。

日常快乐的多少也往往取决于性格,不见得就是实际生活幸福程度的体现,好的性格能够大大削弱感觉人生不幸福的烦恼。

为什么那些农村儿女们的日常快乐,反而会多一些似的呢?乃较之于成为大学学子、研究生们的都市青年,农村儿女们对不幸见得较多,知得较多,接触得较多。而他们对所谓幸福的企求又是较低的,较实际的。还有一点也至关重要,那就是,他们的人生是有"根据地"的,是有万不得已的退路的,即他们来自农村。那里有他们的家园,有亲情和乡情,那里乃是没有什么生存竞争压力的所在。

而前者们却不同,如果是城市青年,则他们没有什么"根据地",退回到家里就等于是失业青年了。如果是农村青年,则从怀揣录取通知书踏上求学之路那一天起,就等于破釜沉舟地踏上一条不归路。他们从小学到高中以毅忍之心孜孜苦学,正是为的这样一天。如果他们考入的还是北京、上海的大学,那么在他们的思想意识里,不但没有了什么退路,简直还没有什么别路。那种留在北京、上海的决心,如同从前的节妇烈女,一厢情愿地从一而终,一厢情愿地为自己的"北京之恋""上海之恋"而"守节"。这一种决心,是非常可以理解的。因为在常人看来,在北京、在上海,一个受过高等教育的人,终于成为不普通之人的可能性仿佛比别处多不少。即使到底还是没有不普通起来,但成了北京和上海这等大城市里的普通人,似乎那也还是要比别处的普通人不普通。这一种普通而又不普通的感觉,往往会成为一种"亚幸福"追求。但这一种决心有时候也是可怕的——因为对于人生,还是多几种生存、发展的选择好一些,还是有退路的状态好一些。我这里说的退路,当然不是指农村。大学生、研究生回到或去到农村当纯粹化的农民,是否知识化了的人力资源的浪费?但除了北京和上海,中国另有许多城市,尤其是南方城市,其发展也是很快速的,对年轻人而言,人生机会也是较多的。

总之,我的意思是说,不幸福的人生感觉人人都会常有,是生存竞争压力对人的心理造成的负面感觉,不同的人会面临不同的生存竞争压力。但有时候,也与我们对人生的思想方式有关。如果能提前对人生多几种考虑、打算、选择,也许人生的回旋余地会大一些,压力会小一些,瞻望前途,会相对地乐观一些。那么,不幸福的感觉,自然会相对地少一些……

谈到幸福,有些人肯定会和我一样,联想到《安娜·卡列尼娜》开篇的那一句话——"幸福的家庭都是相似的,不幸的家庭各有各的不幸。"是否也可以这样说呢?幸福的人都是相似的,不幸的人各有各的不幸。

我个人认为,幸福的人一定是生活在幸福的家庭里。我至今还不曾认识过一个生活在不幸福的家庭里,但自己感到很幸福的人。曾经生活在不幸福的家庭里,但后来另立门户,拥有了自己的小家庭以后,人生开始幸福了的人是有的。但前提是——他或她的小家庭,必是一个幸福的小家庭,或曰,幸福只不过是一种感觉。

此话对矣,但不够全面。确乎,幸福和不幸福一样,主要是一种心理感觉。然而人的心理,通常不会无缘无故地产生感觉,心理感觉更多的情况下是客观外界作用于主观的反映。如果说不幸福之感觉往往是与不直接的客观外界的影响有关系,那么幸福的感觉像不幸的感觉一样,更是与特别直接的客观外界的实际状态有关系。

第一,我们已经说过,幸福的人,肯定有幸福的家庭。第二,幸福的家庭,理论上肯定是人人健康、家庭关系和睦、夫妻恩爱、手足情深、家风良好,并由而受人尊敬的。第三,一个有着这样的家庭背景的人,他或她还需是起码具有大学文化知识的人。第四,而且他所从事的职业,恰恰是符合他理想的、他很热爱的职业。第五,这一种职业,一般而言,还要有较高的工资和较有社会地位的特征。第六,于是他本人的爱情和婚姻不但是一帆风顺的,还是如愿以偿的。第七,他们的小家庭起码是富裕的,当然应拥有宽敞的住房与一辆准名牌私车。第八,他们的孩子是漂亮的、聪明的,将来肯定有出息,甚至青出于蓝,而胜于蓝……

我们还可以列出更多的几条。

由是而论,我们不难看出,文化知识程度较高的人,比之于文化知识程度较低的人,对幸福指数的企求也是高的,即使口头上说自己只不过心存某些一般的幸福要求,综合起来,那些一般的幸福要求已是很不一般太不一般了。更有的时候,甚至会将幸福误解为一种人生的完美状态,因而似乎应包含一切人生的美好。而实际情况却是——世界上只有极少数人的人生是接近完美的幸福的人生。

如果将人的一生比作由一点开始画起的一个圆,那么只有极少数人的人生画得接近标准的圆形,有些人的人生仅仅是半圆,或一段弧。大多数人的人生,画成了一个圆,但却是像蚀缺时的月亮似的一个圆。

我自己认为,能将人生画成一个近似的圆,那委实已经该算是不错的人生。我自己认为,一个人的人生,只要在以上几条中实现了两条,比如有一个比较和睦的家庭和比较美满的婚姻,他或她就有理由感觉幸福多一些,感觉不幸少一些。而居然实现了三四条,几乎可以说,他或她真的就是一个幸福之人了。

梁晓声

家庭和睦、手足情深、亲人健康、工作稳定,收入能够满足一般消费,月有节余,哪怕很少……这是一般普通人的幸福观。他们既为普通人,却并不沮丧于普通的人生,于是他们反而善于在普通的人生中企求普通的幸福,并珍惜之。

　　这样的一种人生态度,是否也可以给尚处于人生的一无所有阶段,但希望过上幸福生活的大家一点关于幸福的另类参考呢?

　　最后我要讲一个汉语常识——"希望"一词中的"希"字,在古汉语中,同"稀",是一个演化字。"稀"——大家都知道的,乃指"少"。在农业社会,米粮是宝贵的,布匹是宝贵的,都是稀缺之物。生产力不发达,靠天吃饭,好收成非是自然而然的事,于是每每举行祈祷。在古代,"稀望"是祭典仪式中的心理。

　　只要善于理性地把控自己的人生,一步步走在实处,我相信每个人都会或多或少地获得某一部分人生的幸福。

第二节

赏悦花季

　　缺失学生时代的人生,是遗憾的、缺失的人生。而中学时代,是人生花季的第一个"节气"。在这个"节气"里的男孩和女孩,如柳丝之乍绿;如花蕾之欲开;如壳里的沙刚刚包裹上珠衣;如刚刚流淌到离泉眼不远的地方,却没形成溪流的山水;如火烧云,即使天上无风,也能不时变幻出美丽的想象……

　　小学是六年。从初一到高三,也是六年。然而与小学相比,人生的后六年,是质量多么不同的六年啊! 男孩和女孩,朦朦胧胧地觉得,自己在某些方面像是大人了。

　　"让我来吧,妈妈!"——当男孩的力气使自己的母亲惊讶时,他心里是多么的自得啊。

　　"爸爸,这件事我能理解。"——当女孩如是说,或者并不说,仅用眼睛表达她那份儿明白时,实际上她觉得,她仿佛已经能反过来安慰大人了。

　　而往往的,也确实如此。父母一经从已是中学生的儿女那里得到体恤,眼睛是会感动得发湿的。

　　"女儿,你懂事了……"

　　"儿子,你快成大人了……"

　　小学生不太能听到父母对他们这么说。中学时代的男孩和女孩,对从父母眼里、心里、话里流露出来的期望,也由此变得相当敏感了。父母的期望、教师的期望、学业的压力,每每让处在中学时代这个"节气"里的男孩和女孩，不禁多了几许成长的烦恼。中学生一烦恼，是连"上帝"都会因而忧郁的——如果"上帝"存在的话。

没有这些烦恼多好呢？

但又哪儿有没有阴天的整个花季呢？

中学生应该善于赏悦自己的"节气"。那些烦恼，那些困惑和迷惘，不也是自己这一"节气"的特征吗？知道米兰·昆德拉的那一本书吗？——《生命不能承受之轻》。没有责任的人生，其实也是认识不清自我存在价值的人生，当然也是并无多大意思的人生。

中学时代的男孩和女孩，之所以与小学生不同，正在于他或她从自己所感到的那些烦恼、困惑、迷惘之中，渐渐感悟到自己是中学生的那一份责任。它不必一定是优异的学习成绩，但它一定得有发愤的能动性。

如果连这一点都觉得是强加的，那么就将花季理解得未免太懈怠了。在花季里，百花争妍，那也是花儿向大自然证明着的一种自觉愿望啊！

中学时代，一切都应该变得有自觉性了。在这种自觉性的前提下，男孩和女孩请赏悦自己花季的第一个"节气"吧，包括这个"节气"里的霜和雨！

第三节

初恋

我的初恋发生在北大荒。许多读者总以为我小说中的某个女性,是我恋人的影子。那就大错特错了。她们仅是一些文学加工了的知青形象而已,是很理想化的女性。她们的存在,只证明作为一个男人,我喜爱温柔的、善良的、性格内向的、情感纯真的女性。

记得有位青年评论家曾著文,专门研究和探讨一批男性知青作家笔底的女性形象,发现他们——当然包括我,倾注感情刻画的年轻女性,尽管千差万别,但大抵如是。我认为这是表现在一代人的情爱史上惨淡的文化现象和倾向。开朗活泼的性格,对于年轻的女性,当年太容易成为指责与批评的目标。在和时代的对抗中,最终妥协的大抵是她们自己。

那篇文章又进一步论证,纵观大多数男性作家笔下缱绻呼出的女性,似乎足以得出结论——在情爱方面,知青是失落的。

我认为这个结论,大致是正确的。

我那个连队,有一排宿舍——破仓库改建的,东倒西歪。中间是过廊,将它一分为二。左面住男知青,右面住女知青。除了开会,互不往来。幸而知青少,不得不混合编排。劳动还往往在一块儿。既一块儿劳动,便少不了说说笑笑,却极有分寸,任谁也不敢超越。男女知青打打闹闹,是违反行为规范和道德准则的,是要受批评的。

毕竟都是少男少女,情萌心动,在所难免,却都抑制着。对于当年的我们,政治荣誉是第一位的,情爱不知排在第几位。

梁晓声

假日或星期日,倘若到别人的连队去看同学,男知青可以与男知青结伴而行,不可与女知青结伴而行。为防止半路会合,偷偷结伴,实行了"批条制"——离开连队,由连长或指导员批条,到了某一连队,由某一连队的连长或指导员签字。路上时间过长,便被问道——哪里去了? 刚刚批准了男知青,那么随后请求批条的女知青必定在两小时后才能获准,堵住一切"可乘之机"。

　　我的初恋于我实在是种"幸运",也实在是偶然降临的。

　　那时我是位尽职尽责的小学教师,二十三岁,已当过班长、排长,获得过"五好"战士证书,参加过学习毛主席著作积极分子代表大会。但是,还没恋爱过。

　　我探家回到连队,正是9月,大宿舍修火炕,我那二尺宽的炕面被扒了,还没抹泥。我正愁无处睡,卫生所的戴医生来找我——她是黑河医校毕业的,二十七岁,在我眼中是大姐。我的成人意识确立得很晚。

　　戴医生说她回黑河结婚。她说她走之后,卫生所只剩卫生员小董一人,守着四间屋子,她有点不放心。卫生所后面就是麦场,麦场后面就是山了。她说小董自己觉得挺害怕的,最后她问我愿不愿在卫生所暂住一段日子,住到她回来。

　　我很犹豫,顾虑重重。

　　她说:"第一,你是男的,比女的更能给小董壮胆。第二,你是教师,我信任你。第三,这件事已跟连里请求过,连里同意。"

　　我便打消了重重顾虑,表示同意。那时我还没跟小董说过话,卫生所一个房间是药房——兼做戴医生和小董的卧室,一个房间是门诊室,一个房间是临时看护室——只有两个床位,第四个房间是注射室、消毒室、蒸馏室。四个房间都不大,我住在临时看护室,每晚与小董之间隔着门诊室。

　　在头一个星期内,除了第一天和小董说过几句话,我们几乎就没交谈过,甚至没打过几次照面。因为她起得比我早,我去上课时,她已坐在药房兼她的卧室里看医药书籍了。她很爱她的工作,很有上进心,巴望着轮到她参加团卫生员集训班,毕业后由卫生员转为医生。下午,我大部分时间仍回大宿舍备课——除了病号,知青都出工了,大宿舍里很安静,往往是晚上 10 点以后回卫生所睡觉。

"梁老师,回来没有?"小董照例在她的房间里大声问。

"回来了!"我照例在我的房间里如此回答。

"还出去吗?"

"不出去了。"

"那我插门啦?"

"插吧!"

门一插上,卫生所自成一统。她不到我的房间里来,我也不到她的房间里去。

"梁老师!"

"什么事?"

"我的手表停了,现在几点了?"

"差五分 11 点,你还没睡?"

"没睡。"

"干什么呢?"

"织毛衣呢。"

我清清楚楚地记得,只有那一次,我们隔着一个房间,在晚上差五分 11 点的时候,大声交谈了一次。

我们似乎谁也不会主动接近谁。我的存在,不过是为她壮胆,好比一条警觉的野狗——仅仅是为她壮胆。仿佛有谁暗中监视着我们的一举一动,使我们不得接近,亦不敢贸然接近。但正是这种主要由我们双方拘谨心理营造成的并不自然的情况,反倒使我们彼此暗暗产生了最初的好感。因为那种拘谨心理,最是特定年代中一代人的特定心理——一种荒谬的道德原则规范了的行为。如果我对她表现得过于主动亲近,她则大有可能猜疑我"居心不良"。如果她对我表现得过于主动亲近,我则大有可能视她为一个轻浮的姑娘。其实我们都想接近,想交谈,想彼此了解。

小董是牡丹江市知青,在她眼里,我也属于大城市知青;在我眼里,她并不美丽,也谈不上漂亮,我并不被她的外貌吸引。

每天我起来时,炉上总是有一盆她为我热的洗脸水。接连几天,我便很过意不去。于是有天我也早早起身,想照样为她,也热盆洗脸水。结果我们同时走出各自的住室。她让我先洗,我让她先洗,我们都有点不好意思。

那天中午,我回到住室,见早晨没来得及叠的被子叠得整整齐齐,房间打扫过了,枕巾有人替我洗了,挂在晾衣绳上。窗上,还有人替我做了半截纱布窗帘,放了一瓶野花。桌上,多了一只暖瓶,两只带盖的瓷杯,都是带大红"喜"字的那一种。我们连队供销社只有两种暖瓶和瓷杯可卖,一种是带"语录"的,一种是带大红"喜"字的。

我顿觉那临时栖身的看护室,有了某种温馨的家庭气氛。甚至由于三个耀眼的大红"喜"字,有了某种新房的气氛。

我在地上发现了一截姑娘们用来扎短辫的、曲卷的、红色塑料绳,那无疑是小董的。至今我仍不知道,那是不是她故意丢在地上的,我从没问过她。

我捡起那截塑料绳,萌生起一股年轻人的柔情。受一种莫名其妙的心理支配,我走到她的房间,当面还给她那截塑料绳。那是我第一次走入她的房间,我腼腆之极地说:"是你丢的吧?"

她说:"是。"

我又说:"谢谢你替我叠了被子,还替我洗了枕巾……"

她低下头说:"那有什么可谢的!"

我发现她穿了一身草绿色的女军装——当年在知青中,那是很时髦的;还发现她穿的是一双半新的有跟儿的黑色皮鞋。我心如鹿撞,感到正受着一种诱惑。

她轻声说:"你坐会儿吧。"

"不……"我说,立刻转身逃走。

回到自己的房间,心仍然直跳,久久难以平复。

晚上,卫生所关了门以后,我借口胃疼,向她讨药。趁机留下纸条,写的是——我希望和你谈一谈,在门诊室。我都没有勇气写"在我的房间"。一会儿,她悄悄地出现在我面前。我们也不敢开着灯谈,害怕突然有人来找她看病,从外面一眼发现我们深更半夜地还待在一个房间里。

黑暗中,她坐在桌子这一端,我坐在桌子那一端,东一句,西一句,不着边际地谈。从那一天起,我算多少了解了她一些:她自幼失去父母,是哥哥抚养大的。我告诉她我也是在穷困的生活环境中长大的。她说她看得出来,因为我很少穿件新衣服。她说她脚上那双皮鞋,是下乡前她嫂子给她的,平时舍不得穿。

我给她背我平时写的一首首小诗,给她背我记在日记中的某些思想和情感的片段——那本日记是从不敢被任何人发现的。

她是我的第一个"读者"。

从那天起,我们都觉得我们之间建立了一种亲密的关系。

她到别的连队去出夜诊,我暗暗送她,暗暗接她。如果在白天,我接到她,我们就双双爬上一座山,在山坡上坐一会儿,算是"幽会"。却不能太久,还得分开路,走回连队。

我们相爱了——拥抱过,亲吻过,海誓山盟过。都稚气地认为,各自的心灵从此有了可靠的依托。我们都是那样的被自己所感动,亦被对方所感动,觉得在这个大千世界之中,能够爱一个人并被一个人所爱,是多么幸福、多么美好!但我们都没有想到过、没有谈起过结婚,以及做妻子、做丈夫那么遥远的事,那仿佛的确是太遥远的未来的事,连爱都是"大逆不道"

的,那种原本合情合理的想法,却好像是童话。

爱是遮掩不住的。后来就有了流言蜚语,我想提前搬回大宿舍,但那等于"此地无银三百两"。继续住在卫生所,我们便都得继续承受种种投射到我们身上的幸灾乐祸的目光,舆论往往更沉重地落在女性一方。

领导后来找我谈话,我矢口否认——我无论如何不能承认我爱她,更不能声明她爱我。不久她被调到了另一个连队。我因有着我们小学校长的庇护,除了那次含蓄的谈话,并未受到怎样的伤害。你连替你所爱的人承受伤害的能力都没有,这真是令人难堪的事!后来,我乞求一个朋友帮忙,在两个连队间的一片树林里,又见到了她一面。那一天淅淅沥沥地下着雨,我们的衣服都湿透了,我们拥抱在一起泪流不止……

后来我调到了团宣传股,离她的连队一百多里,再见一面更难了。

我曾托人给她捎过信,却没有收到过她的回信,我以为她是想要忘掉我。

一年后我被推荐上了大学。据说我离开团里的那一天,她赶到了团里,想见我一面,因为拖拉机半路出了故障,没见着我。

1983 年,我的小说《这是一片神奇的土地》获奖,在读者来信中,有一封竟是她写给我的!

至此,算起来,我们相爱已是十几年前的事了。

我当即给她写了封很长的信,装信封时却发现她的信封上,根本没写地址。我奇怪了,反复看那封信。信中只写着她如今在一座矿山当医生,丈夫病故了,给她留下了两个孩子……最后发现,信纸背面还有一行字,写的是——想来你已经结婚了,所以请原谅我不给你留下通信地址。一切已经过去,保留在记忆中吧!接受我衷心的祝福!

信已写就,不寄心不甘,细辨邮戳,有"桦川县"字样,便将信寄往黑龙江省桦川县卫生局,请代查卫生局可有这个人,然而空谷无音。初恋所以令人难忘,盖因纯情耳!纯情原本与青春为伴,青春已逝,纯情也就不复存在了。如今人们都说我成熟了，自己也常这么觉得。

后来读评论家吴亮的《冥想与独白》，有一段话使我震慑——"大概我们已痛感成熟的衰老和污秽……事实上纯真早已不可复得，唯一可以自慰的是我们还未泯灭向往纯真的天性。我们丢失的何止纯真一项？我们大大地亵渎了纯真，还感慨纯真的丧失，怕的是遭受天谴——我们想得如此周到，足见我们将永远地离远纯真了。号啕大哭吧，不再纯真又渴望纯真的人！"

我想，他写的正是我这类人。

第四节

厘清这些爱

据我想来,无论在外国还是在中国,情人节永远不会是一个值得被认真对待的日子。这是一个暧昧的灰色的日子,这世界上没多少人会真正喜欢这个日子。

《北京青年报》旗下之《青年周刊》的一位记者,曾经到家中采访我。预先虽通过几次电话,时日也虽一拖再拖,但心里还是并不十分清楚她究竟要采访些什么。某些记者,尤其女记者,是很积累了些采访经验的,她们估计到被采访之人,可能对她们的采访内容不感兴趣,所以那预先单方面"内定"了的话题,是有意经过语言"包装"了的,使被采访之人听了不至于干脆地拒绝。

这位记者和我面对面坐定,翻开记录本,握笔在手,做出洗耳恭听之状,从容老练地说——情人节快要到了,请您谈点感想。

情人节?——我不禁皱起了眉头,以一种质疑的口吻问——我们在电话里确定的是这个话题吗?

她肯定地回答——是。

我同意这个话题了吗?

对。

我一时有些愣怔。

那时刻,上午明媚的阳光,正透过我刚刚擦过的亮堂堂的窗子照耀进来。那是我最愿独自在家的时刻,也是我在家里最感到美好的时刻。

情人节……它究竟在哪一天？

她告诉了我,接着反问——您真的不知道有这么一个节？

我说我当然知道的,知道它是一个"洋节",知道现在有些中国人心里也有它的位置,但是有人也想过七夕节。我说据我想来,既曰"情人节",似乎应是些个情窦初开的少男少女,或是一些身为情人的男女才格外惦记着的日子吧？而我已做丈夫、做父亲许多年了,我意识里根本没有这个情人节的存在。对国庆节、建军节、儿童节、劳动节、青年节、妇女节,元旦、春节、清明、端午、中秋这些节,我还会多多少少谈出一点感想,唯独对这个"情人节",我简直没什么感想可谈。

她说——那,您就围绕情人节,谈谈你对"爱情"二字的感想也行。

我说——干嘛非围绕着情人节谈呢？

"爱情"二字当然和情人节有点联系。

但我看联系不是那么大。

这就有点像"抬杠",不像在愉快地接受采访了。

那……您愿意怎么谈就怎么谈吧！

这……真对不起,我心里也不常琢磨"爱情"两个字。

我采访过的几位男人和女人,他们和她们认为——爱情几乎不存在了……

存在啊,几乎普遍地存在着呀！

真的？ 您真的这么认为？

真的,我真的这么认为！

您指的是婚姻吧？

我指的是那类极普遍的、寻常的、很实际的爱情。正是这类爱情,组成寻常的、很实际的家庭。

您说爱情是寻常的？

对。

还说爱情是很实际的？

一点不错。

照您的话说来，那种男女间四目一对，心灵立刻像通了电一样，从此念念不忘的事，又该算是什么事呢？

哈，哈！那种事，满世界几乎每时每刻都在发生着，也配叫爱情吗？

…………

"爱"这个字，在语言中有时处于谓语的位置，有时处于主语的位置。前面加"做"、加"求"、加"示"、加"乞"，"爱"就处在谓语的位置，"做爱""求爱""示爱""乞爱"，皆行为动词也。

"做爱"乃天伦之乐，乃上天赐予一切男女的最普遍的权利，是男人和女人最赤裸裸的行为。那一时刻，尊卑贵贱，无有区分。行为本质，无有差别。很难说权大无限的国王，与他倾国倾城的王后，或多么尊贵的人与其夫人的那一时刻，一定比一个年轻的强壮的农民，与他的年轻的、健康的爱妻在他们的破屋土炕上发生的那一时刻更快活些。也许是一样的，也许恰恰反过来。

"求爱"乃是一种手段，其目的是为了婚姻，有时为了一次或几次"做爱"的许可。传统上是为了婚姻。在反传统的男女们那儿，往往是为了做爱的许可。当然，那许可证，一般是由男人所求、由女人"签发"的。无论为了婚姻之目的，还是为了一次或几次"做爱"之目的，这个过程都是必不可少的。省略了，婚姻就是另外性质的事了，比如可能被法律判定为抢婚。"做爱"也可能是另外性质的事了，比如可能被法律判定为强奸。

"求爱"既曰手段，古今中外，自然都是讲究方式、方法的，因而也最能显出尊卑贵贱的区分，以及贫富俗雅的差别。这些，是由人的社会地位、经济基础、文化背景、门第高低、心性追求的不同造成的。

在我看来，"尊"者、"贵"者，"求爱"的方式、方法未见得就"雅"，未见得就值得称道；"卑"者、"贱"者，"求爱"的方式方法未见得就"俗"，未见得就理应轻蔑。比如某些"大款",一掷万金十万金几十万金,俨然当今之世的"贵"者。他们"求爱"的方式、方法,横竖不过便是赠女子以洋房、别墅、名车、金钻、珠宝。古今中外,老一套,基本上不曾改变过的,乃是俗得很的方式、方法。而民间百姓的一些传统的"求爱"的方式、方法,尤其一些民族的"求爱"的方式、方法,比如对山歌以定情,在我看来倒是美好得很。

献一支玫瑰以"求爱"是雅的方式、方法。而动用飞机,朝女人的家宅自空中播下几亩地的玫瑰,在我看来就不但俗不可耐,而且简直就是做作到家的"求爱"的表演。

我至今认为,以书信的方式、方法"求爱",虽然古老,却仍不失为最好的方式、方法之一。倘若我还是未婚青年,一定仍以此法向我所钟情的姑娘"求爱"。不消声明,我的目的当然是为了和她结婚,而非像流行歌曲唱的——"只求此一刻互相拥有。"

至于以情诗的方式、方法"求爱",那就不但古老,而且非常之古典。毋庸讳言,我是给我所初恋的姑娘写过情诗的。我们最终没有成为夫妻,不是我当年不想,而实在是因为不能。以情诗的方式、方法"求爱",是我最为欣赏的。现代社会"求爱"的方式、方法五花八门,古典意味却几乎丁点儿全无。这是现代社会的遗憾,也是现代人的悲哀。在我看来,这使爱情从一开始就不怎么值得以后回忆了!现代人极善于将自己的家或某些大饭店、小餐馆装修得很古典,也极善于穿戴得很古典。我们越是煞有介事地、外在地体现得很古典,越证明我们心灵里太缺少它了。心灵里缺少的,爱情中便也注定了缺少。爱情中缺少了古典的因素,好比乐章中缺少柔情浪漫的音部……

"示爱"是"求爱"的序曲,也是千差万别的。古今中外,"求爱"总是难免多少有点程式化的,"示爱"却往往是极其个性化的,有的含蓄、有的热烈、有的当面殷勤、有的暗中呵护。但有一点是肯定的——就大多数而言,少女们对意中人的"示爱",在我看来是最为美好动人的。因为她们对意中人的"示爱",往往流露于自然。哪怕性情最热烈的她们,那时刻也是会表现出几分本能的羞涩的。羞涩使她们那一种热烈很纯洁,使她们那一时刻显得尤其妩媚,丧失了羞涩本能的少女是可怕的。她们的"示爱"无异于娼妓的卖俏,会被吸引的则往往是类似嫖客的男人。或者,是理性太差、一点也经不起诱惑的男人。丧失了羞涩本能的少女,其实是丧失了作为少女最美的年龄本色,她们不但可怕,也很可怜。

对于成年男女,"示爱"已带有经验性,已无多少美感可言,只不过是相互的试探罢了。以含蓄为得体,以不失分寸为原则。含蓄也体现着一种自重,只有极少数的男人会对不自重的女人抱有好感。不失分寸,才不使对方讨厌;反过来,男人对女人也一样。不管不顾,不达目的不罢休,一味地大献殷勤,其实等于是一种纠缠、一种滋扰、一种侵犯。不要误以为对方的冷淡反应是不明白,或是一种故作的姿态。这两种情况当然也是有的,但为数实在极少。与其推测对方不明白,莫如分析自己为什么装糊涂;与其怀疑对方故作姿态,莫如问问自己是否太一厢情愿强求缘分。

在所有一切"爱"这个字处于谓语位置的行为中,依我看来——"乞爱"是最劣等的行为。于男人是下贱,于女人是卑贱。倘若人真的有十次命的轮回,我再活九次,也绝不"乞爱"一次。我想,必要之时,我对于一切我非常想要获得的东西,都是肯于放弃斯文不妨一乞的。比如在饥寒情况下乞食、乞衣,在流落街头无家可归的情况下乞宿、乞钱,在遭受欺辱的情况下乞怜、乞助……但绝不"乞爱"。

我认为——如前所言,"爱"是可能会乞到一两次的,但爱情是乞不到的。一时如愿以偿,最终也必竹篮打水一场空。

现在,我们谈到"爱情"了。

在"爱"这个字的后面,加上"情"、加上"心"、加上"意",爱就处在主语的位置。"爱意"是所有世间情意中最温馨的一种,它使人感觉到,那乃是对方在某一时、某一地、某一种情况下,所能给予自己的临界极限的情意。

再多给予一点点，就超越了极限。超越了极限，便是另外一回事。正因为在极限上，所以具有相当特殊的、令我们深为感动的意味和意义。

在我曾是知青的当年，在我接连遭受种种挫折、心灰意冷的日子，曾有姑娘以她充满"爱意"的目光抚慰过我。那绝不仅仅是同情的目光，绝不仅仅是怜悯的目光。那一种目光中，的的确确包含有类似亲情，但比亲情还亲，临界在亲爱的极限上的内容。在那一种目光的注视之下，你明白，她对你的抚慰没法再温柔了。她将她能给予你的抚慰压缩了，通过她的凝眸注视，全部的都一起给予你了！我们正是因此而被深深感动。

只有丝毫也不自重的人，那一时刻居然还想获得更多的什么。

充满"爱意"的目光，乃是从女人那极其善良的爱心中自然流露的，它具有母性的成分。误将此当作和"爱"或和"爱情"有关的表达去理解，不是女人们的错，是男人们的错。据此进一步产生非分之想的男人，则就错上加错，大错特错了！

"爱心"是高尚又伟大的心境。"爱心"在人类的心灵里常驻不衰，人类才不至于退化，回到动物世界。

"爱心"产生于博爱之心。

绝大多数的人心难以常达此境。我们只能在某一时、某一地、某一种情况下、某一件具体的事上，半麻木不麻木的"爱心"才被唤醒一次。我们一旦能以"爱心"对人对事，又将会对自己多么的倍感欣慰啊！

我最尊崇的人，正是一个充满博爱之心的人。在这样的人面前，我会羞惭得什么话都不敢说。我遇到过这样的人，不是在文人和知识者中，而是在普通百姓中。我常不禁地想象，这样的人，乃是"隐于市"的大隐者，或幻化了形貌的菩萨。

很久以前的一个时期，我因医牙，每日傍晚，从北影后门行至前门，上过街桥，到对面的牙科诊所去。在那立交桥上，我几乎每次都看见一个残了双腿的盲老头，卧在那儿伸手乞钱。而又有三次，看见一个老太婆，在给那盲老头钱,照例是十元钱和一塑料袋包子。过街桥上上下下的人很多,不少的人便驻足望着那一情形,但是没人也掏出自己的钱包。有一天风大,将老太婆刚掏出的十元钱刮到了一个小伙子脚旁。他捡了起来,明知是谁的钱,却若无其事地往自己兜里一揣,下了过街桥扬长而去。所有在场的人,都从桥上盯着他的背影看。我想他是一定能意识到这一点的,所以没勇气也回头朝桥上的人们望。

盲老头问老太婆:"好人,你想给我的钱,被风刮跑了吧? 那也算给我了! 我心受了!"

老太婆说:"是被风刮跑了,可已经有人替我捡回来了,给!"

我认识那老太婆,她从早到晚在离桥不远的地方卖茶叶蛋。

我想她一天挣不了几个十元钱的。于是,几乎每个驻足看着的人,都默默掏出了自己的钱包。

那一天我没去牙科诊所,因为我也把钱给了那个盲老头。

后来,那盲老头不知去向,而那老太婆仍在原地卖茶叶蛋。

有天我路过,不由自主地停下脚步,买她的茶叶蛋。我不迷信,可我似觉她脑后有光环闪耀。

我问她:"您认识那老头?"

她摇摇头,反问我:"可怜的老头,他哪儿去了?"

我也只有以摇头作为回答。

她长长地叹了口气。我从中顿时感到一种真实的善良,仿佛从这卖茶叶蛋的老太婆心里,作用到了我自己的心里。

善良是"爱心"的基础。

"爱心"是具有自然而然的影响力的——除非人拒绝它的影响,排斥它的影响,抵触它的影响。

是的,我真的认为,"爱心"这个词,乃是"爱"这个字处在主语位置时,所能组成的最应该引起我们由衷敬佩的词。这个词,被我们文人和知识者说道得最多、书写得最多、应用得最多，却不见得在我们心灵里也同样的多。

我们只要愿意发现，就不难发现，并且不得不承认，往往是从最普通的某些人身上，亦即寻常百姓中的某些人身上，一再地闪耀出"爱心"的动人光晕。在寻常百姓的阶层里，充满"爱心"的故事，产生的比其他一切阶层多得多。形成这一事实的原因也许是这样的——其他一切社会阶层，足以直接地或间接地，靠权力的垄断、财富的垄断、文化艺术的垄断，使自己活得更滋润、更优越起来。而寻常百姓，却几乎只有本能地祈求"爱心"的普遍，才似乎更可能使自己的生活增添温馨的色彩。因而其他阶层说道得多，实际付出得少；寻常百姓说道得少，实际需要得多。他们这一种实际需要，其实较难从别的阶层获得，所以他们在自己的阶层里互相给予。在这一点上，他们比其他一切阶层都更加懂得要想获得必首先付出的道理。当然，另一个事实是——寻常百姓阶层的"爱心"互予的传统，历来受到其他社会阶层的污染。这一污染在当今空前的严重。"爱心"之于百姓阶层，原本是用不着官僚阶层煞有介事地号召，文人虚头巴脑假模假式引经据典地论说，知识者高高在上所谓启蒙的。究竟应该谁启蒙谁，是很值得商榷的。倒是官僚们的腐败，文人们为了名利攀附权贵的心理，知识者们为了明哲保身放弃社会正义感早已习惯于说假话的行径，对中国百姓阶层原本形成传统的"爱心"互予的生活形态的破坏，是很值得忧虑的呢！

除了"爱心"这个词，在"爱"这个字处于主语位置的一切词中，"爱情"这个词就是最令人怦然心动的美好的词。

"爱情"也如"爱心"一样，普遍地存在于寻常百姓阶层之中。某些文人和知识者最不能容忍我这一种观点，他们必认为我指的根本不是"爱情"，只不过是"婚姻"。

而我固执地认为，"爱情"若不走向"婚姻"，必不是完美的"爱情"。

天下有情人当然不可能全都终成眷属。

梁晓声

但从一开始就排斥"婚姻"目的之"爱情",成分是可疑的,起码是暧昧的。甚至,可能从一开始本质上便是虚假的。

美国现代舞蹈大师邓肯与俄国戏剧理论大师斯坦尼斯拉夫斯基之间发生过这样一件事——

在她和他将要做爱之际,他忽然问:"我们的孩子将来怎么办呢?"

她一怔,继而哈哈大笑,继而索然,匆匆穿衣离去。

她要的是爱,正如流行歌曲唱的——"只求此时此刻互相拥有。"

而他考虑到了将来对子女的责任问题。他是将她对他的"爱",误当成"爱情"来接受的。

没有任何责任感为前提的男女性关系,不是"爱情",充其量是"爱",甚至可能仅仅是"性"。

渥伦斯基第一次见到安娜时,正如时下许多男士、女士们所言的那样——心中像被电击中了似的,安娜心中当时有同样的感觉。这是异性相吸现象,这现象在生活中频频发生,这是"爱"的现象。

当安娜坠入爱河以后,她毅然提出与自己的丈夫亚历山大·卡列宁离婚。她不顾上流社会的谴责,毅然决定与渥伦斯基结婚。这时,"爱"在安娜心里,上升为"爱情"了。她期待着他为他们的"爱情"负起"婚姻"的责任。她自己能做的,她已做到了。但是渥伦斯基并不打算真的负起什么责任,他要的只不过就是"爱",而且获得到了。责任使他厌烦透顶,因而他们发生激烈的争吵,因而绝望的安娜只有卧轨自杀。

渥伦斯基"爱"安娜是真的。

安娜对他的"爱情"也是真的。

悲剧是由二人所要求的东西在本质上不同造成的——安娜要有责任感的"爱情",它必然与"婚姻"连在一起,成为完整的要求。渥伦斯基仅要不附加任何责任前提的"爱",他认为有爱已足够了。连安娜为他们的"爱"而毅然离婚,在他看来都是愚蠢的、不明智的。

"007系列"电影中,英国大侦探詹姆斯·邦德,每片必与国籍不同、肤色不同的女角床上云雨,枕畔温柔,但那都是"爱",过后拉倒的事。

《简·爱》中那个其貌不扬的小女子,之所以跨世纪地感动我们,正由于她所专执一念追求的,不仅仅是"爱",更是"爱情"。如果仅仅是"爱",她早就能在那庄园中获得到了。当然,后人也就没了《简·爱》这一部传世之名著可读。

当今世界,"爱"在泛滥着,使"爱情"更需谨慎,更面临危机,也更值得以男人和女人共同的责任感加以维护。

一个现象是——某些大谈"爱情"至上的男士们,其实本意要的仅仅是"爱"。"爱"当然也是美好的,其美好仅次于"爱情"。男人宁可多多益善地要没有责任前提的"爱",并且故意将"爱"与"爱情"混为一谈,向女人们娓娓动听地陈说,证明着男人们在起码的责任感方面毫无信心。这是一个男人为女人预设的圈套。他们的种种"至上"的论调,说穿了,其实是他们贪婪而又不愿付出的需求"至上"。女人们若不甘做"007系列"中那些詹姆斯·邦德的女配角,不愿落安娜那一种下场的话,就不应该钻入他们的圈套。

但另一个现象是——渐多起来的女人们,也开始为男人们预设圈套。她们以自己为饵,钓男人们的钱财。她们一谈起居家过日子的平凡生活,委屈而牢骚满腹。仿佛平凡的家庭生活,将她们理想中的"爱情"王国整个捣毁了。但是她们为了钱财、权力去引诱男人们的时候,又是那么心安理得、天经地义。她们要的其实连"爱"都不是,直接要的便是钱财和权力。这样的女人,尽管不足取,但对绝大多数男人其实没有什么危险性。因为他们不进入她们猎获的视野。但是钱财并不雄厚、权力也没大到定能满足她们虚荣心的不自量的男人,若一厢情愿地将她们当成了理想伴侣苦苦追求,那也是愚不可及的。

"牛郎织女式"的夫妻,在寻常百姓中一对一对的依然很多。他们的生活里离不开生儿育女，离不开萝卜白菜，离不开吵架拌嘴，但也离不开责任感。责任感是他们组成家庭之前最神圣的相互承诺。谁主内，谁主外；大的开销究竟谁说了算，小的花费谁有自主权……诸如此类某些男士和女士嗤之以鼻的内容，在他们都是必须加以考虑的。但是据我看来，这些俗世内容，一点也不影响他们一对一的夫妻恩爱着。

恋爱结婚——这是寻常百姓的定式。这定式给他们安全感，所以他们世世代代遵循着，其实并不以为是什么枷锁。

恋爱而不结婚——这是某些特殊的男人和女人的定式。他们在这种状态中获得到的幸福，其实未见得比"牛郎织女式"的百姓夫妻多一点，也许恰恰少得多。

在没有婚姻为载体的"爱情"中，到头来，遍体鳞伤的几乎注定是女人。她们获得过的某些欢乐、某些幸福，往往被最终的悲伤抵消得一干二净，一无所有。

在没有婚姻为载体的"爱情"中，女人扮演的只能是"情妇"的角色。

而古今中外，这一角色，乃女人最不甘做的角色，也是最不符合男女之间自然关系的角色。即或那些专以猎名流、傍权贵、傍"大款"为能事的女人，一旦觉得巩固了"情妇"的地位，也还是要产生颠覆"情夫"既有家庭、取代对方妻子的野心的。这时的男人用他们"爱至上"那一套哄她们是根本没用的。

所谓哄得了一时，哄不了一生。

结果男人大抵只有三个选择——要么离婚，承认自己"爱至上"那一套论调的破产，面对既又"爱"了，就还是免不了结婚"至上"的现实；要么给她们以多多的钱财，多到她们终于满足了不打算"造反有理"为止；要么，被逼得走投无路、狗急跳墙，杀了她们，或反过来被她们所杀。这世界上各个国家、各个地方的各所监狱里，几乎每天都被关进因此而犯死罪的男人和女人。

所以，据我想来，无论在外国还是在中国，情人节永远不会是一个值得被认真对待的日子。

这是一个暧昧的灰色的日子，这世界上没多少人会真正喜欢它。真的处在正常的热恋关系中的男女，每一个日子都可以是他们的"情人节"。他们在那一天的拥抱和亲吻，不见得比在别的日子更温存、更热烈。而既是"情妇"或"情夫"，又是丈夫或妻子的男女，肯定的，恰恰是很避讳那一天的。即使瞒天过海凑在一起了，各自心里的感受和感想也会很苦涩。所以，我最后想说的是——情人节，让这个日子拉倒去吧！

一个节不被足够数量的人承认，其实便不是一个节。

第五节

最适合的那一个

屈指算来，为人夫已数十载矣。人生真是匆匆，令人恐慌。

我从上海复旦大学毕业，成为北京电影制片厂文学部最年轻的编辑之后，曾被许多目光所关注。十年"文革"在我的同代人中，遗留下了一大批老姑娘，每几个家庭中便有一个。一名二十八岁的电影制片厂编辑，还有复旦这样的名牌大学的文凭——尽管是工农兵学员，看去还斯斯文文，书卷气浓，了解一下品德——不奸不诈，不纨绔不孟浪，行为检束。于是同事中热心的师长们和阿姨们，都觉得把我"推荐"给自己周围的某一位老姑娘，简直就是一件义不容辞的历史责任。

然而当年我并不急着结婚。

我想将来成为我妻子的那个姑娘，必定是我自己在某种"缘"中结识的。

我期待着那奇迹，我想它总该是多多少少有点浪漫色彩的吧？

我当时也觉得，组建一个小家庭对我而言条件很不成熟。我毫无积蓄，基本上是一个穷光蛋。每月四十九元工资，寄给老父、老母二十元，所剩也只够维持一个单身汉的最低生活水平，平均一天还不到一元钱。

结婚之前总得"进行"恋爱，恋爱就需要一些额外的消费。但我如果请女朋友或曰"对象"吃一顿饭，那一个月肯定就得借钱度日。而我自己穷得连一块手表都没有，兵团时期的手表大学毕业前卖了，分配到北影一年后还买不起一块新表。

当然，我不给老父、老母寄钱，他们也能吃得上，穿得上。他们也一而再、再而三地叮嘱我，为自己结婚积攒点钱吧！但我每月照寄不误。我自幼家贫，二十八岁时家里仍很穷，还有一个生病的哥哥常年住在医院里。我觉得我可以三十八岁时再结婚，却不能不在二十八岁时以自己的方式，报答父母的养育之恩。对老父亲、老母亲我总有一种深深的负疚感——总认为自己二十八岁了才开始报答他们——也不过就是每月寄给他们二十元钱，已实在是太晚了，方式也太简单了。

在期待中我由二十八岁而三十二岁，奇迹并没有发生，"缘"也并没到来。我依然行为检束，单身汉生活中没半点浪漫色彩。

四年中我难却师长们和阿姨们的好意，见过两三个姑娘，她们的家境都不错，有的甚至很好。但我那时忽然生出想调回哈尔滨、能近在老父母身旁尽孝的念头，结果当然是没"进行"恋，也没"进行"爱。

念头终于打消，我自己为自己"相中"了一个姑娘，缺乏"自由恋爱"的实践经验，开始和结束前后不到半个小时。人家考验我而我不能理解为什么对我还需要考验——又不是入党。误会在半小时内打了一个结，后来我知道是误会，却已由痛苦而渐渐索然。这也足见"自由是有代价的"这话有理。

于是我现在的妻子某一天走入了我的生活，她单纯得很有点发傻，二十六岁了决然地不谙世故。说她是大姑娘未免"抬举"她，充其量只能说她是一个大女孩，也许与她在农村长到十四五岁不无关系……她是我们文学部当年的一位党支部副书记"推荐"给我的。那时我正写一部儿童电影剧本，我说"悠悠万事，唯此为大"，等我写完了剧本再考虑。

一个月后，我把这件事都淡忘了。可是那位副书记没有忘记，毅然地关心着我呢。

某天那位副书记郑重地对我说："晓声啊，你剧本写完了，也决定发表。那件事，该提到日程上来了吧？"

我倏忽觉得自己以前真傻，"恋爱"不一定非要结婚嘛！既然我的单身汉生活里需要一些柔情和女性带给我的温馨，何必非拒绝"恋爱"的机会呢！

　　这一闪念其实很自私，甚至也可以说挺坏。

　　于是我的单身汉宿舍里，隔三岔五，便有一个剪短发的、大眼睛的大女孩"轰轰烈烈"而至，"轰轰烈烈"而别。我的意思是——当年她的生气勃勃，走起路来快得我跟不上。我的单身宿舍在筒子楼，家家户户走廊里做饭。她来来往往于晚上——下班回家绕个弯儿路过。一听那很响的上楼的脚步声，我在宿舍里就知道是她来了。没多久，左邻右舍也熟悉了她的脚步声，往往就向我通报——哎，你的那位来啦！

　　我想，"你的那位"不就是人们所谓之"对象"的别种说法吗？我还不打算承认这个事实呢！

　　于是我向人们解释——那是我"表妹"，亲戚。人们觉得不像"表妹"，不信。我又说是我一位兵团战友的妹妹，只不过到我这儿来玩。人们说凡是"搞对象"的，最初都强调对方不过是来自己这儿玩玩的。

　　而她自己却俨然以我的"对象"自居了。邻居跟她聊天，说以后木材要涨价了，家具该贵了。她听了真往心里去，当着邻居的面对我说——那咱们凑钱先买一个大衣柜吧！

　　搞得我这位"表哥"没法再窘。于是，似乎从第一面之后，她已是我的"对象"了。非但已是我的"对象"，简直就是我的未婚妻了。有次她又来，我去食堂打饭的一会儿工夫，回到宿舍发现，我压在桌子玻璃板下的几位女知青战友、大学女同学的照片，竟然一张都不见了。我问那些照片呢？她说她替我"处理"了，说下次她会替我带几张她自己的照片来，而纸篓里多了些"处理"的碎片……她吃着我买回的饺子，坦然又天真。显然地，她丝毫也没有恶意，仿佛只不过认为，一个未来家庭的未来的女主人，已到了该在玻璃板下预告她的理所当然的地位的时候。我想，我得跟她好好地谈一谈了。于是我向她讲我小时候是一个怎样的穷孩子,如今仍是一个怎样的穷光蛋,以及身体多么不好,有胃病、肝病、早期心脏病等。并且,我的家庭包袱实在是重哇！而以为这样的一个男人也是将就着可以做丈夫的,意味着在犯一种多么糟糕、多么严重的大错误啊！一个女孩子在这种事上是绝对将就不得、凑合不得、马虎不得的。但是,如果做一个一般意义上的好朋友,我还是很有情义的。当时的情形恰如一首歌里唱的——我向她讲起了我的童年。她瞪着大而黑的眼睛,痴痴地、呆呆地望着我……

我曾以这种颇虚伪也颇狡猾的方式,成功地吓退过几个我认为与我没"缘"的姑娘。

然而事与愿违,她被深深地感动了,哭了。仿佛一个善良的姑娘被一个穷牧羊人的命运感动了——就像童话里所常常描写的那样。

她说:"那你就更需要一个人爱护你了啊！"

于是我明白——她正是从那一时刻开始真正爱上了我。我一向期待的所谓"缘",也正是从那一时刻显现了面目,促狭地向我眨眼的。

三个月后到了年底。

某天晚上她问我:"你的棉花票呢?"

我反问:"怎么,你家需要?"

我翻出来全给了她,而她说:"得买新被子啦。"

我说:"我的被子还能盖几年。"

她说:"结婚后就盖你那床旧被呀？再怎么不讲究,也该做两床新被吧?"

我瞪着她一时发愣。

我暗想——梁晓声你还有什么好说的？看来这个大女孩,似乎注定了就是那个叫"上帝"的古怪老头赐给你的妻子。在她该出现于你生活中的时候,她最适时地出现了。

十个月后我们结婚了。

梁晓声

我陪我的新娘拎着大包小包乘公共汽车光临我们的家,那年在下三十二岁,没请她下过一次"馆子"。

她在我十一平方米的单身宿舍里,生下了我们的儿子。三年后我们的居住条件有所改善,转移到了同一幢筒子楼的一间十三平方米的住室里。

妻子曾如实对我说——当年完全是在一种人道精神的感召下才决定爱我。当年她想——我若不嫁给这个忧郁的男人,还有哪一个傻女孩肯嫁给他呢?如果他一辈子讨不上老婆,不就成了社会问题?

我相信她的话,相信她当年肯定是这么想的。细思忖之,完全可能像她说的那样。当年肯真心爱这样的一个穷光蛋,并且准备同时能做到真心视我的老父、老母,弟弟、妹妹为自己亲人的,除了她,我还没碰着。

她是唯一没被我的"自白"吓退的姑娘。

这之后,我的工资由四十九元而五十几元而七十几元而八十几元、九十几元……

这之后,她的工资由五十几元而六十几元、七十几元、八十几元渐次升至一百多元……

前十几年,她的工资始终高于我的工资十几元。

1992 年我们的工资一度接近,但她有奖金,我没有奖金,实际工资仍比我高。

再后来,她的单位经济效益不错,实际工资则比我高得多。

我有稿费贴补,生活还算小康。而我们的起点,却是从一穷二白开始的,着实过了五六年拮据日子呢!

我几乎整个影响了她——我不喜欢娱乐,尤其不喜欢户外娱乐,故我们这三口之家,是从来也不曾出现在娱乐场所的。最传统的消遣方式,也不过就是于周末晚上,借一盘或租一盘大人孩子都适合看的录像带,聚一处看个小半通宵。我对豪奢有本能的反感——所以我的家是一个俭约的家,从大到小,没一样东西是所谓"名牌"。我们结婚时的一张木床,当年五十七元凭结婚证买的。我不能容忍一日三餐浪费太多的时间精细操作,一向强调快、简、淡的原则。而她是喜欢烹饪的,为我放弃爱好,练就了一种能在十几分钟内做成一顿饭的本事,她常抱怨自己变成了急行军中的炊事员。我还不许她给我买衣服,买了也不穿。我的衣服、鞋子,大抵是散步时自己从早市上买的。看自己能穿,绝不砍价,一手钱,一手货,买了就走。仿佛自己买的,穿起来才舒适。大上其当的时候,也无悔,不在乎。有时她见我穿得不土不洋、不伦不类,枉自叹息,却无可奈何。而在这一点上至今我决不让步。我偏执地认为,一个男人为买一件自己穿的衣服而逛商场是荒诞不经的,他的老婆为他穿的衣服逛商场也是不可原谅的毛病。因为那时间从某种意义讲已不完全属于她,而属于他们。现代人的闲暇已极有限,为一件衣服值得吗!她当然也因她当妻子的这一种"特权"被粗暴取消与我争执过,但最终还是屈从于我,彻底放弃了"特权",不得不对我这个偏执的丈夫实行"无为而治"。

时间一天天流逝,渐渐地我觉得自己老之将至,精力早已大不如前。每每看妻子,似乎才于不经意间发现似的——她也早已不是当年的大女孩,脸上有了岁月沧桑的痕迹。

我最感激的,是我老父亲、老母亲住在北京的日子里,她对他们的孝心。我老父亲生病时期,我买了一辆三轮车,专为带老父亲去医院。但实际上,因为我那时在厂里挂着行政职务,倒是她经常蹬着三轮车带我老父亲去医院。不知道老人家是我父亲的,还以为是她父亲呢。知道了却原来是我的父亲,无不感慨多多。如今,将公公当自己的父亲一样孝顺的儿媳,尤其年轻的儿媳,不是很多的。

我最感到安慰的,是我打算周济弟弟、妹妹们的生活时,她一向是理解的、支持的。我的稿费的一半左右有计划地用于周济弟弟、妹妹们的生活。我总执拗地认为我有这一义务,能尽好这一义务便感到高兴。在各种社会捐助中,尤其对穷人,对穷人孩子的捐助,倘若我哪一次错过,下一次定会加倍补上。不这么做,我就良心不安。贫困在我身上留下的印痕太深,使我成为一个本能的毫无怨言的低消费者。旧的家具、旧的电视机,不一定非要换成新的,换成名牌。几千元我拿得出来的情况下,倘若我无动于衷,我便会觉得自己未免"为富不仁"了,尽管我不是"大款",几千元不知凝聚着我多少"爬格子"的心血。没有一个在此方面充分理解我对穷人的思想感情并支持我的妻子,那么家里肯定经常吵闹无疑。

好丈夫是各式各样的。除了吸烟我没有别的坏毛病,除了受过两次婚外情感的渗透我没什么"过失"。我不是"登徒子"式的男人,也从不"沾花拈草""招蜂惹蝶"。事实上,在男女情感关系中我很虚伪。如果我不想,即或与女性经年相处,同行十万八千里,她们也是难以判断我究竟喜爱不喜爱她们的。我自认为,我在这一方面常显得冷漠无情,并且,我不认为这多么好。虚伪怎么会反而好呢?其实我内心里对女性是充满温爱的。一个女性如果认为我的友爱对她在某一时期、某种情况之下极为重要,我今后将不再自私。

最重要的是,我的妻子赞同我对友爱与情爱的理解。在这一前提下,我才能学做一个坦荡的男人。我不认为婚外恋是可耻之事,但我也不喜欢总在婚外恋情中游戏的一切男人和女人。爱过我的都是好女孩和好女人,我对她们的感激是永远的。真的,我永远在内心里为她们的幸福祈祷着……

我对妻子坦坦荡荡毫无隐私,我想这正是她爱我的主要之点。我对她的坦荡理应获得她对我的婚外情感的尊重,实际上她也做到了。她对我"无为而治",而我从她的"家庭政策"中领悟到了一个已婚男人怎样自重和自爱。

好妻子也是各式各样的。以前的那个大女孩,用时间充分证明了她是一个好妻子——最适合于我的"那一个"。

我给未婚男人们的忠告是——如果你选择妻子,最适合你的那一个,才是和你最有"缘"的那一个。好的并不都适合,适合的大抵便是对你最好的了。

信不信由你!

梁晓声

第六节

爱的愉悦

古今中外,作家、诗人、哲学家、社会学家——这个家那个家,这个人物那个人物,各说了一套套关于爱情、关于婚姻、关于家庭的名言。而我认为那都没意义。我的唠叨就更没意义。倘非说有意义,只能证明人类爱听诸如此类的唠叨而已。

记者曾问一位修女:"您对爱情的学问有何见教?"后者曾获什么人权奖。

答:"对你爱的人经常保持微笑。"

又问:"你爱过吗?"

答:"是的。我只爱'上帝',可我发现对'上帝'经常保持微笑并不容易。"

对"上帝"并不容易,对凡男俗女则更不容易了。况且,医学家认为微笑可益于心灵明朗,美容师却认为将会导致面肌老化。仁者见仁,智者见智。

牧羊犬天天和羊在一起,对羊相当忠诚。倘若狼来了,它又最肯于奋勇向前、自我牺牲。但雄牧羊犬求欢于羊,母羊调头默默离去,寻找公羊。并不计较和谁在一起更有"共同语言",也不认为应对牧羊犬的破碎的心,负什么道义的责任。

爱情首先源于爱说,其次才产生所谓"爱情"的"情"。中国人一向颠倒过来,以为其更合乎逻辑。然而在爱的情绪之中,逻辑学是最不起作用的。

没有学问，没有技巧，没有现成的经验，没有规定程序，没有纪律，没有至高原则——便是爱之本质。

故一千个人有一千种爱法，个中是非卑俗，高低美丑，全凭各人领悟的道理。故爱德华王子为一个女人而抛弃王冠，引起英国人的普遍沮丧。但人类情爱史上却多了一位最有性格的现代男人。

我原是理想主义色彩极浓的男人。对女性、对爱情，常抱过分圣洁、过分浪漫、过分理想的观念——这很肤浅。

亚当和夏娃之爱固然不受任何习俗所指使，乃是因为他们赤身裸体，不知除了爱还需要什么，也不忌讳丢掉什么荣誉、权力、地位和财产。更重要的是，伊甸园里只有他们一男一女。后来"上帝"将他们逐出伊甸园，他们便都哭泣起来，显然因为付出了代价——这一点后来成了制约人类的理性力量。亚当和夏娃当时各自心中怎样？圣经上没讲，我们也就无以考证。谁知他们是否都有点后悔呢？

如今，亚当、夏娃式的爱情是没有的。

倘若女人问男人："先告诉我，你工资多少？我再考虑和不和你结婚。"

这在以前，我是认为俗不可耐的。而今天，我认为这是"现实主义"的。不考虑的人，倒有点过分浪漫。日本社会学家著书立说，论证"爱在当代不可能"。我以为不可能的只是一种过了时的"情爱观"。如同20世纪的电话簿子，除了对侦探或收藏家还有些用处，对普通的人则是无用的。而一种新的情爱观，可能不那么美妙，却是时代大钢琴上奏出的音响——你听不惯也得听。

归根结底，爱对任何男人和女人，首先应是愉悦的，否则莫如去对"上帝"微笑……

梁晓声

第七节

爱也得放假

是的，我这里说的是给爱放假，而不是为爱放假，而且，主要是对初恋者们的一种建议，是对初恋的女孩们的一种建议。

为爱放假，谁都明白——无非是说为了将初恋如火如荼地进行着，该给自己放假，就当机立断地给自己放一天或几天假。初恋大抵总是如火如荼，它需要时间和精力。没有足够的时间和足够的精力，它仿佛就没有被格外重视似的。所以，爱着的双方，就都觉得时间不够支配。唯恐委屈了爱，于是将其他的事一桩桩排开去。其他什么事能与爱相提并论，能比爱更重要呢？甚至，为了爱，这样的事也是做得出来的——虽然一点儿病都没有，却一定要通过各种关系，开出一天或几天病假条，逃离单位，赶紧去俯就爱情。初恋动辄发小脾气，得经常哄着。为爱放假，不管采取什么方式，仿佛总是值得的，即使被戳穿，也不觉得难堪。

为爱嘛，谁都能理解的呀！

但我的建议恰恰相反。我的意思是，该为爱放假之时，只要并非正在离开了自己就不行的岗位上当班，那就自己给自己放一天或几天假。扣工资就扣工资，扣奖金就扣奖金。而该给爱放假之时，也是应当机立断的。

民间有句话是，哪儿凉快上哪儿待着去。——它是撵人走的话。

给爱放假，就是请爱"哪儿凉快上哪儿待着去"。

这时，同样意味着人自己给自己放假。只不过，不再是逃离单位去俯就爱，而是从爱中抽出身来去干别的。或者一天，或者几天，干脆忘了什么初恋不初恋的、什么爱不爱的才好。

爱本身也像一切活物似的，总处在一种形影不离的状态，它是会累的。爱本身累了，意味着爱的双方也都开始感到累了，只不过谁都不坦率承认罢了。此时，若还不趁早给爱放几天假，爱是会被累伤的。

以我的眼光看来，初恋的男孩、女孩们，尤其女孩们，往往并不明白以上这一点。

初恋的女孩不觉得累。

初恋是每一个女孩顶喜欢的事，整天都在恋呀爱呀的也不觉得累，好比从前的年代织毛衣是某些女孩顶喜欢的事，整天手不离针，针必连着线团，从早到晚整天都在织也不觉得累。

初恋的女孩认为，初恋嘛，当然就是整天形影不离的一种爱呀！倘若在同一单位，那么午休的一个小时，男孩当然要分分钟陪于左右；男孩要替她打好饭，自己要坐在她身旁吃；吃时，应不时夹一口菜递向她嘴边，众目睽睽之下要证明给别人看，他是多么爱她；吃罢要替她刷洗碗筷，或反过来，女孩充当长姐充当小母亲的角色，在那一个小时里极尽体贴照顾之能事，直至使男孩不自然起来。如此这般初恋景致，大学食堂里屡见不鲜。甚至住宿的初中和高中生间，也每天表演着片刻。在图书馆里得彼此紧挨着坐，连上课去也要一路手牵着手。更有甚者，双方还用手机，一天要通无数次话，发无数次微信。自己被一条微信逗乐了，怎么能不让男孩也笑一笑呢？快乐着你的快乐呀！哪怕那时候估计男孩已睡着了。初恋中的男孩一定应该是觉轻觉少的呀！君不闻为爱而多思少眠吗？若星期日，无论女孩打算到哪儿，打算干什么，男孩都应当即表示高兴，而且要显出巴不得的样子。如果他竟不是那样，女孩的小嘴就噘起来了。即使才分开一个小时，男孩的手机里也往往会传来女孩的询问："你在哪儿?""你在干什么?""你想我了吗?"——甚至还有怀疑的口吻："你和谁在一起?"

男孩开始是沉湎于幸福的，但男孩的幸福感没有可持续性——不久男孩烦恼了。他感到自己几乎没有了属于自己的时间,或干脆说失去了一个自由人的种种自由。他感到自己仿佛被蛛网黏住了,虽然他不是小虫子,女孩断不会吃掉他,完全是由于爱他才用她的网黏住他。

那是维特们的另一种烦恼,挺普遍的。所以我对初恋的女孩建议:赶紧给爱放一天或放几天假!每半个月,起码要给爱放一天假的呀!给爱放假,其实也就是还男孩一定的时间和自由。在那一天或那几天里,别给他发微信啦,别给他发视屏啦,别给他打手机啦,别和他形影不离啦;既还一定的时间和自由给男孩,也还一定的时间和自由给自己,做些自己想做之事,想些除了爱以外的其他的心事。

给爱放假的这个假期里的爱,就像冰箱里的苹果,仍会保鲜的。

而男孩,将会觉得女孩那么善解人意,那么懂得爱情,于是更爱女孩。

初恋中的男孩、女孩,千万别让爱在你们之间夹扁了。初恋中的女孩,你主动给你们的爱放假了吗? 若没有,那么给爱放假,给爱放假!

赶快给爱这一份权利!

第八节

不爱当如何?

我为学生们放映过电影《罗马假日》。它一向被公认为经典的黑白片,也被公认为经典的爱情片。

学生们从多种角度评论它,而我之目的在于,提升他们对电影精妙细节及对话的赏析旨趣。《罗马假日》在以上两方面瑰丽纷呈,不但对电影评论与创作有示范意义,对文学评论与创作也同样有。

在看过电影讨论的时候,一名女生提出了一个问题,她说:"如果安妮公主不那么清纯美丽,心洁如泉;如果格里高利·派克扮演的小报记者布莱德里也并不风度翩翩,温文尔雅,给人完全可以信赖的良好印象,结果将会怎样?"

这是一个令我始料不及的问题。

教室里一时肃静。她接着说:"我的问题不仅是由《罗马假日》而提出的。看完《泰坦尼克号》我也想过这一问题——如果一个女人其貌平平,一个男人绝不会爱上她,而她对他的人格又特别的依赖;那么他还将靠什么停止对她的利用,不将损人利己的事干到底呢?"

这是一个愚蠢的问题吗?同学们的表情告诉我,他们重视这个问题。是啊!

如果一个男人并没爱上一个女人,而对方也没爱上他,那么,他在完全可以通过蓄意设计的圈套,大赚其钱的情况之下,还会改变决定吗?进言之,他还会像《泰坦尼克号》的男主人公那样,为了一个女人多一个活下去的机会，而自己甘愿选择死亡吗？

《罗马假日》中的布莱德里，身为记者，他的做法百分之百地合法，并且根本不必顾虑来自公众社会的谴责。恰恰相反，不论是报界同行，还是喜欢看八卦新闻的市民，分明正嗷嗷待哺似的期望着看到关于一位皇族公主，怎样自损形象的报道呢，这将令他们多么开心啊！而布莱德里定会一夜成名，获得五千元的大宗稿费不算，还另加五百元和主编打赌所赢的钱。他的记者生涯，或曰他的事业，八成也会从此一帆风顺，否极泰来，蒸蒸日上。他的朋友、摄影记者俄宾，也会沾他的光和他一样利好多多啊！何乐而不为？

布莱德里当时可是身无分文了呀，连"打的"钱都是向看门人借的呀。

我想，这位学生差不多是等于向全世界的男人提出问题呢；反之，此问题对于一切女人，也显然是一个问题。

如果损人利己之事既在法律的许可范围，又有职业特性维护着，还将大受市民俗常心理的欢迎；并且，全无半点爱呀情呀的关系阻碍着——一干到底，还是中途罢手？

教室里依然肃静。

这是令人尴尬的肃静。

终于，一名男生回答了那位女生的问题，他站起来说："在男人和女人的关系中，除了爱，还应该有义啊！在电影中，当公主接见记者们时，一发现布莱德里和俄宾站在第一排，赫本的表演告诉我们，公主的内心里是有几分惴惴不安的。有记者问她对去过的哪一座城市印象最深，她回答'罗马，无疑是罗马'之后，又情愫绵绵地说：'我对罗马的良好印象，正如我对我和朋友之间的友谊一样。'而布莱德里立刻这样说：'我们相信公主的判断是不会错的。'于是公主的唇边浮出了一丝会意的微笑。我个人觉得，此时布莱德里与安妮公主之间的关系，比他们拥抱和亲吻时更令我感动。联想到在祈祷墙前，布莱德里说：'这里后来是人们祈祷安全的地方。'而公主说：'听来真是耐人寻味。'而我想说,电影的编导们对两处情节的呼应性关照,也是特别耐人寻味的。在现实生活中,设圈套损人利己的现象越多,产生心理不安的人就越多。尤其当损人利己的事并不犯法时,我相信,每一个人都希望有机会听到危害自己的人,说出布莱德里那一句话。在那时,义比爱情具有更高的人性品质。尽管我并不自认为'义'这个字,已经全部代表了我的观点。"

这位男生的话,被一阵掌声打断了。

我本想说——一个人仅仅如鱼水、自得其乐地活在法律的底线之上,他难以成为像布莱德里那么可爱又可敬的人。

我本想说——一个民族的人倘若都那么活着,这个民族难以是一个可爱又可敬的民族。

我本想说——一个国家的人倘若都以那么活着而洋洋得意,那么这个国家快就拉倒了。所幸,世界上并没有那么一个不可爱、不可敬的国家……

掌声即起,我觉得我的话没有再说的必要了。

经典之所以堪称经典,乃因它所带给我们的,远比表面看起来的要多啊!

不爱当如何? 向经典致敬!

第九节

仍爱当如何?

　　相貌忠厚的黑人歌手自弹自唱着忧郁的歌曲,当歌声停止便响起令人欢娱的爵士乐。忧郁与欢娱交替营造着气氛,看起来都像绅士淑女的人们文质彬彬地饮着价格不菲的法国香槟,一个个表面平静其实各怀心事甚或鬼胎。每有身份不明、形迹可疑者现身,于是这里那里随之骚动,交头接耳窃窃私语:出境证、四千美元、一万五千美元……

　　这并不是在美国,而是在北非,在法属摩洛哥一个叫卡萨布兰卡的小城,在这小城里一家叫里克夜总会里的情形。

　　斯时的战争还没真正演变为第二次世界大战,但世界惨烈剧的序幕已徐徐拉开——德军已占领了巴黎,法国的抵抗已只能称作是"地下抵抗运动"了,整个老欧洲在德军震撼人心的翼影之下危若累卵。有钱又有办法的欧洲人,或虽没有多少钱也没有多少办法,却比较幸运的欧洲人,纷纷云集在卡萨布兰卡。在这里形形色色的人暗中进行着贩卖出境证的交易,而女性的身体在交易中约等于金钱。

　　出境证……

　　出境证……

　　其实所有从欧洲云集到这北非小城的人,都只为了一个目的,那就是弄到手一份出境证。只要有一份出境证,就可以从卡萨布兰卡乘机飞往里斯本,再飞往美国,于是远离战争的恐怖。对于那些欧洲人而言,地处美洲的美国,似乎已是地球上唯一安全的地方,自然也便成了他们唯一想去的地方。

这便是美国电影《卡萨布兰卡》的年代背景。

《卡萨布兰卡》又被译为《北非谍影》，它是全世界公认的经典黑白片之一。像《公民凯恩》《罗马假日》《偷自行车的人》等经典黑白片一样，在世界电影史上具有无可争议的地位。

那么，它究竟何以获此殊荣呢？

是由题材所决定的吗？

不错，它可以归于第二次世界大战的题材，但其后反映这一题材的黑白电影为数不少，它又凭什么独受青睐呢？

是因明星作用吗？

不错，英格丽·褒曼饰演女主角伊尔莎，但在剧中她的演技只能算得上胜任，其实并无光彩可言。

是以情节的扣人心弦而取胜吗？

其实它在情节方面并没什么惊险刺激的元素，故事内容只不过如下：里克夜总会的老板方·里克这一位美国人，曾参加过反法西斯战争，为了逃避纳粹的追捕，从德国移居巴黎，并在巴黎与褒曼所主演的姑娘伊尔莎双双坠入爱河。巴黎沦陷后，因为里克是德军悬赏缉拿的人，二人不得不相约离开法国。但不知为什么，伊尔莎却失约了。里克认为自己被要弄了。用他自己的话说，在巴黎火车站那个雨夜，他的心被"踢翻了"。带着心灵创伤来到卡萨布兰卡的里克，从此郁郁寡欢，甚至变得有些玩世不恭。

令里克意外的是，伊尔莎竟也来到了卡萨布兰卡。更令他意外的是，伊尔莎不是独自前来的，而是与"半个地球的人"都知道的丈夫双双出现在里克眼中。她的丈夫拉兹洛是欧洲著名的反法西斯运动领袖——一个斗争目标坚如磐石的人、一个随时准备为抵抗运动献身的人。他的生命不属于他自己，也不属于他的妻子，而几乎完全属于抵抗运动。夫妻二人都清楚这一点。他们来到卡萨布兰卡，乃因抵抗运动需要拉兹洛去往美国，进而向全世界说明法西斯危险的真相。但在他们到来之前，为他们准备好出境证的人被警察击毙，那份宝贵的出境证落在了里克手中。

怨恼、醋意，男人对男人正义名望和人格魅力的嫉妒，使里克对伊尔莎大发其火，极尽尖言刻语之能事。而伊尔莎之所以一度投入里克的怀抱，是因为自己当时获得了一个不实的信息——丈夫已经死在集中营里了。里克终于原谅了她，但却希望她跟自己前往美国。他认为谁拥有两份戴高乐亲自签署的出境证，谁才更拥有做伊尔莎丈夫的资格。而他却遭到伊尔莎的明确拒绝……

影片的结尾自然是观众都希望的，一再公开声明自己不为任何人冒险的里克，不但将两份出境证给予伊尔莎和拉兹洛，而且冒险护送他们赶往机场，而且不顾个人安危，在紧急关头开枪打死了前来逮捕的纳粹军官。

那么，我认为，我们的问题——仍爱当如何？已经有了答案。人人都希望在电影中——包括戏剧和文学中，看到浪漫又美好的爱情，但人人也很希望看到爱情居然会是利他的、无私的。

仅仅以人自己做不到，于是希望看到别人做到这种肤浅的心理学逻辑来解释是不够的。事实上普遍之人们那一种普遍的希望，源自我们对每一个普通的甚至自私的人，都有机会证明自己有时候可以超越自私本性——这一人性高尚现象的相信和敬意。

如果普遍的世人对此绝不相信也绝不心生敬意，那么人类的社会与动物世界相比，便没什么高级之处可言了。西方人是深知这一点的。从《海的女儿》到《罗马假日》到《卡萨布兰卡》到《辛德勒的名单》，二百几十年间文艺肩负人性熏陶的使命，从未被嗤之以鼻地对待过。《卡萨布兰卡》正是以此文艺品格被列入经典的。

第十节

"傻"事中的诗意

多年以前，一位容貌纤秀的上海姑娘，确切地说，是一位大学化工系女生，爱上了一名留学生，他也是学化工的。他们毕业后结婚了，她跟随他去往他的国家、他的家乡。

一个沙漠之国，三毛曾经生活的地方。——这是当时她对他的国家的全部所知。

于是他将他的中国新娘带到了他的国家的边界的一个小镇。那里距举世闻名的撒哈拉大沙漠仅二百余公里。那里便是他的家乡——一个经济落后、人口不多、规模很小的小镇。与中国长江以南的某些新兴县镇相比，那小镇更像一个社区化的村庄。

女作家三毛写过一些关于撒哈拉大沙漠的散文，记叙了她和她的丈夫荷西的"撒哈拉之恋"，使那么多纯情的中国女孩读之深受感动。仿佛撒哈拉大沙漠才是真爱的源发地，爱的美好在沙漠上胜过在奥林匹斯山上似的。现在我们知道，其实三毛和她的夫君荷西，并不曾共同在撒哈拉生活过多久，也许总体时间加起来一年还不到。

但那位上海新娘，却已经在撒哈拉大沙漠边那个异国小镇，与她的丈夫共同生活了多年，而且一直无怨无悔地做着他的好妻子。两名化工系的学生，当初在那个人们靠种沙枣树谋生的小镇，几乎找不到一份像样的工作。他们不得不双双打短工，每月的收入加起来，还不足五十元人民币。

如今他们终于有了自己的家，他们的家几乎空空如也。以前的贵重家具是冰箱和一台小小的黑白电视，一台大点儿的电视还是刚换的。

这些年来，她入乡随俗，改变了上海人的生活习惯和饮食习惯。连用水，都要从自家的井里汲取。

那家的房子，乃是他们租的。他们还要靠租房子才有家。分明的，在以后一个相当长的时期里，他们是买不起房子的。

以前窈窕的上海姑娘，如今体态胖了，是一位中国妇人了。她从前白皙的肌肤被晒黑了，被撒哈拉的风沙吹得粗糙了。

张敏——如果不是中国一家电视台的境外专题摄制组到了那个异国小镇，除了她的中国亲友，有谁知道她的名字呢？当记者同胞问她十二年来的生活感受时，她恬静地微笑着说："我既然爱上了他这个人，当然应该接受和他的人生相关的一切。"

我望着电视里的张敏，倏忽间，我的心被她的话深深感动了。在这个世界上，具体一点儿说，在中国还有男人或女人为了爱肯去往任何地方，过任何一种生活吗？

我暗问自己——假使我们是未婚男人，我肯为爱做到义无反顾吗？我对自己的回答是——恐怕我已做不到。但以前我相信我是能做到的啊。以前？当我们自认为或被认为成熟了的时候，我们就会将爱在手上反复掂量，患得患失。当爱在种种的得失考虑中似乎被摆放于周到的位置了，爱已经具有太多的思谋的成分了。就像我们周到地思谋许多别的事情一样。我们都企图从爱这一种原本最单纯的人类关系中，获得最实际的益处。爱越来越成为成功男人们为他们的成功所付出的代价的一种补偿，正如荣誉之补偿运动健将们平素的苦练。也越来越成为女人们人生的一种经营方式，仿佛这便是爱的天经地义的位置。

那种只因爱上了一个人便肯选择一种在他人看来傻透了的生活的男人或女人，已经很少了吧？进而我就不禁地想——以我这类俗男人的观点来看，张敏是否真的未免太傻呢？

国门敞开，爱的天地无比宽广了，多少中国女孩和女人带着她们的人生彩球迫不及待地去往美国、去往欧洲，她怎么偏偏去往了撒哈拉大沙漠的边上呢？

如果她当年并未做这一种义无反顾的选择，她今天的命运将会多么的不同啊——倘若她当年读硕士，进而读博士，她也许将成为中国未来的化学专家吧？倘若她当年嫁给她的某一位上海同学，他们今天也早该在上海有自己温馨的小家了吧？

女人们是否更会认为她十二年前的决定太傻了呢？由电视中那个叫张敏的上海女子，我浮想联翩，进而想到了许多与"傻"这个字紧密相关的人和事。

首先想到了天上的织女们。

她们中的两个，一个下凡嫁给了董永，一个下凡做了牛郎的媳妇。而且也是那么的始终不渝，无怨无悔。她们是多么的傻呀！人间的公子、王孙有多少哇，以她们的美丽容貌，迷倒哪一个不易如反掌呢？怎么偏偏爱上了连人间的女子们，都不屑于正眼相看的、两个一无所有的男人呢？

接着想到了白娘子。

那个许仙对她疑神疑鬼的，竟那么的值得爱吗？害得自己被镇在雷峰塔下，仍痴心不改！

再接着想到了杜十娘。

李公子负心就负心吧！孙某也富，也看中了自己，便跨过船去，转投孙某怀抱，未必一生不快活吧？何况她自己有百宝箱，做富有的女单身族也挺潇洒呀。倘若性的观念开通一些，像才女鱼玄机用诗所"宣言"的那样——"自当窥宋玉，何必怨王昌"，不是也不算亏待自己的一生吗？

还想到了爱情以外的人和事：普罗米修斯何苦呢？你本悠哉游哉地在天上做着你的神祇，人间黑暗不黑暗，关你什么事呢？你何苦为人间盗火，因而使自己遭受悲惨而又永远的苦难呢？须知人间并没几个人真心实意地感念你啊！人间非但不感念,还要告诉自己的后代,火种是自己钻木得来的。普罗米修斯啊普罗米修斯,不知巨雕每天一次用爪扒开你的胸膛,啄食你的脏腑的时候,你都在想些什么?

人类的忘恩负义,你这神祇是一清二楚的呀!

还联想到了猎人海力布。

蛇王的女儿明明预先警告过你——你所听到的鸟兽的语言是绝不可以转告别人的,否则你将变成石头。洪水要冲来了,你自己悄悄躲避到山上去就是了嘛!如果你怕只剩下你一个人太孤单了,你骗一个或者干脆用猎枪逼着一个女人,随你一块儿上山岂不更好?而且,也别管她是不是已经嫁人为妻了,只要你爱她!反正,她的丈夫总是要被洪水淹死的。她还应该感激你的救命之恩哪!何况,部落中就没有谗言小人了吗?他们就没背后贬损过你的人格吗?你舍自己的命而也同时连小人都救了,你不是迂腐到家了吗?

还联想到了一则外国故事中的两个人:一个人犯了莫须有的罪,被判绞刑。他请求临死前给他半天的时间,让他赶回家去与老母亲诀别。围观者中有一个人恻隐了,竟自愿登上绞架顶替他。而且当众声明,倘若他逾时不返,自己宁可替他死。差几分钟就行刑了,却气喘吁吁、通身大汗地赶回来,边往绞架那边跑,还边大喊:“等等!我回来啦!”你说他不远走高飞、逃之夭夭,跑回来送死干什么呀!

还联想到了北宋吕南公笔下记载的三个人——其一曰陈策。别人买他的银器和罗绮,他却只卖银器不卖罗绮,还要对人家说:“罗绮我货仓中是有的,但那是别人用来抵债的。已经存放得太久了,丝力糜脆质地不保了,怎么能卖给你去做嫁女的嫁妆呢?”还指出银器也是别人抵押之物,怕是假的,投入火中亲自替买者验看。其二叫危整。有次他买鲍鱼,渔肆过秤的人私下告诉他:“我在秤星上多替你做了五斤的手脚,你得请我喝酒!”占了大便宜,当然应该请人家喝酒的。他却不,而是追上卖鱼的渔民,补交了五斤鲍鱼的钱。顾惜名声，做到这份儿上也就算了吧？竟还请过秤的人喝酒，为的是在酒桌上批评人家不对。照今天某些人看来，往好了评论是作秀，是沽名钓誉。若往损了评论，大约是要被说成装的吧？第三个人叫曾叔卿，做陶瓷买卖的。北方有灾荒，所以虽备好了货而不往。有人买了他那批陶瓷，且已付了钱。他却要问人家买了干什么？人家实告，也打算和你一样贩到北方去呀！他却收回货，退了款，不卖了。怕那批陶瓷贩往北方卖不出去，砸在人家手里！不砸在别人手里，那不就很可能砸在你自己手里吗？曾叔卿呀曾叔卿，人人都像你这么经商，有几个能发得起来呀？你本与"儒"字不沾边的，图的什么"儒商"虚名呢？何况，你家日子挺穷的，你家妻儿还期待着拿你卖了陶瓷的钱买米下锅哪！

"傻"人办"傻"事，自有他们的一套原则，或曰一套理念逻辑。其特殊之点是将人性操守化了，也反之按他们和她们的理解将操守格外地人性化了。因而操守在他们和她们的意识里即人性的一部分，甚至是人性特别主要的成分。故他们和她们与我们是那么的不一样。不像我们似的，总觉得操守是人性自由的羁绊和枷锁。是的，他们确乎不这么觉得。我们有时也挺喜欢他们，那是因为我们凡事太少操守，太精于利己的思谋，于是使人性过于芜杂了。我们被其所累，便容忍有一种与我们的理念不同的，另外的人性模式存在着。使我们看了如此安慰自己——只要我愿意，我也可以那么简单地活一生。尽管我们其实永远不打算像他们那样对待任何一件与我们自身的利弊多少有些相关的事情。我们安慰自己时，还企图证明我们在对人性的理解方面，站立在比"傻"人们高得多的境界。而且，我们想要举出多少条，便可举出多少条现代的理念，支持我们对人性的理解的正确性。就好像大人面对孩子说："因为我已经不是小孩子了，所以我不会再做孩子的事了。但是如果我的头脑重新变得像孩子那么简单……"

我们有时却很讨厌他们和她们，甚而嫌恶乃至憎恨他们和她们，总打算不容他们和她们的存在。不但嗤之以鼻地以一个"傻"字来定论，还往往要大加嘲讽、讥笑、攻讦。那是由于，因了他们和她们的存在，常常显得我们的不"傻"的活法，未免也太是很累的活法了。真的，有时不"傻"的人的活法，比"傻"人们的活法更累。

"傻"人们的活法，以及他们和她们所做之种种在我们不"傻"的人看来实在"傻"得可悲可怜的事，是最经不起我们不"傻"的人如此一问的——何苦？

只要我们这么一问，"傻"人们就似乎的的确确是天生的一些"傻"种了。

而我最终想说的是——仅从美学的角度讲，某些事物恰恰因其过于复杂而失美，比如电脑的内部就不如电脑的外观那么好看，大脑也不如头颅那么好看。

人性亦如此。

人性复杂进而芜杂，乃是人类后天相互传染的一种病。尽管我们普通的不"傻"的人，目前仍自赏着人性的复杂与芜杂，但总有一天，我们将不得不承认它是一种病。并开始研制给我们自己治病的药方正如我们目前在研制医疗新冠肺炎的药方一样。

人性在最简单的理解前提之下有诗性。

这是"傻"人们给我的启示，故我每因我的不够"傻"，而深深地嫌恶我人性质量的糜烂的成熟。这使我常感羞耻不已……

第十一节

另一种母爱

关于母爱，已经有了很多赞美——如诗、戏剧、小说，如画，如雕塑。甚至，还需加上新闻媒体的报道，而它告诉我们的，乃真人真事，进言之，乃人类最真实的那类母爱。

母爱是母亲的本能，这一点已经是人类所公认的。这本能之无私，往往是惊心动魄的。几年前我曾读到过一篇国外的报道——在地震中，一位母亲和她三岁的女儿同被压在房舍的废墟之下，历时七天七夜。怀抱着女儿，母亲心想：我死不足惜，但是女儿当活下去！由这一意念的支配，母亲咬破了自己的手腕，吮自己的血，时时哺于女儿口中。七天七夜后，营救者们挖掘出这母女时，女儿仍面有血色，而母亲肤白如纸，奄奄待毙。但她微笑了，她说："我的女儿有救了。"这是她人生的最后一句话。说完这句话，她就离去了。

几年前的几年前，我曾读到过一篇小说，篇名似乎是《面包》，短篇，仅两千余字，内容是——战争加荒年，哀鸿遍野，民不聊生。寂野、老树、昏鸦——瘫坐树下的中年母亲怀抱着幼小的儿子，饥饿已经使母子都没有了动一动的力气。走来了一名兵。兵的饥饿感也很强烈，但不是对面包，而是对女人。兵的背包中还有一个面包，于是他提议用半个面包和那母亲做一次性的"交易"。她其实并没有什么明确的反应，因为她已经快饿毙了。兵从她的眼神中觉得她似乎同意了。结果是兵的"饥饿感"一时解决了，而那母亲获得到半个面包。面包一到手，她就狼吞虎咽起来——她早已饿得失去了理性呀！突然,她瞥见被置于一旁的幼小的儿子——儿子正目瞪瞪地望着母亲。刹那间她的理性恢复了,但最后一小块儿面包也同时被她吃掉了。她当时同意"交易"时,其实是为儿子。于是,她疯了……

这是一篇谴责战争的小说,短而冲击人心,其冲击力恰在于它悖逆母性、悖逆母爱的反人性逻辑的结局设定。母性和母爱,被煎在羞耻的钣上,一位母亲几乎也就只有疯。那是我读过的最难忘的短篇小说之一。"子欲养而亲不待"——此类"长恨歌",往往会使儿女们痛不欲生,但一般也就是"不欲生"。但父母,尤其是母亲,若认为自己在生死线上或能救儿女之命而居然丧失了机会,那她的心灵所受到的自责的拷打,是十倍百倍地超过儿女因"亲不待"而感到的悲伤的。

我们何必举太多的例子证明母性和母爱的这一种特性呢？这根本是无需证明的,它是即使在动物界也是体现得昭然若揭的。许多种母兽、母禽,在眼见其幼子、幼雏陷于生死险境之际,每每不惜以身为饵,以死相救——不管面对的是凶残的狮、虎、豹,还是猎人的枪。

我们接下来主要谈的,却是母性和母爱的另一特性——那就是,在我们这个地球上,只有母亲,而且只有人类的母亲,她的爱心往往向她最不幸、最无生存竞争能力,包括先天或后天残疾了的儿女倾斜。

大抵如此,男人总希望娶漂亮的女人为妻,女人总希望嫁或有社会地位、或有钱财、或有权力、或英俊潇洒风流倜傥的男人。无论男人或女人,大多数都愿交"有用"的朋友。所以古人有言:"大丈夫处世,当交四海英雄。"所以文人有言:"谈笑有鸿儒,往来无白丁。"所以"公门暇日少,穷巷故人稀"。所以"人生当贵显,每淡布衣交。谁肯居台阁,犹能念草茅"遂成人间感慨。

但母亲,却最怜爱她那个最"没用"的儿女。儿女或智障、或疯癫、或残疾、或瘫痪、或奇丑无比,人间许许多多的母亲,都绝对没有嫌弃的。倘若那是她唯一的儿女,那么她总在想的事几乎注定了是——"我死后我这可怜的儿子(或女儿)怎么办？谁还能如我一样地照料他(她)，关爱他(她)？"倘若那不是她唯一的儿女，她另外还有几个有出息的儿女，不管他们表示将多么的孝敬她，不管他们将为她安排下多么无忧无虑的幸福生活，她的心、她的爱仍会牢牢地拴在她那个最"没用"的儿女身上。她会为了那一个儿女，回绝另外的儿女的孝敬，向期待着她去过的幸福生活背转了身，甘愿继续守护和照料她那个最"没用"、可能同时还是最丑陋的儿女，直至奉献了她的一生，都无怨无悔。

真的，母亲们身上所体现出的这一种母爱的特性，的的确确是唯有人类的母亲们的人性中才具有的。

动物界是没有的。

不仅没有，动物界还往往相反——它们的母亲几乎一向"明智"地抛弃生存能力太差的后代。

大多数父亲们往往也做不到像母亲们那样。他们的耐心往往没有母亲们持久，他们的爱心往往也没有母亲们那么加倍、那么细致入微。

我不敢说我们人类的母亲们身上所体现的这种母爱特征是多么的伟大。

因为早已有人开始不停止地攻击我是什么可笑的"道德论者"了。我清楚地知道他们中有人对我的不停攻击，是由于不停止地拿了一小笔又一小笔的雇佣金。尽管他们并不觉得自己"拿起笔做刀枪"的受雇行径不道德，尽管我非但不惧怕他们反而极端地蔑视他们，但我却不愿又留下空子给他们钻

我想说——我感动。

真的！

对我们人类母亲们身上所体现的异乎寻常的母爱特征，很久以来，我感动极啦！

20 世纪末期在美国发生的一件事，想必是许多人也都知道的——一

对中年夫妇喜得一子,但那孩子刚一出生就被诊断为病孩儿,而且是一种不治之症。身体不能与没消过毒的空气接触,一旦接触就会受感染而死亡。

医生告诉父母:"你们的儿子,将只能在一个特制的、每天必须经过严格消毒的玻璃罩子中生存和长大。你们还打算要他吗?"

父亲犹豫起来,喜事变成了不幸。

医生又说:"你们有权拒绝接受他,还没有一条法律要求你们必须接受这样一个儿子。如果你们不接受,我们将人道……"

不待医生说完,母亲哇地大哭,她的心难过得快碎了。她悲泣地说:"不,不,不!但他毕竟是我的儿子!但他毕竟已经出生了!我要他活,不惜一切代价要他活……"

母亲的决心感染了父亲,也感动了父亲。父亲也坚定地说:"对,我们不惜一切代价也要他活!他有权活完他应得的一段生命!"于是那婴儿就活了下来——在特制的玻璃罩里、在医院。

父母每周都到医院去看自己的儿子,他们去时婴儿几乎总在睡着,父母就久久地隔着玻璃罩观望他的睡态。那情形,想来如植物学家观望自己培育在玻璃罩内的一株小芽苗吧?倘若值他醒着,并且不是在哭闹——他吮手的模样,他小脚的踢踹,他自得其乐的笑,都会使玻璃罩外的父母内心里春花怒放,喜上眉梢。

儿子两岁时回家了,但仍只能活在特制的玻璃罩里。只有在给他喂奶时,或换尿片时,或洗澡时,父母才有机会抱他、抚爱他。但那一切半点钟内就须结束。进行前的程序也是相当复杂的——房间,一切用物及父母本人,都必进行严格的消毒……

儿子就这样而三四岁、而五六岁、而七八岁,父母为他由中产阶级、而平民、而卖车押房、而不得不接受社会慈善机构的资助,但是他们始终无怨无悔。相反,儿子每长大一岁,父母对儿子的爱心就增加一倍。他们隔着玻璃罩上特制的谈话孔教会了儿子说话,隔着玻璃罩指导儿子在玻璃罩内"生活自理",隔着玻璃罩亲吻他。

他们还隔着玻璃罩教会了他识字读书。隔着玻璃罩通过谈话孔,放音乐给他听,放电视给他看,向他讲述和描绘这世界上的大事和趣事。

他们也从没忘记,在他的生日送他鲜花和礼物。

七八年中玻璃罩已换了三次,一次比一次大,就好比为儿子乔迁了三次。

他们明白他们的儿子每一天都可能死去。但他们从来也不想他们对儿子的爱心,为儿子的一切付出,值得不值得。

他们为了全心全意地照料这个儿子的每一天,没再要第二个孩子。

他们的儿子在十一岁上死去了。他临死时将握在手里的对讲机凑到嘴边,父母在玻璃罩外听到了他最后的话——"爸爸妈妈,我爱你们,感激你们为我做的一切……"

第二天媒体登载了这一消息——全美国许多人为之动容。

我的世界观基本上是唯物的,但我每每也不禁地相信一下上天。于此事,我就曾不禁地做如是想——难道是上天在有意考验我们人类的父母尤其是母亲们,对自己儿女的爱心究竟会深厚到什么程度吗?

多年前在北影,某一户人家,有一个不幸的女儿。我不详知她患的是什么病,也许是肥胖症? 也许是瘫痪? 反正自从我1977年到北影以后,常见一位四十多岁的母亲,每于春秋两季,或夏季凉爽的傍晚,用小三轮车载着她的女儿,在院子里,在街道旁,陪女儿散心。

我还曾与她们母女交谈过。有次我对那女儿说:"少见了,你今天气色真好!"的确,她看去刚洗过澡,穿的是一身新衣服,虽然非常胖,但显得很清爽,心情也似乎格外愉悦。不料她一笑之后说:"还气色好呢,都快把我妈拖累垮了,真不想活了……"她母亲轻轻打了她一下,嗔怪道:"这孩子,胡说些什么呢! 妈不心疼你谁心疼你呀? 妈不爱你谁爱你呀!"母亲一边说，一边掏出手绢，为女儿拭去脸上的汗。接着掏出小梳子，梳理女儿并不乱的头发——那充满着爱的一举一动，使我的心大为肃然。女儿说："妈，你不是替我梳过头了吗？"母亲说："再梳梳不是透风凉吗？"随后有不少北影的人驻足与母女二人聊天，都因那女儿的气色好、心情好而替母亲欣慰。

最后那女孩还是走了，年仅二十一岁，或还大几岁……二十几年啊！难道上天又是在考察母亲对儿女的爱心吗？

从前的童影，也有一户人家中不幸有一个弱智的孩子。他们对儿子的爱心也常常感动我，并常常引起我替她们心存的一份忧愁。

我表哥的儿子从少年起就几乎失明——表哥的人生也就从三十五六岁起几乎为儿子在活。

我的哥哥从二十四岁起患精神分裂症，以后的三十余年，差不多全是在精神病院度过的。母亲的心从五十来岁起，就被一个最执着的意念所支配——那就是，再穷，也要尽量节省下钱治好哥哥的病。这愿望，直至她七十多岁以后才渐变为失望。

我的父亲多年前去世了，母亲也去世了。他们去世后我想，我应将哥哥从医院里接出来，使他过上正常人的生活。我一直认为他能过正常人的生活，只不过这想法是从前父母和我都办不到的。想一想，一个精神病症根本不算严重的人，一个当年大学里的学生会主席，居然因为从前家里没有他的"一床之地"，就从二十四岁起，不得不将精神病院当成了家，一住就是三十余年。

这是很残酷的一件事啊！

母亲们身上所体现的母爱的特性，真的是世界上最无私无怨的一种爱啊！这特性是世界上从古至今唯一的。我不敢赞美它伟大，也不愿赞美它伟大。因为对于父母，一个残疾的、不健全的儿女，首先是一件伤心的不幸的事，当然对那样的儿女们也是。但母爱的异乎寻常的特性，的确使我的心灵常常受到震荡式的感动。我祈祷人类的医学进一步获得大的突破性发展，能保证母亲们生下的孩子都是健美的。我祈祷我们的国家富强，使一切母亲的不幸的儿女，也都处处有乐园，从而使母爱的特性，不再苦涩、忧郁和沉重。

无私、无怨、无悔之事，虽感动人，却不见得都是美好之事啊！

梁晓声

第十二节

父爱

我曾以为自己是缺少父爱情感的男人。

结婚后，我很怕过早负起父亲的责任，因为我太爱安静了。一想到我那十一平方米的家中，响起孩子的哭声，有个三四岁的男孩儿或女孩儿满地爬，我就觉得简直等于受折磨，有点儿毛骨悚然。

妻子初孕，我坚决主张"人流"。为此她备感委屈，大哭一场——那时我刚开始热衷于写作。哭归哭，她妥协了。

妻子第二次怀孕，我郑重地声明，三十五岁之前决不做父亲。她不但委屈而且愤怒了，我们大吵一架——结果是我妥协了。

儿子还没出生，我早说了无穷无尽的抱怨话。倘若他在母腹中就知道，说不定会不想出生。妻临产的那些日子，我们都惴惴不安，日夜紧张。

那时，妻总在半夜三更觉得要生了。

已记不清我们度过了几个不眠之夜，也记不清半夜三更，我搀扶着她去了几次医院。马路上不见人影，从北影到积水潭医院，一往一返慢慢地小心地走，大约三小时。

每次医生都说："来早了，回家等着吧！"

妻子哭，我急，一块儿哀求。

哀求也没用，始终是那么一句话——"回家等着，没床位。"

有一夜，妻看上去很痛苦，但她咬紧牙关，一声不吭。她大概因为自己老没个准儿，觉得一次次地折腾我，有点儿对不住我。可我看出的确是

"刻不容缓"了——妻已不能走。我用自行车将她推到医院。

医生又训斥我："怎么这时候才来？你以为这是出门旅行，提前五分钟登上火车就行呀！"

反正你要当父亲了，当然是没理可讲的事了。

总算妻子生产顺利，一个胖墩墩的儿子出世了。

而我是半点儿喜悦也没有的，只感到舒了口气，卸下了一种重负。好比一个人的头被按在水盆里，连呛几口之后，终于抬了起来。

儿子一回家，便被移交给一位老阿姨了。我和妻住办公室，一转眼就是两年，两年中我没怎么照看过儿子。待他会叫"爸爸"后，我也发自内心地喜爱过他，时时逗他玩一阵。但是从所谓潜意识来讲是很自私的——为着解闷儿。心里总是有种积怨，因为他的出生，使我有家不能归，不得不栖息在办公室。

夏天，我们住的那幢筒子楼，周围环境肮脏。一到晚上，蚊子多得不得了。点蚊香，喷药，也是起不了多大作用的。蚊子似乎对蚊香和蚊药有了很强的抵抗力。

有天早晨我回家吃早饭，老阿姨说："几次叫你买蚊帐，你总拖，你看孩子被叮成什么样了？你真就那么忙？"

我俯身看儿子，见儿子遍身被叮起至少三四十个包，脸肿着。可他还冲我笑，叫"爸……"我正赶写一篇小说，突然我认识到自己太自私了。

我抱起儿子落泪了。

当天我去买了一顶五十多元的尼龙蚊帐。

上海文艺出版社一位编辑初次到我家，没找到我。他又到了办公室，才见着我。我挺兴奋地和他谈起我正在构思的一篇小说，他打断我说："你放下笔，先回家看看你儿子吧，他发高烧呢！"

我一愣，这才想起——我已在办公室废寝忘食地写了两天。两天内吃妻子送来的饭，没进过家门。

从这些方面讲，我真不是一位好父亲。

人们都说儿子是个好儿子，许多人非常喜欢他。我的生活中，已不能没有他了。我欠儿子的责任和义务太多。至今我觉得对儿子很内疚，我觉得我太自私。但正是在那一两年内，我艰难地一步步地向文坛迈进。对儿子的责任和自己的责任，于我，当年确是难以两全之事。

儿子爱画画，我从未指导过他。尽管我也曾爱画画，指导一个五岁多的孩子，那点儿基础还是够用的。

儿子爱下象棋。我给他买了一副象棋，却难得认真陪他"杀一盘"。他常常哀求："爸爸，和我杀一盘行不行啊？"结果他养成了自己和自己下象棋的习惯。

记得我有一次到幼儿园去接儿子，阿姨对我说："你还是作家呢，你儿子连'一'都写不直，回家好好下功夫辅导他吧！"

从那以后，我总算对儿子的作业较为关心。但要辅导他每天写完幼儿园的两页作业，差不多也得占去晚上的两个小时。而我尤视晚上的时间更为宝贵——白天难得安静，读书写作，全指望晚上的时间。

儿子曾有段时间不愿去幼儿园。每天早晨撒娇耍赖，哭哭啼啼，想留在家里。我终于弄明白，原来他不敢在幼儿园做早操。他太自卑，太难为情。以为他的动作，定是极古怪的，定会引起哄笑。

我便答应他，做早操时，到幼儿园去看他。——我说话算话。他在院内做操，我在院外做操。有了我的陪伴，他的胆量壮了。

事后我问他："如果你连当众伸伸胳膊踢踢腿都不敢，将来你还敢干什么？比如看见一个小偷在公共汽车上扒人家腰包，你敢抓住他的手腕吗？"

他沉吟许久，很严肃地回答："要是小偷没带刀，我就敢。"

我笑了，先有这点儿胆量也行。

我又对他说："只要你认为你是对的，谁也别怕，什么也别怕！"

我希望我的儿子在这一点能像我一样。

总而言之，我不是位尽职的父亲。我应该学会做一位好父亲，去掉些自私，少写几篇作品，多在他身上花些精力。归根到底，我的作品，也许都微不足道。但我教育出怎样一个人交给社会，那不仅是我对儿子的责任，也是我对社会的责任。

我当时不希望他多么有出息——这超出我的努力及我的愿望。

那时我开始告诉儿子……

儿子九岁时，上三年级。

我想，我有责任告诉他一些事情。

其实之前我早已这样做了。

儿子爱画画，于是有朋友送来各种纸。儿子若自认为画得不好，哪怕仅仅画一笔，一张纸便作废了。这使我想起童年时的许多往事。有一天我命他坐在对面，郑重地严肃地告诉他——爸爸读小学三年级的时候，从来没见过一张这么好的纸。爸爸小时候也爱画。但所用的纸，是到商店去捡回来的、包装过东西的、皱巴巴的纸。裁了，自己订了。便是那样的纸，也舍不得画一笔就作废的，因为并不容易捡到。那一种纸是很黑、很粗糙的，铅笔道画上看不清，因为那叫"马粪纸"。

"怎么叫'马粪纸'呢？"

于是我给他讲那是一个怎样的年代。在那样的一个年代，几乎整整一代的孩子们，都用"马粪纸"。一流大学里的教授们的讲义，也是印在"马粪纸"上的。还有书包，还有文具盒，还有彩色笔……哪一位像我这种年龄的父母，当年不得书包补了又补，文具盒一用几年乃至十几年呢？

…………

"爸爸，我拿几毛钱好吗？"

"干什么？"

"想买一支雪糕吃。"

我同意了。

几毛钱就是七毛钱,因为一支雪糕七毛钱。

于是儿子接连每天吃一支雪糕。

有一天我又命他坐在对面,郑重地严肃地告诉他——七毛钱等于爸爸或妈妈每天工资的一半。爸爸从小学一年级到六年级,总共吃了还不到三四十支——当然并非雪糕,而是冰棍,且是三分钱一支的,舍不得吃五分一支的,更不敢奢望一毛一支的。只能在春游或开运动会时,才认为自己有理由向妈妈要三分钱或六分钱。

我对儿子进行类似的教育,被友人们碰到过几次。当着我儿子的面,友人们自然是不好说什么的。但背过儿子,皆对我大不以为然。觉得我这样做父亲,未免煞有介事,甚至挖苦我是借用"忆苦思甜"的方法。

友人们的"批判",我是极认真地想过的。然而那很过时的可能被认为相当迂腐的方法,却一直在我家沿用着。

所幸那时我告诉儿子的,竟对他起到了一定的影响。

一次,儿子把作业本拿给我看,虔诚地问:"爸爸,这一页我没撕掉。我贴得好吗?"

那是跟我学的方法——从旧作业本上剪下一条格子,贴在了写错字的一页上。

我是从来舍不得浪费一页稿纸的——尽管是从公家领的。

那一刻我内心里竟十分的激动,情不自禁地抱住儿子亲了一下。

"爸爸,你为什么哭呀?"儿子困惑了。

我说:"儿子啊,你学会这样,你不知爸爸多高兴呢!"

我常常想,我们这一代人中的绝大多数,都是拉扯着我们父母的破衣襟,一步一步趔趄地走过来的。怎么,我们的下一代消费起任何东西时的那种似乎理所当然和毫不吝惜的损弃之风,竟比西方富有之国、富有之家的孩子们要甚得多呢? 仿佛我们是他们的富有得不得了的爸爸、妈妈似的。难道我们自己也荒诞到这么认为了吗？如果不，我们为什么不告诉他们一些应该知道的事呢？

我的儿子当然可以用上等的复印纸习画，可以有许多彩色笔，可以不必背补过的书包，可以想吃"紫雪糕"时就吃一支……

但他必须明白，这一切的确便是所谓"幸福"之一种了！

我可不希望培养出一个从小似乎什么也不缺少，长大了却认为这世界什么都没为他准备齐全，因而只会抱怨乃至憎恶的人。

无忧无虑和基本上无所不缺，既可向将来的社会提供一个起码身心健康的人，也可"造就"成一批少爷。

而这个国家、这个民族，是再也养不起那么多少爷的。

难道不是吗？

少爷小姐型的一代，是对任何一个国家、一个民族最大的报应。而对一个正在觉醒的民族，则简直无异于是报复。

第十三节

"侍弄"心灵

谁不希望拥有一座小小花园?哪怕是一尺之地呢。

若有,当代人定会以木栅围起。那木栅也定会以各人的条件和意愿,摆弄得尽可能美观。都市寸土千金,拥有一个小小花园的希望,对寻常之辈不啻是一种奢望与梦想。

其实,谁都有一座小小花园,谁都是有苗圃之地的,这便是内心世界。

人的智力需要开发,人的内心世界也是需要开发的。人和动物的区别,恐怕还在于人有内心世界。心,不过是人的一个重要脏器,而内心世界则是一种特殊的景观,它是由外部世界不断作用于内心而渐渐形成的。

我常"侍弄"心灵的苗圃。职业的缘故,使我惯对自己和他人的心灵深入研究。

结论是——心灵,与人的身体健康同样重要。

我的儿子,在小学五年级时。这正是一个人的内心世界开始形成的年龄。我也常教他学会如何"侍弄"那小小心灵的苗圃。"侍弄"这个词,用在此处是很勉强的,不那么贴切,意思无非是,人的内心世界如果惰于拂拭,就会浮尘厚积、杂草丛生。这联系到禅家的一桩"公案"——"身是菩提树,心如明镜台;时时勤拂拭,莫使惹尘埃。"

我系俗人,仅能以俗人的观念和方式教子。

故我对儿子首先的教诲是——人的内心世界,大概最容易招惹尘埃、沾染污垢。心灵的清洁卫生只能是相对的,好比居处的清洁卫生,只能是相对的。倘若根本不"拂拭",甚至反感别人中肯的批评,则是大不可取,犹如讳疾忌医。

一次儿子放学,进屋就说:"爸爸,今天同学的红领巾被老师收去了。"

我问为什么。

儿子回答:"犯错误了呗!把老师气坏了。"

那同学是他好朋友。我依稀记得,似乎老师要在他们两者之间选拔一名班干部。

我将他召至跟前,推心置腹地问:"跟爸爸说实话,你是不是因此而高兴?"

他便诚实地回答:"有点儿。"

我说:"你学过一个词,叫'幸灾乐祸',你能正确解释这个词吗?红领巾被老师收去了,还算不得什么灾。但是,你心里已有了这种'幸灾乐祸'的根苗。那么,你哪一天听说他生病了、住院了,甚至生命有危险了,说不定你内心里也会暗暗地高兴。"

儿子的目光告诉我,他不相信自己会那样。

我又说:"如果你们老师并不打算在你们两个之间选拔一名班干部,你倒未必幸灾乐祸;如果你心里清楚,老师最终选拔的肯定是你,你也未必幸灾乐祸。你之所以如此,是因为他和你被选拔的可能性是相等的,甚至他被选拔的可能性更大些。于是,你才幸灾乐祸,这完全是由嫉妒产生的。你看,嫉妒心理多丑恶呀,它竟使人对朋友也心存不良。"

接着,我给他讲了两件事。

有一对女孩儿,她们原本是好朋友,又都是从小学芭蕾的。一次,老师要从她们两人中间选一个主角。其中一个认为肯定是自己,应该是自己,可老师偏偏选了另一个。于是,她就在演出的头一天晚上,将她好朋友的舞裙,剪成了一片片的。

还有两个女孩儿,是一对小杂技演员。一个是"尖子",也就是被托举

梁晓声

起来的;另一个是"底座儿",也就是将对方托举起来的。她们的演出几乎场场获得热烈的掌声。可不知为什么,那个"底座儿"内心里怀上了嫉妒,总是莫名其妙地觉得,掌声是为"尖子"一个人鼓的。她觉得不公平。日复一日,那种暗暗的嫉妒,就变成了愤恨。终于有一天,她故意失手,制造了一场不幸,使"尖子"在演出时当场摔成重伤。

我对儿子讲,因嫉妒而伤害到别人,如果发生在成年人身上,那就可能是犯罪行为了。

儿子问:"大人也嫉妒吗?"

我说大人一旦嫉妒起来尤其厉害。凡是那样的人,皆因从小就让嫉妒这颗种子,在心灵里深深扎了根。他们的内心世界,不是花园,不是苗圃,而是荆棘密布的乱石岗。

儿子问:"爸爸你也嫉妒过吗?"

我说当然也嫉妒过,直到现在还时常嫉妒比自己幸运、比自己优越、比自己强大的人。从伟大的人到普通的人,都有嫉妒之心,没产生过嫉妒心的人是根本没有的。

儿子问:"那怎么办呢?"

我说:"第一,要明白嫉妒是丑恶的、是邪恶的,对他人和社会具有危害性和危险性。第二,不可能一切所谓好事、好的机会,都会理所当然地降临在自己头上。当幸运降临在别人头上时,你应对自己说,我的机会和幸运可能在下一次。"

邻居们都很喜欢我的儿子,认为他是个"懂事"的好孩子。同学们跟他也都很友好,觉得和他在一起高兴,愉快。我因此而欣慰。我知道,一个心灵的小花园,"侍弄"得开始美好起来。

第十四节

享受阅读

为青少年朋友们出版的书籍业已不少,然而我还是要很负责任地说,许多书无疑是值得你们阅读的。并且我相信,如果你们真的阅读了,确实对你们的成长是有益的。

你们都是喜欢上网的孩子吗?

我知道,你们十之八九是那样的。

我绝不反对你们上网,连你们喜欢网上游戏这一点也不反对。为什么要反对呢?青少年时期,本就是爱游戏的呀。

但你们每天上网多久呢?一小时?两小时?抑或更长的时间?如果仅仅上网一小时,那么我相信,你们每个星期总归还会有几小时可以读读课外书。如果每天上网两小时以上,那么我斗胆建议你,节省出一小时来,读读书吧!

网上也有吗?

网上究竟有没有这样的一些书,我是不清楚的,因为我不是一个喜欢上网的人。

依我想来,无论对于青少年还是成年人,翻开一册书与启动电脑,注目于书页与盯视着电脑屏幕,手把书脊与手抚鼠标,是很不同的状态。据我所知,家里的电脑也罢,别处的电脑也罢,大抵是放在避开阳光的地方的。若阳光投在电脑屏幕上,屏幕显示的就不清楚了,是吗?

而读书之人,却是可以同时置身于阳光中的。既沐浴着阳光,又沉浸在美好文字的世界中,难道不是一种享受吗?

故我认为,读书还是以凭窗为佳。就算是背阳的窗口吧,就算是在窗扇关严的冬季吧,就算是外边正落着雪或下着雨吧——安安静静地看一会儿书,再抬眼望望窗外,望雪花无声地落在外窗台上,望雨丝如帘使窗外景物迷蒙如梦,心灵体会着那些书中人物的思想、情怀。

这样的时刻,怎不是享受的时刻呢!

何况此时的你,也许舒适地坐着,竟也许半坐半卧,难道不是惬意之意吗?

青少年朋友们,你们当然知道的——人的大脑分为几个区域,每个区域之间有千丝万缕的联系。那么,你们当然也应该知道——读书和上网,虽然都主要是由视觉神经作用于脑区,发生脑活动,但二者之间,还是有些区别的。也就是说,上网时发生的脑活动,不完全等同于读书时发生的脑活动。进言之,读书时所发生的一系列脑活动,是只有通过读书这一件事才能进行的。如果一个人长期不读书,他的某一部分脑区,便不进行相应的活动。久而久之,该部分脑区的反射本能就迟钝了。从前说一个人有书卷气质,那气质便是一种脑状态所呈现于颜面的,是内在精神质量的体现。只上网不读书,人断不能有所谓"书卷气质"。

你们不是都很爱美吗?

书卷气质便是一种气质美。这一种美已经被全人类认可了几千年,并且,至今也没被否定,没被颠覆。如果你们不信,不妨调查了解一番,问问周边朋友。我估计,十之八九的人,还是很乐于听到别人说自己有书卷气质的。

那么,读书吧!

就从一本好书读起吧。但好书能成为你们的架上书、枕边书;但愿好书能使你们渐渐成为不仅喜欢上网,也喜欢读书的人。我更愿在你们中年的时候,别人谈论起你们,将会说:

"噢,那是一个喜欢读书的人。"

"啊,那个人的书卷气质,给我留下特别的印象。"

我并不是在以虚荣游说于你们,和虚荣没有关系。我想表达的意思其实是——当人们那么评说你们的时候,也是在赞美书籍啊!也是在向读书这一人类古老而又优雅的爱好致敬啊!

已经喜欢读书的你们,也和一本好书发生亲密的接触吧!还没有喜欢读书这件事的你们,从一本好书开始吧!

我之所以肯向你们推荐读书,不仅是由阅读的品质所决定的,也是由我们需要的生活品质所决定的——那样,我们的生活会因阅读而幸福!

第十五节

幽默一下多好

　　我的两篇小说——《恐惧》和《失聪》的英文译本,要在美国出版了。它们是我的小说中较为幽默的两篇。选择它们议成英文在美国出版,也许是因为美国的读者皆喜欢带有幽默色彩的小说吧。

　　这就使我想到谈谈幽默了。

　　20世纪80年代以后,中国人接触外国人包括美国人的机会多了。我认为,中国人对美国人的好感,胜过对其他一切外国人的好感——原因之一便是,美国人身上所具有的那种特别的"山姆大叔"式的幽默。

　　在我这一个中国人的眼里,"美国式"的幽默和"英国式"的幽默是很不一样的。

　　"英国式"的幽默带有"专业"的意味,仿佛是在大学里作为课程学到的。故"英国式"的幽默往往是太精致。"007系列"影片里的詹姆斯·邦德口中就常常说出精致的幽默话语。因而在我这个中国人看来,他每每是在向别人,尤其是向他存心诱惑的女人们炫耀"专业"水平。他的幽默对于某些女人如同迷幻药。她们一被迷幻,便迫不及待地上床和他做爱。但一个现实生活中的中国男人,即使风度翩翩,即使很有魅力,若开口闭口,总说出些太精致的幽默话语,那么大多数中国男人会很讨厌他,大多数中国女人会很警惕他——因为除了外交家,"善于辞令"的男人,在中国一向是"华而不实"的另一种说法。

　　"美国式"的幽默和"法国式"的幽默也很不一样。

"法国式"的幽默带有"沙龙"的意味,同时便带有了明显的表演性。像法国时装穿在名模身上,漂亮,但是仿佛拒普通中国人于千里之外。一位法国男人或女人,说了一句幽默的话之后,似乎总会显示出几分怀疑的神情——但你也是和我一样具有幽默感的吗?法国人在外国人面前的幽默,往往有意无意地流露出种族和种族文化的优越感。

　　当代中国人更喜欢接受的是"美国式"的幽默。

　　那么,美国人和美国文化中的幽默,在中国人眼里是什么样的呢?我认为是这样的——首先,这一种幽默几乎完全没有证明种族优越感的意味;其次,也不企图显示种族文化的什么特殊魅力。由于美国是一个移民成分较多的国家,因而"美国式"的幽默是一种社会黏合剂。它仿佛在暗示一切人——如果连彼此"幽"一大"默",都不能使我们相互了解,那么哪里还有什么另外的办法呢?

　　"美国式"的幽默,是一种完全放松的、随随便便的、大大咧咧的,有时甚至故意显得粗俗的幽默。它的机智不是那种"专业"性的,而是"脑筋急转弯"式的;它的俏皮不是那种"沙龙"性的,而是"茶馆"式的。它有时故意粗俗,便仿佛是在间接地声明——别视我为什么人物。我和你一样,生气了也骂"他妈的"!

　　"美国式"的幽默,像中国的大碗茶,像中国的二锅头,像中国的大众小吃,像 T 恤衫——没派头,谁穿了都合身。

　　归根结底,"美国式"的幽默,更是平民式的幽默。中国是个平民阶层庞大的国家,"美国式"的幽默在中国业已占领了广阔的市场。

　　普遍的外国人认为中国人是过分严肃的,美国人可能也这么认为过。

　　其实,中华民族也曾是一个很幽默的民族。

　　在从前的中国,大臣们中不乏幽默者,但皇帝从来也不幽默。因为他代表至高无上的王权。他怕他的幽默,淡化了王权的威严。

　　在从前的中国,学生们是可以相互幽默开心的,但是先生很少幽默。

梁晓声

因为他"为人师表"。他怕他的幽默,淡化了他的"师道尊严"。"五四"以后的新的先生们,亦即教授们才开始"玩幽默"起来。因为他们中许多人留过学,知道幽默是好东西。于是将幽默和咖啡、和领带、和西服一道引入了中国。

在从前的中国,丫鬟中不乏幽默者,而小姐们是必须人前特别庄重的。小姐们不敢太幽默,怕失了"大家闺秀"的风范。正如丫鬟们不敢庄重,只有低三下四地循规蹈矩,怕被人讥为装小姐样儿。

在从前的中国,奴才们为了取悦于主子,往往也在主子面前谨慎地幽默一下。而主子是很少在奴才面前"幽"什么"默"的,因为他根本就不打算通过他的幽默,使奴才觉得他也有点儿可亲。恰恰相反,他只想通过他的毫无幽默感,使奴才永永远远地意识到他的可畏。这一点和外国的情形有些不同。外国的国王也在群臣面前挖空心思地幽默一番,以证明自己的智商很高。外国的主子也往往在奴才面前幽默一番,因为在没有别人欣赏的时候,奴才的欣赏也能使他获得一份满足。而外国的小姐们,每每在使女面前机言智语,因为她将幽默看成驾驭语言的能力,她希望通过幽默使之具有更高的能力。

但是,有一点却是相同的,无论中国的还是外国的皇帝、国王、小姐、主子,身旁大抵都曾有过极富幽默感的侍臣、使女、奴才。这说明,幽默从根本上是一种普遍的人性的需要,其次才和文化教养、和出身、和阶层发生关系。

现在的问题是——许许多多的事情都被幽默地甚至黑色幽默地对待,真是要使人格外严肃起来倒是不太容易了。好比在马戏场上演出的熊,一旦它玩上瘾了,它就一味地那么玩,根本不将驯兽师的口令当成一回事!

这种情形,是目前最大的幽默。

第十六节

真情无价

多年前有一陌生青年叩开我家门。他一坐定就跟我谈人心之不"古",以及世道的险恶。

随后,他就谈"他人皆地狱"。一副视他人全是仇敌的样子——那是一副很激愤的样子,似乎他已活了好几百年,打从人心很"古"的时候活过来的,所以对人心之不"古"特别的痛心疾首;又似乎终于认清了一条真理——认清了宇宙间唯一的真理。这一条真理便是"他人皆地狱"。

大抵真理总有根据支撑着。

他说人都是极端自私的东西。

他说"人不为己,天诛地灭"这句话,再真确不过了。

他说他从生活经历中,总结出了几条经验,其中一条便是——即使对那些热情帮助你的人,你心里也要防着他;并且时刻问自己——他帮助你图的是什么? 倘若你是女性,那么对方一定有男人的非分之想无疑。倘若你正在落魄之际,那么对方一定早已想好了,在你发达之际,向你勒索怎样的报答,所谓"无利不起早"。

我问他来找我干什么? 是不是就为了耳提面命地,对我进行一番这样的"再教育"?

他这才从他的包里取出一个沉甸甸的大信封,说内中装着他的手稿,三十余万字,说要我给他看看;并且要在三天内看完,并推荐给某大型文学刊物发表。

我说:"'他人皆地狱'——这是你信奉的真理。那么我对你来说,乃'地狱'也。你找你的'地狱'帮忙,岂不是太冒险吗?'人不为己,天诛地灭'——也是你信奉的。我呢,尽管原先不太信,现在却被你开导得有些信了。你找上我家门,要求我这,要求我那,可我也是人呵,我也是'极端自私的东西'呵。我帮助你我又能图着什么呢?若我什么都图不着,我不是无利而起早吗?我何苦来着?我正生着病,躺在床上看看书不好吗?"

他说:"算咱俩合作,算咱俩合作还不行吗?"

我说:"我还是不能帮助你,也根本不想帮助你。因为你对我来说,也是'地狱'呵。我帮助'地狱',也是太冒险的事呵。恩将仇报的人很多,我怎么敢设想你不是那种人!"

他信誓旦旦地说:"请你一定相信我,我要是恩将仇报,天打五雷轰!"

我说:"你发誓也没用——你再发誓也不能使我相信'地狱'不是'地狱'。"

他瞪大了眼睛,愣愣地待在那儿。

看他那样,忍不住的,我就笑了。

我的话不过调侃而已,并没有跟他那么认真。倘若我认真起来,兴许会把他赶出家门——张口闭口"他人皆地狱"而又以一种似乎应该的口吻求于他人的人,是讨厌的,除非他所面对的是神父、教士、修女。而我与神无缘。和生活中的大多数人一样,涵养也是有限的,只能做到以凡人的情绪对待烦人的心态。

我没在人心很"古"、世风醇厚的年代里活过,果有那样的年代,自然是很令人缅怀的。我的童年和少年是在很穷、很苦的生活中度过的,也同时品尝过那些年代人心和世风对穷人的不古。当然那时代在我看来,生活远比现在单纯得多——单纯并不意味着就是美妙。未成年的人对生活的感受无疑是幼稚的,因为他能和生活摩擦到哪儿去呢?又能和他人摩擦到哪儿去呢?

所以我想说，世道从来不曾"古"过。

人心呢？我看也从来不曾"古"过。

但是，不"古"的世道，一向自由人间的温情存在。正如不"古"的人心，彻底变成"地狱"是例外的绝望。尼采说过的偏激的话，并不比任何一位哲学家说过的少。而哲学家大抵一开始都是以偏激，企图匡正什么谬误的。

有这样一则儿童寓言，始终指导我认识生活真谛。

它讲的是——一个孩子，救了一个小精灵。小精灵答应他，可以满足他的三个愿望。

于是孩子大声说："让所有欺骗过他人的人，都变成石头吧！"

结果一切人，瞬间都变成了石头——世界凝固了。

孩子感到触目惊心的孤独，赶紧又大声说："让一切为了善的愿望而欺骗过的人，再变过来吧！"

便有一半的石头人活过来了。

他们活过来后，纷纷哭泣——因为那另一半仍是石头的人，和他们有着种种血缘的关系。

孩子被那么多人哭得不知所措，慌乱中说出第三个愿望——"让世界恢复原来的样子吧！"

于是，一切人都活过来了——包括无耻的骗子。

于是，世界就是现在这个样子，几乎不曾改变过，并且将永远夹在天堂和地狱之间。普通人的心，也是夹在天堂和地狱之间的。

有位二十二岁的姑娘，伫立在五层楼的阳台上，要往下跳。楼下的巷子里，拥簇着很多人，有的仰望着她，有人期待着她跳——好一睹年轻的躯体，怎样顷刻间被摔得七窍流血、一命呜呼……

甚至，还有人大喊大叫："跳呀！跳哇！"

这是发生在现实中的真实事情。

姑娘死了……

对于姑娘来说，巷子里渴望看见她死的人，无疑就是地狱。

我们很难猜测她当时内心会想到些什么。但是，在那人群中，却有一位老汉，顿足疾呼："姑娘，你千万不能呀！你还年轻啊……"然而，她却遭到一伙流氓痞子的拳打脚踢。世上是真有一些人的心，只能用地狱来比喻。否认这一点，是虚伪的；害怕这一点，是懦弱的。祈祷地狱般的心从善，这是迂腐的，好比一个人愚蠢到祈祷这世上，不要有苍蝇、蚊子、跳蚤、毛毛虫、毒蛇和蝎子之类。世界之所以叫世界，正因为它绝不可能干净到如人所愿的地步。世界是处在干净与肮脏之间的永恒的现实。——人心也可以这样加以分析。

在北京，曾经有这样一件事。一位北京电影学院的老教授，当年是一位内蒙古兵团的知识青年。一次，他在新街口附近的一家餐馆吃羊肉泡馍，见一喝醉了酒的蒙古族汉子伏桌失声恸哭，引起许多人关注。他将那汉子扶出了餐馆扶至一僻静处，询问他来北京办什么事，遇到了什么困难，何以悲哀。告曰独生女儿不幸得了癌症，而他这当父亲的，因家中有急事，又不得不撇下女儿，赶回内蒙古。女儿无人托付，去则不忍，留则不成，哭以宣泄。

这位教授说："你放心回内蒙古吧！我是当年内蒙古兵团的知情，我会代你去医院探望你的女儿的。"

他说到了，也做到了。

他告诉那蒙古族姑娘："我是你父亲的朋友——最好的朋友之一。"

除了他的父亲，还从没有另外一个人到医院探望过她。每次同病房的人有人前去探望，他都是那么羡慕人家。从此，她也可以获得一种精神满足了。北京对她来说，不再是举目无亲的城市，北京有他父亲的"最好的朋友"。他答应她，会经常来看她，还给她读书、讲故事。能感受到这种关怀，对那患了绝症不久于人世的蒙古族姑娘，是极其重要的，也是极其需要的。

一次他又去探望她，问她最想吃什么？

她说最想喝羊肉汤，并且立刻就想喝到。

他便走出医院去买……

他有什么不良企图吗？做这样猜测的人，只能是一种人——混蛋透顶之人。

若让小偷选总统的话，他们非常可能选扒手。并且，他们非常希望，每位受尊敬的人，其实都曾有过溜门撬锁的劣迹。更非常希望，能从人类的知识中，寻找到偷窃行为属于人类正当行为的根据。因而无数名人的偏激言论，被败类奉为座右铭，是丝毫也不奇怪的事。连真理有时也不能幸免遭到亵渎。

地狱并不在别处，正在每一个人内心里；所谓"圣界"也不在别处，也正在每一个人内心里。

坏人是死不绝的，正如好人是死不绝的。我们常常被告诫，要防备坏人。而这个世界，即使糟糕到极点，令人沮丧到极点，也起码是一个好人与坏人一样多的世界，故"他人皆地狱"的说法，起码在一半意义上不是真理，而是心理变态的呓语。纵然这句话最先是尼采说的，也完全可以这样认为。

在美国的一座城市里，每到圣诞节，总有一位老人徘徊街头，将一双双崭新也温暖的手套赠送给不相识的、出门匆忙忘了戴手套的人们。他这样做已经做了整整十年，别人问他为什么这样做？他说："能给予人们一点儿微小的关怀，我感到一种心灵的莫大愉快。"

他不是基督徒，也不是精神病患者。

在美国的一座城市里，有另一位老人于医院里将死去了。他唯一的愿望，就是死前能再见他在另一座城市的儿子一面。院方虽然代他通知了，但他的儿子分明不能及时赶来。在他弥留之际，主治医生和护士走到了他的床前。他以为是他的儿子来了，紧紧抓住主治医生的一只手，说：

"亲爱的孩子,你不知我有多么想念你……"护士要将他的手和主治医生的手分开,而被主治医生用表情制止了。主治医生说:"亲爱的爸爸,我爱你!原谅我来迟了!"他示意护士搬一把椅子给他。他在老人床前坐下了,就那么被老人抓住一只手,从午夜到黎明,从黎明到天黑,坐了近二十个小时,直到老人那只手,自然地垂下。

这几件事,不是小说,是真人真事。

人间自有温情在,人间永远自有温情在。人内心里如果没有的东西,走遍世界无法找到。善善恶恶,世界从来就是这个样子。

信奉"他人皆地狱的人",是很可怜的人。因为他的心,像木炭,吸收世间一切美好温馨的情感,却体会不到哪一种温馨、哪一种美好,仍像木炭。

这样的人。我认为,是不值得给予他们什么关怀和帮助的。即使他们在请求于你的时候,内心里也是阴暗的,也是对他人怀有敌意的。

尤其是,对那些张口闭口"他人皆地狱"的人,听听究竟谁在那里张口闭口说"他人皆地狱"。你不难得出结论,那些人,恰恰是些怎样的人。

第十七节

温馨,我知道的

"温馨"是纯粹的汉语词语。

近年常读到它,常听到它;自己也常写到它,常说到它。于是静默独处之时每每想——温馨,它究竟意味着什么呢?

是某种情调吗?是某种氛围吗?是客观之境?抑或仅仅是主观的印象?它往往在我们内心里唤起怎样的感觉?我们为什么特别不能长期地缺少它?

那夜失眠,依床而坐,将台灯罩压得更低,吸一支烟,于万籁俱寂中,细细地筛着我的人生,看有无温馨之蕊风干在我的记忆中。

从小学二三年级起,母亲便为全家的生活去离家很远的工地上班。每天早上天未亮,便悄悄地起床走了,往往在将近晚上8点时才回到家里。若是冬季,那时天已完全黑了。比我年龄更小的弟弟、妹妹都因天黑而害怕,我便冒着寒冷到小胡同口去迎母亲,从那儿可以望到马路。一眼望过去很远、很远,不见车辆,不见行人。终于有一个人影出现,矮小,然而"肥胖"——那是身穿了工地上发的过膝的很厚的棉坎肩所致。像矮小却穿了笨重铠甲的古代兵卒,断定那便是母亲。在幽蓝清冽的路灯光辉下,母亲那么快地走着。她知道小儿女们还饿着,等着她回家做口吃的呢!

于是我跑着迎上去,边叫:"妈!妈……"

如今回想起来,那远远望见的母亲的古怪身影,当时对我即是温馨。回想之际,觉得更是了。

小学四年级暑假中的一天，跟同学们到近郊玩，采回了一大捆狗尾草。采那么多狗尾草干什么呢？采时是并不想的。反正同学们采，自己也跟着采，还暗暗竞赛似的一定要比别的同学采得多，认为总归是收获。母亲正巧闲着，于是用那一大捆狗尾草为弟弟、妹妹们编小动物。转眼编成一只狗，转眼编成一只虎，转眼编成一头牛……她的儿女们属什么，她就先编什么。之后编成了十二生肖，再之后还编了大象、狮子、仙鹤、凤凰……母亲每每编成一种，我们便赞叹一阵。于是母亲一向忧愁的脸上，难得地浮现出微笑。

　　如今回想起来，母亲当时的微笑，对我即是温馨。对年龄更小的弟弟、妹妹们也是。那些狗尾草编的小动物，插满了我们破家的各处。到了来年，草籽干硬脱落，才不得不一一丢弃。

　　我小学五年级时，母亲仍上着班，但那时我已学会了做饭。从前的年代，百姓家的一顿饭极为简单，无非贴饼子和煮粥。晚饭通常只是粥，用高粱米或苞谷碴子煮粥，很费心费时的。怎么也得两个小时后才能煮软。我每坐在炉前，借炉口映出的一小片火光，一边提防粥别煮糊了，一边看小人书。即使厨房很黑了也不开灯，为了省几度电钱……

　　如今回想起来，当时炉口映出的一小片火光，对我即是温馨。回想之际，觉得更是了。

　　由小人书联想到了小人书铺。我是那儿的熟客，尤其在冬日去。倘若积攒了五六分钱，坐在靠近小铁炉的条凳上，从容翻阅；且可闻炉上水壶呲呲作响，脸被水气润得舒服极了，鞋子被炉壁烘得暖和极了；忘了时间，忘了地点；偶一抬头，见破椅上的老大爷低头打盹儿，而外边雪花在土窗台上积了半尺高。

　　如今想来，那样的夜晚、那样的时候、那样的地方，相对是少年的我便是一个温馨的所在。回想之际，觉得更是了。

　　上了中学的我，于一个穷困的家庭而言，几乎已是全才了。抹墙、修火炕、砌炉子,样样活儿都拿得起,干得很是在行。几乎每一年春节前,都要将个破家里里外外粉刷一遍。今年墙上滚这一种图案,明年一定换一种图案,年年不重样。冬天粉刷屋子别提有多麻烦,再怎么注意,也还是会滴得到处都是粉浆点子。母亲和弟弟、妹妹们撑不住就打盹儿,东倒西歪地全睡了。只有我一个人还在细细地擦,擦,擦……连地板都擦出清晰的木纹了。第二天一早,母亲和弟弟、妹妹们醒来,看看这儿,瞅瞅那儿,一切都干干净净有条不紊,看得目瞪口呆。

如今想来,温馨在母亲和弟弟、妹妹眼里,在我心里。他们眼里有种感动,我心里有种快乐。仿佛,感动是火苗,快乐是劈柴,于是家里满足温馨。尽管那时还没生火,屋子挺冷的。

下乡了,每次探家,总是在深夜敲门。灯下,母亲的白发是一年比一年多了。从怀里掏出积攒了三十几个月的钱,无言地塞在母亲瘦小而粗糙的手里,或二百,或三百。三百的时候,当然是向知青战友们借了些的。那年月,两三百元,多大一笔钱啊! 母亲将头一扭,眼泪就下来了。

如今想来,当时对于我,温馨在母亲的泪花里。为了让母亲过上不必借钱花的日子,再远的地方我都心甘情愿地去,什么苦都算不上是苦。母亲用她的泪花告诉我,她完全明白她这个儿子的想法。我心使母亲的心温馨,母亲的泪花使我心温馨。

参加工作了,将老父亲从哈尔滨接到了北京。十几年的一间筒子楼宿舍,里里外外被老父亲收拾得一尘不染。经常的,傍晚我在家里写作,老父亲将儿子从托儿所接回来。听父亲用浓重的山东口音教儿子数楼阶:"一、二、三……"所有在走廊里做饭的邻居听了都笑,我在屋里也不由得停笔一笑。那是老父亲在替我对儿子进行学前智力开发,全部成果是使儿子能从一数到了十。

父亲常慈爱地望着自己的孙子说:"几辈人的福都让他一个人享了啊!"

其实呢,我的儿子,只不过出生在筒子楼,渐渐长大在筒子楼。

有天下午我从办公室回家取一本书,见我的父亲和我的儿子相依相偎睡在床上,我儿子的一只小手紧紧揪住我父亲的胡子,那时我父亲的胡子蓄得蛮长——他怕自己睡着了,爷爷离开他不知到哪儿去了。

那情形给我留下极为温馨的印象,还有我老父亲教我儿子数楼梯的语调,以及他关于"福"的那一句话。

后来父亲患了癌症,而我又不能不为厂里修改一部剧本,我将一张小小的桌子从阳台搬到了父亲床边,目光稍一转移,就能看到父亲仰躺着的苍白的脸。而父亲微微一睁眼,就能看到我,和他对面养了十几条美丽金鱼的大鱼缸——在父亲不能起床后我为父亲买的。10月的阳光照耀着我,照耀着父亲。他已知自己将不久于人世,然只要我在身旁,他脸上必呈现着淡对生死的镇定和对儿子的信赖。

一天下午1点多,我突觉心慌极了,放下笔说:"爸,我得陪您躺一会儿。"尽管旁边有备我躺的钢丝床,我却紧挨着老父亲躺了下去。并且,本能地握住了父亲的一只手。五六分钟后,我几乎睡着了,而父亲悄然而逝……

如今想来,当年那五六分钟,乃是我一生体会到的最大的温馨。感谢上苍,它启示我那么亲密地与老父亲躺在一起,并且握着父亲的手。我一再地回忆,不记得此前也曾和父亲那么亲密地躺在一起过,更不记得此前曾在五六分钟内轻轻握着父亲的手不放过。真的感谢上苍啊,它使我们父子的诀别,成了我内心里刻骨铭心的温馨。

后来我又一次将母亲接到北京,而母亲也病了。邻居告诉我,每天我去上班,母亲必站在阳台上,脸贴着玻璃望我,直到无法望见为止。我不信,有天在外边抬头一看,老母亲果然在那样地望我。母亲弥留之际,我企图嘴对着嘴,将她喉间的痰吸出来。母亲忽然苏醒了,以为她的儿子在吻别她。母亲她的双手,一下子紧紧搂住了我的头,搂得那么紧。于是我将脸乖乖地偎向母亲的脸,闭上眼睛,任泪水默默地流。

如今想来,当时我的心悲伤得都快要碎了。所以并没有碎,是由于有温馨黏住了啊!在我的人生中,只记得母亲那么亲吻过我一次——在她儿子快五十岁的时候。

后来,我儿子大三的时候。有一次,我在家里,无意中听到了他与他的同学的交谈:

"你老爸对你好吗?"

"好啊。"

"怎么好法?"

"我小时候他总给我讲故事。"

其实,儿子小时候,我并未"总给"他讲故事。只给他讲过几次,而且一向是同一个自编的没结尾的故事。也一向是同一种讲法——该睡时,关了灯,将他搂在身旁,用被子连我自己的头一起罩住,口出异声:"呜……荒郊野外,好大的雪,好大的风,好黑的夜啊!冷呀!呱嗒、呱嗒……大怪兽来了,它嗅到我们的气味了,它要来吃我们了……"

儿子那时就屏息敛气,缩在我怀里一动也不敢动。幼儿园老师觉得儿子太胆小,一问方知缘故,曾郑重又严肃地批评我:"你一位著名作家,原来专给儿子讲那种故事啊!"

孰料,竟在儿子那儿,变成了我对他"好"的一种记忆。于是不禁地想,再过若干年,我彻底老了,儿子成年了,也会是一种关于父亲的温馨的回忆吗?尽管我给他的父爱委实太少,但却同一切似我的父亲们一样抱有一种奢望,那就是——将来我的儿子回忆起我时,或可以叫做"温馨"的情愫多于"呜……呱嗒、呱嗒"。

某人家乔迁,新居四壁涂暖色漆料,贺者曰:"温馨。"

年轻夫妻终于拥有了自己的小家,他们最在乎的定是卧室的装修和布置,从床、沙发的样式到窗帘的花色,无不精心挑选,乃为使小小的私密环境,呈现温馨。

少女终于在家庭中分配到了属于自己的房间,也许很小,才七八平方米,摆入了她的小床和写字桌再无回旋之地;然而几天以后你看吧,它将变得每一个角落,都充满了温馨。

新房大抵总是温馨的。倘若一对新人恩爱无限,别人会感到连床边的两双拖鞋都含情脉脉的;吸一下鼻子,仿佛连空气中都飘浮着温馨。反之,若同床异梦,貌合神离,那么新房的此处或彼处,总之必有一处地方的一样什么东西向他人暗示,其实反映在人眼里的温馨是假的。

在商业时代,温馨是广告语中频频出现的词汇之一。我曾见过如下广告:"饮××酒吧,它能使你的人生顿变温馨。"

我想,那大约只能是对斯文的醉君子而言,若是酒鬼又醉了,顿时感到的一定是他人生的另一种滋味。

最令我讶然的是一则妇女卫生巾广告:"用××卫生巾,带给你难忘的温馨。"

余也愚钝,百思不得其解。

酒吧总是刻意营造温馨的。

我虽一向拒沾酒气,却也被朋友邀至过酒吧几次。朋友问:"够温馨吧?"

烛光相映,人面绰约,靡音萦绕;有情人或耳鬓厮磨,或呢喃低语。

我说:"温馨。"

内心里却半点体会到温馨的真感觉也没有。

我想,温馨肯定是多种多样的。除了那两条广告其意太深我无法理解,以上种种皆是温馨,也不该成为什么问题。

我想,温馨一定是有共性前提的。首先它只能存在于较小的空间。世界上的任何宫殿都不可能是温馨的,但宫殿的某一房间却会是温馨的。最天才的设计大师也不能将某展览馆搞成一处温馨的所在;而最普通的女人，仅用旧报纸、窗花和一条床单、几个相框，就足以将一间草顶泥屋收拾得温馨慰人；在一辆"奔驰"车内放一排布娃娃给人的印象是怪怪的，而有次我看见一辆"奥拓"车内那样，却使我联想到了少女的房间。其次温馨它一定是同暖色调相关的一种环境，一切冷色调都会彻底改变它，而一切艳颜丽色也将使温馨不再。那时它或者转化为浪漫，或者转化为它的反面，变成了浮媚和庸俗。温馨也当然的是与光线相关的一种环境。黑暗中没有温馨，亮亮堂堂的地方也与"温馨"二字无缘。所以几乎可以断言，盲人难解温馨何境。而温馨所需要的那一种光，是半明半暗的，是亦遮亦显的，是总该有晕的。温馨并不直接呈现在光里，而呈现在光的晕里。故刻意追求温馨的人，就现代的人而言，对灯的形状、瓦数和灯罩，都是有极讲究的要求的。

这样看来，离不开空间大小、色彩种类、光线明暗的温馨，往往是务须加以营造的效果了。人在那样的环境里，男的还要流露多情，女的还要尽显妩媚，似乎才能圆满了温馨。若无真心那样，作秀既是难免的，也简直是必要的。否则呢，岂不枉对那不大不小的空间、那沉醉眼球的色彩、那幽晕迷人的灯光、那使人神经为之松弛的气氛吗？

是的，我承认以上种种都是温馨。

但我觉得，定有另类的一种温馨，它不是设计与布置的结果，不是刻意营造出来的。它储存在寻常人们所过的寻常的日子里，偶尔闪现，转瞬即逝，融化在寻常日子的交替中。它也许是老父亲某一时刻的目光，它也许曾浮现于老母亲变形了的嘴角，它也许是我们内心的一丝欣慰。甚至，可能与人们所追求的温馨恰恰相反，体现为某种忧郁、感伤和惆怅。

它虽融化在日子里，却并没有消亡，而是在光阴和岁月中渐渐沉淀，等待我们不经意间再想起它。

而当我们想起它的时候，我们往往会对自己说——温馨吗？我知道那是什么！并且，顿感其他一概的温馨，似乎都显得没有多少意味了。

梁晓声

梁晓声

第五章

优雅地活着

第一节

优雅的文化态度

当下，"弘扬传统文化"，正是方兴未艾。

窃以为，"传统"一词，未尝不也是时间的概念——意指"从前的"。而"从前的"，自然在"过去"里。"过去"并没过去，仍在影响着现在，是谓"传统"。又依我想来，"传统文化"无非就是从前的文化。从前的文化中，有精华，也有糟粕。倡导"弘扬传统文化"，自然是指从前的文化中的精华，这是不消说的。然而"文化"是多么广大的概念呀，几乎包罗万象，故不同的两个人甚或几个人都在谈论着文化，却可能是在谈论完全不同的两码事。

我自然是拥护弘扬优秀传统文化的。但我同时觉得，对于外国的文化包括西方的文化，"拿来主义"依然值得奉行，我这里指的当然是他们的优良的文化。我不赞成把"传统文化"作为盾牌，抵挡别国文化的影响。我认为这一种"守势"的文化心理，也许恰恰是文化自卑感的一种反映。

"弘扬传统文化"也罢，"拿来主义"也罢，还不是因为我们对自己文化的当下品质不甚满意吗？弘扬传统文化，能否有利于提升我们自己的文化的当下品质呢？答案是肯定的——能。能否解决我们自己的文化的当下一切品质问题呢？答案是否定的——不能。我们说传统文化博大精深，几乎包罗万象；但也就是"几乎"而已，并不真的包罗万象。

以电影为例，这是传统文化中没涉及的。以励志电影为例，这是我们当下国产电影中极少有的品种，有也不佳。但励志，对于当下之中国，肯定是需要着力弘扬的一种精神。

一方面，我们需要；另一方面，我们自己产生的极少，偶见水平也并不高——那么，除了"拿来"，还有另外的什么法子呢？"拿来"并不等于干脆放弃了自己产生的能动性。"拿来"的多了，对自己产生的能动性是一种刺激。而这一种刺激，对我国"励志电影"的水平是很有益的促进。

《幸福来临之际》——这是一部美国的励志电影，由黑人明星主演。片中没有美女，没有性，没有爱情，没有血腥、暴力和大场面等商业片一向的元素。它所表现的只不过是一位黑人父亲带着他的学龄前儿子，终日为最低的生存保障四处奔波，每每走投无路的困境以及他对人生转机所持的不泯的、百折不挠的进取信念罢了。然而它在当年全美的票房排行榜上名列前茅，使某些商业大片对它的票房竞争力也不敢小觑。

然而我们的电影机构却不知为什么，并没有引进这样一部优秀的电影。我们引进的眼光，似乎一向是瞄着外国尤其美国的商业大片的，并且那引进的刺激作用，或曰结果，国人都是看到了的。人家明明不仅只有商业大片，还有别一种电影，我们视而不见似的，还"惊呼"美国商业大片几乎占领了中国电影院线，这是不是有点强词夺理呢？

我想，怎么分析这样一种文化心理才对，是犯不着非从中国古代思想家那儿去找答案的，更犯不着非回过头去找什么药方。非那么去找也是瞎忙活，问题出在我们当代人自己的头脑里。我们当代人患的究竟是一种什么样的"文化病"，还是要由我们自己来诊断，自己来开药方的好。

话又说回来，引进了《幸福来临之际》又如何？在美国票房排行名列前茅，在中国就必然也名列前茅吗？恐怕未必。

那么另一个问题随之产生——我们看电影的心理怎么了？是由于我们普遍人看电影的眼光怎么了，我们引进电影的眼光才怎么了吗？或者恰恰反过来，是由于我们引进电影的眼光怎么了，我们普遍的人看电影的眼光才怎么了吗？

我想，只归咎于两方面中的哪一方面都是偏激的，有失公正的。于是我想到了我们古代的思想名著《中庸》。我将《中庸》又翻了一遍,却没能寻找到能令我满意的答案。这使我更加确信,"包罗万象"只不过是形容之词。

面对当下,传统是有局限的。孔孟之道真的不是解决当下中国问题,哪怕仅仅是文化问题的万应灵丹。

顺便又从《论语》中找,仍未找到,却发现了一段孔子和子贡的对话——"子贡欲去告朔之饩羊。子曰:'赐也,尔爱其羊,我爱其礼。'"

礼,亦我所爱也。

似乎,国人皆爱。

但是如果今天有许多人以"爱礼"为冠冕堂皇的理由,主张重兴祭庙古风,而且每祭必须宰杀活禽活畜,则我肯定是坚决反对的。我倒宁肯学子贡,"告朔之饩羊"。吾国人口也众,平常变着法儿吃已吃得够多了,大可不必再为爱的什么"礼",而又加刃于禽畜。论及礼,尤其是现代的礼,我以为还是以不杀生不见血的仪式为能接受。

我啰嗦以上的一些话,绝不意味着我对传统文化有什么排斥,更不意味着我对中国古代思想家们心怀不敬。

我认为,如果我们觉得对于传统文化理应采取亲和的态度,那么首先应该从最普通的也最寻常的角度去接近之、理解之。如果我们觉得对于中国古代思想家们应满怀敬意,那么就应该学习他们以思想着为快乐的人生观,而不可太过懒惰,将"我思故我在"这一句话,变成了"你(替我)思故我在"。

第二节

文化的真谛

我先引用一首我国台湾诗人羊令野的《红叶赋》：

我是裸着脉络来的
唱着最后一首秋歌的
捧出一掌血的落叶啊
我将归向我第一次萌芽的土

风为什么萧萧瑟瑟
雨为什么淅淅沥沥
如此深沉的漂泊的夜啊
欧阳修你怎么还没有赋个完呢

我还是喜欢那位宫女写的诗
御沟的水啊缓缓地流
啊小小的一叶载满爱情的船
一路低吟到你跟前

一个人过分强调自己所理解的文学理念的话，有时可能会显得迂腐，有时会显得过于理想主义，甚至有时会显得偏激。而且最主要的是我并不能判断我的文学理念，或者说我对文学现象的认识是否接近正确。人不是越老越自信,而是越老越不自信了。这让我想起数学家华罗庚举的一个例子,他说人对社会、对事物的认识,好比伸手到袋中,当摸出一只红色玻璃球的时候,你判断这只袋子里装有红色玻璃球,这是对的,然后你第二次、第三次连续摸出的都是红色玻璃球,你会下意识地产生一个结论——这袋子里装满了红色玻璃球。但是也许正在你产生这个意识的时候,你第四次再摸,摸出一只白色玻璃球,那时你就会纠正自己:"啊,袋子里其实还有白色的玻璃球。"当你第五次摸时,你可能摸出的是木球。"这袋子里究竟装着什么?"你已经不敢轻易下结论了。

大学生到大学里主要是学知识的,其实"知识"这两个字是可以,而且应当分开来理解的。它包含对事物和以往知识的知性和识性。知性是什么意思呢? 只不过是知道了而已,甚至还是只知其一,不知其二。学生从小学到中学,所必须练的其实不过是知性的能力,知性的能力体现为老师把一些得出结论的知识抄在黑板上,告诉你那是应该记住的,学生把它抄在笔记本上,对自己说那是必然要考的。但是理科和文科有区别,对理科来说,知道本身就是意义。比如说学医的,他知道人体是由多少骨骼、多少肌肉、多少神经束构成的,在临床上,知道肯定比不知道有用得多。

但是文科之所以复杂,是因为它不能仅仅停止在"知道"而已,尤其在今天这样一个资讯发达的时代。比如说我在讲电影、中外电影欣赏评论课时,就要捎带讲到中外电影史;但是在电影学院里,电影史本身已经构成一个专业,而且一部电影史可能要讲一个学年。电影史就在网上,你按三个键,一部电影史就显现出来了,还需要老师拿着电影史画出重点,再抄在黑板上吗?

因此,我讲了两章以后,就合上教科书了。我每星期只有两堂课,对同学来说,这两堂课是宝贵的,我恐怕更要强调识性。我们知道了一些,怎样认识它? 又怎样通过我们的笔把认识记录下来,而且这个记录的过程使别人在阅读的时候,传达了这种知识,并且产生阅读的快感? 曾经在一个

梁晓声

学期开学后,同学们都想让我讲创作,但是我用了三个星期、六堂课的时间,讲"人文"二字。大家非常惊讶,都举手说:"人文,我懂啊,典型的一句话就够了——以人为本。"你能说他不知道吗?如果我问同学们,大家也会说"以人为本";如果下面坐的是政府公务员,他们也知道"以人为本";若是满堂的民工,只要其中一些是有文化的,他也会知道人文就是"以人为本"。那么我们的大学生是不是真的比他们知道得更多一点呢?除了"以人为本",还能告诉别人什么呢?

如果我们看一下历史,三万五千年以前,人类还处在蒙昧时期,那时人类进化的成就无非就是认识了火,发明了最简单的工具;但是到五千年前的时候已经很不一样了,出现了城邦的雏形、农业的雏形,有一般的交换贸易,这时已经开始进入文明时代。

追溯到公元前三千五百年,西方出现了楔形文字。从公元前三千五百年再往前的一千年内,西方的文化都是神文化——在祭祀活动中,表达对神的崇拜;到下个一千年的时候,才有一点人文化的痕迹,也仅仅表现在处于童年想象时期的神和人类相结合的半人半神人物的传说。那时的文化,整整用一千年时间才能得到一点点进步。

到公元前五百多年时,出现了伊索寓言。我们在读《农夫和蛇》的时候,会感觉不就是这么一个寓言吗?不就是说对蛇一样的恶人不要有恻隐吗?甚至会觉得这个寓言的智慧性还不如我们的"杯弓蛇影",不如我们的"掩耳盗铃"和"此地无银三百两"。我们之所以会有这种想法,是因为不能把寓言放在公元前五百多年的人类文化坐标上来看待。公元前五百多年出现了一个奴隶叫伊索,我个人认为这是人类第一次人文主义的体现。想一想,就是在那时候,有一个奴隶通过自己的思想力争取到了自己的自由,这是人类史上第一个通过思想力争取到自由的记录。

伊索的主人在世的时候曾经问过他:"伊索,你需要什么?"

伊索说:"主人,我需要自由。"

他的主人那时不想给伊索自由。

伊索内心也不知道自己能不能获得，他经常扮演的角色也只不过是主人有客人来时，给客人讲一个故事。伊索通过自己的思想力来创造故事，他知道若做不好这件事情，他决然没有自由；做好了，可能有自由，也仅仅是可能。当伊索得到自由的时候，已经四十多岁了，他的主人也快死了，在临死前他给了伊索自由。

当这样来看伊索、伊索寓言的时候，我们会对这件事、会对历史，心生一种温情和感动。这就是后来为什么人文主义要把自由放在第一位的原因。在伊索之后才出现的苏格拉底、柏拉图、亚里士多德，师生三位都强调过阅读伊索的重要性。我个人把这确立为人类文明史中相当重要的人文主义事件。还有耶稣出现之前，人类是受"上帝"控制的——"上帝"主宰我们的灵魂，主宰我们死后到另一个世界的生存。但是到耶稣时就不一样了，从前人类对神文化的崇拜——这种崇拜最主要体现在宗教文化中，到耶稣这里成为人文化，这是一种很大的进步，也表明人类在思想中有一种要摆脱"上帝"与自己关系的本能。耶稣是人之子，是由人类母亲所生的，是宗教中的第一个非神之"神"。

那时是人文主义的世界，我们发现基督教义中谈到了战争，提到如果战争不可避免，获胜的一方要善待俘虏。关于善待俘虏的话一直到今天都存在，这是全世界的共识，我们没有改变这一点，我们继承了这一点，我们认为这是人类的文明。还有，获胜的一方有义务保护失败方的妇女和儿童俘虏，不得杀害他们。这是什么？是早期的人道主义。还提到富人要对穷人慷慨一些，要关心他们孩子上学的问题，关心到他们之中麻风病人的问题。后来，萧伯纳也曾谈到过这样的问题，及对整个社会的认识，认为当贫穷存在时，富人不可能像自己想象中一样过上真正幸福的日子。请想象一下，无论你富到什么程度，只要城市中存在贫民窟，在贫民窟里有传染病，当富人不能用栅栏把这些给隔离开的时候，当你随时能看到失学儿童的时候,如果那个富人不是麻木的,他肯定会感到他的幸福是不安心的。

我今天突然想到一个问题:英国、法国都有这么长时间的历史了,但我似乎没有接触过欧洲的文化人所写的对于当时王权的歌颂。但在孔老夫子润色过的《诗经》里,包括《风》《雅》《颂》。《风》指民间的,《雅》是文化人的,而《颂》就是记录中国古代的文化人士对当时拥有王权者们的称颂。这给了我特别奇怪的想法,文化人士的前身,和王权发生过那样的关系,为什么会那样? 古罗马在那么早的时期已经形成了元老院。元老院的形式还是圆形桌子,每个人都可以就关系到国家命运的事物来阐述自己的观点,并展开讨论。

被王权利用的宗教就会变质,变质后就会成为统治人们精神生活的方式,因此在 14 世纪时出现了贞洁锁、铁乳罩。当宗教走到这一步,从最初的人文愿望走到反人性,在这种情况下出现的《十日谈》就挑战了这一点,因此我们才能知道它的意义。再往后,出现了莎士比亚、达·芬奇,情况又不一样了,我们会困惑——今天讲西方古典文学的人都会知道,莎士比亚的戏剧中充满了人文主义的气息,按照我们现在的看法,莎士比亚的戏剧都是帝王和贵族,如果有普通人的话,只不过是仆人,而仆人在戏剧中又常常是可笑的配角,我们怎么说充满人文主义呢? 要知道在莎士比亚之前,戏剧中演的是神,或是神之儿女的故事,而到这里,毕竟是人站在了舞台上。正因为这一点,它是人文的——就这么简单,针对神文化。

因此我们看到一个现象,在舞台上真正占据主角的必然是人上人,而最普通的人要进入文艺,需经过很漫长的争取,不经过这个争取,只能是配角。在同时代的一幅油画《罗马盛典》中,中间是苏格拉底,旁边是亚里士多德、阿基米德等,把所有罗马时期人类文化的精英都放在一个大的盛典里,而且是用最古典主义的画风把它画出来。在此之前人类画的都是神,神能那样的自信、那样的顶天立地,而现在人把自己的同类画在盛典中。这很重要,然后才能发展到十六七世纪的复兴和启蒙。我们今天看雨果的作品,如《巴黎圣母院》,感觉也不过是一部古典爱情小说而已,但有这样一个场面——卡西莫多被执行鞭笞的时候,巴黎的广场上围满了市民,以致警察要用他们的刀背和马臀去冲撞开人们。而雨果写到这一场面的时候是怀着嫌恶的,他很奇怪,为什么一个我们的同类在受鞭笞的时候,会有那么多同类围观,从中得到娱乐?这在动物界是没有的,在动物界不会发生这样的情景——一种动物在受虐待的时候,其他动物会感到欢快。动物不是这样的,但人类居然是这样的。

人文主义就是嘲弄这一点。

新中国成立以后的十几年间,由外国翻译过来的文学作品不像现在这样多,是有限的一些。一个爱读书的人无论借或怎么样,总是会把这些书都读很多的。屠格涅夫的《木木》和托尔斯泰的《午夜舞会》,给我以非常深的印象。

屠格涅夫的《木木》讲——屠格涅夫出生在贵族家庭,他的祖母是女地主。有一次他跟着祖母到庄园,看到一个高大的、又聋又哑又丑的看门人。看门人已经成为仆人中地位最低的一个,没有人跟他交往。他有一只小狗叫木木,当女地主出现的时候,小狗由于第一次看到她,冲着她吠了两声,并且咬破了她的裙边。屠格涅夫的祖母命令把小狗处死。可想而知,那个人没有亲情、没有感情、没有友情,只有与那只小狗的感情,但他并没有觉悟到也不可能觉悟到我要反抗、我要争取,他最后只能是含着眼泪在小狗的颈上拴了一块石头并抚摸着小狗,然后把小狗抱到河里,看着小狗沉下去。

托尔斯泰的《午夜舞会》讲——托尔斯泰那时是名军官,在要塞做一名中尉。他爱上了要塞司令美丽的女儿,两人已经谈婚论嫁。午夜要塞举行舞会,他和小姐在要塞的花园里散步,突然听到令人恐怖的喊叫声,原来在花园另一端,司令官在监督对一个士兵施行鞭笞。

托尔斯泰对小姐说:"你能对你的父亲说停止吗?惩罚有时体现一下

就够了。"

但是小姐不以为然地说："不，我为什么要那样做，我的父亲在工作，他在履行他的责任。"

年轻的托尔斯泰请求了三次。

小姐说："如果你将来成为我的丈夫，对于这一切你应该习惯。你应该习惯听到这样的喊叫声，就跟没有听到一样。周围的人们不都是这样吗？"

确实周围的人们就像没有听到一样，依旧在散步，男士挽着女士的手臂是那样的彬彬有礼。

托尔斯泰吻了小姐的手说："那我只有告辞了，祝你晚安！"背过身走的时候，他说，"'上帝'啊，怎么会做这样一个女人的丈夫，不管她有多么漂亮。"

这影响了我的爱情观，我想以后无论我遇到多么漂亮的女人，如果她的心地像那位要塞司令官的女儿，或者她像包法利夫人那样虚荣，她都蛊惑不了我，那就是文学对我们的影响。

我从北京"大串联"回来的时候，走廊里挂满了大字报。我看到我的语文老师庞盈，从厕所出来——她已经被派去打扫厕所。我不是她最喜欢的学生，但我那时的反应就是退后几步，深深地鞠个躬说："庞盈老师，您好！"

她愣了一下，我听到小桶掉在地上的声音，她退到厕所里面哭了。多少年以后她在给我的信中说："梁晓声，你还记得当年那件事吗？我可一直记在心里。"

这也只能是我们在那个年代的情感表达而已。

那时我中学时的教导主任宋慧颖，大冬天被派到操场扫雪，没有戴手套。我跟她打招呼："宋老师，我'大串联'回来了，也不能再上学了，谢谢你教过我们政治，我给你鞠个躬！"

这是我们仅仅能做到的吧,但在那个年代这对人很重要。可能有一点点是我母亲教过我的,但是书本给我的更多一些。

正因为这样,再来看那些我从前读过的名著时,我内心会有一种亲切感。大家读《悲惨世界》的时候,如果不能把它放在那个时代的文化背景里来思考,那么我们还为什么要纪念雨果?他通过《悲惨世界》那样一些书,使人类文化中立起人文主义的旗帜。他的这些书是在流亡的时候写的,连巴黎的洗衣女工都舍得掏钱来买。书里面写的冉·阿让,完全可以成为杀人犯的;里面最重要的话语就是当米里哀主教早晨醒来的时候,一切都不见了,唯一的财产也被偷走了。而米里哀主教说:"不是那样的,这些东西原本就是属于他们的。穷人只不过把原本属于他们的东西从我们这里拿走了,没有他们根本就没有这些。银盘子是经过矿工、银匠的手才产生的。"正因为雨果把他的思想放在作品里面,一定会对法国的国家公仆产生影响,我们为此而纪念他。人道精神能使人变得高尚,这让我们读它的时候知道它的价值。

我们在看当下的写作时,会做出一种判断,那就是我们的作品中缺什么?也就是以我的眼来看中国的文化中缺什么?我们经常说,我们要补上科技的一课,要补上法律意识的一课,也要补上全民文明素质的一课。但是你们听说过也要补上文化的一课吗?好像就文化不需要补课。这是多么奇怪,难道我们真的不需要补课吗?

"五四"时期进行人文主义启蒙的时候,西方的人文主义已经完成了它的任务。他们现在可以为文学而文学,为艺术而艺术,为形式而形式,甚至可以说他们可以玩一下文学,玩一下文艺,因为文学已经达到了它的峰值。我们不理解现代主义,因为我们从来没有经历过。尽管五千年中我们的古人也说过很多,其中比较有名的如"民为贵,君为轻,社稷次之"。这时人文到了一种很高的境界,可它没有在现实中被实践过。

前几年我认识了一个德国博士生古思亭,中文名字非常美。外国人能把汉语学成这样的程度是相当不易的。那天一位中国同学请她吃饭，当时在一个小餐馆里，那位同学说这个地方不安全，打算换个地方。走到半路，古思亭对她说："要是饭做好了，而我们却走了，这是很不礼貌的。我得赶紧回去把钱交了。"从中我们可以看出人文到底在哪里。

人文在高层面，关乎国家的公平、正义；在最朴素的层面，我个人觉得，人文不体现在学者的论文里，也不要把人文说得那么高级，不要让我没感觉到"你不说我还听得清楚，你一说我反而听不明白了"。其实人文就在我们的寻常生活中，就在我们人和人的关系中，就在我们人性的质地中，就在我们心灵的细胞中，这些都是文化教养的结果，这也是我们学文化的原动力，而且是我们传播文化的一种使命。

我再献给大家一首诗：

> 我是不会变心的
> 就是不会变！
> 大理石
> 雕成塑像；
> 铜
> 铸成钟；
> 而我这个人
> 是用忠诚制造的！
> 即使是破了、碎了，
> 我片片都是忠诚。

第三节

心之摇篮

我以我眼回顾历史，正观之，侧望之，于是，几乎可以得出一个特别自信的结论——所谓中国文化之相对具体的摇篮，不是中国的别的地方，尤其并不是许多中国人长期以来以为的中国的大都市。不，不是那样。恰恰相反，它乃是中国的小城和古镇，那些千百年来在农村和大城市间星罗棋布的小城和古镇。

仅以现代史一页为例，我们所敬重的众多彪炳史册的文化人物，都曾在中国的小城和古镇留下过童年和少年时期成长的身影。小城和古镇，也都必然地以它们特有的文化底蕴和风土人情濡染过他们。开一列脱口而出的名单，那也委实是气象大观。如蔡元培、王国维、鲁迅、郭沫若、茅盾、叶圣陶、郁达夫、丰子恺、徐志摩、废名、苏曼殊、凌叔华、沈从文、巴金、艾芜、张天翼、丁玲、萧红……

这还没有包括一向在大学执教的更多的文化人士，如朱自清、闻一多……而且，也没有将画家们、戏剧家们、早期电影先驱者们以及哲学、史学等诸人文学科的学者们加以点数。

我要指出的是——小城和古镇，不单是他们的出生地，也是他们初期的文化品格和文化理念的形成地。看他们后来的文化作为，那初期的烙印都是很深的。

小城和古镇，有德于他们，因而，也便有德于中国之近现代的文化。

摇篮者，盖人之初的梦乡的所在。大抵，又都有歌声相伴，哪怕是愁苦的,也是歌,必不至于会是吼。通常,也不一向是哀哭。

故我以为,"厚德载物"四字,中国之许许多多的小城和古镇,那也是当之无愧的。它们曾"载"过的不单是物也,更有人也,或曰人物。在他们还没成人物的时候,给他们以可能成为人物的文化营养。

小城和古镇的文化,比作家常菜,是极具风味的那一种,大抵加了各种佐料腌制过的;比作点心,做法往往是丝毫也不马虎的,

程序又往往讲究传统,如糕——很糯的一种;比作酒,在北方——"白干"是也,在南方——自然是米酒了。

小城和古镇,于地理位置上,即在农村和城市之间,只需年景太平,当然也就大得其益于城乡两种文化的滋润。大都市何以言为大都市,乃因它们与农村文化的脐带终于断了。不断,便大不起来。既已大,便渐渐生出它自己必备的文化。一旦必备了,则往往对农村文化侧目而视。就算也还容纳些个,文化姿态上,难免已优越着了。而农村文化,于是产生自知之前,敬而远之。小城和古镇却不同,它们与农村在地理位置上的距离一般远不到哪儿去,它们与农村文化始终保持着亲和关系。它们并不想剪断和农村文化之间的脐带,也不以为鄙薄农村文化是明智之举。因为它们自己文化的不少部分,千百年来,早已与农村文化胶着在一起,撕扯不开了。正所谓藕断丝连,用北方话说——"打断骨头连着筋"。另一方面,小城和古镇,是大都市商业脚爪最先伸向的地方,因为这比伸入到国外去容易得多、便利得多。大都市商业的脚爪,不太有可能越过阻隔在它和农村之间的小城和古镇,直接伸向农村并达到获利之目的。它们在商业利益的驱使下,不得不与小城和古镇发生较密切的关系。有时,甚至不得不对后者表示青睐。于是,它们便也将大都市的某些文明带给小城和古镇。起初是物质的,随之是文化的。比如小城和古镇起先也出现留声机的买卖,随之便会有人在唱流行歌曲。而小城和古镇的知识起来了的青年们,他们对于大都市里的文明自然是心向往之。既向往物质的,更向往文化的。他们对于大

都市里的文明的反应是极为敏感的。而只有对事物有敏感反应的人，其头脑里才会有敏感的思想可言。故一个小城和古镇中的知识起来了的青年，他在还没有走向大都市之前，已经是相当有文化思想的人了，比大都市中的知识起来了的青年更有文化思想。因为他们是站在一个特殊的文化立场——即小城和古镇的文化立场，进言之，乃是一种较传统的文化立场来审视大都市文明的。那可能保守、可能偏狭、可能极端，然而对于文化人格型的青年，立场和观点的自我矫正，只不过是早晚之事。他们有自我矫正的本能和能力。他们一旦成为大都市中人，再反观来自小城和古镇的，往往又另有一番文化的心得。古老的和传统的文化与现代的和新潮的文化思想，在他们的头脑中发酵、化合，或扬或弃，或守或拒，反映到他们的文化作为方面，便极具个性，便突显特征，于是使中国的现代现象由之景观纷呈。何况，他们文化方面的启蒙者，亦即那些小城里的学堂教师和古镇里的私塾先生，又往往是在大都市里谋求过人生的人，载誉还乡也罢，失意归里也罢，总之是领略过大都市的文化的。他们对大都市文化那一种经过反刍了的体会，也往往会在有意无意之间哺育他们所教的学生们。

谈论到他们，于是才谈论到我这里所写的自以为的要点，那便是——我以我的眼光看来，我们中国之文化历史，上下五千年，从大都市到小城到古镇，原本有一条自然而然形成的链条；一个世纪又一个世纪、一代又一代形形色色的文化人归去来兮往复不已的身影，作为其中典型的代表人物是孔子。他人生的初衷是要靠了他的学识治国、平天下的，说白了那初衷是要"服官政"的。当不成官，他还有一条退路，即教书育人。在还有这一条退路的前提之下，才有孔门的弟子三千，贤者七十二。他们中之大多数，后来也都成了"座学馆"的人，或乡间的私塾先生。而且其学馆，又往往开设在躲避大都市浮躁的小城和古镇。小城和古镇，由而代代人才辈出，一个世纪又一个世纪地输送往大都市；大都市里的文化舞台，才从不至于冷清。古代的中国，一名文化了的人士，一辈子为官的情况是不多的。脱下官袍乃是经常的事。即使买官的人，花了大把的银子，通常也只能买到一届而已。即使做官做到老的人，一旦卸却官职，十有七八并不留居京都，而是举家还乡。若他们文化人的本性并没有因做官而彻底改变，仍愿老有所为，通常所做第一件、第一等有意义的事，那便是兴教办学。而对仕途丧失志向的人，则更甘于一辈子"座馆"，或办私塾。所谓中国文化人士传统的"乡土情结"，其实并不意味着对农村的迷恋，而是在离农村较近的地方，固守一段也还算有益于他人、有益于国家民族的人生——即授业育人的人生。上下五千年，至少有三千年的历史中，每朝每代，对中国文化人的这一退路，还是明白给留着的。到了近代，清朝土崩瓦解，民国时乖运戾，军阀割据，战乱不息，强寇逞凶，疆土沦丧——纵然在时局这么恶劣的情况之下，中国之文化人士，稍得机遇，那也还是要力争在最后的一条退路上，孜孜以求地做他们愿做的事情……

今天，我以我的眼光看到，某些以文化气息著称的小城和古镇，正在努力做着织结文化经纬的事情。总有一天，某些当代的文化人士和知识分子，厌倦了大都市的浮躁和喧嚣，也许还会像以前那样，退居故里。并且，在故里，尽力以他们的存在，氤氲一道道文化的风景。

是啊，那时，中国的一些小城和古镇，大概又会成为中国之文化的摇篮吧？

第四节

唯一的洒脱

一部《红楼梦》，造就了几代的评"红"家和"红"学家。无论就四大古典名著来谈论它也好，还是就十大古典名著来谈论它也好，它都是担得起那个"大"字的。也无论过去、现在还是将来，它的名著地位都是坚固如磐不可动摇的。而且，在所有中国小说中，它是至今拥有读者最多的一部。

我一向认为某些文学作品是有性别的。

相对于男性气质显著的《三国演义》和《水浒传》，《红楼梦》乃是一部女性气质缠绵浓厚得融化不开的小说，如奶酪、如糯米糕、如雨季锁峰绕崖的雾。即使读者的阅读心理似水，也是不能将它那一种缠绵浓厚的女性气质稀释的。而且，即使将其置于世界文学之廊进行比较，恐怕也找不出第二部由男人写的，却那么女性气质显著的长篇小说。日本的《源氏物语》与之相比，只能算是中性的小说。古今中外最优秀的女性作家们写的所谓"女性小说"，也都不及《红楼梦》的气质更女性化。

贾宝玉虽然是男主人公，但除了他生就的男儿身这一点，其心理、性情和思维方式，也都未免太女性化。假设若宝玉是今人，做了变性手术，那么无论以男人的眼光还是女人的眼光来看他，将肯定比女人更女人吧？

"文如其人"这句话，用以衡量古今中外的许多作家，是不见得之事。但是想来，体现在曹雪芹身上，当是特别一致的吧？

分明的，雪芹也太女性化了。

女性化的男人较之女人，更具女人意味。正如反过来，女人倘若一旦为侠，或竟为寇，往往比男人更具侠士风范，或比男寇更多几分匪气。

每十个《红楼梦》的一般读者中，大约总该有七八个是女人，而且是婚前女人吧？

《红楼梦》是一部缠啊绵啊、温情脉脉，又结局凄凉伤感的爱情百科大书——起码对女人们差不多是这样。它被评"红"家和"红"学家们赋予的种种社会学的认识价值，恰在社会的演进过程中越来越小。好比一件家具，首先剥落的是后来刷上的漆，不管那是多么高级的漆。它越古旧，则越难以再按照漆匠们的意愿改变光彩；而越是显露出木料质地的原本纹理，则越发地古色古香。

不过我们不必谈开去了。

尽管它已被那么多人从那么多角度一再地评说过了，但似乎仍是一个不尽的话题。

这里只谈一点，就是林黛玉的不"醋"——唯一的洒脱。

黛玉的"醋"，是早已有了定论的。一部《红楼梦》，几乎每章每回都写到黛玉的"醋"。黛玉的"醋"，又总是因宝哥哥而新旧交替滋生。

但黛玉竟也有过一次不"醋"——洒脱的时候，或进一步说，那一次本该令她"醋"意发作的事，她反而不"醋"——变得很洒脱。倏忽又"醋"了起来，照例是为着宝钗，而宝钗委实和那一件本该令她"醋"意发作的事毫无关系。

在第三十六回，写到了这样一件事——凤姐向王夫人请示，往后怎么分配丫鬟使女们的月份钱，自然地议到了袭人。从贾母到王夫人到薛姨妈到凤姐，都是特别赏识袭人的。凡涉及下人之间的利益，也都明里暗里地偏向着她——王夫人甚至说她"比我的宝玉强十倍"。于是王夫人做主，给袭人涨了"工资"，而且一涨就涨了一倍多，由以前的每月一两银子，增加到每月二两一吊钱。王夫人还强调——"以后凡事有赵姨娘、周姨娘的，也有袭人的。"接着凤姐还提议，干脆给袭人"就开了脸，明放在他（宝玉）屋里岂不好"？那么一来，袭人便等于是宝玉的婚前之妾了。大面上自然不能以妾待之，但实际上便是那么回子事。果而依了凤姐，袭人的地位名分就相当于平儿了，而且是大观园的"上级领导"们内定的。但王夫人毕竟考虑得更为周到，只恐袭人反而不再敢以"老太太房里的大丫鬟"的资格，时不时地约束一下宝玉的放纵言行了，主张"如今且浑着，等再过二三年再说"。

紧接着，书中写道——"不想林黛玉因遇着史湘云约他来与袭人道喜。"

意思很明白，史湘云要向袭人道喜，并约黛玉一同前往道喜。而黛玉呢？则欣然前往。

道的什么喜呢——恭贺袭人涨了"工资"。涨"工资"则意味着地位名分的提高——什么地位、什么名分，什么待遇啊。

虽然袭人并未就被即日"开了脸"；虽然王夫人主张对袭人的正式"任命"先不明确，"且浑着"为好，但"上级领导"们所议，是没避开黛玉的。黛玉明明是"在现场"的。没避，大约是因为还不曾实际掌握黛玉与宝玉之间的恋爱情报。但一向想得多、想得细的黛玉，当然是应该预测得到，从此袭人与宝玉的关系，是将发生微妙之变化的。

什么样的变化呢？那就是——宝公子在明媒正娶之前，已暂且不便公开地拥有一个性实习对象了。只要宝公子想那回子事，袭人肯定是不但乐于奉献，而且是她必须那样的义务，一倍多的"工资"可不是白涨的。如果说平素有点少心无肠的史湘云并不思考这么多，一向小心眼惯了的林黛玉也根本没多想，似乎令人不解。小心眼不就是凡事往别人并不多想的细处去多想吗？怎么竟也欣然相陪了前往，一块儿去道喜呢？史、黛两个到了宝玉处，"正见宝玉穿了银红纱衫子，随便睡着在床上，宝钗坐在身旁做针线，旁边放着蝇帚子"。

"林黛玉见了这个景儿，连忙把身子一藏，手捂着嘴不敢笑出来……"

湘云毕竟厚道,害怕黛玉"醋"起来,又取笑宝钗,急忙找个借口扯她走了。而"黛玉心下明白,冷笑了两声"。

看看林黛玉,那会儿又是何等的敏感!

然哉!黛玉的"醋"和敏感,是专对着宝钗的。至于袭人,无论与宝玉关系怎样,她都是不"醋"——洒脱的。《红楼梦》全书,无一笔哪怕仅仅点到过黛玉对袭人的"醋"。宝钗也不曾"醋"袭人,非但不"醋"——洒脱,还心怀多种的好感。

于是局面成了这样——与宝哥哥最形影不离、朝夕相处者,非别个,乃袭人也;嘘寒问暖,侍起侍眠者,亦袭人也;陪聊伴谈,推心置腹,甚而最经常亲使性子娇作嗔者,仍是袭人。就连袭人的名字,都是宝公子给起的。"花袭人"——这名字起的,就足以证明她是很受宝玉爱悦的人。事实上也正是那样。钗、黛二位姑娘因宝玉心照不宣地争情夺意之战还没拉开序幕之前,人家宝公子已与花袭人初试了云雨情。那可是林黛玉进了贾府以后,已与宝哥哥相互吸引着了的事。这说明了什么呢?爱不是最自私的一种儿女情吗?怎么这最自私里边,竟能容袭人的这一份偏得呢?尤其在最希望和要求百分之百占有的黛玉这一方,不是显得太异乎寻常的大度了吗?

也许,在黛玉的头脑中,思想和王夫人们是一致的——袭人毕竟是服侍宝哥哥的,又一向服侍得好,爱竹及笋,所以不"醋"——洒脱。

也许,那黛玉情窦初开、对爱的需求,更主要地痴迷于一个"情"字。百分之百的占有愿望,也更集中地体现于一个"情"字。恰在"情"字上,自信袭人绝对不能对自己构成威胁。至于性的方面,反而被忽略。故即使袭人对宝玉由侍起、侍眠发展到奉体于枕席,也是不甚在意的。虽然,她和宝哥哥两个偷看《西厢记》,也曾羞得脸儿绯红——显然对性事也是心有向往的。

也许⋯⋯

但无论有多少也许，这么一个也许，怕是怎么绕也绕不开的，便是在林黛玉的观念之中，对于男人包括她所知爱的宝哥哥纳妾甚而婚前拥有性实习对象这种事，是与当时的普通女子们一样持认可态度的。并且，她头脑中也许还存在着相当根深蒂固的等级意识。她的认可态度，是由当时贵族们的生活形态所决定的，无须细究。她头脑中的等级意识，虽也无需细究，但却很值得一评。而且，是历来的"红"学家、评"红"家们不曾评到的。

　　分明，在她眼里，袭人左不过就是个丫鬟，是个下人。故袭人对宝玉怎样，宝玉对袭人怎样，左不过是下人与主子、主子与下人的一种关系罢了。即使那一种关系发展到了在肉体方面的不清不白、暧暧昧昧，也还是一种主子与下人的关系。无论宝玉娶了她自己，或宝钗，或竟娶了她俩以外的哪一个，袭人迟早注定了都将是宝玉的妾——这一点，大观园上上下下的人心里都是有数的，黛玉也不可能在这一点上竟多么迟钝。但即使做了妾，也还是由下人"提升"了的一个妾啊！

　　所以，宝钗之包容袭人，体现着一种上人对下人的怀柔，一种"统战"、一种团结、一种变不利为有利的思想方法。而黛玉之包容袭人，则体现着一种上人对下人的不屑、一种漠视、一种不在一个层面上不值得一"醋"的上人姿态。

　　可以想象，设若宝玉果而娶了黛玉，袭人即使为妾，那日子也肯定是不怎么好过的，也肯定是不如平儿的。凤姐对平儿也是"醋"的，但毕竟视平儿为心腹。黛玉对袭人，则也许连凤姐对平儿那样也做不到。她可能干脆连袭人是妾的角色也不考虑，依旧地只将袭人当使唤丫鬟对待。

　　黛玉确乎是令人同情的。自从她的父亲也死了，她在大观园里的处境，也确乎近似寄人篱下。她的清高决定了她在下人中绝不笼络心腹。她幽闭的性情决定了她内心是异常孤独的，只有宝玉是她在大观园里的精神依托，也只有宝玉配做她未来人生的依托——起码以她的标准来衡量是那样。而宝钗，另一个与她处在同一等级坐标线上，但人气却比她旺得多的小女子,会轻而易举理所当然地将她的宝哥哥夺了去。

宝钗是由于其等级的先天优势,才令黛玉终日忐忑不安、心理敏感、神经常常处于紧张状态。

袭人是由于其等级的先天不足,才绝不能构成对黛玉的人生着落的直接破坏。

宝玉则由于其等级的"标识"才成了钗、黛的必夺之人。在钗,意味着锦上添花;在黛,意味着雪中偎炭。设若宝玉不是大观园中的这一个宝玉,而是大观园外的那一个甄宝玉,钗、黛还是会如此那般地去爱的——只要那甄宝玉也是贾母的一个孙……

黛玉悲剧的大原因其实在于——她的视野被局限于大观园;而在大观园里的等级线上,只有一个贾宝玉。在她自己的等级观念中,也只有一个贾宝玉。

归根结底,爱情和世上的其他万物一样,它的真相是分等级的。几乎关系爱情的一切悲剧,归根结底又无不发生于那真相咄咄逼人地呈现了的时候。

第五节

唐诗宋词的抚慰

开始，信笔写出的标题是"我与唐诗宋词"，我犹豫良久，打算改——因为我对于唐诗、宋词半点儿学识也没有，只是特别喜欢罢了。单看那一行字，倒像我是一位专门研究唐诗、宋词的专家学者似的。于是就改了，转而一想，左不过就是回忆一下，其实，标题真的无所谓了，改一下也好，但重要的还是这段人生记忆。

当年我下乡的地方，属于黑龙江边陲的瑗珲，是中苏边境地带。如果我们知青要回城市探家，必经一个叫西岗子的小镇。那镇子真是小极了，仅百余户人家，散布在公路两侧，包括一家小旅店、一家小饭馆、一家小杂货铺和理发铺及邮局。西岗子设有边境地区检查站，过往行人车辆都须凭边境通行证，知青也不例外。

有一年我探家后回兵团，由于没搭上车，不得不在西岗子的旅店住了一夜。其实，说是旅店，哪儿像旅店呢！住客一间屋，大通铺；一门之隔就是店主一家，老少几口。据说那人家是中华人民共和国成立初期剿匪烈士的家属，当地政府体恤和关爱他们，允许他们开小旅店谋生。按今天的说法，是"家庭旅店"。

天黑后，我正要睡下，但听门那边有个男人大声喊："二丫头，瞎啦？你小弟又拉地上了，你没看见呀！快给他擦屁股！"

于是一个十二三岁的小女孩儿，跑到我们住客这边的屋里来，掀起一角炕席，抄起一本书转身跑回门那边去了……那书，使我的眼睛一亮。那个年代,对于爱看书的青年,书是珍稀之宝。

一会儿,小女孩儿又回到门这边,掀起炕席欲将书放在原处。我问:"什么书啊?"

她摇摇头说:"不知道,我不认识字。"

我又问:"你刚才拿着书干什么去呢?"

她眨着眼说:"我小弟拉屎了,我撕几页替他擦屁股呀!"她那模样,仿佛是在反问——那书另外还能干什么用呢?

我说:"让我看看行吗?"

她就默默地将书递给了我。我翻看了一下,见是一本《唐诗三百首》,前后已都撕得少了十几页。那个年代有些造纸厂的质量不过关,书页极薄,似乎也挺适合擦小孩屁股的。

我又是惋惜又是央求地说:"给我行不?"

她立刻又摇头道:"那可不行。"见我舍不得还她,又说,"你当手纸用几页行。"

我继续央求:"我不当手纸用,我是要看的。给我吧!"

她为难地说:"这我不敢做主呀!我们这儿的小杂货店里经常断了手纸卖,要给了你,我们用什么当手纸呢?住客又用什么当手纸呢?"

我猛地想到,我的背包里,有为一名知青伙伴从城市带回来的一捆成卷的手纸,便打开背包,取出一卷,商量地问:"我用这一卷真正的手纸换,行不行呢?"

她说:"你包里那么多,你用两卷换吧!"

于是我用两卷手纸换取了那一本残缺不全的《唐诗三百首》。

第二天一早,我离开那小旅店时,女孩儿在门外叫住了我:"叔叔,我昨天晚上占你便宜了吧?"不待我开口说什么,她将缩在棉袄衣襟里的一只小手抽了出来,手里竟拿着另一本书。她接着说:"这一本书还没撕过呢,也给你吧!这样交换就公平了,我们家人从不占住客的便宜。"

我接过一看，见是《宋词三百首》。封面也破旧了，但毕竟还有封面，上面依稀可见一行小字"中国传统文化丛书"。我深深地感动于小女孩儿的待人之诚，当即掏出一元钱给她，摸了她的头一下，迎着风雪大步朝公路走去。

回到连队，我与知青伙伴发生了一番激烈的争执——他认为那一本完整的《宋词三百首》理应归他，因为是用他的两卷手纸换的；我说才不是呢，用他的两卷手纸换的，是那本残缺不全的《唐诗三百首》，而实际情况是，完整的《宋词三百首》是我用一元钱买下的。

如今想来，当年的争执很可笑。究竟哪一本算是用两卷手纸换的，哪一本算是用一元钱买下的，又怎么争执得清呢？

然而一个事实是——那一本残缺不全的《唐诗三百首》和那一本完整的《宋词三百首》，伴我们度过了多少寂寞的日子，对我们曾很空虚过的心灵，起到了抚慰的作用。

当年，我竟也心血来潮写起古体诗词来：

> 轻风戏青草，黄蜂觅黄花。
>
> 春水一潭静，田蛙几声呱。

如今，《唐诗三百首》和《宋词三百首》已成我的枕边书，都是精装版本，内有精美插图。如今，捧读这两本书中的一本，每每倏然地忆起西岗子，忆起那小女孩，忆起当年之事。

梁晓声

第六节

背面的优雅

　　衣裳有衬,履有其里,镜有其反,概称之为"背面"。细细想来,世间万物,皆有"背面",仅宇宙除外——因为谁也不曾到达过宇宙的尽头,便无法绕到它的背面看个究竟。

　　纵观中国文学史,唐诗宋词,成就灿然,可谓巍巍兮如高山,荡荡兮似江河。

　　但气象万千、瑰如宝藏的唐诗宋词的背面,又是什么呢?

　　以我的眼,多少看出了些男尊女卑。肯定还另外有别的什么不美好的东西,夹在它华丽外表的褶皱间。而我眼浅,才只看出了些"男尊女卑",便单说唐诗宋词的"男尊女卑"吧!

　　于是想到了《全唐诗》。

　　《全唐诗》由于冠以一个"全"字,所以薛涛、鱼玄机、李冶、关盼盼、步非烟、张窈窕、姚月华等一批在唐代诗名播扬、诗才超绝的小女子们,竟得以幸运地录中有名,编中有诗。《全唐诗》乃"御制"的大全之集,薛涛们的诗又是那么的影响广远,资质有目共睹;倘以单篇而论,其精粹、其雅致、其优美,往往不在一切唐代的能骈善赋的才子们之下,且每有奇藻异韵,令才子们也不由得不心悦诚服、五体投地。所以,《全唐诗》若少了薛涛们的在编,似乎也就不配冠以一个"全"字了。由此倒真的要感激三百多年前的康熙老爷子了。他若不兼容,曾沦为官妓的薛涛、被官府处以死刑的鱼玄机,以及那些或为姬、或为妾、或什么明白身份也没有,只不过像"二奶"似的被官、被才子们，或被"才子式"的官僚们所包养的才华横溢的唐朝女诗人们的名字，也许将在康熙之后三百多年的历史沧桑中渐渐消失。有一个不争的事实，那就是——无论在《全唐诗》之前还是在《全唐诗》之后的形形色色的唐诗选本中，薛涛和鱼玄机的名字都是较少见的。尤其在唐代，在那些由亲诗爱诗、因诗而名的男性诗人雅士们精编的选本中，薛涛、鱼玄机的名字更是往往被摈除在外。连他们自己编的自家诗的选集，也都讳莫如深地将自己与她们酬和过的诗篇剔除得一干二净，不留痕迹，仿佛那是他们一时的荒唐，一提都耻辱的事情；仿佛在唐代，根本不曾有过诗才绝不低于他们，甚而高于他们的名字叫薛涛、鱼玄机的两位女诗人；仿佛他们与她们相互赠予过的诗篇，纯系子虚乌有。

连薛涛和鱼玄机的诗人命运都如此这般，更不要说另外那些是姬、是妾、是妓的女诗人的遭遇了。在《全唐诗》问世之前，除了极少数如李清照那般出身名门又幸而嫁给为官的名士为妻的女诗人入选某种正统诗集，其余的她们的诗篇，则大抵是由民间的有公正心的人士一往情深地辑存的，散失了的比辑存下来的不知要多几倍。今人竟有幸也能读到薛涛、鱼玄机们的诗，实在是沾了康熙老爷子的光。而我们所能读到的她们的诗，不过就是收在《全唐诗》中的那些——不然的话，今人便连那些恐怕也是读不到的。

看来，身为男子的诗人们、词人们，以及编诗编词的文人雅士们，在从前的历史年代里，轻视她们的态度是更甚于以"男尊女卑"为纲常之一的皇家文化原则的。缘何？无他，盖因她们只不过是姬、是妾、是妓而已。而从先秦、两汉，到明、清，才华横溢的女诗人、女词人，其命运又十之八九几乎只能是姬、是妾、是妓。若不善诗善词，则往往连是姬、是妾的资格也轮不到她们。故她们的诗、她们的词的总体风貌，不可能不是幽怨感伤的。她们的才华和天分再高，也不可能不经常呈现出倍受压抑的特征。

让我们先来谈谈薛涛——本长安良家女子，因随父流落蜀中，沦为

梁晓声

妓。唐之妓，分两类。一曰"民妓"，一曰"官妓"。民妓即花街柳巷卖身于青楼的那一类。这一类的接客，起码还有巧言推却的自由。薛涛沦为的却是官妓。其低等的，服务于营，实际上如同当年日军中的"慰安妇"。所幸薛涛属于高等，只应酬于官僚士大夫和因诗而名的才子雅士们之间。对于她的诗才，他们中有人无疑是倾倒的。"扫眉才子知多少，管领春风总不如"，便是他们中谁赞她的由衷之词。而杨慎曾夸奖她："元、白（元稹、白居易）流纷纷停笔，不亦宜乎！"但她的卑下身份却决定了，她首先必须为当地之主管官僚所占有。他们宴娱享乐，她定当随传随到，充当"三陪女"角色，不仅陪酒，还要小心翼翼地以俏令机词取悦于他们，博他们开心。一次因故得罪了一位"节帅"，便被"下放"到军营去充当军妓，不得不献诗以求宽恕，诗曰：

闻道边城苦，今来到始知。

羞将门下曲，唱与陇头儿。

黠虏犹违命，烽烟直北愁。

却教严谴妾，不敢向松州。

松州那儿的军营，地近吐鲁番；"陇头儿"，下级军官也；"门下曲"，自然是下级军官们指明要她唱的黄色小调。第二首诗的后两句，简直已含有祈求的意味。

因诗名而服官政的高骈，镇川时理所当然地占有过薛涛；元稹使蜀，也理所当然地占有过薛涛。不但理所当然地占有，还每每在薛涛面前颐指气使地摆起才子和监察使的架子，而薛涛只有忍气吞声自认卑下的份儿。若元稹一个不高兴，薛涛便又将面临"下放"军营之虞。于是只得再献其诗以重博好感。某次竟献诗十首，才哄元稹稍悦。元稹高兴起来，便虚与委蛇，许情感之"空头支票"，承诺将纳薛涛为姜云云。且看薛涛献元稹的《十离诗》之一《鹦鹉离笼》：

> 陇西独自一孤身，飞来飞去上锦茵。
>
> 都缘出语无方便，不得笼中再唤人。

"锦茵"者，妓们舞蹈之毯；"出语无方便"，说话不讨人喜欢耳；那么结果会怎样呢？就连在笼中取悦地叫一声主人名字的资格都丧失了。

在这样一种难以维护自尊的人生境况中，薛涛也只有"不结同心人，空结同心草"；也只有"但娱春日长，不管秋风早"；也只有"唱到白苹洲畔曲，芙蓉空老蜀江花！"。

如果说薛涛才貌绝佳之年也曾有过什么最大的心愿，那么便是元稹娶她为妾的承诺。论诗才，二人其实难分上下；论容颜，薛涛也是极配得上元稹的。但元稹又哪里会对她真心呢？娶一名官妓为妾，不是太委屈自己才子加官僚的社会身份吗？尽管那等于拯救薛涛出无边苦海。元稹后来是一到杭州另就高位，便有新欢，从此不再关心薛涛之命运，连封书信也无。且看薛涛极度失落的心情：

> 揽草结同心，将以遗知音。
>
> 春愁正断绝，春鸟复哀吟。

薛涛才高色艳、年纪轻轻时，确也曾过了几年"门前车马半诸侯"的生活。然而那一种生活，是才子们和士大夫官僚们出于满足自己的虚荣和娱乐而恩赐给她的，一时有点像《日出》里陈白露的生活，也有点像《茶花女》中的玛格丽特的生活。不像她们的，只是薛涛这一位才华横溢的女诗人自己，诗使薛涛的女人品位远远高于她们。

与薛涛有过芳笺互赠、诗文唱和的唐代官僚士大夫，名流雅士，不少于二十余人，如元稹、白居易、牛僧孺、令狐楚、裴度、张籍、杜牧、刘禹锡等。

但从他们的诗篇中，较难发现与薛涛之关系的佐证，因为他们无论谁都要力求在诗的史中护自己的清名。尽管在当时的现实生活中他们并不在乎什么清名不清名的,官也要当,诗也要作,妓也要狎。

与薛涛相比,鱼玄机的下场似乎更是一种"孽数"。玄机亦本良家女子,唐都长安人氏。自幼天资聪慧,喜爱读诗,及十五六岁,嫁与李亿妾。"大妇妒不能容,送咸宜观出家为女道士。在京中时与温庭筠等诸名士往还颇密。"其诗《赠邻女》,作于被员外李亿抛弃之后:

> 羞日遮罗袖,愁春懒起妆。
>
> 易求无价宝,难得有心郎。
>
> 枕上潜垂泪,花间暗断肠。
>
> 自能窥宋玉,何必恨王昌。

从此,觅"有心郎",乃成玄机人生第一大愿。既然心系此愿,自是难以久居道观。正是——"欲求三清长生之道,而未能忘解佩荐枕之欢。"于是离观,由女道士而"女冠"。所谓"女冠",亦近艺,只不过名分上略高一等。她大部分诗中,皆流露对真爱之渴望,对"有心郎"之慕求的主动性格。修辞有时含蓄,有时热烈,浪漫且坦率。是啊,对于一位是"女冠"的才女,还有比"自能窥宋玉,何必恨王昌"这等大胆自白更坦率的吗?

然虽广交名人、雅士、才子,于他们中真爱终不可得,也终未遇见过什么"有心郎"。倒是一次次地、白白地将满心怀的缠绵激情和热烈之恋空抛、空撒,换得的只不过是他们的逢场作戏对她的打击。

有次,一位与之要好的男客来访,她不在家。回来时婢女绿翘告诉了她,她反疑心婢女与客人有染,严加答审,致使婢女气绝身亡。此时的才女鱼玄机,因一番番深爱无果,其实心理已经有几分失常。事发,问斩,年不足三十。

悲也夫绿翘之惨死!

骇也夫玄机之猜祸!

《全唐诗》收其诗四十八首，仅次于薛涛，几乎首首皆佳，诗才不让薛涛。

更可悲的是，生前虽与温庭筠情诗唱和频繁，《全唐诗》所载温庭筠全部诗中，却不见一首温庭筠回赠她的诗。而其诗中"如松匪石盟长在，比翼连襟会肯迟"句，成了才子与"女冠"之亲密接触的大讽刺。

在诗才方面，与薛涛、鱼玄机"三璧"互映者，当然便是李冶了。她"美姿容，神情萧散，专心翰墨，善弹琴，尤工格律"。她生性浪漫，后出家为女道士，与当时名士刘长卿、陆羽、僧皎然、朱放、阎伯钧等人情意相投。

玄宗时，闻一度被召入宫。后因上书朱泚，被德宗处死。也有人说，其实没迹于"安史之乱"。

李冶之被召入宫，毫无疑问不但因了她的多才多艺，也还得幸于她的"美姿容"。宫门拒丑女，这是常识——不管多么的才艺双全。入宫虽是一种"荣耀"，却也害了她。倘若她的第一种命运属实，那么所犯乃"政治罪"也。即使其命运非第一种，而是第二种，想来也肯定是凶多吉少；一名"美姿容"的小女子，且无羽庇护，在万民流离的战乱中还会有好的下场吗？

《全唐诗》中，收其诗十八首。李冶的诗，殊少绮罗香肌之态，情感真切，修辞自然。我读她的诗，每觉下篇总是比上篇更好。大约因其先写景境，后陈心曲，而心曲稍露，便一向能拨动读者心弦吧。所爱之句，抄录于下：

> 溢城潮不到，夏口信应稀。
> 唯有衡阳雁，年年来去飞。

其盼情诗之殷殷，令人怜怜不已。她在诗中以"潮不到"来对"信应稀"，可谓神来之笔。又如：

> 驰心北阙随芳草，极目南山望旧峰。
> 桂树不能留野客，沙鸥出浦谩相逢。

薛涛也罢,鱼玄机也罢,李冶也罢,她们的人生主要内容之一,总是在迎送男人——他们皆是文人雅士,名流才子。每有迎,那一份欢欣喜悦,遍布诗中;而每送,却又往往是泥牛入海,连她们殷殷期盼的"八行书"都难再见到。然她们总是在执着而又迷惑地盼盼盼,思念复思念,"才下眉头,却上心头"。

唐代女诗人中"三璧"之中,要数关盼盼尤需一提。她的名,似乎可视为唐宋两代女诗人、女词人们的共同名字——"盼盼",其名苦也。

关盼盼,徐州妓也,张建封纳为妾。张殁,独居彭城故燕子楼,历十余年。白居易赠诗讽其未死。盼盼得诗,注曰:"妾非不能死,恐我公有从死之妾,玷清范耳。"乃和白诗,旬日不食而卒。

那么可以说,盼盼绝食而亡,是白居易以其大诗人之名压迫的结果。作为一名妾,守节历十余年,原本不关任何世人什么事,更不关大诗人白居易什么事。家中宠着三姬、四妾的大诗人,却竟然作诗讽其未死,真不知是一种什么样的心理使然。她的《和白公诗》如下:

> 自守空楼敛恨眉,形同春后牡丹枝。
>
> 舍人不会人深意,讶道泉台不去随。

遭对方诗讽,而仍尊对方为"白公""舍人",也只不过还诗略做"舍人不会人深意"的解释罢了。此等宏量,此等涵养,虽卑为妓、为妾,实在白居易们之上也!而《全唐诗》的清朝编辑者们,却又偏偏在介绍关盼盼时,将白居易以诗相嘲致其绝食而死一节,白纸黑字加以注明,真有几分"盖棺定论"——不,"盖棺定罪"的意味。足见世间自有公道在,是非曲直,并不以名流之名而改、而变!

且将以上四位唐代杰出女诗人们的命运不复赘言,再说那些同样极具诗才的女子们,命善者实在无多。

如步非烟——"河南府功曹参军之妾,容姿纤丽,善秦声,好文墨。邻生赵象,一见倾心。始则诗笺往还,继则逾垣相从。周岁后,事泄,惨遭笞毙。"

想那参军,必半老男人也。而为姜之非烟,时年也不过二八有余。倾心于邻生,正所谓青春恋也。就算是其行该惩,也不该当夺命。活活鞭抽一纤丽小女子至死,太狠毒也。其生前《赠赵象》诗云:

> 相思只恨难相见,相见还愁却别君。
>
> 愿得化为松上鹤,一双飞去入行云。

正是,爱诗反为诗祸,反为诗死。

唐代的女诗人们命况悲楚,宋代的女词人们,除了一位李清照,因是名士之女,又是大学士之妻,摆脱了为姬、为妾、为婢、为妓的"粉尘"人生而外,她们十之七八亦皆不幸。

如严蕊——营妓,"色艺冠一时,间作诗词,有新语,颇通古今"。

宋时因袭唐风,官僚士大夫狎妓之行甚糜。故朝廷限定——地方官只能命妓陪酒,不得有私情,亦即不得发生肉体上的关系。官场倾轧,一官诬另一官与严蕊"有私",诛连到严蕊,被拘入狱,倍加垂楚。严蕊想到自己是"贱妓","岂可妄言以污士大夫",于是拒作伪证。历两月折磨,委顿几死。而那企图使她屈打成招的,非别人,乃因文名而"服官政"的朱熹是也。后因这件事闹到朝廷,朱熹改调别处,严蕊才算结束了牢狱之灾、刑死之祸。时人因其舍身求正,誉为"妓中侠"。宋朝当代及后代词家们,皆公认她的才华,仅亚于薛涛。

"不是爱风尘,似被前缘误"之名句,即出自严蕊《卜算子》中。

如吴淑姬——本"秀才女,慧而能诗,貌美家贫,为富室子所占有,或诉其奸淫,系狱,且受徒刑"。

其未入狱前,因才色而陷狂蜂浪蝶们的追猎重围。入狱后,一批文人雅士前往理院探之。时冬末雪消,命作《长相思》词。稍一思忖,捉笔立成:

烟霏霏,雪霏霏。雪向梅花枝上堆,春从何处回!醉眼开,睡眼开,疏影横斜安在哉?从教塞管催。

如朱淑真、朱希真都是婚姻不幸终被抛弃的才女。"二朱"中又以淑真成就大焉,被视为李清照之后最杰出的女诗人。坊间相传,她是投水自杀的。

如身为营妓而绝顶智慧的琴操,在与苏东坡试作参禅问答后,年华如花遂削发为尼。在妓与尼之间,对于一位才女,又何谓稍强一点儿的人生出路呢?

如春娘——苏东坡之婢。东坡竟以其换马,春娘责曰:"学士以人换马,贵畜贱人也!"口占一绝以辞:

为人莫作妇人身,百般苦乐由他人。

今日始知人贱畜,此生苟活怨谁嗔!

文人雅士名流间以骏马易婢,足见春娘美婢也。这从对方交易成功后沾沾自喜所作的诗中便知分晓:

不惜霜毛雨雪蹄,等闲分付赎蛾眉,

虽无金勒嘶明月,却有佳人捧玉卮。

以美婢而易马,大约在苏东坡一方,享其美已足厌矣。而在对方,也不过是又得了一名捧酒壶随侍左右的漂亮女奴罢了。

春娘下阶后触槐而死。

如温琬——当时京师士人传言:"从游蓬岛宴桃源,不如一见温仲青。"而太守张公评之曰:"桂枝若许佳人折,应作甘棠女状元。"虽才可做女状元,然身却为妓。其《咏莲》云:

深红出水莲,一把藕丝牵。

结作青莲子，心中苦更坚。

其《书怀》云：

鹤未远鸡群，松梢待拂云。

凭君观野草，内自有兰薰。

字里行间，鄙视俗士，虽自知不过一茎"野草"，而力图保持精神灵魂
"苦更坚""有兰薰"的圣洁志向，何其令人肃然！命运大异其上诸才女者，
当属张玉娘与申希光。玉娘少许表兄沈俭为妻，后父母欲攀高门，单毁前
约，悒病而卒。玉娘乃以死自誓，亦以忧卒。遗书请与同葬于枫林。她的
《浣溪沙》词，字句呈幽冷萧瑟之美，独具风格：

玉影无尘雁影来，绕庭荒砌乱蛩哀。凉窥珠箔梦初回，压枕离愁
飞不去，西风疑负菊花开。起看清秋月满台。

月娘不仅重情宁死，且是南宋末世人皆公认之才女。卒时年仅十
八岁。

申希光则是北宋人，十岁便善词，二十岁嫁秀才董昌。后来一方姓权
豪，垂涎其美，使计诬董昌重罪，杀害董昌全族。灭门诛族之罪，大约是被
诬为"反罪"的吧？其后求好于希光，伊知其谋，乃佯许之，并乞葬郎君及遭
诛族人，密托其孤于友，怀利刃往，是夜刺方姓权豪于帐中，诈为方病，呼其
家人，先后尽杀之。斩方首，祭于董昌之墓，亦自刎颈而亡。她的《留别
诗》云：

女伴门前望，风帆不可留。

岸鸣蕉叶雨，江醉蓼花秋。

百岁身为累，孤云世共浮。

泪随流水去，一夜到闽州。

梁晓声

申希光肯定是算不上一位才女的了，但"岸鸣蕉叶雨，江醉蓼花秋"，亦堪称诗词中佳句也。

唐诗巍巍，宋词荡荡。

观其表正，则仅见才子之文采飞扬，雅士之舞文弄墨，大家之气吞山河，名流之流芳千古。若亦观其背面，则多见才女之命乖运舛，无可奈何地随波逐流。如苏轼词句所云："似花还似非花，也无人惜从教坠。"更会由衷地叹服她们那种几乎天生的与诗、与词的通灵至慧，以及她们诗品的优美、词作的灿烂。

我想，没有这背反的一面，唐诗、宋词断不会那般的绚丽万端，瑰如珠宝吧？

我的意思不是一种衬托的关系。——不，不是的。我的意思其实是——未尝不也是她们本身和她们的才华激发着、滋润着、养育着那些以唐诗、以宋词而在当时名噪南北，并且流芳百代的男人们。

背反的一面以其凄美，使表正的一面的光华得以长久地辉耀不衰；而表正的一面，又往往直接促使背反的一面，令其凄美更凄、更美。当然，有些男性诗人词人，其作是超于以上关系的，如杜甫、如辛弃疾等。

但以上表正与背反的关系，肯定是唐诗、宋词的内质量状态无疑。所以，我们今人欣赏唐诗、宋词时，当想到那些才女们，当对她们必怀感激和肃然。仅仅有对那些男性诗人、词人们的礼赞，是不够的。尽管她们的名字和她们的才华，她们的诗篇和词作，委实是被埋没和漠视得太久了。

这一唐诗、宋词之现象，是很中国特色的一种文化现象。清代因是外族统治开始的朝代，与古代汉文化的"男尊女卑"没有直接的瓜葛，所以《全唐诗》才会收入了那么多姬、妾、婢、妓之诗。若由唐朝的文人、士大夫们自选自编，结果怎样，殊难料测也……

第七节

诗的达观

潇潇秋雨后,渐渐天愈凉。

我知道,那也许是今年最后的一场秋雨。傍晚时分,急骤的雨点如一群群黄蜂,齐心协力扑我刚擦过的家中的窗子。似乎那么的仓皇,似乎万千鸟儿蔽天追啄,于是错将我家当成安全的所在,欲破窗而入躲之藏之;又似乎集体地怀着种愠怒,仿佛我曾做过什么对不起它们的事,要进行报复。起码,弄湿我的写字桌,以及桌上的书和纸。

春雨斯文又缠绵,疏而纤且妙曼迷蒙。故唐诗宋词中,每用"细"字形容,每借花草的嫩状衬托,如"随风潜入夜,润物细无声"句,如"东风吹雨细如尘"句,如"天街小雨润如酥"句……而我格外喜欢的,是唐朝诗人李山甫"有时三点两点雨,到处十枝五枝花"句,将春雨的斯文缠绵写到了近乎羞涩的地步,将初蕾悄绽为新花的情景,也描摹得那么的春趣盎然,于不经意间用朴素得不能再朴素的文字醇出了一派春醉。

夏雨最多情。

如同曾与我们海誓山盟过的一个初恋女子,"情绪"浪漫充沛又任性。"旅行"于东西南北地,过往于六、七、八月间,每踏雪而来,每乘虹而去。我们思想它时,它却不知云游何处,使我们仰面于天,望眼欲穿,企盼有一大朵积雨云从天际飘至;而我们正喜悦于晴日的朗丽之际,倏忽间雷声大作,乌云遮空,于是"天外黑风吹海立,浙东飞雨过江来"。阵雨是夏雨猝探我们的惯常方式,它似乎总是一厢情愿地以此方式表达对我们的牵挂。它从不认为它这种方式带有滋扰性,结果我们由于毫无心理准备,每陷于不知所措,乍惊在心头,呆愕于脸上的窘境。几乎只夏季才有阵雨,倘若它一味恣肆地冲动起来,于是"雷声远近连彻夜,大雨倾盆不终朝",于是"黑云翻墨未遮山,白雨跳珠乱入船",于是"惊风乱飐芙蓉水,密雨斜侵薜荔墙",烦得我们一味祈祷"残虹即刻收度雨,杲杲日出曜长空"。当然夏雨也有彬彬而至之时,斯时它的光临平添了夏季的美好,但见"千里稻花应秀色,五更桐叶最佳音"。它彬彬而至之时,又几乎总是在黄昏或夜晚,仿佛宁愿悄悄地来,无声地去。倘若来于黄昏,则"墙头细雨垂纤草,水面风回聚落花";则江边"雨洗平沙静,天衔阔岸纤",可观"半截云藏峰顶塔",望"两来船断雨中桥";则庭中"落花人独立,微雨燕双飞",可闻"过雨荷花满院香""青草池塘处处蛙",可觉"墙头语鹊衣犹湿""夏木阴阴正可人";而山村则"罗汉松遮花里路,美人蕉错雨中棵"。

倘若来于夜晚,则"楼外残雷气未平",则"雨中草色绿堪染"。于是翌日的清晨,虹消雨霁,彩彻云衢,朝霞半缕,网尽一夜风和雨,使人不禁地想说——天气真好!

秋雨凄冷淡寒,易将某种不可言说的伤感,一把把地直往人心里揣。仿佛它竟是耗尽了缠绵的春雨,虚抛了几番浪漫和激情的夏雨,憔悴了一颗雨的清莹之魂,心曲盘桓,自叹幽情苦绪何人知?包罗着万千没结果的苦恋所生的委屈和哀怨,欲说还休欲说还休,于是只有一味哭泣哭泣……使老父、老母格外地惦念儿女;使游子格外地思乡想家;使女人悟到应变得更温柔,以安慰男人的疲惫;使男人油然自省,忏悔和谴责自己曾伤害过女人心地的行为……

床前明月光,疑是地上霜。

举头望明月,低头思故乡。

一场秋雨一场寒,十场秋雨换上棉。在秋风萧萧、秋雨凄凄的日子里，人心除了伤感，其实往往也会变得对生活、对他人、包括对自己，多一份怜惜和爱护之情。因为可能正是在第二天的早晨，霜白一片雨变冰。于是不日"才见岭头云似盖，已惊岩下雪如尘"。

秋风先行，但见"落叶西风时候，人共青山都瘦"。秋风仿佛秋雨的长姐，其行也匆匆，其色也厉厉。扯拽着秋雨，仿佛要赶在"溪深难受雪，山冻不留云"的冬季之前，向人间替秋雨讨一个说法。尽管秋雨的哀怨，完全是它雨魂中的特征，并非人委屈于它或负心于它的结果。

秋风所至，"萧瑟兮草木摇落而变衰"。直吹得"只有一枝梧叶，不知多少秋声"，直吹得"秋色无远近，出门尽寒山"，直吹得"多少绿荷相依恨，一时回首背西风"。

在寒秋的日子里，读如此这般诗句，使人不禁地惜花怜树，怪秋风太张狂。恨不能展一床接天大被，替挡秋风的直接袭击。但是若多读唐诗宋词，也不难发现相反意境的佳篇，比如宋朝诗人杨万里的《秋凉晚步》：

> 秋气堪悲未必然，轻寒正是可人天。
>
> 绿池落尽红蕖却，荷叶犹开最小钱。

家居附近自然无荷塘，难得于入秋的日子，近睹荷花迟开的胭红本色，以及又有多么小的荷叶自水下浮出，翠翠的仍绿惹人眼。一日散步，想起杨万里的诗，于是蹲在草地，抚开一片亡草的枯黄，蓦地，真切切但见有嫩嫩芊芊的小草，隐蔽地悄生悄长！想必是当年早熟的草籽落地，便本能地生根土中，与节气比赛看，抓紧时日体现出植物的生命形式。寒冬是马上就要来临了。那一茎茎嫩嫩芊芊的小草，其生其长还有什么意义呢？我不禁替它们惆怅。晚秋的阳光，呼着节气最后的些微的暖意普照园林。刚一起身，顿觉眼前有什么美丽的东西漫舞而过。定睛看时，却是一双小小彩蝶——它们小得比蛾子大不了多少。然而的确是一双彩蝶，而非蛾子。颜色如刚孵出的小鸡，灿黄中泛着青绿，翅上皆有漆黑的纹理和釉蓝的斑点。

斯时满园"是处红衰翠减",风定秋空澄净。一双小小彩蝶,就在那暖意微微的晚秋阳光中,翩翩漫漫,忽上忽下,做最后的伴飞伴舞……

我一时竟看得呆了。

冬季之前,怎么还会有蝶呢?

难道它们和那些小草一样,错将秋温误作春暖,不合时宜地出生了吗?

它们也要与节气比赛似的,也仿佛要抓紧最后的时日,以舞的方式,演绎完它们千古流传的爱情故事。而且,分明的,要尽量在对舞中享受是蝶的生命的浪漫!

我呆望它们,倏忽间,内心里倍觉感动。

"最是秋风管闲事,红他枫叶白人头。"——人在节气变化之际所容易流露的感伤,说到底,证明人是多么容易悲观的啊!这悲观虽然不一定全是做作,但与那小草、小蝶相比,不是每每诉说了太多的自哀自怜吗?

这么一想,心中秋愁顿时化解,一种乐观油然而生。我感激杨万里的诗。感激那些嫩嫩芊芊的小草和那一双美丽的小蝶,它们使我明白——人的心灵,永远应以人自己的达观和乐观来关爱着,才是对的啊!

第八节
熏陶

　　文艺"三元素"——娱乐、审美、精神(情怀)影响力。人类与文艺的最古老的关系是娱乐。先祖们在狩猎成功后手舞足蹈,亦吼亦叫,可视为初始的文艺——那是一种欢乐的流露。从灵长类动物如猩猩、猴子身上,仍能看到这一现象。到了后来,最擅长者,于是演变为表演者,亦即娱乐提供者。而大多数人,成为娱乐观看者,即受众。

　　但一个人类历史发展的事实乃是——如果人类的精神意识状态一直停止在对娱乐的需要,那么人类社会中便断不会有后来的丰富多彩的文艺形式;人类的精神也不会因受文艺的影响而提升,人类其实也就文明不起来。

　　所以我们说,人类的文明,它不仅仅是科技的进步所推动的,还是人类文艺所熏陶的。地球上只有人类的审美需要——正是这审美需求,才使文艺得以在人类社会中渐渐形成,也使人类在精神状态上产生飞跃。审美的基本内容,最初是形式的——体现为对色彩、线条、形状(态)、节律与场景的敏感。动物眼中的世界比我们缺少色彩,动物会对气味显示出强烈敏感的反应,但对世界上千般百种的线条现象、形状(态)现象、节律和场景却表现迟钝,或基本无动于衷。

　　动物对气味的敏感是生存层面的,实际上是对领地安全与饥渴直接相关的反应而已,而人对以上诸现象的反应,则体现为超生存层面的敏感——一种精神的而非物质的需要。初始这种需要是在解决了生存困扰之后的需要，后来即使在生存困扰之时也需要，因为发觉这种需要能减轻压力。

男愁——唱；女愁——哭。

人类对色彩的敏感起源于对自然界色彩的欣赏；人类对线条的敏感起源于对同类首先是女性身体类的欣赏，进而是对动物如鱼、牛、鹿、狮、虎、豹……

人类对形状（态）的敏感起源于对对称及圆、三角形的欣赏，许多人类所创造的物体形状都是由对称原理及圆演化的。有了对对称的敏感，才有对不对称美的发现；有了对圆的欣赏才有对半圆、多角形状之美的发现。

滴水的声音、鸟叫的声音、日出、日落——这种种有节律的现象和自然景观，只有人类才能欣赏，从古至今，乐此不疲，也成为文艺的永恒内容。

但人类对文艺的要求还是没有满足，于是文艺又具有了最后一项元素，即对文艺之精神影响力的需求，或曰教化功能。

当今之人一听"教化"往往逆反，以为对文艺的教化功能一旦表示认可，似乎便等于承认自己的精神、心灵低于他者，使他者认为自己是需要被教化的，从而突显了他者的优越似的。于是反而拒绝，一味只求娱乐。

其实这种思想问题是不对的，也肯定不能成为一个有起码水平的文艺受众。

我个人是这样看待这一问题的——我，人也；他者，亦人也。都是地球上的高等动物。人类高级就高级在创造并享受文艺，而他类动物则不能。我们的一个同类，运用文艺的形式载负了精神之影响力，代表了全人类对文艺自觉性的提升能力。而我，理解了，接受了，并且持鼓励和赞成的态度，所以我也代表了全人类对文艺的高级欣赏水平。提供此种文艺的他者，需要我这样的受众。而我这样的受众的存在，决定了他者存在的意义。尤其是，当大多数人都更乐于接受娱乐文艺的时期，他者存在的意义和我存在的意义，成为多么不寻常的意义啊！

在我对他者表现出艺术创作力的敬意时,他者将会多么感谢我啊!

具体说,当《卢旺达饭店》的编、导、演以及投资方,知道他们的影片,在中国一所大学的课堂上被讨论时,他们一定会觉得一切努力都是那么的值得,他们不但会感激这些讨论者,还会对这样的受众回报以敬意。

如果如此看待问题,我们是不是就不会对"教化"二字有什么逆反了呢?

进言之,没有教化的真诚,他者又非拍这样一部影片干什么呢?而如果所有的他者都不拍这一类影片,都去争着拍既娱乐(取悦)又赚钱的影片,那么人类的文艺之功能,不是又回到了先祖们初始时候的品相了吗?

关键在于,为什么精神、情怀、思想、品德会影响我们,其主观愿望与艺术水准是否一致?而下面,我们就来进一步分析这一点。评论之法可以用下面两种:

第一种是比较。比较首先是和我们所看过的比较,其次才是和同类比较。倘我们看过的少,其中没有同类,只有他类——这种情况之下,还怎么比较呢?换言之,还能不能进行比较呢?

我的回答是,那也肯定会进行比较,而且能够进行比较。

因为谁想要对某一艺术(作品)发表评论,比较是他头脑中的第一反应。事实上,即使在当时,大家在看《卢旺达饭店》这一部影片时,也许某些人的头脑中已经在下意识对比了。

明明是两类不同的影片,又怎么进行比较呢?比较主观感觉之不同——不同是肯定的。思考那不同的原因——一思考,实际上便是在对人与文艺之根本关系,即文艺对象与接受心理之间的关系进行思考了。于是思想到了文艺"三元素"与我前边所谈的——与人类精神的提升自觉性的关系,思想得到了"教化"。

第二种,比较之后,所进行的解构。我们觉得——起码我个人觉得,《卢旺达饭店》是无法解构的。关于解构,我曾做过芭比娃娃与老罗马表、一艘崭新的豪华游轮与弹痕累累的旧战舰的比喻。芭比娃娃解构之后一地鸡毛,豪华游轮解构之后是钢铁——战舰"解构"之后也是钢铁,但钢铁上那些弹痕,却是重大历史事件的见证——后点的不寻常意义解构不了。《列宁在十月》这部影片也如此,无法否定,它一定程度上再现了历史——而人类永远需要对历史的再现与思考,不管是哪一种历史。

于是我们会觉得,《卢旺达饭店》好比是我们面对老罗马表、弹痕累累的战舰,其对人道主义的正面颂扬,使我们肃然,根本无法解构。

当然,对于文艺,最好还是同类相比——那么,我们会自然而然地联想到《辛德勒的名单》《美丽人生》……

文艺作品的精神、情怀、思想品德会影响受众,这也是人类的审美需要——正是这审美需求,才使人类在精神状态上产生飞跃,人类的情怀也因而提升,人类也就文明起来。

其实,优雅的生活,需要文艺的熏陶。

第九节

"娱乐到死"吗?

孔子曰:"人文伊始,文化天下。"在古汉语中,"文"同"纹"。在孔子的话中,第一个"文"字,当被理解为纹路、迹象之意。那么全句差不多是这样的意思——自从(地球上)有了人类的活动,关于人类的文明就开始遍及世界了。

孔子所言的"人"即人类,当然是指已走出蒙昧的我们的祖先。正是他们,逐渐创造和丰富了人类文明,使之遍布世界各个角落。现在人类在地球上所达到的文明程度,乃是一个漫长的发展过程。文明的概念是很大的,包括科技成果,也包括文化成果。文化的概念也是很大的,起码包括历史、思想史、文艺现象和民俗四个方面。

我们的话题虽然仅仅是关于文艺的,但文艺现象从来不是人类社会的孤立现象。它既和人类的历史、思想史和民俗发生密不可分的关系,甚至也和科技现象发生密不可分的关系。比如科幻小说与人类的科技现象形同姊妹,而若没有声光科技成果这一前提,断不可能有电影和电视剧,以及形形色色的电视文艺形象。而网络时代,又派生出了网络文艺现象。

文艺之对于人类,其实是一种艺先文后的现象。在文字产生以前,我们的已走出蒙昧的祖先,就已经比较具有所谓"艺术细胞"。不但是劳动使我们的祖先与动物拉开了距离,艺术的感觉也是我们的祖先在智力上优于动物的标志之一。歌唱和舞蹈这两门艺术肯定是最古老的艺术。我们的祖先在围着火堆齐发其声并手舞足蹈时,歌唱艺术和舞蹈艺术之页掀开了——这是源于自娱的本能。接着，人类从世界中发现了线条美和色彩美，于是美术艺术之页掀开。人类是首先从动物的体形发现线条之美的，在最早的壁画中，牛、鱼、鸟被单独绘画的现象较多，野牛特别具有雄性的线条特征，鱼类特别具有阴柔的曲线之美，而展翅欲飞的鸟则特别具有动态的线条之美。被发现者命名为《受伤的野牛》的古代壁画，那种运用单线条绘画公牛的洗练、自信和准确、娴熟的程度，实在令我们今人叹为观止。有的美术评论家甚至认为，其水平几可与当代画家的速写作品相媲美。尤其难能可贵的是——尽管是单线条绘画，却不但画出了生动的形态，还画出了令人怦然心动的神态。被猎伤绝命前的公野牛那一种似乎又绝望又认命的神态，证明我们的远古祖先已经颇能投入主观感受来绘画客观对象了。那一种对受重伤的公野牛的神态的也许是神来之笔的表现，未尝不同时意味着人类本身对死亡感到的震撼和恐惧。

人类对色彩美的发现，也表现在往自己面孔上涂油彩这一点。我们的男性祖先往面孔上涂油彩和头戴兽角、羽翎，最初的目的也许更是为了加强自己形象的威猛，借以使敌人的别的部落的男人惧怕。而我们的女性祖先给面孔上涂油彩，颈项珮戴贝壳，则肯定是为了使自己的样子看起来美，有吸引力。

于是，人类由善于发现美的高等动物，变成了也爱美的高等动物。

于是，我们的男性祖先的眼，不但从自然界、从别的动物身上发现了美，也从我们女性祖先的身上发现了美。一经发现，从此在男人的眼里，女性之美遂成"万美之冠"。

"女为悦己者容"的现象，毫无疑问从那时就已经开始了。

再接着我们的祖先跨入了陶器时代，这便掀开了雕塑艺术的一页。一件看起来造型美观的陶器，是线条美、色彩美、形状美的集大成。形状美乃是雕塑美的基础原理。在这一时期，女性身体的线条美开始反复出现在陶器上，一般皆丰乳肥臀——这意味着祖先头脑之中性感美的欣赏意识萌生了。

　　各种远古时期的祭祀活动,掀开了戏剧艺术的一页。戏剧是表演的艺术,远古时期的祭祀活动,使我们的祖先过足了"表演秀"。祭祀之目的不同,表演的氛围也便不同。有时庄严肃穆,有时虔诚卑恭,有时愉悦欢乐,有时沉痛悲伤,更有时野蛮血腥、氛围恐怖。古代戏剧的风格多是由此演化形成的。

　　由此可以得出结论——人类的艺术现象,在人类的远古时期,便已经成为人类的历史现象。人类的艺术现象与人类进化的密切作用,一点也不亚于对石器的制造和应用,以及对火的功能的认知和应用。

　　也可以这么说,艺术是人类精神上的火。

　　对石器的制造和应用,极大而且快速地提升了人类的生存能力;而对美的感受力、对艺术的越来越强烈的需要心理,提升的却是人类认知世界的灵性。

　　人类迄今为止的一概思想成果、科技成果,皆产生于那一种几乎可以说是天赋的灵性。

　　我有一种观点,不见得正确,也许还会受到人类学家、历史学家们的嘲笑,觉得荒唐;尽管如此,我还是要讲出来,供大家参考——那就是,人类和艺术的关系,在人类进化中所起到的重要作用,实际上从来没被特别认真地研究过,仿佛只不过是进化之树上的一颗果子,而非根茎的一部分。从来的人类学家、历史学家,一向谈到人类的进化时,一向强调的是直立行走、石器制造和对火的应用。但是这极不全面——我认为我们的祖先对美的感受和对想象的喜好,也是飞跃式进化的极重要的原因之一。

　　对美的感觉和对想象的喜爱,在人类的远古时期,只能通过和初级艺术的关系来满足。在此关系中,不仅产生出了丰富多彩的艺术形式和成果,也进而产生了方方面面的科技种类和成果。

　　一个道理是那么简单——如果没有对于住处的富有美感的想象力在

先,则世上没有什么哥特式建筑,也没有被称作建筑师的一类人,于是也就根本没有什么建筑艺术和建筑业。

凡此可以推而论之。

以目前的考古学成果为依据,大约在公元前 3000 年、距今五千多年的时候,人类社会中出现了文字现象。

西方一位历史学家说:"人类真正的历史从此开始……"

这句话得到广泛认同。

文字的出现是人类历史发展阶段的分水岭,也是里程碑式的拐点。在人类和艺术的关系之中,情况也是如此。

前面所谈到的"艺术"二字,其实都是需要打上引号的。因为那太初级了,好比遮羞的树叶和兽皮不能与现在的时装同日而语。但是至此,"艺术"二字不必打上引号了,许许多多的考古成果证明了此点。

如果说此前的需要打上引号的艺术,所体现的只不过是艺术的本能现象——或换一种说法,是人类对艺术的本能的心理要求,那么此后,人类对艺术的心理要求加入了越来越多的自觉性——或换一种说法,曰"思想性"。

本能性的艺术分为两个层面——娱乐的层面和审美的层面。在没有文字以前,当然没有文学艺术。歌舞主要使人类获得娱乐满足,绘画和塑造主要使人类获得审美满足,祭祀活动主要使人类获得情节观看的满足。

自觉性的艺术或反过来说艺术的自觉,其区别于艺术的本能却只有极其重要的一点,即思想情感对艺术的介入。

古希腊神话和《荷马史诗》都是世界公认最早的文学作品。

在古希腊神话中,坦塔罗斯和普罗米修斯是人们所熟悉的人物。

坦塔罗斯是宙斯的儿子,而且是一个王国的君主。他因而受到诸神的尊敬,然而他又是一个虚荣心强烈并且阴险残忍的君主。他窝藏盗贼,将盗贼从宙斯庙里偷走的赃物据为己有。最令人发指的是,他为了试探诸神的本领是否真的高过自己，竟残忍地将亲子杀死，煎烹烧烤，做成一桌菜肴款待诸神，看能有哪位神发现真相。

这一种罪恶，连他的父亲宙斯也庇护不了他。于是诸神一致决定将他投入地狱，令他全身浸泡在冰冷的地下水中，水及下巴，他得永远扬起下巴站在水中。在他的嘴边，清泉流淌，可是由于他的颈项被铁链拴住，却一滴泉水也喝不到。即使他想要低下头去喝一口浸泡着他的水，那水也会顿时消退。在那水岸的四周，果树上结满了各种各样好吃的果子，有的果子就垂在他额前，可是他却休想咬上一口……所以，"坦塔罗斯折磨"也广为流传。普罗米修斯的故事大家都十分清楚，此不赘言，只强调指出一点——普罗米修斯终于还是被从痛苦的折磨中拯救出来了，拯救他的是大英雄赫拉克勒斯，他将天天啄食普罗米修斯肝脏的恶鹰一箭射死。而且半人半马的不死之神喀戎，出于对普罗米修斯的崇敬，情愿放弃自己的永生，冒充普罗米修斯，自己将自己缚在岩石上，以骗过宙斯的神目。

因为是普罗米修斯的弟弟受潘多拉的美色诱惑，误开了人类的灾难之盒，普罗米修斯有责任为人间去找到那盒子，将希望也从盒子里释放给人间……

有必要强调的是，在全部古希腊神话中，恶人最终受到惩罚、善良的人最终获得救赎这一故事宗旨几乎贯穿始终。不仅如此，即使善良的人由于品格的缺陷，或一时起的私心杂念和一己利益做了错事，祸殃别人、众人，那么他或她也要付出代价。作为教训，那代价往往还是惨重的。而即使是恶人，倘若他也曾做过一两件好事，那么他所受到的惩罚将会被抵消一部分。尽管在人类的现实生活中，善良之人的善行未必肯定有善报，恶人的恶行也未必肯定会有恶报，但在神话这一种意识形态中，善有善报，恶有恶报，却几乎是不二的原则。

还要强调的是，在第一个故事中，宙斯虽然是众神之王，坦塔罗斯虽然是他的儿子，但当他的儿子恶行昭彰，众神一致主张惩罚时，连众神之王也庇护不了自己的儿子，只得向正义让步。

在古希腊神话中，没有所谓无限权力——包括宙斯在内的众神的权力，都是相互制约的。这一点不能不说是人类关于权力的早期的却又相当成熟的思想。

在普罗米修斯的故事中，他被塑造为"人类之父"，正如中国神话故事中的女娲是人类之母。但显然的，普罗米修斯的故事要比女娲的故事内涵更多一些。

在普罗米修斯的故事中，人类的代表和以宙斯为首的众神的代表曾共坐一堂召开过一次会议。普罗米修斯虽然也有神祇的血统，但却是以人类的全权代表的身份出席会议的。他指出——众神应将爱护人类作为义不容辞的神职，不应该以保护为条件，向人类提出过于苛刻的崇拜和驯服的要求。他和宙斯之间的冲突，主要体现为一种思想冲突。

而当他被执行惩罚时，行刑的神说："不管你发出多少叹息和抱怨，都是无济于事的。宙斯的意志是无情的，这批刚登上奥林匹斯山的神都是十分冷酷的。"

普罗米修斯的回答是——"命中注定了的事，对那些意识到必须承受暴力的人来说，那就应该无怨无悔地承受。"

再让我们来看《奥德赛》的故事，其中大家最为熟悉的，当然是特洛伊之战。关于这一场战争，是如何由于特洛伊城国王的小儿子从别国拐走了一个美女的过程，我们不再赘述。

攻城与护城的战斗过程中，双方都死伤惨重。特洛伊城国王的长子、英雄赫克托耳在一次战斗中杀死了攻城一方的主帅阿喀琉斯的朋友；阿喀琉斯发誓要替朋友报仇，提出与赫克托耳单独决斗，并在决斗中杀死了赫克托耳，将赫克托耳的尸体拖回了营地。他恨意难消，打算抛尸喂狗，以凌辱死者最后的尊严。

是夜，特洛伊城的国王普里阿摩斯来到了敌方营地，求见杀死了自己数个儿子的阿喀琉斯,对他说:"想想你的父亲吧,他跟我一样年迈无力,也许他也受着邻人的仇视和威逼,像我一样孤立无援而又提心吊胆。我失去了数个儿子,是这场战争中损失最为惨重的人。现在,你又杀死了我唯一有能力保护我、保护城中百姓的儿子。我希望赎回我的赫克托耳的尸体,我放下一个可怜的老父亲的尊严来请求你,希望你能答应。"

阿喀琉斯恻隐了,他握住老人的手,将老国王扶了起来,恭敬地请对方坐下,感动地说:"可怜的老人,你只身来到我的营地见我,显示了莫大的英勇气概。我钦佩你的英勇气概,杀死你的儿子是我迫不得已的事情,完全是战争把我们推到了战场上……"

他命人将赫克托耳的尸体清洗干净、涂抹油脂,并且亲自将尸体抱上了一张床,目送死者的老父亲将他带离营地。

我曾在许多场合问过大学生们:"什么是人文主义或人文精神?"

皆答:"以人为本。"

我对这样众口一词的回答,是不太满意的。

于是有学生反问我:"那您认为呢?"

现在我回答。我认为,所谓人文主义那就是——一种自觉地提升和弘扬人类之人性境界,使人类精神品质更加符合文明原则的意识形态,或曰文化主张和实践。

正是因为有了这样的文化主张和实践,所谓"奥林匹克精神"才形成了,世界红十字会才产生了,才有了所谓"联合国代表大会",联合国安理会的职能才受到世界各国的广泛承认。

大家都知道的,在古希腊——奥林匹克运动会期间,交战各国会主动提出停战协议,各国运动员无论是公推的还是个人报名的,只要具备竞技资格,在通过敌占区时,生命安全必须受到保障。阻挠运动员参赛、伤害运动员人身安全的行径,将被普遍谴责。

当然,历史记载是一回事,历史实际情况也许是另一回事。

但有那一种主张,总比没有那一种主张好。

人类的历史,由漫长的奴隶社会,而封建社会,而早期资本主义社会,而后期资本主义社会。奴隶和奴隶主、农民和地主、平民和贵族、无产阶级和资产阶级的矛盾,冲突,斗争不可避免——而自觉的文艺,却总是力求超越本能的文艺的层面,责无旁贷地站在弱势一方的立场,弘扬正义、弘扬公平、弘扬人权自由和人道主义,为呼唤社会的文明进步,而不遗余力。

此时,自觉的文艺有了自己的理念基础,那就是文明进步、和平民主的社会思想。立足于这一文化基础,自觉的文艺显示出越来越强大的文化冲击力量。于是西方历史上便产生了文艺的复兴运动、启蒙运动,产生了伏尔泰、孟德斯鸠、卢梭、亚当·斯密等一批社会思想家,产生了哥白尼、布鲁诺、伽利略这样的科学家,产生了马拉、巴贝夫这样的革命家,自然也产生了雨果、屠格涅夫、契诃夫、车尔尼雪夫斯基、托尔斯泰、席勒、雪莱、拜伦、海涅、萧伯纳、霍桑、哈代、梅里美、司汤达等一大批自觉文艺精神特别明显的作家、诗人、戏剧家。

再以后,正如大家所知的,首先在西方产生了资产阶级革命。资产阶级革命又只能依靠无产阶级的呼应才可能成功,而无产阶级由于处在社会最底层,是方方面面最受压制的阶级。此前的无产阶级除了民间的娱乐文艺,本身稀有更多的文艺,也是享有人类文艺成果最少的阶级。并且,几乎从没拥有过属于自己阶级的社会思想家。这样的人物就要产生时,往往即被斩除。

这一时期的人类文艺现象、社会思想现象,芜杂而又充满了尖锐的对立情绪。其主动性呈现为四分五裂的、形形色色的立场,连绘画、雕塑和歌曲之类较纯粹的艺术形式,也都在所难免地打上了政治立场、阶级立场的烙印。比如海涅的诗《德国纺织工人之歌》,它传达出的社会情绪乃是——纺织工人们未尝也不是将他们所受的压迫、剥削和心情的仇恨织进了布匹。

而在狄更斯的小说《双城记》中，有一个细节和这一首诗歌的情绪暗合——无产阶级暴动的女领袖，将贵族阶级和资产阶级的恶行，一桩桩、一件件用编织毛衣的方式"记录在案"。狄更斯对于贵族阶级的为富不仁是嫌恶的。《双城记》中有一个情节是这样的——贵族的马车碾死了一个穷人的孩子，车上的贵族老爷却连车也没下，只不过丢下一枚金币，便命车夫驱车扬长而去。

　　但《双城记》也同时写到了不少暴动的血腥——暴动变成了发泄仇恨的狂欢，暴动者将贵族少女的头插在矛尖上，进行取乐……

　　所以狄更斯在世界各国的无产阶级，尤其是夺取了政权以后的无产阶级看来，是立场可疑的作家，认为他的《双城记》有意识地丑化了无产阶级革命。《双城记》也很少在后来的社会主义国家出版。

　　那么，像雨果这样曾经特别同情和支持无产阶级革命的人，其文艺立场有了些什么变化呢？

　　雨果在《九三年》中通过他理想中的、一个理性的革命军事领袖郭文的口说："在绝对正确的革命原则之上，是更加绝对正确的人道主义。"

　　关于雨果，我曾做过一个比喻——夹在铁钳齿口的雨果。在你死我活的两个阶级之间，人道主义是雨果唯一可以立足的文艺立场。

　　狄更斯也表现出同样的理想化的文艺立场。在《双城记》中，他要一名是律师助理的平民知识分子进入牢房，帮助一名同情革命的贵族青年潜逃。——因为他们长得十分相似，他在天亮后无怨无悔地站在断头台上，内心默祝那贵族青年和一个资产阶级家庭的姑娘终成眷属，而他自己其实也强烈地爱着那姑娘。

　　在英、法、德这老欧洲三国遍布血雨腥风的时期，俄国的贵族诗人莱蒙托夫通过诗歌诅咒沙皇以及宠臣，是一伙"卑鄙小人"。屠格涅夫和托尔斯泰都用自己的文学作品表达了对俄国农民尤其是农奴的深切同情，并且都对贵族阶级的腐朽没落、无可救药，表达了自己的失望。而曾是医生的契诃夫则通过小说《第六病室》为俄国做了诊断——"俄罗斯病了!"

在西方,那一时期最著名的歌曲当然是《马赛曲》,以及后来的《国际歌》;最著名的油画当然是表现法国大革命的《攻陷巴士底狱》《革命者就义》《马拉之死》《自由引导人民》等;而最著名的小说当属《悲惨世界》和《九三年》。

细想想,从一万多年前的壁画《受伤的公牛》到公元前 700 年的浮雕《濒死的母狮》到《自由引导人民》,从体现人性欢娱本能的歌唱到《国际歌》,从《希腊古典神话故事》到《九三年》《第六病房》等文学作品,文艺在人类社会历史进程中的自觉性、能动性可见一斑。

但是,我们这里所言的自觉性、能动性,其实也就是文艺对人类生活的介入和干预状态而已。

文艺毕竟只不过对人类的社会具有反映和影响的作用,并不能从实际上扭转社会。也就是说,解放黑奴在当时的美国,不经过一次南北战争就难以达目的。《汤姆叔叔的小屋》本身不能使黑奴获得解放,但是它表达了黑奴应该获得解放的人类良知的声音。

所以林肯才说斯陀夫人,"一位小夫人的一部小说,引发了一场正义战争"。

战争的代价是无数人的生命。在人类的社会中,战争有时实难避免,代价的正面意义的大小视结果如何而定。比如牺牲在第二次世界大战中的军人,属于反法西斯一方就值得,反之不值得——虽然我们对生命之死持同样的悲悯情怀。

回望二百多年以前,当历史的尘埃落定,我们看到的事实是,在英、法两国,社会制度最终还是以资产阶级的社会理念确定下来。法国实现了共和制,英国实现了君主立宪制。

当生产力极大地提高,社会财富极大地丰富了,无产阶级也一定程度地获得了物质利益。由文艺、文化以人类文明宣言的方式部分实现了。

当一个国家的社会制度确定了，并从而渐渐稳定，渐渐为社会各阶层所理性地接受，此时文艺的自觉性也随之发生从内容到理念的嬗变。最初是一种失重的状态，如同军人退伍、干部退休、演员解除重要的演出合约一样。但是不久，文艺又开始积极寻找和重建价值——

　　第一，以更加本能的方式提供娱乐，满足人类最古老的习性需求。和平时期的人们对娱乐的需要空前强烈，现代生活方式的压力逐渐使人们依赖于靠了娱乐来减压，依赖于靠了极富刺激性的娱乐来唤起活力——《娱乐至死》一书阐述的便是这一事实。

　　第二，由于娱乐需求的空前强烈和迫切，快速地提升了娱乐本身的商业性。文艺在经济效益的诱惑之下，以前所未有的积极行为与商业亲密拥抱。

　　以上两点，其实还是文艺本能的现代表现。

　　第三，文艺自身也同时产生了前所未有的创新冲动。如同从前的中国文人，在仕途上失意了，转而在诗词、歌赋方面寻找和重建成就感。一部分文艺从业者，毕竟不甘于文艺仅仅是娱乐的永动机，他们是一定要寻找到文艺高于娱乐的那些价值和意义的人。西方种种现代文艺的思潮和实践，正是这一种冲动的镜子。文艺表现力的丰富是现代文艺的正面贡献，这一点几乎体现于文学、绘画、雕塑、舞蹈、建筑、音乐、戏剧、影视等方方面面。而唯形式主义乃是西方现代文艺曾面临的一个陷阱。

　　第四，但文艺眷注社会现实，促进社会公平、正义、良性发展的神经，依然并未死亡。它从尖锐沉重的和细致温暖的两个方面，继续承担着使人类社会更加文明进步、更加符合公序良俗——即更加人文化的责任。即使在处理尖锐沉重的题材时，也普遍地多了理性思维，少了偏激情绪。而此点说明，不但人类社会本身毕竟更加成熟，文艺体现自觉性的表达形态也更加成熟。

　　以我的眼光看来，世界当下的文艺，尤其是文学以及与之相关的影视剧、戏剧，艺术主要分为以下四类：

第一类，满足娱乐的。以周星驰为例，他主演的《食神》《大内密探零零发》《大话西游》便是。我虽没见过他本人，从他接受电视采访时的眼神和话语中，能感到他是一个绝不甘仅仅成为向世人提供笑料的人。我甚至自以为从他的眼神中，看出过隐隐的忧郁。如果一个大量地向人们提供笑料的人，他自己的内心里竟是忧郁的，那么这一点是发人深省的。也许可以这么说，周星驰的忧郁，意味着文艺的后天自觉性在文艺的先天原属性的强势压迫之下的不甘。于是，就有了第二种文艺……

第二类，以满足娱乐为基本出发点，但总还要适量加入一些较普适的价值观元素的文艺。还以周星驰为例，便是他的《少林足球》和《功夫》。在这两部电影中，都有小人物的酸甜参半的爱情，以及扶弱抑恶的人道精神和由玩世不恭心理而转变的人性悔悟，以及路见不平、拔刀相助，明知山有虎、偏向虎山行的英雄气概。在体现以上民间代代称赞的较正面价值观时，不难看出作为导演的周星驰的态度是郑重的。无论作为演员还是作为导演的周星驰，都根本不可能彻底摆脱商业原则对他的要求，这是像他那样一位演员的宿命，在此宿命前提之下，他也几乎只能做到那样了。当然，徐克的《笑傲江湖》、李安的《卧虎藏龙》，还有《龙蛇争霸》，以及《哈利·波特》等影片，体现的也都是文艺原属性和文艺自觉性的杂糅。区别仅在于，或原属性为主，或自觉性为主。

第三类，以文艺的自觉性为出发点，但尽量考虑到文艺的原属性。——其实在目前，文艺的原属性也直接可以用商业性来说了。

我们看过的《西蒙妮》《楚门的世界》，还有《真人秀》，基本属于此类。这一类文艺显然的商业色彩，是应该予以理解的。换言之，我们不应先入为主，因为看出了其显然的商业色彩，而忽视了甚至低估了在文艺自觉性方面的作为。

第四类，这一类文艺，似乎不愿屈从于文艺的商业性，而企图最大地体现文艺个性,于是其自觉性朝向文艺的形式方面去实践。王家卫的电影多属于此类。20世纪三四十年代,在西方从文学,到戏剧,到美术、雕塑、舞蹈、音乐、建筑设计、广告设计乃至服装设计,文艺的自觉性几乎进行过全方位的实验和自我证明,对当代人的文艺观、美学理念,产生了极为深远的影响。

第五类,所谓"文艺的自觉性",其实便是文艺关注人的生存现状的自觉性。现代文艺之自觉性的另一个主要贡献那就是——已不仅仅体现于对人的社会生存现实的关注,还体现于对人类的心理困境和心理关系真相之反映。这类小说,在那时的西方曾很流行;这类电影,更是层出不穷。文学作品如《尤里西斯》、戏剧如《伽利略传》、电影如《海上钢琴师》《绿卡》《喜宴》《克莱默夫妇》《断背山》《色·戒》《撞车》《女钢琴教师》……

第六类,关于人类社会最古老也是最为稳定的,近乎永恒的人文原则,在文艺中仍有体现。它们一旦成为作品,当然也随之具有商业性。但是此类作品的初衷,一般来说不是受商业性诱导的。文艺的自觉性,在这一类作品中往往彰显得相当庄严,甚至令人心战栗、震撼。

它们是现实题材的、抑或历史题材的,这不甚重要;是这个国家的、或那个国家的,这些人或那些人的作品也不甚重要。重要的是——它们证明,不论在任何时代,文艺的自觉性都是不会消亡的,像人类头脑的思考功能一样不会消亡。是的,它在特定的时代或会萎缩、迟钝、变异,但绝不会消亡。《卢旺达饭店》属于此类文艺,《钢琴家》也属于此类文艺,还有《辛德勒的名单》《拯救大兵瑞恩》《撞车》《美国丽人》《美丽谎言》《小鞋子》……

对于以上文艺,心怀敬意去看待之,乃是我们的天职。像人类精神家园的守望者一样呵护它们,给他们以恰如其分的,同时也应该是特别礼貌的评论吧!

第十节

"软实力"

文艺具有"软实力"吗？

毫无疑问，文艺是具有凝聚力的。纵观人类历史发展的过程，文艺的凝聚力在不同国家的不同历史时期，都曾经体现得显而易见。

即使人们对于发生在19世纪末20世纪初的、几乎在欧洲范围的无产阶级革命评说不一，但大多数人都会承认这样一个客观事实——《国际歌》对于当时的无产阶级革命起到了像号角一般的凝聚力，所以列宁当时曾说——《国际歌》是世界无产阶级和无产阶级之间的通行证，哪里响起《国际歌》，哪里就有无产阶级自己的人……

在抗日战争时期，后来被定为《中华人民共和国国歌》的《义勇军进行曲》，对于我们中国人也起到了空前的凝聚作用。当时延安有一位名叫田间的诗人，曾写下过这样的短诗：

> 假使我们不去打仗，
>
> 敌人用刺刀，
>
> 杀死了我们。
>
> 还要用手指着我们骨头说：
>
> "看，这是奴隶！"

当年的中国，无论诗人、小说家，还是画家、戏剧家，他们中的许多人，都曾自觉地运用自己所擅长的文艺形式，为抗日战争鼓与呼。

而相对于文艺的凝聚力，文艺还具有另一种不容忽视的反作用力——即文艺的解构力。我们可以依据充分的事实这样说，18世纪的欧洲资产阶级革命也好，19世纪的无产阶级革命也罢，最初都是由文艺对专制统治的解构开始的。比如卢梭的政论散文、雨果的《悲惨世界》、契诃夫的《第六病室》，比如拜伦、雪莱、莱蒙托夫、海涅等诗人的诗。即使在绘画方面也是如此，比如莱尔米特的《收割者的报酬》、巴斯蒂昂·勒帕热的《垛草》，都充满同情地画出了终年辛劳却一无所获的农民的迷茫与无奈。而在珂勒惠支的画笔之下，那一种迷茫与无奈显然变成了几欲爆发的愤恨。简直可以说，那幅题目是《磨镰刀》的速写画，其实画的是一个在磨拭武器，准备参加起义的农民。还有列宾的《伏尔加纤夫》，画中那些列成长队、深弯下腰、低垂着头因而不见面孔的纤夫，是底层民众被压迫、被剥削之命运的悲苦呈现。

　　文艺的解构能力其实也就是我们常说的文艺的社会批判功能，人类的社会之进步和文明，既依赖于社会生产力的发展，也借助于文艺的批判功能。但是，只有当社会的腐败不堪已经到了普遍的人们再难忍受的程度，文艺的批判力才足以体现为解构力。否则，只不过体现为正常的批判力而已。对社会阴暗现象丧失了正常的批判力的文艺，已经是不正常的文艺。而不正常的文艺，便对社会没有了多少自觉性可言，折射出的是社会本身的不正常。

　　文艺最可悲的情况是其丧失了自觉性，仅剩下了娱乐的原属性，另外还要加上附庸性。

　　变成权势附庸产物的文艺，是没有任何出息的文艺。文艺家若不幸生逢此等时代，想不平庸是需要勇气的，也是很难的。甚至，有勇气也白有勇气，因为他们的勇气面对强大的文化专制权力往往等于零。

　　文艺一旦变成了权势的附庸产物，那样的文艺便是伪文艺。伪文艺不可能不是令人嫌恶和鄙视的。伪文艺有时还是无耻的，因为它篡改历史。

当那样的时代注定结束以后,文艺首先恢复的往往倒并非它的原属性,而是它的自觉性。

此时的文艺的自觉性,通常体现为它的修正力,即不但修正时代的荒谬,也将修正文艺自身的荒谬。

于是文艺肩负起了恢复历史真相,重建社会正面价值体系,弘扬公平、正义和良知原则的使命。同时,也必然会积极发挥它的凝聚力……

以上,我只不过简略地谈了谈我个人对文艺的理性认识,并没有展开来举出多少感性例子。

我们要达到之目的乃是——希望大家以后面对文艺作品时,习惯于从时代、技巧和艺术家的创作心理三方面看待之,理解之,评论之。任何一件文艺作品,无论对于文艺家而言,还是对于一个时代而言,都必然也是某种因果关系的产物。看清其因果关系,理解才会全面一些、客观一些、深刻一些;评论才会有意义一些,具有说服力一些,值得别人另眼相看一些。

也只有这样,才不枉阅读一些文艺作品。

第十一节

评论

我曾听人不屑而言,评论家算是一种什么职业？这种不屑是不对的。

事实上,各大媒体都有一些关于政治、经济、科技、文化艺术的职业评论家存在。他们之评论的影响,在以上等方面,对于整个社会的成熟、理性、进步,曾经起到过并仍在起到着重要的作用。

但是,这里所议的评论之事,并非以上那种水平的评论者的评论。那需要具有极丰富又极厚实的评论资讯的积累,也需要有极优的才情——我没有资格言说怎样写好那样的评论。

我这里所探讨的评论,乃是比中学生的一般观后感作文水平高一个层面的评论。这么一种水平的评论,是一般报纸和刊物的文化艺术评论栏目,对记者的从业能力的起码要求。通常,那些记者们笔下所写,往往还不能算是评论,仅仅是报道,或具有个人看法的报道而已。报刊对记者们并不高的要求,以及记者们对自己从业能力并不高的满足,又往往导致如下现象,即有些记者从业多年,其水平仍仅仅停留在写报道的层面,难以更上一层楼。

还得请大家注意,这里所谈的是怎样写好评论,而非怎样写好一篇评论。前者谈的是共性问题,而后者应具体问题具体分析。还是从人和文学艺术现象的关系谈起——我以为,人和文学艺术现象的关系,有几个阶段:第一,视听需要;第二,欣赏意识;第三,评论的一般冲动第四,评论的专业或职业水平之体现。视听需要与欣赏意识是不能同日而语的,视听需要纯粹是官能需要。有眼要看,有耳要听,乃自然现象。欣赏意识,意味着视听需要提高了。此时,眼能见别人所未见之细微,耳能听别人所未闻之精妙——于是头脑浮想联翩。这是由于看得多了,听得多了。所见有限,所闻有限,视听需要则大抵不能上升为欣赏意识。具有了欣赏意识,也大抵不能这样就下笔如有神。欣赏意识中还要有评论的冲动产生。主动的也罢,被动的职业要求也罢,总之那冲动,需要有一种推力。

一个很少看电影的妇女,看了《金刚》,每逢女人便说:"去看看吧,看了准让你哭!看了你就更明白,现在的男人还不如一只大猩猩……"

这也是评论的冲动,很原始的一种。

而一个具有了欣赏意识并达到了一定的欣赏水平的人,他或她也许就将自己的观感记在日记里。如果发到博客里,那冲动就不一般,不是原始的了。此时,人具有了一种表达的欲望。这是一种良好的欲望,基于两种心理——获得共识和与人分享个性见解的愉快。若他或她的见解既不但是个性化的,而且又是高明于别人的,那么对别人由官能的需要转化为欣赏意识的培养,便确有帮助。这是评论的一般意义所在。倘若人还要将自己的见解发表在报刊上,这就必须对自己的评论文章下点功夫,认认真真地来写,因为报刊并不是博客。报刊的版面是有限的,也是值钱的;它还要顾及自己的品质,故对评论便有了较专业的或职业的要求。那么写好评论,下面的五点,便对大家具有启发性的意义:第一,归类(摆放);第二,比较(横向的、纵向的)——乃是为了使归类更稳定;第三,解构;第四,再归类——即确定解构后的价值;第五,评说那价值和文学艺术之另外元素和谐与否的关系。

让我们来做一个比喻——好比大家就是"鉴宝"节目的主持人或被她所邀请的专家。鉴,自然就是给出价值的结论以及理由。当主持人在细说一件收藏品的质料、形状、大小、色彩、完损时,那并不是最终希望听到的。因为我们也有眼,我们也分明看到了,只不过主持人用的是专业术语罢了。

但用怎样的语言来描述并不特别重要，专业术语毕竟是较易于学到的。我们期待着听到的是——它究竟出于哪一年代？是民间作坊里的产物，还是宫廷里的珍品？抑或出自大师之手的杰作？它在当时年代的艺术品中，究竟处于什么位置？

主持人也罢，专家也罢——此时他们的头脑之中，一处我们所不能见的博物馆浮现出来，琳琅满目，架格层层；他们在开口之前，已经将所要鉴定的物品，进行了一般人所看不见的摆放。这一摆，那鉴品的综合价值就被他定位了。

大家的问题是，所读、所看毕竟还少。所以面对评论客体，头脑之中不太会有什么类似博物馆的空间浮现；那么对评论客体的恰如其分的定位摆放，也就无从谈起。故大家对评论客体的评，也就只能局限在主持人的一般介绍的话语层面。而通常这一类评论，是不易被报刊采用的；即或偶尔采用，也不太会被格外看重。

具体来说，比如大家看《西蒙妮》《楚门的世界》，所评主要在虚拟的世界与实在的现实社会之间的关系，也有的人想得深一些，评到了现代人之被异化以及逃避异化的努力。但大家如果没有忘记的话，一定要注意"文化反思"的内容。

如果我来写评论，题目当是"欲说还休的反思"之类。这是我对两部电影的定位摆放，或曰"归类"，归于文化反思电影一类。不谈它们的反思价值，等于没有评到它们最值得肯定的价值。由此开始，进而想到——

第一，电影的娱乐功能，是被美国几乎无限地扩张了的。

第二，那么这一种反思，是强有力的始作俑者的反思。

第三，始作俑者并不都反思，尤其强有力的始作俑者，甚至要本能地维护自己们所营造的成果。

第四，所以这一种反思是弥足珍贵的。它意味着人类的文化也像一切有生命的东西一样，有一种对自我机体进行调解的本能，以防止自身的异化。

那么接下来,一切情节和细节,都在以上定位的前提进行评说。而且事实也是,编、导、演们,通力合作的艺术方向,都是为以上定位服务的。他们在情节、细节、表演方面煞费苦心,为了什么呢?还不是为了让观众们领会他们以上的意图吗?对两部影片进行了以上定位,是否便等于否定了大家的种种看法呢?不是的。大家的每一种看法,都可以纳入其间。甚至允许特别个人化,虽不见得正确,那也无妨。因为在较客观的定位方面,没错。没有定位见解的评论是不可取的;定位不准,更是不可取的——准确的价值定位,乃是评论水平的第一要素。又比如《音乐奇才》与《红磨坊》这两部美国歌舞片,单独看,并没有什么特别值得评论的价值,但联系在一起,则会提供给我们一些思考——

第一,传统歌舞片,形式上必是美的。

第二,底层人物的爱情故事,又是它的传统内容。

第三,它担负着提升大众视听欣赏水平的义务;而且,它一向能动性地做到了。

第四,所以几乎一切歌舞中,即使它们的思想性是肤浅的,他们的文化作用却大抵是正面的。

第五,与古典风格的歌剧相比,我们既看到了二者的区别,也看到了二者越来越多地相重叠的共性。——即阳春白雪的歌曲,完全可以在不损害自己艺术品质的前提之下,也以大众喜闻乐见的形式和面貌呈现;而大众,原来并非只愿一味娱乐的群体,在他们所易于接受的形式中,对于阳春白雪的艺术,也会渐渐地肯于接受和欣赏。

第六,由以上文艺与人的规律出发,我们可以看到当前大众文化的弊端,并贡献我们的见解。

综上所述,同样一类文艺作品、文艺现象,在有评论头脑的人那里,每产生多种层面的思考;相反,对于有的人,却只不过是看了而已,听了而已。

若问感想,三言两语,便再无话可说。

要使自己是前者,而非后者,除了多看、多听而外,还要多参与讨论。参与讨论,才会促使自己动脑思考,领略文艺作品的真谛妙义。

仅仅善于记,下功夫背诵,这样对优雅地欣赏文艺作品,就难免兴味索然。走入作品的境界,展开自己评论的翅膀,这样也许会更为怡然。

第十二节

小说是平凡的

屈指算来，我终日孜孜不倦地写作，已逾数十个年头。初期体会多多，至今几种体会都自行地淡化了。只剩一个体会，越来越明确。说出写出，也不过就一句话——小说是平凡的。

诚然，小说曾经很"高级"过，因而作家也极风光过。但都是过去时代乃至过去的事了。站在 21 世纪前瞻后望，小说的平凡本质显而易见。小说是为读小说的人们而写的——读小说的人，是为了从小说中了解自己不熟悉的人和事才读小说的；也是为了从小说中发现，自己以及自己所属的社会阶层的生活形态，在不同的作家看来是怎样的。这便是当代现实主义小说和读者之间的主要联系了吧？至于其他当代现实主义以外的小说，自然另当别论。但我坚持的是小说的现实主义和当代性，也就没有关于其他小说的任何创作体会。

据我想来，伟大的现实主义小说，恰恰伟大在它和读者之间的联系的平凡品质这一点上。平凡的事乃是许多人都能做一做的，所以每一个时代都不乏一批又一批写小说的人。但写作又是寂寞的、往往需呕心沥血的事，所以又绝非谁都宁愿终生而为的事，所以今后一辈子孜孜不倦写小说的人将会渐渐减少。一辈子做一件需要呕心沥血——意义说透了又很平凡的事，不厌倦，不后悔，被时代和社会漠视的情况下不灰心、不沮丧、不愤懑、不怨天尤人；被时代和社会宠幸的情况下不得意、不狂妄、不想象自己是天才、不夸张小说存在的价值和意义，这就很不平凡了。小说家这种职业的难度和可敬之处,也正在于此。伟大的小说是不多的,优秀的小说是不少的。伟大也罢,优秀也罢,皆是在小说与读者之间,平凡又平易近人的联系中产生的。

作家各自经历不同,所属阶层不同,睽注时代世事的方面不同,接受和遵循的文学观念不同,创作的宗旨和追求也便不同。以上皆不同,体会你纵我横、你南我北、相背相左、既背既左,还非写出来供人们看,徒惹质疑,倒莫如经常自我梳理、自我消化、自悟方圆的好。

文学是一个大概念,我似乎越来越谈不大清。我的文学创作,以写小说为主。我一向写我认为的小说,从不睥视别人在写怎样的小说。文坛上任何一个时期流行,甚至盛行的任何一阵小说"季风",都永远不至于迷糊了我的眼。我将之作为文坛的一番景象欣赏,也从中窃获适合于我的营养。但欣赏过后,埋下头去,还是照写自己认为的那一种小说。

我认为的那一种小说,是很普通的、很寻常的、很容易被大多数人读明白的东西。很高深的、很艰涩的、很需要读者耗费脑细胞去"解析"的小说,我想我这辈子是没有水平去"创作"的。

我从小学五六年级起就开始读小说。古今中外,凡借到的,便手不释卷地读,甚至读《聊斋志异》。读时不认识的字太多,就翻字典。凭借字典,也只不过能懂个大致意思。到了中学,读外国小说多了。所幸当年的中学生,不像现在的中学生学业这么重,又所幸我的哥哥和他高中的同学们,都是"小说迷",使我不乏小说可读。说真话,中学三年中,我所读的小说,绝不比我成为作家以后读得少——这当然是非常羞愧的事,成了作家似乎理应读更多的小说才对。但不知怎么,竟没了许多少年时读小说那种享受般的感受。过去很多年后,我又重读少年时期读过的那些世界名著。当年读,觉得没什么读不懂。觉得内中所写人和事,一般而言,是我这个少年的心灵也大体上可以随之忧喜的。如今重读,更加感到那些名著品质上的平易近人。我所以重读,就是要验证名著何以是名著。于是我想——大师们写得多么好啊！只要谁认识了足够读小说的字，谁就能读得懂。如此平易近人的小说，乃是由大师们来写的，是否说明了小说的品质在本质上是寻常的呢？若将寻常的东西，当成不寻常的东西去"炮制"，是否有点可笑呢？

很多年前，我曾给我的时近八十岁的老母亲，读屠格涅夫的《木木》、读普希金的《驿站长》、读梅里美的《卡门》……

老母亲听《木木》时流泪了。

听《驿站长》时也流泪了。

听《卡门》没流泪。虽没流泪，却说出了这样的话——"这个女子太任性了。男人女人，活在世上，太任性了就不好！常言道，进一步山穷水尽，退一步海阔天空，干嘛就不能稍退一步呢？"这当然与《卡门》的美学内涵相距较大，但起码证明她明白了大概。

是的，我认为的好小说是平易近人的。能写得平易近人并非低标准，而是较高的标准。大师们是不同的，乔伊斯也是大师，他的《尤里西斯》绝非大多数人都能读得懂的。乔伊斯可能是别人膜拜的大师，但他和他的《尤里西斯》都不是我所喜欢的。他这一类的大师，永远不会对我的创作产生影响。

我写字桌的玻璃板下，压着朋友用正楷为我抄写的李白的《将进酒》。——那是我十分喜欢的。句句平实得几近于白话！最伟大、最有才情的诗人，写出了最平易近人、最豪情恣肆的诗，个中三昧，足以让我领悟一生的。

我不能说明白小说是什么，但我知道小说不该是什么。小说不该是其实对哲学所知并不比别人多一点的人，图解自以为"深刻"的哲学"思想"的文体。人类进入 21 世纪这么多年后，连哲学都变得朴素了。连有的哲学家都提出了要使哲学尽量通俗易懂的学科要求，小说家的小说如果反而变得一副"艰深"的模样的话，我是更不读的。小说尤其长篇小说，不该是其实成不了一位好诗人的人借以炫耀文采的文体。既曰小说,我首先还要看那小说写了什么内容,以及怎样写的。若内容苍白,文字的雕琢无论多么用心都是功亏一篑的。除了悬案小说这一特殊题材而外,我不喜欢那类将情节故意摆布成"文字方程"似的玩意让人一"解析"再"解析"的小说。

今天,真的头脑深刻的人,有谁还从小说中去捕捉"深刻"的沟通?

我喜欢寻常的、品质朴素的、平易近人的小说。我喜欢写这样的小说给人看。

或许有人也能够靠了写小说,登入什么所谓"象牙之塔"。但我是断不会去登的,甚至并不望一眼。哪怕它果然堂皇地存在着,并且许多人都先后登入进去了。

我写我认为的小说,写我喜欢写的小说,写较广泛的人爱读而不是某些专门研究小说的人爱读的小说——这便是我的寻常的追求。即使为这么寻常的追求,我也衣带渐宽终不觉,并且终不悔。

我既为较广泛的人们写小说,既希望写出他们爱读的小说,就不能不瞩注平民生活形态。因为平民构成我们这个社会的大多数,还因为我出身于这一个阶层。——我和这一个阶层有亲情之缘。

我认为,事实上每一个人都有他或她的"阶层"亲情。这一点体现在作家们身上更是明显得不能再明显。商品经济时代,使阶层迅速分化出来,使人迅速地被某一阶层吸纳,或被某一阶层排斥。

作家是很容易在心态上和精神上,被新生的中产阶级阶层所吸纳的。一旦被吸纳了,作品便往往会很中产阶级气味起来。——这是一种必然而又自然的文学现象,这一现象没什么不好。一个新的阶层一旦形成,一旦在经济基础上成熟了,接下来便有它的文化要求,包括文学要求。于是便有服务于它的文化和文学的实践者。

文化和文学,理应满足各个阶层的需要。

从"经济基础"方面而言,我承认我其实已属于中国新生的中产阶级阶层,我是这个阶层的"中下层"。作家在"经济基础"方面,怕是较难成为这个新生阶层的"中上层"的。但是作家在精神方面,极易寻找到在这个新生阶层中的"中上层"的良好感觉。

我时刻提醒和告诫我自己,万勿在内心里滋生出这一种良好感觉。我不喜欢这个新生的阶层。这个新生的阶层,氤氲成一片甜的、软的、喜滋滋的、乐融融的,介于满足与不满足、自信与不自信、有抱负与没有抱负之间的氛围。——这个氛围不是我喜欢的氛围。我从这个阶层中,发现不到什么太令我怦然心动的人和事。

所以我身在这个阶层,却一向是转身背对这个阶层的。睽注的始终是我出生的平民阶层。一切与我有亲密关系,乃至亲爱关系的人们,几乎无一例外地仍生活在平民阶层。同学、知青伙伴、有恩于我的、有义于我的。比起新生的中产阶级阶层,他们的人生更沉重些,他们的命运更无奈些,他们中的人和事,更易深深地感动我这个写小说的人。

但是我十分清醒,他们中的大多数,其实是无心思读小说的。我写他们,他们中的大多数也不知道。我将发生在他们中的人和事,写出来给看小说的人们看。

我又十分清醒,我其实很尴尬——我一脚迈入在新生的中产阶级里,另一只脚的鞋底上仿佛抹了万能胶,牢牢地黏在平民阶层里,想拔都拔不动。我的一些小说里,自然而然地流露出了我的尴尬。

这一份儿尴尬,有时成为我写作的独特视角。

于是我后来的小说中多了无奈。我对我出身的阶层中许多人的同情和体恤,再真诚也不免有"抛过去"的意味。我对我目前被时代划归入的阶层,再厌烦也不免有"造作"之嫌。

但是我不很在乎,常想,也罢——在一个时期内,就这么尴尬地写着,也许正应了那句话——前不着村,后不着店。所以才继续地脚不停步地在稿纸上"赶路",完完全全、彻彻底底变成了中国新生的中产阶级的一员,即使仅仅是"中下层"中的一员,我也许就什么都写不出来了。

第十三节

阅读一颗心

我在为到大学讲课，做些必要的案头工作的日子里，又一次思索关于文学的基本概念，如现实主义、理想主义以及现实主义与浪漫主义的相结合等。毫无疑问，对于我将要面对的大学生们，这些基本的概念似乎早已陈旧，甚而被认为早已过时。

但是，万一有某个学生认真地提问呢？

于是想到了雨果，于是重新阅读雨果，于是一行行真挚的、热烈得近乎滚烫的、充满了诗化和圣化意味的句子，又一次使我像少年时一样被深深地感动。坦率地说，生活在仿佛每一口空气中，都分布着物欲元素和本能意识的现在，我已经根本不能像少年时的自己一样信任雨果——但我却还是被深深地感动。依我想来，雨果当年所处的巴黎，其人欲横流的现状比之世界的今天肯定有过之而无不及，人性真、善、美所必然承受的扭曲力，也肯定比今天强大得多，这是我不信任他笔下那些接近道德完美的人物之真实性的原因。但他内心里怎么就能够激发起塑造那样一些人物的炽烈热情呢？倘若不相信自己笔下的人物在自己所处的时代是有依据存在着的，起码是可能存在着的，作家笔下又怎会流淌出那么纯净的、赞美诗般的文字呢？这显然是理想主义高度上升，作用于作家大脑之中的现象。我深深地感动于一颗作家的心灵，在他所处的那样一个四处潜伏着阶级对立情绪、虚伪比诚实在人世间获得更容易的自由，狡诈、贪婪、出卖、鹰犬类人也许就在身旁的时代，居然仍对美好人性抱着那么确信无疑的虔诚理念。

是的,我今天又深深地感动于此,又一次明白了我一向为什么喜欢雨果,远超过左拉或大仲马们的理由——我个人的一种理由;并且,又一次因为我在同一点上的越来越经常的动摇,而自我审视,而不无羞惭。

那么,让我们来重温一部雨果的书吧,让我们来再次阅读一颗雨果那样的作家的心吧。比如,让我们来翻开他的《悲惨世界》——几家电视台还集中介绍过由这部名著改编的电影。

一名苦役犯逃离犯人营以后,可以"变成"任何人,当然也包括"变成"一位市长。但是"变成"一位好市长,必定有特殊的原因。

米里哀先生便是那原因。

米里哀先生又是一个怎样的人呢?

他曾是一位地方议员,一位"着袍的文人贵族"的儿子。青年时期,还曾是一名优雅、洒脱、头脑机灵、绯闻不断的纨绔子弟。——现在,我们的社会里,"米里哀式"的纨绔子弟也多着呢。法国大革命初期,这名纨绔子弟逃亡国外,妻子病死异乡。这名纨绔子弟从国外回到法国,却已经是一位教士了,接着做了一个小镇的神父。斯时他已上了岁数,"过着深居简出的生活"。

他曾在极偶然的情况下见到了拿破仑。

皇帝问:"这个老头老看着我,他是什么人?"

米里哀神父说:"你看一个好人,我看一位伟人,彼此都得益吧。"

由于拿破仑的暗助,不久他由神父而主教大人。

他的主教府与一所医院相邻,是一座宽敞美丽的石砌公馆。医院的房子既小又矮。于是"第二天,二十六个穷人——也是病人,住进了主教府,主教大人则搬进了原来的医院"。国家发给他的年薪是一万五千法郎。而他和他的妹妹及女仆,每月的生活开支仅一千法郎,其余全部用于慈善事业。那一份由雨果为之详列的开支,他至死没变更过。省里每年都补给主教大人一笔车马费——三千法郎。在深感每月一千法郎的生活开支太少的妹妹和女仆的提醒之下,米里哀主教将那一笔车马费讨来了。因而遭到了一位众议院议员的诋毁,向宗教事务部长针对米里哀主教的车马费问题,打了一份措辞激烈的秘密报告,大行文字攻击之能事。但米里哀主教将那每月三千法郎的车马费,又一分不少地用于慈善之事。他这个教区,有三十二个本堂区、四十一个副本堂区、二百八十五个小区。他去巡视,近处步行,远处骑马。他待人亲切,和教民促膝谈心,很少说教。这后一点,在我看来,尤其可敬。他是那么关心庄稼的收获和孩子们的教育情况。"他笑起来,像一个小学生。"他嫌恶虚荣,"他对上层社会的人和平民百姓一视同仁"。"他从不下车伊始,不顾实际情形胡乱指挥。他总是说:'我们来看看问题出在哪里。'"他为了便于与教民交心而学会了各种南方语言。

一名杀人犯被判死刑,前夜请求祈祷。而本教区的一位神父不屑于为一名杀人犯的灵魂服务。主教得知后,没有只是批评,没有下达什么指示,而是亲自去往监狱,陪了犯人一整夜,安抚他战栗的心。

第二天,陪着上囚车,陪着上断头台……

米里哀主教反对利用"离间计"诱使犯人招供。当他听到了一桩这样的案件,当即发表庄严的质问:"那么,在哪里审判国王的检察官先生呢?"他尤其坚决地反对市侩哲学。逢人打着唯物主义的幌子贩卖市侩哲学,立刻冷嘲热讽,而不顾对方的身份是一名尊贵的议员。

雨果干脆在书的目录中称米里哀主教为"义人",正如泰戈尔称甘地为"圣雄";还干脆将书的一章的标题定为"言行一致",而另一章的标题定为"主教大人的袍子穿得太久了"。

雨果详而又详地写主教大人的卧室,它简单得几乎除了一张床外别无家具。冬天他还会睡到牛栏里去,为的是节省木柴——价格昂贵,为了享受牛的体温。而他养的两头奶牛产的奶,一半要送给医院的穷病人。而他夜不闭户,为的是使找他寻求帮助的人免了敲门等待的时间。

梁晓声

米里哀主教远离某些时髦话题，嫌恶空谈，更不介入无谓的争辩。在他那个时代诸如王权和教权谁应该更大的问题，一直纠缠着辩论家们，正如在曾经的年代，姓"资"还是姓"社"的问题曾一直争辩不休。

　　然而，米里哀主教最使人钦服的，也许是这么一点——虽是一位德高望重的主教，却谦卑地认为"我是地上的一条虫"。米里哀主教大人作为一个人，其德行已经接近完美。雨果塑造他的创作原则，也与塑造"样板戏"人物的原则如出一辙而又在先。

　　我将要告诉人们，那就是经典的理想主义文本，那就是经典的理想主义文学人物。

　　于是，冉·阿让被米里哀主教收留一夜；陪吃了饱饱的一顿晚餐；半夜醒来却偷走了银器，天一亮即被捉住，押解了来让米里哀主教指认。米里哀主教却当其面，说是自己送给他的，则就一点也不奇怪了。他非但那么说，而且头脑里也这么认为——银器不是我们的，是穷人的，"他"显然是个穷人，所以他只不过拿走了属于自己的东西而已。

　　于是，冉·阿让"变成"马德兰先生、马德兰市长以后，德行上那么像另一位米里哀，在雨果笔下也就顺理成章。其生活俭朴像之，其乐善好施像之，其悲悯心肠像之，其对待沙威警长的人性胸怀像之……总之几乎在一切方面都有另一位米里哀的影子伴随着他。一个米里哀死了，另一个米里哀在《悲惨世界》中继续前者未尽的人道事业。

　　就连沙威也是极端理想主义的——因为绝大多数现实生活中的沙威们，其被异化了的"良心"是很不容易省悟的。即使偶尔转变，也只不过是一时一事的。过后在别时他事，仍是沙威们。人性的感召力对于沙威们，从来不可能强大到使他们投河的程度。他们的理念一般是由对人性的反射屏装点着的。

　　米里哀主教死时已八十余岁，且已双目失明。他的妹妹一直与他相依为命。雨果在写到他们那种老兄妹关系时，极尽浪漫的、诗化的、圣化的有爱就不会失去光明。而且这是何等的爱啊！这是完全用美德铸成的爱！心明就会眼亮。心灵摸索着寻找心灵，并且找到了。这个被找到、被证实的灵魂是个女人。有一只手在支持你，这是她的手；有一张嘴在轻吻你的额头，这是她的嘴；你听见身边呼吸的声音，这是她，一切都得自于她，从她的崇拜到她的怜悯，从不离开你，一种柔弱的甜蜜的力量始终在援助你，一根不屈不挠的芦苇在支持你，伸手可以触及天意，双手可以将它拥抱，有血有肉的上帝，这是多么美妙啊！

她走开时像个梦，回来却是那么的真实。你感到温暖扑面而来，那是她来了……

女性的最难以形容的声音安慰你，为你填补一个消失的世界。

有这样一个女人在身旁，雨果写道："主教大人从这一个天堂去了另一个天堂。"

如果忘记这是《悲惨世界》，那么读者肯定会做如是之想——这是《少年维特之烦恼》的炽烈的初恋渴望吧？这是《罗密欧与朱丽叶》中心上人对心上人的痴爱的倾诉吧？

但是雨果写的却是八十余岁的主教与他七十余岁的妹妹之间的感情关系。这是迄今为止，世界文学史上仅有的一对老年兄妹之间的感情关系的绝唱，使我们在被雨果的文字感染的同时，难免会觉得怪怪的。——因为在现实生活中，一对老年兄妹或一对老年夫妇，无论他们的感情何等的深长，到了七八十岁的时候，也每每趋于俗态，甚至会变得只不过像两个在一起玩惯了的儿童。

可以说，那便是现实主义的经典文本了。

雨果完成《悲惨世界》时，已然六十余岁。他与某伯爵夫人的"柏拉图式"的婚外恋情,也已持续了二十余年。他旅居国外时,她亦追随而至,住在仅与雨果的住地隔一条街的一幢楼里,为了使他可以很方便地见到她。故我简直不能不怀疑,雨果所写,也许更是他自己和她之间的那一种。雨果死时,和他笔下的米里哀主教同寿,都活到了八十三岁。

这一偶然性似乎具有神秘性。

《悲惨世界》的创作使命,倘若仅仅为塑造两个德行完美的理想人物而已,那么雨果就不是雨果了。这是一部几乎包罗社会万象的书。随后铺展开的,是全景式的法国时代图卷。尤其将巴黎公社起义这一大事件纳入书中,无可争议地证明了雨果毕竟是雨果。

可以说,那便是现实主义的经典文本了。

在现实主义与理想主义、现实主义与浪漫主义相结合方面,与雨果同时代的全世界的作家中,几乎无人比雨果做得更杰出。

而雨果的理想主义,始终是对美好人性和人道原则的文学立场的理想主义。这是绝不同于一切文学的政治理想主义的一种文本,故是文学的特别值得尊敬的一种品质。

在雨果的理念之中,人道原则是高于一切的。

我极其尊敬这一种理念。无论它体现于文学,还是体现于现实。我深深地感动于一颗作家的心,他对人道原则终生不变地恪守。我的感动,使我不因雨果在这一点上有时完全的理想主义激情而臧否于他。如果有将自己的人生无怨无悔地奉献给文学者,我祈祝他们做得比我这一代作家好!

第十四节

星团的力量

在阴霾的天穹上,凝聚着一团大而湿重的积雨云——我常想,这是否可比作鲁迅和他所处时代的关系呢?那是腐朽到了糜烂程度而又极其动荡不安的时代。鲁迅企盼着有什么力量能一举劈开那阴霾,带给他自己也带给世人,尤其中国底层的民众,又尤其许许多多迷惘、彷徨,被人生的无助和民族的不振所困扰,连呐喊几声都将招致凶视的青年以光明和希望。然而他敏锐的、善于深刻洞察的眼所见,除了腐朽和动荡不安,还是腐朽和动荡不安,更不可救药的腐朽和更鸡飞狗跳的动荡不安。

鲁迅环顾天穹,深觉自己是一团积雨云而孤独。他是他所处的时代特别嫌恶然而又必然产生的一个人物,正如他嫌恶它一样。

于是鲁迅唯有以自身所蕴含的电荷,与那仿佛密不可破的阴霾,亦即那混沌污浊的时代摩擦、冲撞。中外历史上,较少有一位文化人物,自身凝聚过那么强大的能量。他对于中国,那能量超过了卢梭之对于法国。然而相对于他所处的时代,那也只不过是一种凄厉的、文化的声音而已。他在阴霾的天穹上奔突、疾驰,迫切地寻找着或能撕碎它的缝隙。他发出闪电和雷鸣,即使那时代的神经紧张,也义无反顾地消耗着自己。即使不能撕碎那阴霾,他有时便恨不得撕碎自己,但求化作多团的积雨云,通过积雨云与积雨云,也就是自身与自身的摩擦、冲撞,击出更长的闪电和更响的雷鸣。

这——是否便是中国近代文化史上的鲁迅呢?

梁晓声

鲁迅先生，当然是文学的。

文学的鲁迅所留给我们的文本，不是多得足以"合并同类项"的文本中的一种，而是分明地区别于同时代任何文本的一种。鲁迅的文学文本，是迄今为止最具个性的文本之标本。它使我们明白，文学的"个性化"意味着什么。

鲁迅先生，更其是文化的。

文化包括文学，所以他是很"大"的。倘仅以文学的尺丈量他，在某些人看来，也许他是不伦不类的；而我想，也许所用之尺小了点。

仅仅鲁迅一个人，便几乎构成中国现代文学和文化史上不容忽视的一页——那便是文化的良知与一个腐朽到糜烂程度的时代之间难以调和、难以共存的大矛盾。

倘若中国现代文学和文化史上无此页，那么今人对它的困惑将不是少了，而是多了。文学体现于个人，有时只需要一张写字桌；文化体现于个人，有时只需要黑板和讲台。文学家和文化，有时只需要阴霾薄处的似有似无的微光出现，有时仅满足于动荡与动荡之间的虚幻的平安无事。

文学和文化处在压迫它的时代，那是也可以像吊兰一样，吊着活的。这其实不必非看成文学和文化的不争，也是可以换一个角度看成文学和文化的韧性的。

然而鲁迅要的不是那个，满足的也不是那个；倘若是，中国便不曾有鲁迅了。他曾对其时代的青年说过这样的话——第一是要生存，第二是要温饱，第三是要发展。其实在某些时代的某些情况之下，一切别的人们，所起码需要的并不有别于青年们。

鲁迅的激戾，乃因他每每的太过沮丧于与他同时代的文化人士，不能一致地、迫切地、义无反顾地想他所想，要他所要。因而他常显得缺乏理解，常以他的"投枪和匕首"伤及原本不愿与他为敌，甚至原本对他怀有敬意的人。

于是使今人不得不面对这样一个事实——战斗的鲁迅先生,有时候也是偏执的鲁迅先生……在4月的春寒料峭的日子里,在停了暖气家中阴冷的日子里,我又沉思着鲁迅了。

事实上,近几年,我一再地沉思他。

这乃因为,鲁迅在近几年不只是文坛,不知怎么的,不但每每成热点话题,而且每成焦点话题了。

不知怎么回事?

细细想来,对于鲁迅重新进行评说的兴起,分明也是必然的。有哪一位中国作家,在七十年之久的中国,尤其是在20世纪80年代以前的三十年里,其地位被牢牢地、神圣地巩固在文化领域乃至社会思想领域,甚至意识形态领域呢?

除了鲁迅先生,还是鲁迅先生。

在人类历史的长河中,某些著名的人物,生前或死后被当成别人们的盾、别人们的矛的事是常有的。鲁迅也被不幸地当成过,不是他的不好,是时代的浅薄。

鲁迅生前论敌甚多,这乃是由他生前所惯操的杂文文体决定的,或曰造成的。杂文是议论文体。既议人,则该当被人所议。既一一议之,则该当被众人所议。纵然论事,也是难免议及于人的。于是每陷于笔战之境,以一当十的时候,便形成被"围剿"的局面。鲁迅的文笔尖刻老辣,每使被议者们感到下笔的"狠"。于是招致以眼还眼、以牙还牙。鲁迅是不惧怕笔战的,甚至也不惧怕孤家寡人独自"作战",而且具有以一当十、百战不殆的"作战"能力,故在当时的中国文坛,形象就很无畏——"东方不败"的一种形象。又因他在当时所主张的是"普罗文化"亦即"大众文化",而"大众"在当年又被简单地理解成"无产阶级",并且他确乎为他的主张每每剑拔弩张、奋不顾身。

有人对鲁迅另有一番似乎中性的评价,那就是林语堂。他曾写道,与其说鲁迅是文人，还莫如说鲁迅是斗士。所谓"斗士"，善斗者也。闲来无事，以石投狗，既中，亦乐。

大致是这么个意思。

林语堂曾与鲁迅交好过的。后来因一件与鲁迅有关与自己一点关系都没有的稿费争端，夫妇二人欣然充当斡旋劝和的角色，结果却说出了几句使鲁迅大为反感的话。鲁迅怫然，林语堂亦怫然，悻悻而去。鲁迅在日记中记录当时的情形是"相鄙皆见"四个字。

从某些人士的回忆录中可以知道，鲁迅其后几日心事重重，闷闷不乐。

鲁迅先生未必不因而失悔。

然而，林语堂关于"斗士"的文字，发表于鲁迅去世后，他对鲁迅先生曾是尊敬的；那件事之后，他似乎收回了他的尊敬。而且，二人再也不曾见过面。

林语堂不是一位尖刻的文人。然其比喻鲁迅为"斗士"的文字，横看竖看，显然地流露着尖刻。但若仅仅以为是百分之百的尖刻，又未免太将林语堂看小了。我每品味林氏的文字，总觉也是有几分为鲁迅感到"何必"的意思在内的。而有了这一层意思在内，"斗士"之喻与其说是尖刻，莫如说是叹息了。起码，后人可以从文字中看出，在林语堂眼里，当时某些中国文坛上的人，不过是形形色色的"狗"，并不值得鲁迅怎样认真地对待的，如某些专靠辱骂鲁迅而造势出名者。那样的某些人，在世界各国各个时期的文坛上，是都曾生生灭灭地出现过的，是一点也不足为奇的。

鲁迅讨伐式或被迫迎战式的杂文，在其杂文总量中为数不少。比如仅仅与梁实秋之间的八年论战，他便写下了百余篇长短文。他与论敌之间的论战，有的发端于在当时相当严肃、相当重大的文学观的分歧和对立。论战双方，都基于某种立场的坚持。都显出各所坚持的文学的，以及由文学而引起的社会学方面的、文人的或曰知识分子的责任感。有的摆放在今天的中国文坛上，仍有促使后代文学和文化人士继续讨论的现实意义。有的由于时代的演进，自行化解，自行统一，自行达成共识，已无继续讨论，更无继续论战的现实意义。而有的论战的发端，即使摆放在当时来看，也不过便是文化人和知识分子之间的文坛常事。孰胜孰败，是没什么非见分晓的大必要的 。

并且，现当代的中国文学史，曾几乎以鲁迅为一条"红线"，进行了相当细致的梳理。其结果是，一些与鲁迅同时代的文化人士和文化学者，从现当代的中国文学史上销声匿迹，他们的书籍只有在极少数图书馆里才存有。寻找到它们，比敬业的道具员寻找到隔世纪的道具还难。有的文学史书虽也记载了当时中国文坛的风云种种，但也只不过是一笔带过的。致使我这一代人曾经面对的文学和文化的历史，一度是以残缺不全而欠完整的。

我读鲁迅先生，觉得他的心还是特别的人文主义的。并且确信，他是断不至于也将他文坛上的论敌们，视为不共戴大的仇敌，时刻欲置于死地而后快的。他虽写过《论"费厄泼赖"应当缓行》，那也不过是论战"白热化"时文人惯常的激烈。

我曾读过关于鲁迅的一本书，是《鲁迅梁实秋论战实录》。正是这一本书，使我想再次沉思鲁迅，并决定写一点关于他的文字。书中梁实秋夫妇与鲁迅孙子周令飞夫妇的合影，皆其乐融融，令人看了大觉欣然。往事作史，尘埃落定，当年的激烈严峻，现今竟都变得轻若绕岭游云。我想，倘若鲁迅泉下有知，必亦大觉欣然吧？

鲁迅先生的经历，决定了他是一位深深入世，抛尽了一切出世念头，并且坚定不移地确定自己入世使命的文化知识分子。他的文章中曾有这样的诗句：

> 从前好的，自己回去；
> 将来好的，跟我前去！

梁晓声

与其说是豪迈的鼓与呼，毋宁说更是孤傲的而又略带悲怆意味的个人声明——他与他所处的"现在"，是没什么共同语言的。他对社会、国家和民族的寄托，全在将来！而他的眼从"现在"的大面积的深而阔的伤口里，已看到正悄悄长出的新肌腱的肉芽！曾有他的"敌人"们这样地公开暗示他的"赤"化——"然而偏偏只遗下了一种主义和一种政党没嘲笑过一个字，不但没有嘲笑，分明的还在从旁支持着它。"梁实秋在与鲁迅的论战中引用了那很阴险的文字，并在文中最后质问："这'一种主义'大概不是三民主义吧？这'一种政党'大概不是国民党吧？"

　　这不能不说是比"资本家的'乏'走狗"更狠的论战一招。因为这等于将鲁迅推到了国民党特务的枪口前示众。文人之间的意气用事，由此可见一斑。这一种文化现象，也是非常"中国特色"的。此点与西方是不尽相同的。西方的文人或文化知识分子，虽也每每势不两立，但政治的嘴脸一旦介入其间，那是会适得其反的。论战的双方，要么有一方开始缄默，要么双方同时表达对政治干涉的反感。比如第二次世界大战前后的美国，一批知识分子同样被列入了亲苏的政治"黑名单"，但他们的某些文化立场上的"敌人"，也有转而替他们向当局提出抗议的。

　　当然，鲁迅痛斥梁实秋为"资本家的'乏'走狗"，也是只图一时骂得痛快，直往墙角逼人。研读梁实秋与他的论战文字，不难得出一个公正的结论——即梁实秋谈的是纯粹的文学和文化之事，如其在大学讲台上授课。二十四岁从美国哈佛大学文学院获得了硕士学位归国任教的梁实秋，当年显然是属于这样一类知识分子——只要垫平一张讲桌由其讲授文学的课程，课堂以外之事是既不愿关心更不愿分心而为的。当年，此类文化知识分子为数是不少的。《青春之歌》中的余永泽，身上便有着他们的影子。当然在持革命人生观的当年的青年们看来，那是很不足取的。其实，倘我们今人平静地来思考，却更应该从中发现这样一种人类普遍的生存规律，那就是——只要天下还没有彻底的大乱，甚或，虽则天下业已大乱，但凡还有乱中取静的可能，人类的多数总是会一如既往地做他们想做和一向做的事情的——小贩摆摊、游民流浪、工人上班、农夫下田、歌女卖唱、叫花子行乞、私塾先生教《三字经》《百家姓》《千字文》、大学教授授课、学生们孜孜以学。

哪怕在集中营里，男人和女人也要用目光传达爱情；哪怕在前线的战壕里，有浪漫情怀的士兵，也会在冲锋号吹响之前默诵他曾喜欢过的某一首诗歌。

梁实秋的"悠悠万事，唯文学为大"，正符合着人性的较普遍之规律。深刻如鲁迅先生者，认为是苟活着并快乐着。但是若换一种宽厚的角度看待之，未尝不也是人性的普遍性的体现。对于梁实秋的"文学经"的种种理论，鲁迅未必能全盘驳倒批臭。因为分明的，仅就文学的理论而言，梁实秋也在不遗余力地传播着他自美国接受的一整套体系，并且认为是他的使命和责任。正如鲁迅认为自己做"普罗文学"的主将和旗手，是义不容辞之事。

鲁迅先生倡导"普罗文学"——即"大众文学"，无论当时或现在都有积极的意义。梁实秋传播经典文学之所以成为经典的某些观点，也是有功之举；他当年以极为不屑的态度嘲讽"大众文学"的弱苗今天也是有必要反对的，按他当年的标准，《阿Q正传》《骆驼祥子》《祥林嫂》《为奴隶的母亲》《八月的乡村》等简直就登不了文学的大雅之堂。

可以肯定的是，梁实秋现在是会放弃他当年的错误的文学立场的，他是幸运的——因为他毕竟有矫正错误的机会。永远沉默了的鲁迅先生，却只有沉默地任后人重新评说他当年的深刻所难免的偏激而已。这正应了"文章千古事，落笔细思量"一句话，真令我替文人们悲从中来……一位在自身所处的时代鱼缸里的鱼似的，游弋在文学的，而且是所谓"高雅"的那一种文学的理论中；一位在自身所处的时代，倍感周遭腐朽现实的混浊，以及对自己造成的窒息。一位在当年专以文学论文学，为文学而文学；一位在当年借杂文而隐论国家,隐论民族。

俱往矣!

即便社会之所以不管怎样,却毕竟总还"活"着,乃因有人在不懈地做着对我们和下一代极为必要之事;而时代之所以变革,则乃因有勇猛的摧枯拉朽者。

鲁迅先生——中华人民共和国成立前的阴霾天穹上,一团直至将自己的电荷耗尽为止的积雨云。他又如同星团,而别人们,在我看来,即或很亮过,也不过是星。

星团大过于星。

第十五节

大诗心

多么异常呵，想到一位写了那么多好诗的诗人，首先想到的竟不是他的诗，而是他的死！

他那些如丝一样缠绵、如泉一样明澈、如花一样美丽、如火一样热烈、如瀑布一样激情悬泻、如儿童的哭诉一样，打动人心的诗呵——在诗人死后七十多年的这一个夏季，在一个安静的中午，我首先想到的竟不是他的诗，而是他鲜血溅流的死！

斯时亮丽的阳光，洒在他的诗集，和他厚厚的年谱上。

而诗人的死，竟是因为——他不但爱诗，而且，像爱诗一样爱我们的国！

多么压抑呵，想到闻一多，首先想到的竟不是他的才华，不是他的学者气质、教授风范，甚至也不是他那为我们后人所极为熟悉的、嘴角叼着烟斗忧郁地思考的样子，而是他付出了生命代价的拍案而起！

就因为他的拍案而起，他就成了敌人——成了他所处的时代的特务们的敌人，成了特务们背后的头子戴笠们的敌人，成了戴笠们背后的主子蒋介石们的敌人！进而成了整个独裁统治机器的敌人！

而诗人竟也就索性、崛然、傲然地，以自己是一个敌人的姿态，挺立在他的立场上无所畏惧地挑战了：

今天，这里有没有特务？你站出来！是好汉的站出来！你出来讲！凭什么要杀死李先生？

前脚跨出大门，后脚就不准备再跨进大门！

而诗人原本是那么的善良，那么的主张平和，那么对世界充满了理想主义的憧憬；这样的诗人，也曾是一位打算一生"为艺术而艺术"的"新月派"的诗人，即使面对专制得特别黑暗的现实，也不过仅仅将他的一捧捧悲愤揉入他的诗句里。

这样的一位近代诗人惨遭杀害，那么古代的诗人杜甫也就合当被砍头了！

然而杜甫却并不是死于非命。

然而闻一多却被子弹像射击敌人一样地杀害了，而且是卑鄙的背后射击。

想来，那样的一种时代，它确乎已走入了尽头。

想来，那样的一种独裁统治，它确乎已该灭亡。

想来，一个连抒情诗人也被逼得变成了斗士的时代和政治，肯定是一个坏到了极点的时代和坏到了极点的政治。虽然在那样一种情况之下，连诗人也变成了斗士，往往意味着是历史的决定。正如普罗米修斯的盗火，是由于听到了人间的呼救之声。

想来，一个好的时代和政治，它似乎应该是没有什么斗士的时代。那时诗人只爱诗不再是逃避现实的选择，那时诗人只爱诗也即意味着爱国，那时诗即诗人的国。

而且，这一切，都不被误解。

那时如闻一多一样的诗人，将以另外的一颗心灵感觉着《红烛》，将以另外的一双眼睛注视着他的《发现》。

想来，尽管我们后人，将诗人之死祭在肃然起敬的坛上；尽管诗人，当得起后人永远的缅怀和纪念；尽管我们，永远称颂诗人的无所畏惧——但是一想到诗人被特务的子弹所射杀这一种事情，还是会不禁地一阵阵心痛啊！正如闻一多是那样地心痛李公朴的死，正如李公朴们是那样地心痛万千底层百姓的挣扎着的生存……

多么自然啊，在首先想到诗人的死之后，我更感动于他的《红烛》了，我也更理解他的《发现》了，更能体会到他面对《死水》的喟叹了，更能以珍惜的心情看待他那些极浪漫、极抒情的诗篇了。由那么纯粹的浪漫和抒情到《发现》的如梦初醒，到面对《死水》的嫌恶，该是何等痛苦的一个过程啊！如果这过程反过来，无论对诗人还是对一个国家，该是多么值得庆幸的事啊！中国为此，成了世界近代史上付出生命代价最为巨大的一个国家。而尤以诗人闻一多的死，在当时最震骇了它。

因为诗人只不过对暗杀的行径，表达了他作为一个国人终于难以遏制的愤慨。

红烛啊！
这样红的烛！

诗人啊！
吐出你的心来比比，
可是一般颜色？

写出这样诗句的诗人，仿佛早已预示下了，他将为他爱诗般爱着的国，溅淌出比红烛的颜色更红的鲜血——

我来了，我喊一声，迸着血泪，
"这不是我的中华，不对不对！"
我来了，因为我听见你叫我；
鞭着时间的罡风，擎一把火，
我来了，不知道是一场空喜。
……

梁晓声

那不是你,那不是我的心爱!

我追问青天,逼迫八面的风,

我问,拳头擂着大地的赤胸,

总问不出消息,我喊着叫你,

呕出一颗心来——在我心里!

写出这样诗句的诗人,分明已在宣告着,他为着他的国,是肯于就是地狱也要下的。一切诗人之所以是诗人,皆发乎对诗的爱,却并非所有爱诗的诗人都同时爱国。有的诗人仅仅爱诗而已,通过爱诗这一件事而更充分地爱自己;或兼及而爱自然,而爱女人,而爱美酒……这样的诗人,永远都是任何一个时代所不伤害的,甚至是恩宠有加的;这样的诗人的命况,永远是比较安全的——即使沦落,也起码是安全的。有的诗人,却被时代所选择了去用诗唤醒大众和民族,他们之成为斗士,乃是不由自主的责任——因为他们之作为诗人,几乎天生的已有别于别的诗人。当他们感觉他们的诗已缺乏斗士摧枯拉朽的力量,他们就只有以诗人之躯,拼着搭赔上他们的鲜血和生命了。

相对于一个国家,如爱诗、爱自然、爱女人一般爱国的诗人,都有着诗人的大诗心。

相对于我们的世界,如爱诗、爱自然、爱女人一般用诗鼓呼和平的诗人,都是更值得世界心怀敬意的。在他们的诗面前,在他们那样的诗人面前。

我国台湾有一位诗人叫羊令野,他写过一首咏叹红叶的诗:

我是裸着脉络来的,

唱着最后一首秋歌的,

捧着一掌血的落叶啊!

我将归向,我最初萌芽的土……

闻一多,1946 年的中国之一片"捧着一掌血的落叶"! 一支迎着罡风奋不顾身地点燃了自己,于是骤然熄灭的红烛!

他原本是"裸着脉络"为诗而来到世界上的,却为他的国的民主和伸张政治之正义,而卧着自己的血归于他"最初萌芽的土"。那土在 1946 年,是千疮百孔的。

在世界近代史上,他是唯一一位被子弹从背后卑鄙地射杀的诗人。

虽然我们想到他时,首先想到的是他的死,其后才是他的诗——却也正因为这样,他的诗浸着和红烛一样红的血色,浸透了文学的史,染红了叫做"中华人民共和国"的一个新国家之诞生的生命史。

闻一多这个名字,因而本身具有了高于一切诗的大诗心。

第十六节

真话的思想力

　　巴金老人在世时，我是见到过他两次的。

　　第一次是 1977 年 5 月 23 日，上海举行纪念毛泽东《在延安文艺座谈会上的讲话》的活动——一次规模很大的活动。正式出席的有三百余人，曰"代表"。我正在那一年的 9 月毕业，是以复旦大学中文系特约学生"代表"的身份参加的。复旦大学中文系也就分到了那么一个学生"代表"名额。我之所以将"代表"二字加上引号，乃因不是民主方式选举产生的，而是指定的。

　　于我，那"代表"的资格是选举的也罢，是指定的也罢，性质上都是没有什么区别的——无非就是一名在校的中文系学生参加了一次有关文艺的纪念活动而已。如今想来，对于当时那三百余位正式"代表"而言，意义非同小可。正因为都是指定的，那体现着当时对众多文艺界人士的一种重新评估，是他们的一次集体亮相。中老年者居多，青年寥寥无几。我在文学组，两位组长是黄宗英和茹志鹃，我是发言记录员。文学组里皆为老前辈，连中年人也没有。除了我一个青年，还有一名华东师范大学的女青年，也是中文系的在校生。

　　巴金老当年便是文学组的一名"代表"，还有吴强、施蛰存、黄佐临等。我虽从少年时期就喜爱文学，但有些名字对于我是极其陌生的。比如施蛰存，我就闻所未闻，我少年时期不可能接触到他的作品。中华人民共和国成立后，除了某些老图书馆，新建的图书馆包括大多数大学的图书馆里，根本寻找不到他的作品，他的作品大约也是没再版过的吧？考虑到学科的需要，复旦大学中文系的阅览室虽然比校图书馆的文学书籍更"全面"一些，虽然我几乎每天都到阅览室去，但三年里既没见过施蛰存的书，也没见过林语堂、梁实秋、胡适、徐志摩、张爱玲、沈从文的书。——这毫不奇怪。

然而，巴金老的书当年却是赫然在架的。

如今想来，我觉得巴金老比起他们，那还是特别幸运的。

在会间休息时，相互之间的交谈那也是心照不宣，以三言两语流露彼此关心的情谊而已。

由于我几乎读过巴金老的那时为止的全部作品，对他自然是崇敬的。上楼下楼时，每每搀扶着他。用餐时，也乐于给前辈们添饭、盛汤。但是我没和他交谈过。心中是想问他许多关于文学的问题的，但又一想肯定都是他当时难以坦率回答一个陌生的文学青年的问题，于是不忍强前辈所难。

第二次见到巴金老，也是在上海，却是在他的家里。已忘记了我到上海参加什么活动，八九人同行，又是我最年轻。内中还有当时中国作家协会的领导，所以我一言未发，只不过从旁默默注视他，也可以说是仰望一位文学老人。那一年似乎是 1985 年。他已在一年前的第四届全国作代会上，被选为中国作家协会主席。

那一次他给我留下的印象用两个字就可以概括——慈祥。

后来巴金老出版的几本思想随笔，我也是很认真地读过的。

巴金老自己并不好为人师。他从未摆出诲人不倦的面孔，以知识分子导师的话语和文章来"告诫"要求中国知识分子"应该"说真话。所以我将"应该"带上引号，也将"告诫"上引号。巴金老人只不过通过解剖分析和批判自己，以身作则。

而用我的眼睛来看，他的以身作则是起到了一定影响作用的。而依我的耳朵来听，假话虽仍此起彼伏不绝于耳，但是真正发自中国知识分子之口的假话，确乎比以往的任何年代都少了。尽量说真话，难以坦陈真言之时便不说话;尽量避免说假话、套话,以不进谄言不说谄媚之语为底线。

是的,我以为大多数知识分子,对于自己的话语是逐渐具有一种较为自尊自重的原则态度了。假话现象,分明已像云朵一样,随风积聚到另外的平台上去了。恕我直言——官场上的假话目前最多,坏影响也最大。出于知识分子之口的假话现象固然是少了,但并不意味着人们同时从知识分子口中听到的真话于是就多了。用我的眼看来,依我的耳听来,仅仅说格外保险的"知识"话语的知识分子多了。知识分子总是不甘寂寞的。既为知识分子,干脆只言说"知识",确乎明哲保身,于是蔚然成风。这是一种仅仅飘浮在关于中国知识分子的话语品质的底线之上的现象这不是一个高标准。但相比于从前的年代,总归也还算是一种进步。有底线毕竟比完全没有好。然而,民众对于中国知识分子的期望,是越来越变成失望了。民众对知识分子的要求显然比知识分子目前对自身的要求高不少。民众企盼知识分子能如古代的"士"一般,多一些社会担当的道义和责任。——我们太有负于民众了。我自己从青年时期便幻想为"士",然而我自己的知识分子原则,也早已从理想主义的高处,年复一年的,徐徐降下在底线的边缘了。

于是每每联想到冰心老人生前写过的一篇短文——《无士当如何》。

有时我甚至想——也许中国人对中国知识分子(这里主要指的是文化知识分子)的社会定位太过中国特色也太过超现实主义了吧?也许"士"的时代只适合于古代吧?正如"侠"的时代和骑士的时代,只能成为人类的历史。

但已降在文化知识分子人格底线边缘的我,对于自己说假话还是不能不感到耻辱,倘若听到我的同类说假话还是不能不感到嫌恶。真话不一定总是见解正确的话。人们也一定应该明白——对于许多事情,正确的话肯定不会仅仅发自一个方面的立场;有时发自两个截然不同甚至对立立场的言论,往往也各有各的正确性。而假话,却肯定是黏连千般百种的私利和私欲的话,故假话里产生不了任何有益于社会公利的意义。即使不正确的真话,也将一再证明人说真话的一种极正当的、极符合人性的权利。

什么时候,假话终于没了大行其道、八面玲珑的市场;或即使不正确的真话,也不再是一种罪过——那时,只有那时,真话里才能产生真正的思想力。

用不说假话的原则,来突显假话的丑陋。在这个底线前提下,我相信,中国文化知识分子的担当道义,总有一天会成为一种令民众满意的角色特征。

梁晓声

第十七节

画的魅力

　　哪一个浪漫青年没犯过作诗这种可爱的"错误"呢？

　　倘若此点是较为普遍的，那么我想说——谁在还是孩子的时候，不曾有过"从事绘画"的经历呢？

　　那是多么值得自豪的经历呀！那一种沉浸的状态，回忆起来是多么的愉悦啊！想想吧，画着画的孩子的模样，一个个全都多么的投入、多么的自信、多么的煞有介事呀。他们和她们，对自己的天才从不怀疑，俨然的认为自己便是大师了。我之爱好绘画，也是早于爱好文学的。现在，童年的爱好变成了人生的旧梦，如秋季飘落于河面的黄叶，随岁月之流而悠悠至远，心有牵连空望定。这些都捞取不回来了，捞取不回来了，爱好大抵会在人的灵魂里留下迹象。我庆幸我后来一直对绘画保持着缠绵的、割舍不断的欣赏情怀，这是我与绘画的最后的关系。如失恋者始终无法彻底忘掉恋人的美好，每从明智的距离以外，脉脉含情地望她绰约多姿的身影。这眷恋的虔诚带来了我的另一种幸运——那就是结识了数位才华饱满的画家朋友。

　　谈艳淡于色，论野雅于矜，聆听他们评析画境，正如读书之于我开卷有益，那是很妙曼的享受，那是精神贴近艺术并且获得感染的时光。

　　而身居海外的这位画家，是我最近结识的一位朋友。

　　其实我早在多年前就从国外的报刊上欣赏到他的画了，并记住了他的名字。那些报刊上宣传的基本是他的现代重彩画幅。至于他的油画，是他到我家做客时，我从他个人的绘画资料夹中欣赏到的。

我特别喜欢他的现代重彩画，我觉得其画作可以分为两类。

一类体现着画家对现实生活中的温柔人性的温情，以母爱为主题。我又认为，确切地说，乃是以女性的母亲心灵为主题的。画幅上的她们所怀抱或所拍抚的男孩女孩，虽则可爱，但是我们的审美目光，却几乎立刻地、不由自主地，便被作为母亲的女性们吸引过来，所占据过去。——诚然，她们是那么的美，她们夸张了的体态是那么优雅，她们芳容如花。我却仍想强调，无论作为绘画欣赏者的是男人还是女人，使心灵恬静驻足其前的，绝不仅仅是她们的容貌美和姿态美，还另有原因。在绘画的世界里徜徉过的人都会承认，女性的容貌美和姿态美是那个世界里比比可见的，正如花卉之美是花园到处烂漫的美。

那么，她们更加吸引审美目光的究竟是什么呢？是气质——是唯女性才具有的母性气质。

"母性"一词，在中文领域曾引起过质疑，甚至遭到过语法上的否定。有专家学者指出，这一个近乎生拼硬造的、含意晦涩的、没有独立应用价值的词。

我对这个词却宁愿采取认可的态度。

我每每思忖它和"母爱"或有的区别。

依我想来，"母爱"作为绘画的主题，通常是由人物关系来确定的。摇篮中、坐在母亲膝上、偎在母亲怀里的孩子，乃是母爱主题必不可少的人物，并意寓着"母爱"主题。

但"母性"的主题却不是这样。

一位年轻的孕妇安详地伫立窗前，一手放在窗台上，一手放在自己隆起的腹上，侧着脸，目光望向花园——倘有画家将此刻的女人画下来。那么我们的审美目光传导给审美意识的，便是女性的艺术内容了——至少包含着它。

"母性"是女人的心灵现象。

它包含在《蒙娜丽莎》永恒的微笑中，荡漾在高更的《塔希提妇女》上，甚至凝在委涅齐阿诺那端庄严肃的《女像》的侧面脸庞上，以及卡拉瓦乔《弹曼陀铃的姑娘》的淡淡忧郁里……

尽管以上画幅都没有孩子。

我们最容易联想到的表现"母爱"主题的画当然是《画家和她的女儿》——但我并不特别欣赏维瑞·勒布伦的那一幅画作。其上相互搂抱着的手臂确实"强调"了人物关系的密切，但女画家的脸上却并没有母性心灵之烛的光耀，有的是某种司空见惯的女人自我欣赏的柔媚，这一点极为遗憾地破坏了"母爱"主题。

我觉得母性美感最能打动我心的画，是波提切利的《维纳斯的诞生》——美神以赤裸又纯洁之身、秀美又婉约之貌刚一浮现在海岸边，看去便似乎已然是母亲了。既不但是关爱我们人类命运的，还分明是呵护我们人类心灵与精神的、永远也不会衰老的母亲。

我最终想说的其实是——这位在海外的画家朋友表现"母爱"主题的重彩画幅，同时也以精致的线条和悦目的色彩，无声地咏唱了母性的诗情画意。那不仅仅是由人物关系支持在画幅上的，也显然是要靠工笔画法的深厚功底来达到的。表现女人母性魅力的似水柔情，油画的用武之地要比重彩画丰富得多，肖像画风格也要比装饰画风格审美效果突出得多，而这又很容易使后一画品的实践者们自行放弃。

我问这位画家对此有何看法，他说——"母性主题博大于母爱主题。我企图扩张母爱主题，使之折射出母性的人文之美，我不敢自认为我已经达到了艺术目的，但我画的时候头脑中想到了。"

无论任何艺术门类，只要艺术家头脑中有的，艺术中就会多多少少有一些的。我相信别的欣赏者们也会和我一样，用心感觉到画家艺术追求的虔诚初衷。

这位画家的另一类重彩画是我尤其喜欢的。它们没有了较为直观因而较为明确的主题——如无标题音乐,画幅之上体现着的是更为纯粹的美,画风具有童话意境,也具有古典叙事诗般的诗性。它们仿佛是某古典叙事长诗片段的插图,使人不禁会产生情节性的想象。而欣赏者们翩漫的想象,又无疑会对画幅之境的美观予以多元的诠释。我们当然能注意到,在这些画幅中,画家对色彩做了暗调搭配和暗调处理。因而画幅上的女性们,似乎都在演绎着幽静又美好的夜色中的传奇故事。与画家的前一类画作相比较,她们没有了母性气质。仿佛的,在画家“创造”她们的时候,决定了她们首先不是女人,而是美人,而是美的人,正如没偷吃过禁果之前的夏娃一样。她们也极容易使欣赏者联想到《聊斋志异》里的花精狐媚——但不是了解人间爱情的那些,而是不懂爱情忧喜的那些。画幅上的她们皆有不食人间烟火的气质——那是一种超凡脱俗的气质。她们稳定了画作神秘、浪漫、沉静又唯美的品质,以及一种仙境般的大自然的馥芳气息。那气息似乎正从画幅上散布开来,并足以浸润到我们的心灵里,使我们不禁地神驰意往。

　　分明的,唯美的风格,既不但是中国现代重彩画的特征,也是这位画家在创作他这些画作时的主观追求。他使我觉得,他是一位灵魂里有唯美倾向的画家。

　　而唯美倾向,据我想来,也许会是全世界绘画艺术以后相当长一个时期内的主流倾向吧。

　　我认为,世界文明的程度,已经为人类的艺术实践提供了在唯美空间里最充分地施展才华的种种条件。唯美的艺术之门一旦向艺术家们敞开,人类艺术的前途将更具永恒的魅力。而这一点首先由绘画艺术来实践,这也许是绘画艺术责无旁贷的使命吧?

　　据我所知,现代重彩画,乃是近十年内,由几位旅居美国的中国画家所推动的新画派。这位画家就是这一画派的极重要的代表画家之一。他

梁晓声

使这一在最初仅仅以着力体现装饰美学原理的画种，具有了更为隽永的浪漫气息和诗性格调。因而他提高了现代重彩画装饰性审美价值的艺术品质。但我们欣赏者以及实践现代重彩画的画家们仍应看到——作为一个新的画种，与其他画种相比较而言，其现代重彩画表现力的局限性是分明的。此画种目前的审美魅力，似乎还有待于欣赏者进一步发掘。——其实，艺术的魅力，也正是这样呈现的。

第十八节

电影的眼睛

不是所有的树都在山林中,不是所有的鱼都在江河湖海中,不是所有的花都是有花瓣的……

但所有的树都在植物学系的"山林"中,所有的鱼都必在水中,所有的花都有花蕊……

任何文艺作品或文艺现象,都在人类文艺活动或行为的"山林"中,都在文艺活动或行为的"江河湖海"中,都是靠其"文艺花粉"而传播影响,而保持基因,而不绝灭的。也就是说,无论一首诗、一幅画、一台戏剧、一部小说、一篇散文或随笔,或歌或曲,或电影或电视剧——对于我们而言,都不应仅仅是那个"一",而应是一个种类。

因而在我们眼里,当由那个"一",而同时看到一种较大的景象。

大家应该清楚这一点——文学是分学科领域的,比如古代是一个领域,近当代是一个领域,中外也有领域区分。而在每一个领域,又细分为若干历史时期。没有哪一个领域,能将古今中外的文学现象如数家珍般一一道来。讲解古代文学的,往往对现当代文学知之甚少;讲解中国文学的,往往对外国文学现象相对隔膜;讲解小说的,往往对诗歌又缺少发言权……反之亦然。

如今,若要求能够纵论古今中外的文学现象,已经很不现实。那么这就要求读者在接受文学知识的过程中,善于将所获得的方方面面的知识的片段,自行链接起来,以形成较宏观的人类文学现象的总印象。而若不肯用些时间和精力进行系统阅读,是不能将那些知识的片段链接起来的,总印象也是形不成的。那么面对文艺作品的具体的"一",也就只能就"一"说一,思维狭窄,语境单调。

古代形容一个思维开阔的人,每每用"见一叶而知秋"这句话。那是因为,对于那样的一个人,其实他看到的不仅仅是眼前的一叶,还是别人的眼睛所看不到的一树、一种植物的"科",乃至一片林。

以李安导演的电影《色·戒》为例。

如果某人根本没有读过张爱玲的原著,便只能就电影说电影罢了。——这样的人,无论说得多么义正词严,结果只能是情绪看法罢了。对于文艺作品,凡是情绪之看法,大抵有种共性特征,即因为"它"竟是这样的,所以我不喜欢。——而这是连文盲都能说出的看法。大家面对《色·戒》这样一部电影,起码应令人信服地阐述明白——它为什么注定是这样的,而不可能是另一样的。那么,前提便是——读过原著。读过原著就能阐述明白了吗?也不能。那也只不过有根据指出原著和电影的不同之处罢了。所以还要对张爱玲文学创作的总况有一定的了解,并且有较公正的评价。

张爱玲文学创作的总况,为什么会具有那么一种鲜明的张爱玲特征?这便跟她的身世有关了。张爱玲成名于上海,这就跟上海当年的文化氛围有关了。上海当年的文化氛围究竟是怎样的?为什么会是那样的?张爱玲的身世,对于她作为一个中国人,一位二十二岁就成名并且几乎一夜间红遍上海滩的女作家、女知识分子和中国命运的关系,可能发生怎样的直接或间接影响?我们对她的哪些要求,是在当时历史条件下,中国人对一位中国女作家、女知识分子起码的完全符合大情怀原则的要求?考虑到她的身世,她的年轻,她必然形成的人生观、爱情观,对她又应抱有哪些理解和宽容?李安作为知名的华人导演,又为什么偏偏选择张爱玲的《色·戒》来改编和拍成电影?李安对于以电影《色·戒》来参评奥斯卡奖分明是踌踌满志的,这一点不会有什么争议。那么奥斯卡最佳外语片的评奖标准,相对于这么一部电影可能会做出何种反应?那些政治意识形态的因素必定会起作用吗?

而那些依我们的习惯想来的一些因素,却很可能只不过是文艺理念的不同?

我个人认为,对于《色·戒》这样一部电影,在西方人眼中,看到的可能更是特定历史背景之下男人和女人之间的某种情欲和性事真相。以他们现今的文艺评价标准,《色·戒》如果能将那一真相——当然只是某种,呈现得淋漓尽致,当然会不失为一部好的文艺类电影。他们对特定的历史背景不感兴趣。——因为毕竟"特定"在中国,并非在西方。但正因为那历史背景的"特定"性,所以等于是绝大多数中国人的"历史伤痕"。故我们中国人,尤其大陆上的中国人,又尤其是老年人群体,很难做到像看一部外国电影那么管它怎样,只看而已的。

如果《色·戒》真的是一部外国片,比如法国片吧,中国观众也许就不会有那么多不满了。

如果一位波兰导演导了一部波兰版的《色·戒》,估计波兰观众也会并不一致无所谓接受的。因为波兰当年的同样性质的伤痛,和中国是一样深重的。

文艺有时只不过是文艺,有时却又不纯粹是文艺。

李安肯定也是考虑到了这些的,而且他显然也愿意既顾及大陆同胞的感受,又尽量贴近西方人对人性之复杂性、矛盾性感兴趣的文艺理念和评价标准,只不过他自身也陷入了矛盾,驾驭起来有些顾此失彼而已。

还有一点,需要强调指出,那就是——相对于文艺,在中国人和西方人的思想中,"典型"一词,理解上几乎是相反的。他们认为,典型乃不普遍之意,《卡门》是不普遍的,《奥赛罗》是不普遍的,《美狄亚》尤其是不普遍的。而我们则往往认为,典型性即普遍性。

我们古代、近代的文艺家们,也并不这么认为。

如果他们也这么认为,就没有《范进中举》的故事了,也没有《赵氏孤儿》《王佐断臂》的故事了。

《阿Q正传》也是不典型的。

典型性其实是对某种普遍性的浓缩处理,有时甚至是对某种普遍性的极端化处理。

据我所知,"非典"时期和"疫情"时期的肺炎患者们,他们的肺部X光片所反映的肺炎病症,恰恰是很不普遍的、很极端的肺炎病症。普遍的、一般的肺炎病人,不至于有生命危险。很不普遍的、很极端的肺炎病人,才会面临生命危险。如果读者承认这一事实,那么更明了的说法难道不应该是"普遍型肺炎"和极端的、严重的亦即"典型性肺炎"吗?

当然,我这种逻辑是修辞学逻辑。至于医学领域为什么偏偏反过来说,只有去请教于他们啦!

梁晓声

第六章

明白地活着

第一节

如何抵抗寂寞

大家都认为,寂寞是想做事而无事可做,想说话而无人与说;想改变自身所处的这一种境况,而又改变不了。

是的,这基本上就概括了寂寞是什么。

寂寞是对人性的缓慢的破坏。寂寞相对于人的心灵,好比锈相对于某些极容易生锈的金属。

但不是所有的金属都那么容易生锈。金子就根本不生锈,不锈钢的拒腐蚀性也很强。而铁和铜,我们都知道的,它们之极容易生锈就像体质弱的人极容易伤风感冒一样。

某次和大学生们对话,被问,阅读的习惯对人究竟有什么好处? 我回答了几条,最后一条是——可以使人具有长期抵抗寂寞的能力。

他们笑。

我看出他们皆不以为然。他们的表情告诉了我他们的想法——但我们需要具备这一种能力干什么呢? 是啊,他们都那么年轻,大学又是成千上万的青年学生云集的地方,一间寝室住六名同学,寂寞沾不上他们的边啊! 但我却同时看出,其实他们中某些人,内心深处别提有多寂寞。而大学给我的印象正是一个寂寞的地方,大学的寂寞包藏在许多学生追逐时尚和娱乐的现象之下。所以他们渴望听老师以外的人和他们说话,不管那样的一个人是干什么的,哪怕是一名犯人在当众忏悔。似乎,越是和他们的专业无关的话题,他们参与的情绪就越活跃。因为正是在那样的时候,他

梁晓声

们内心深处的寂寞获得了适量释放一下的机会。

故我以为，寂寞还有更深层的定义，那就是——从早到晚所做之事，并非自己最有兴趣的事；从早到晚总在说些什么，但没几句是自己最想说的话；即使改变了这一种境况，另一种新的境况也还是如此，自己又比任何别人更清楚这一点。这是人在人群中的一种寂寞，这是人置身于种种热闹中的一种寂寞；这是另类的寂寞，这是现代的寂寞。如果这样的一个人，心头里再连值得回忆一下的往事都没有，头脑中再连值得梳理一下的思想都没有，那么他或她的人性，很快就会从外表锈到中间的。无论是表层的寂寞，还是深层的寂寞，要抵抗住它对人心的伤害，那都是需要一种人性的大能力的。

我的父亲曾经虽然只不过是一名普普通通的建筑工人，但在以前的岁月中，也遭到了流放式的对待。仅仅因为他这个十四岁就闯关东的人，在哈尔滨学会了几句日语和俄语，便被怀疑是日、俄双料潜伏特务。差不多有七八年的时间，他独自一人被发配在四川的深山里为工人食堂种菜。他一人开了一大片荒地，一年到头不停地种、不停地收。隔两三个月有车开入深山给他送一次粮食和盐，并拉走他种的那些菜。他靠什么排遣寂寞呢？近五十岁的男人——我的父亲，他学起了织毛衣。没有第二个人，没有电，连猫狗也没有。更没有任何可读物，有对于他也是白有，因为他是文盲。他劈竹子自己磨制了几根织针，七八年里，将他带上山的新的、旧的劳保手套，一双双拆开再绕成线团，为我们几个他的儿女织袜子、织背心。这一种从前的女人才有的技能，他一直保持到逝世那一年——那一年他七十七岁。织，成了他的习惯。

劳动者为了不使自己的心灵变成容易生锈的铁，或铜，也只有被逼出了那么一种能力。而知识者，我以为，正因为所感受到的寂寞往往是更深层的，所以需要有更强的抵抗寂寞的能力。这一种能力，除了靠阅读来培养，目前我还贡献不出别种办法。

胡风在所有当年的"右派"中被囚禁的时间最长——二十余年,他的心经受过双重寂寞的伤害。他逝世以后,我曾见过他的夫人一面。我惴惴地问:"先生靠什么抵抗住了那么漫长的与世隔绝的寂寞?"

她说:"还能靠什么呢?靠回忆,靠思想。否则他的精神早崩溃了,他毕竟不是什么特殊材料制成的人啊!"

但我心中暗想,胡风先生其实太够得上是特殊材料制成的人了啊!幸亏他是大知识分子,故有值得一再回忆之往事,故有值得一再梳理之思想。若换了我的父亲,仅仅靠拆了劳保手套织东西,肯定是要在漫长的寂寞伤害之下疯了的吧?

知识给予知识分子之最宝贵的能力是思想的能力。因为靠了思想的能力,无论被置于何种孤单的境地,人都不会丧失最后一个交谈的伙伴——而那正是他自己。自己与自己交谈,哪怕仅仅做这一件在别人看来什么也没做的事,他足以抵抗很漫长、很漫长的寂寞。如果居然还侥幸有笔和足够的纸,孤独和可怕的寂寞也许还会开出意外的花朵。伏契克《绞刑架下的报告》、方志敏《可爱的中国》、塞万提斯《唐·吉诃德》的某些章节、欧·亨利的某些经典短篇,便是在牢房里开出的思想或文学的花朵。

知识分子靠了思想善于激活自己的回忆。所以回忆之于知识分子,并不仅仅是一些过去了的没有什么意义了的日子和经历。哪怕它们真的是苍白的,思想也能从那苍白中挤压出最后的意义——它们所以苍白的原因。思想使回忆成为知识分子的驼峰。而最强大的寂寞,还不是想做什么事而无事可做,想说一些话而无人可说;是想回忆而没有什么值得回忆的往事,是想思想而早已丧失了思想的习惯。这时人就自己赶走了最后一个陪伴他的人,他一生最忠诚的朋友——他自己。

谁都不要错误地认为孤独和寂寞这两件事,永远不会找到自己头上。现在社会的真相告诉我们,那两件事迟早会袭击我们。

人啊,为了使自己具有抵抗寂寞的能力,读书吧!

梁晓声

人啊，一旦具备了这一种能力，某些正常情况下，寂寞还会由自己调节为享受着的时光呢！

信不信，随你……

第二节

何为崇高

崇高是人性善的极致体现，以为他人为群体牺牲自我做前提。

一个时期以来，"崇高"二字，成了讳莫如深之词，甚至是羞于言说的。我们在许多公开场合或眉飞色舞于性，或沉湎于他人隐私。倘若谁的口中不合时宜地道出"崇高"二字，那么，结果肯定是大遭白眼。

而我是非常敬仰崇高的，我也是非常感动于崇高之事的。

我更愿将崇高与人性连在一起思考。

我认为崇高是人性的内容这很重要，或者说它是很主要的组成部分。我确信崇高也是人性本能之一方面，确信它首先不是任何一类道德说教的成果。既非宗教道德说教的成果，亦非伦理道德说教的成果。

我确信人性是由善与恶两部分截然相反的基本内容组成的。若人性恶带有本性色彩，那么人性善也是带有本性色彩的。人性有企图堕落的不良倾向，堕落往往使人性快活；但人性也有渴望升华的高贵倾向，升华使人性放射魅力。长久处在堕落中的人其实并不会长久地感到快活，而只不过是对自己人性升华的可能性完全丧失信心，完全绝望。这样的人十之七八都曾产生过自己弄死自己的念头。产生此种念头而又缺乏此种勇气的堕落者往往是相当危险的。他们的灵魂无处突围便可能去伤害别人，以求一时的恶的宣泄。那些在堕落中一步步滑向人性毁灭的人的心路，无不有此过程。

但人性虽然天生地有渴望升华的高贵倾向，人类的社会却不可能为

梁晓声

满足人性这一种自然张力而设计情境。这使人性渴望升华的高贵倾向处于压抑。于是便有了关于崇高的赞颂与表演,如诗、如戏剧、如文学,和历史,和民间传说。人性以此种方式达到间接的升华满足。

我之所以确信崇高是人性本能,乃因在许多灾难面前,恰恰是一些最普通的人,其人性的升华达到了最感人的高度。

1961年12月17日,巴西某马戏团正在尼泰罗伊郊区的一顶尼龙帐篷下表演,帐篷突然起火,两千五百多名观众四处逃窜,其中大部分又是儿童。

一个农民站在椅子上大喊:"男人们不要动,让我们的孩子们先逃!"

他喊罢立刻安坐了下去。

火灾被扑灭后,人们发现三十几个人集中坐在椅子上被活活烧死,他们都是农民。

没有谁对他们进行过道德性的崇高说教。他们都不是教徒,无一人生前进过一次教堂。

1889年5月31日,位于美国宾夕法尼亚州的约翰斯敦水库二十公里长的水库堤坝全线崩溃,泄出水量四十万立方英尺、五十六亿加仑的水重达两千万吨,压塌了山谷,将约翰斯敦和周围的十几个城镇顿时毁为废墟。下游城镇的几乎全体居民发动了空前自觉的营救,许多人为救他人而献身。

1913年,美国俄亥俄、印第安纳、伊利诺伊等州洪水泛滥成灾,十二万五千多居民被困在屋顶和树上,许多居民自发地组成了互救队,有许多感人肺腑的崇高事迹。七十高龄的国家货币注册公司经理帕特逊,只穿着一条短裤,独自驾舟往返于各街道之间,从水中救起几十人。

十二名电报业务员坚守岗位六十多个小时,她们不知亲人安危与否,半数人因过度疲劳而昏倒。特拉华大学的学生中,也涌现出一桩桩可歌可泣的营救事迹。两名学生和一位老教授划船救了几十人后,小船被大浪掀翻,师生三人一起遇难。

伊利诺伊州州长灾后的一次讲演中有这样一句话:"在此次灾难中,'上帝'引导我们中许多人舍生忘死,先人后己。这些人便是'上帝',他们人性中的崇高美永垂不朽!"

世界各地从古至今的每一次灾难中,都曾有崇高之灯烛闪耀过。我们人类的人性中的崇高美德,接受过何止百次严峻的检阅?

1998 年,中国南北两地的抗洪救灾;2003 年,中国人抗击"非典";2008 年,中国汶川地震大救援;2020 年,全球防控新冠病毒疫情感染……也何尝不是经受这样的大检阅呢?他们之所以感人,恰恰因那种种的崇高,乃是被标定在人性最高的位置上昭示给我们啊!

其他任何位置,依我看来,都非那种种崇高的位置。让我们珍惜呀,千万不要扭曲了它!

一想到这里,我不禁地忧郁起来……

第三节
贵与贱

　　人类社会，一向需要法的约束、权的治理。既有权的现象存在，便有权贵者族存在，古今中外，一向如此。权大于法，权贵者便超越惩处，既不但因权而在地位上贵，亦因权而在人权上贵，是为人上人。或者，只能由权大者监察权小者，权小者监察权微者。凌驾于权贵者之上的，曰帝、曰皇、曰王。中国古代，将他们比作"真龙天子"。既是"龙"，后代则属"龙子龙孙"。"龙子龙孙"们，受庇于帝者、王者的福荫，也是超越社会惩处的人上人。既曰"天子"，出言即法、即律、即令，无敢违者，无敢抗者。违乃罪，抗乃逆，逆乃大罪，曰逆臣、曰逆民。不仅中国古代如此，外国亦如此。法在人类社会渐渐形成后相当漫长的一个历史时期内，仍是如此，中国古代的法曾明文规定"刑不上大夫"。"刑不上大夫"不是说法不惩处他们，而仅仅是强调不必用刑拷之。毕竟，这是中国的古法对知识分子最开恩的一面。外国的古法中明文规定贵族可以不缴一切税，贵族可以合理、合法地掳掠了穷人的妻女去抵穷人欠他们的债，占有之是天经地义的。

　　但是自从人类社会发展到近现代，权大于法的现象越来越式微，法高于权的理念越来越成为共识。法律面前人人平等，于是权贵者之贵不复以往。将高官乃至将首相、总统送上被告席，早已是司空见惯之事。法律的权威性，使"权贵"一词与从前相比有了变化。人可以因权而殊，比如可以入住豪宅，可以拥有专机、卫队，但却不能因权而贵。要求多多，比一般人更需时时提醒自己——千万别触犯法律。

法保护权者殊，限制权者贵。

所以美国总统们的就职演说，千言万语总是化作一句话，那就是——承蒙信赖，我将竭诚为美国效劳！

所以日本的前首相铃木善幸就任前回答记者道："我的感觉仿佛是应征入伍。"

因权而贵，在当代法治和民主程度越来越高的国家里已经不太可能，这将被视为文明倒退的现象。因权而殊，也要付出相应的代价，其中一项就是几乎没有隐私可言。因权而殊，不仅殊在权力待遇方面，也殊在几乎没有隐私可言这一点上。其实，向权力代理人提供特殊的生活待遇，也体现着一个国家和它的人民，对于所信托的某一权力本身的重视程度，并体现着人民对某一权力本身的评估意识。故每每以法案的方式确定着。其确定往往证明这样的意义——某一权力的重要性，值得它的代理人获得那一相应的待遇，只要它的代理人同时确乎是值得信赖的。

林肯坚决反对因权而贵。他任总统后，也时常生气地拒绝因权而殊的待遇。他去了解民情、做讲演时，甚至不愿带警卫，结果他不幸被他的政敌们所雇的杀手暗杀。甘地在被拥戴为印度人民的领袖以后，仍居草屋，并在草屋里办公、接待外宾。他是人类现代史上特殊的一例，他是一位理想的权力圣洁主义者、一位心甘情愿的权力殉道主义者。像他那么意识高尚的人也难免有敌人，他同样死在敌人的子弹之下。他死后被泰戈尔称颂为"圣雄"。

无论因权而殊者，还是受权而不受殊者，只要他是竭诚为人民服务的，人民都将爱戴他。但他们的因权而殊，是不可以殊到人民允许的程度以外去的，更是不可以殊及家人及亲属的。——因为后者并非人民的权力信托人。

因贫而"贱"是人类最无奈的现象，人类的某一部分是断不该因贫而被视为"贱"类的。但在从前，他们确曾被权贵者、富贵者们蔑称为"贱民"

过。我们现在所论的，非他们的人格，而是他们的生存状态。如果他们缺衣少食，如果他们居住环境肮脏，如果他们的子女因穷困而不能受到正常的教育，如果他们生了病而不能得到医疗，如果他们想有一份工作却差不多是妄想，那么，他们的生存状况，确乎便是"贱"的了。我们这样说，是仅取"贱"字中"低等"的含义。

处在低等生活状态中的民众，他们作为人的尊严却断不可以便被沦为低等。恰恰相反，比如雨果笔下的冉·阿让，他的心灵比权贵者高贵，比富贵者高贵。

权贵者、富贵者与"贱民"们遭遇的"情节"，历史上多次发生过。那是人类社会黑暗时期的黑暗现象。

"高马达官厌酒肉，此辈杼柚茅茨空"，是黑暗的、丑陋的、不公正的人类现象。

"朱门酒肉臭，路有冻死骨"，同样是。

一以权贵而比照贫"贱"，一以富贵而比照贫"贱"。

萧伯纳说："不幸的是，穷困给穷人带来的痛苦，一点也不比它给社会带来的痛苦少。"

限制权贵是比较容易的，人类社会在这方面已经做得卓有成效。消除穷困却要难很多，中国的"扶贫"在这方面也卓有成效。

约翰逊说："所有证明穷困并非罪恶的理由，恰恰明显地表明穷困是一种罪恶。"

穷困是国家的溃疡。有能力的人们，为消除中国的穷困现象而努力呀！

富贵是幸运，富者并非皆不仁。因富则善，因善而仁，因仁而德贵者不乏其人。他们中有人已被著书而传诵，已被立碑而纪念。那是他们理应获得的敬意。

相反的现象也不应回避——富贵者或由于贪婪，或由于梦想兼而权贵起来，于是以富媚权、傍权不仁、傍权丧德。此时富贵者反而最卑贱，比如《金瓶梅》中的西门庆去贿相府时，就一反富贵者的常态而很卑贱。同样，受贿的权贵斯时嘴脸也难免卑贱。

人类道德的标准非其他，而是人道。凡在人道方面堪称榜样的人，都是高贵的人。以此我认为，辛德勒是高贵的。不管他真否曾是什么间谍，他已然高贵无疑了。舍一己之生命而拯救众人的人，是高贵的。抗灾抢险中之中国的军人，是高贵的。英国前王妃戴安娜安抚非洲灾民，以自己的足去步雷区，表明她反战立场的行为，是高贵的。南丁格尔也是高贵的。马丁·路德·金为了他的主张所进行的政治实践，同样是高贵的。废除奴隶制的林肯当然有一颗高贵的心。中国平民教育事业的开拓者陶行知，也有一颗高贵的心。人类历史文化中有许多高贵的人，高贵的人不必是圣人，不是圣人一点也不影响他们是高贵的人。有一个错误一直在人类的较普遍的意识中存在着——那就是以权、以富、以出身和门第，而论高贵。

文明的社会不是导引人人都成为圣人的社会。恰恰相反，文明的社会是尽量成全人人都活得自然而又自由的社会，文明的社会也是人心低贱的现象很少的社会。人心只有保持对于高贵的崇敬，才能自觉地防止它趋利而躬、而鄙、而劣，一言以蔽之——而低贱。我们的心保持对于高贵的永远的崇敬，并不至于便使我们活得不自然而又不自由。事实上，人心欣赏高贵恰是自然的，反之是不自然的、病态的。事实上，活得自由的人首先是心情愉快的人。

《悲惨世界》中的沙威是活得不自然的人，也是活得不自由的人。他在人性方面不自然，他在人道方面不自由。故他无愉快之时，他的脸和目光总是阴的。他是被高贵比死的，是的，没人逼他，他只不过是被高贵比死的。

贵与"贱"是相对立的。在社会表征上相对立，在文明理念上相平等；在某些时候、在某些情况下，则相反。那是贵者赖其贵的表征受检验的时

梁晓声

候和情况下，那是"贱"者有机会证明自己心灵本色、品质本色的时候和情况下。权贵相对于贫"贱"应贵在责任和使命，富贵相对于贫"贱"应贵在同情和仁爱。贫"贱"的现象相对于卑贱的行为是不应受歧视的，卑贱相对于高贵更显其卑贱。

有资格尊贵的人，在权贵和富贵者面前倘若巴结逢迎而不择手段、不遗余力，那就是低贱了。低贱并非源于自卑。因为自卑者其实本能地避权贵者、避富贵者，甚至，也避尊贵者。自卑者唯独不避高贵，因为高贵是存在于外表和服装后面的。高贵是朴素的、平易的，甚至以极普通的方式存在，比如《悲惨世界》中"掩护"了冉·阿让一次的那位慈祥的老神父。自卑者的心相当敏感，他们靠了自己的敏感嗅辨高贵。当然自卑而极端也会在人心中生出邪恶，那时人连善意地帮助自己的人也会嫉恨，那时善不得善报。低贱是拿自尊去换利益和实惠时的行为表现，低贱着不以为耻反以为荣，那就简直是下贱了。

贫"贱"是存在于大地上的问题，所以在大地上就可以逐步解决。

卑贱、低贱、下贱之"贱"都是不必用引号的，因为都是真贱。真贱是存在于人心里的问题，也是只能靠自己去解决的问题。

第四节

贫富观

苏格拉底、亚里士多德、奥古斯丁、莎士比亚、培根、爱迪生、林肯、萧伯纳、卢梭、黑格尔、马克思、罗斯金、罗素、梭罗……古今中外，几乎一切思想者都思考过贫与富的问题。以上所列是外国的，至于中国，不但更多，而且最能概括他们立场和观点的某些言论，千百年来，早已为中国人所熟知，不提也罢。

他们都是受命于人类的愿望，而去进行思想的。

从前思想它，乃因构成世界上的财富的东西种类欠丰，数量也不充足，必然产生分配和占有的矛盾；现在思想它，乃因贫富问题，依然是世界上最敏感的问题——尽管财富的种类空前丰富了，数量空前充足了。

这世界上政治的、经济的、军事的、外交的，以及改朝换代的大事件，一半左右与贫富问题相关。有时表面看来无关，归根结底还是有关的。那些大事件皆由背景因素酝酿，阶层与阶层、集团与集团、国家与国家、民族与民族之间的贫富问题常是幕后锣鼓，事件主题。贫富悬殊是造成动荡不安的飓风，经济现象是形成那飓风的气候。从前"调查"贫富悬殊的是仇恨，现在则是经济水平。在动荡不安的年代连宗教也无法保持其只负责人类灵魂问题的立场，或成为可利用的旗帜，或成为被利用的旗帜。比如太平军起义，比如十字军东征。

一个阶层富裕到了它认为可以的程度，几乎必然产生由其代表人物主宰一个国家长久命运的野心。——那野心是它的放心。一个国家富裕到了它认为可以的程度,几乎必然产生由其元首主宰世界长久命运的野心。——那野心也是它的放心。

符合着这样的一种逻辑——能做的,则敢做。

第一次世界大战以前的世界史,满是如此这般的、血腥的章节。它的结束其实不是由胜败来决定的,而是由卷入大战之诸国的经济问题决定的。诸国严重的经济虚症频频报警,结束大战对诸国都是明智的。

第二次世界大战的起因尤其是世界性的贫富问题引起的,对于当时的德、日两国,英、美当时的富强,使它们既羡慕又自卑。对于德、日两国,在最短的时间里最快地富强起来的"方式"只有——在它们想来只有一种,那是一种凶恶的"方式"。

它们凶恶地选择了。

希特勒信誓旦旦地向德国保证,几年内使每户德国人家至少拥有一辆小汽车;东条英机则以中国东北广袤肥沃的土地、无边无际的森林,以及丰富的地下资源诱惑日本父母,为了日本将自己的儿子送往军队。

海湾战争是贫富之战,占世界最大份额的石油蕴藏在科威特的领土之下,在伊拉克看来是不公平的。

巴以战争说到底,也是民族与民族的贫富之战。对巴勒斯坦而言,没有一个正式的国都便没有民族富强的出头之日;对以色列来说,耶路撒冷既是精神财富,也是将不断升值的有形财富。

柏林墙的倒塌,不仅证明着统一的人类愿望毕竟强烈于分裂的歧见,而且证明着希望富强的无可比拟的说服力。

克林顿在任时的支持率始终不减,乃因他是使美国经济增长指数连年平稳上升的总统。

欧盟之所以一直存在,并且活动频频,还发行了统一的欧元,乃因它们认为——在胜者通吃的世界经济新态势前,要在贫富这架国际天平上保持住往昔的地位,只有结成联盟才能给自己的信心充气。

阿尔诺德曾说过这样的话："几乎没有人像现在大多数英国人持有这么坚定的信念，即我们的国家以其充足的财富证明了它的伟大和它的福利精神。"

但狄更斯这位英国作家和萧伯纳这位英国戏剧家笔下的英国，可不像阿尔诺德说得那样。

历史告诉我们，"日不落帝国"曾经的富强，与它武力的殖民扩张有直接的因果关系。

阿尔诺德所说的那一种"坚定的信念"，似乎更成了美国人的美国信念而不是英国人的英国信念。美国今日的富强是一枚由投机和荣耀组合成的徽章。从前它靠的是军火，后来它靠的是科技。

一个国家在它的内部相对公平地解决了或解决着贫富问题，它就会日益地在国际上显示出它的富强。哪怕它的先天资源不足以使其富裕，但是它起码不会因此而继续贫穷下去。

中国便是这样的一个例子。

中国改革开放的显著的成果，不是终于也和别国一样产生了多少富豪，而是各个城市里都在大面积地拆除溃疡一般的棚户区。中国成功地完成了"脱贫"的历史重任，否则即便它的经济体量再大也难以让每个人在世界面前挺起腰来，正如一位子女众多的母亲，仅仅给其中的几个穿上漂亮的衣裳而且炫示于人，那么其虚荣是可笑的。贫富的问题一旦从国际谈到国家内部，先哲们不但态度和观点相左，有时甚至水火相克、势不两立。耶稣对一位富人说："你若愿意做仁德之人，可去变卖你所有的财富分给穷人。"否则呢，耶稣又说："骆驼穿过针眼，比财主进'上帝'的国门还容易呢。"

耶稣的话代表着古代的人对贫富问题的一种愿望——是一个温和的愿望。比之一部分人类后来在发展生产力以消除贫穷现象方面的成就，那是一个简单又懒惰的愿望。

人类的贫穷是天然而古老的问题。因为人类走出森林住进山洞的时候，一点也不比其他动物富有。一部分人类的富有靠的是人类总体的生产力的提高，全人类解决贫穷现象还要靠此点，仅靠富人的仁德解决不了这一点。苏格拉底是多么伟大的思想家啊！可是他告诉他的学生阿德曼托斯，当一个工匠富了以后，他的技艺一定大大退化。他并以此说明富人多了对人类社会发展的危害，他的学生当时没有完全接受他的思想，然而也没有反对。

但事实是，一个工匠富了以后，可以开办技艺学校、技艺工厂，生产出更多更好的产品。那些产品吸引和提高着人们的消费，甚至可引领消费时尚。人们为了买得起那些产品，必得在自己的行业中加倍工作。

人类社会基本上是按这一经济的规律发展的，因而我们有根据认为苏格拉底错了。

古典神学家阿奎那不但赞成苏格拉底，而且比苏氏的看法更激烈，他说："追求财富的欲望是全部罪恶的总根源。"如果人类的大多数真的至今这么认为，那么比尔·盖茨当被烧死一百次了。

但是财富和权力一样，当被某一个人几乎无限地垄断时，即使那人对财富所持的思想无可指责，构成其现象的合法性也还是会引起普遍的不安，而深受怀疑。

普通的美国人自然不可能同意阿奎那的神学布道，但是连明智的美国也要限制"微软"的发展。幸而美国对此早有预见，美国法律已为限制留下了依据。

比尔·盖茨其实是无辜的，"微软"其实也没有什么"罪恶"。是合法的"游戏规则"导演出了罕见的经济奇迹，而那奇迹有可能反过来破坏"游戏规则"。

美国限制的是美国式的奇迹本身。大凡奇迹都有非正常性，一个国家的成熟的理性正体现在这里。培根不是神学权威，但睿智的培根在财富问题上却与阿奎那"英雄所见略同",连他也说:"致富之术很多,其中大多数是卑污的。"一个中国富豪积累人民币的过程,就今天看来,其正派的程度,肯定比一个美国人积累美元的过程要可疑。

曾任美国总统的约翰逊说:"所有证明贫困并非罪恶的理由,恰恰明显地表明贫困是一种罪恶。"

萧伯纳在他的《巴巴拉少校》的序中则这样说:"贫穷对一个人意味着什么呢? 意味着让他虚弱,让他无知,让他成为疾病的中心,让他成为丑陋的展品、肮脏的典型,让他们的住所使城市到处是贫民窟,让他们的女儿把花柳病传染给健康的小伙子,让他们的儿子使国家的男子汉变得有瘰症而无尊严,变得胆怯、虚伪、愚昧、残酷,具有一切因压抑和营养不良所生的后果……不论其他任何现象都可以得到'上帝'的宽容,但人类的贫穷现象是不能被宽容的。"

而黑格尔的一番话也等于是萧伯纳的话的注脚。他说:"当广大群众的生活低到一定水平——作为社会成员必需的自然而然得到调整的水平——之下,从而丧失了自食其力这种正常和自尊的感情时,就会产生贱民。而贱民之产生同时使不平均的财富更容易集中在少数人手中……"他还说:"贫困自身并不使人必然地成为贱民。贱民只是决定于与贫困为伍的情绪,即决定于对富人、对社会、对政府等的内心反抗。此外,与这种情绪相联系的是,由于依赖偶然性,人变得轻佻放浪、嫌恶劳动。这样一来,在他们中便产生了恶习,不以自食其力为荣,而以恳求乞讨为生并作为自己的'特权'。没有一个人能对自然界主张权力。但是在社会状态中,怎样解决贫困问题,当然是贫困者人群有理由对国家和政府主张的权力……"

怎样回答他们呢? 林肯 1864 年在《答美国纽约工人联合会》中说:"一些人注定的富有将表明其他人也可能富有。这种个人希望过好生活的愿望,在合法的前提之下,必对我们的事业产生巨大的推动力。"

在一切不合法的致富方式和谋略中,赎买权力或与权力相勾结对社

梁晓声

会所产生的坏影响是最恶劣的。

这种坏影响虽然正遭到打击,但仍表现为相当泛滥的现象。

我个人的贫富观点是这样的——我承认财富可以使人生变得舒服,但绝不认为财富可以使人生变得优良。一个瘦小的秃顶的老头或一个其貌不扬的男人娶了一位如花似玉的娇妻,那必在很大程度上是财富"做媒"。他内心里是否真的确信自己所拥有的幸福,八成是值得怀疑的。对她亦如此,财富可以帮助人实现许多欲望,却难以保证每一种实现了的欲望的质量。

当然,我也绝非那种持蔑视财富的观点的人。我一向冷静地蔑视一切关于贫穷的"好处"的言论。威廉·詹姆士说:"赞美贫穷的歌应该再度大胆地唱起来。我们真的越发地害怕贫穷了,我们蔑视那些选择贫穷来净化和挽救其内心世界的人。然而他们是高尚的,我们是低贱的。"我觉得他的话即使真诚也是虚假的,我不认为他所推崇的那样一些人士全都是高尚的,不太相信贫穷是他们情愿选择的。尤其是,不能同意贫穷有助于人"净化和挽救其内心世界"的观点。我对世界的看法是,与富足相比,贫穷更容易使人性情恶劣,更容易使人的内心世界变得黑暗,而且充满沮丧和憎恨。

我这么认为一点也不觉得我精神上低贱,从古至今便有不少鼓吹贫穷的"好"处的"文化",最虚假可笑的一则"故事"大约是东汉时期的,讲两名同窗学子锄地,一个发现了一块金子,捡起一块,石头似的抛于身后,口中自言自语:"肮脏的东西!"而另一个却如获至宝揣入怀中……这则"故事"的褒贬是分明的。中国之文人文化的一种病态的传统,便是传播着对金钱的病态的态度。

但是我们又知道,中国之文人,一向地对于自身清贫的自哀自怜以及呻吟也最多。倘若居然还未大获同情和敬意,便美化甚至诗化了清贫以自恋。

而我,则一定要学那个遭贬的揣起了金子的人。倘若我的黄金拥有量业已多到了无处放的程度,起码可以送给梦想拥有一块黄金的人。一块金子足可使一户人家度日数年啊!

何况,古代文人的"唯有读书高",最终还不是为了仕途吗?所谓"仕途人生",还不是向往着服官装、住豪宅、出马入轿、唤奴使婢、享受俸禄吗?俸禄又是什么呢?金银而已。我更喜欢《聊斋志异》里那一则关于金子的故事,讲的也是书生夜读,有女鬼以色挑之,书生识破其伎俩,厉言斥去。遂以大锭之金诱之,掷于窗外……

明智的人,总不能拿身家性命换一夜之欢、一金之财啊。

但若非是女鬼,或虽是,信其意善,则另当别论了。比如我,便人也要、金也要,还是不觉得自己低贱。但我对财富的愿望是实际的,我希望我的收入永远比我的支出高一些,而我的支出与我的消费欲成正比;而我的消费欲与时尚、虚荣、奢靡不发生关系。

不知从哪一年代开始,我们习惯以饮食的标准来衡量生活水平的高低。仿佛嘴上不亏,便是人生的大福。

我认为对于一个民族,这是很令人高兴不起来的标准。

我觉得就人而言,居住条件才是首要的生活标准。因为贪馋口福,只不过使人脑满肠肥、血压高、脂肪肝、肥胖。看看我们周围吧,年轻的胖子不是太多了吗?

而居住条件的宽敞、明亮或拥挤、低矮、阴暗、潮湿,却直接关系到人的精神状态的优劣。

我曾经对儿子说——普通人的生活值得热爱。也许人生最细致的那些幸福,往往体现在普通人的生活情节里。

一对年轻人大学毕业,不久相爱并结婚了。以他们共同的收入,贷款买下七十多平方米居住面积的商品房并非天方夜谭,以后十几年内他们还清贷款也并非白日做梦;之后他们有剩余的钱,为他们自己和儿女买各种保险;再之后他们退休了,有一笔积蓄,不但够他们养老,还可每年旅游一次;再再以后,他们双双进入养老院,并且骄傲不是靠慈善机构的资助……

这便是我所言的普通人的人生。

它用公式来表示就是——居住面积七十多平方米的住房＋共同的月收入 X 元。

我知道,这种"普通人"的人生对于许多青年还是可望而不可即的事。但毕竟的,对有些当代青年,已非梦想。

什么时候有些当代青年已实现了的生活,变成许多的当代青年可以实现的生活,就算真的富起来了。

贫富之话题也就是多余的话题了。

第五节

"理想"的误区

依我看来，"理想"这一词的词性，是不太好一言以蔽之地确定的。我总觉得它也可以被当成形容词，因为它所意象的目标必是引诱人的。它还可以被当成动词，起码可以被当成动词的前导词，因为有了理想往往接着便有追求。追求跟着理想走。

人类有理想、国家有理想、民族有理想，每一个具体的个人，通常也都有理想。而具体的个人的理想，皆以他人的人生做参照。在我们这个地球上，有一些人，一出生就已经是贵族了，甚至是王储，或公主。

有一些人，一出生就已经是亿万富豪了，因为他或她命中注定是庞大遗产的继承者。

有一些人，生逢其时，吉星高照，以几十年的苦心经营，终于换来了累累商业硕果。

有一些人，靠着天才的头脑，抓住机遇，成了发明家，名下的专利自然而然地转化为滚滚钱钞。

有一些人，依赖父辈家族的权力背景而立，捷足"易"登，仅仅几步就走向了奢侈的生活水平。

有一些人，受上苍的青睐，娘胎里便带着优秀的"艺术细胞"，于是而名，而富。

有一些人，由时代所选择，青年得志，功名利禄集于一身。

商业时代的媒体，一向对这一些人大加宣传。仿佛他们的人生，既不但是大家的人生的样板,也是大家只要有志气,便都可以追求到的"理想"似的。

这一种宣传的弊端是,使我们这个时代的尤其是青少年群体之相当多的一部分,陷于对社会普遍规律、对人生普遍规律的基本认识的误区。

我这样说,并不意味着我对以上一些人的人生持什么否定态度。我又不是智障,和每一个不是智障的人一样,毫无保留地认为以上一些人的人生,乃是极其幸运的人生。谁若能成为以上一些人中的任何一类,无疑将活得特别潇洒。那样的人生确是一种福分,姑且不论那样的人生也包含着可敬的或可悲的付出。

我要指出的是,那样一些人,实在是这个地球上极少数的一类人,统统加起来,也只不过是几百万分之一。这还是指那样一些人中的"普通"类型。至于那样一些人中的佼佼者,则就是千万分之一了。比如整个亚洲,半个世纪以来只出了一位李嘉诚和一位成龙。

那样一些人之人生,有的足以提供成功人生的经验,有的却几乎没有任何可比因素。时代往往一次性地成全一些人的人生。时代完成它那一种使命,往往要具备不少先决的条件。时过境迁,条件改变了,那样一些人的人生,便不是靠志气和经验所能"复制"的了,只在精神激励的方面有"超现实"的积极意义了。

我主张有理想、有志气的青少年,不必一味仰视那样一些人而开始走自己的人生之路;首先要扫视一下自己的周围,再确立自己的人生目标,再决定自己的人生究竟该怎么走。

扫视一下自己的周围便会发现,许许多多堪称优秀的男人或女人,在物质生活方面,其实都正过着仅比一般生活水平稍高一点的生活。他们毕业于名牌大学,他们留过学,他们有双学位甚至顶尖级的高学位,他们敬业而且在自己的专业领域有所成就,他们已经青春不再人届中年,他们有才华和才干,也有所谓的"知产"……

但他们确乎不是富有的一些人。

他们的月薪相对高点，但绝非"大款"。

他们住的相对宽敞，但绝不敢奢想别墅。

他们买得起私车，但多不是"宝马"，或"奔驰"。

他们的人生能达到这样的程度，少说在大学毕业后靠了近十年的努力，多说靠了十几年的努力。

如果算上他们从小学考初中，从初中考高中，从高中考大学，进而考硕、考博，所付出的孜孜不倦、丝毫也不敢懈怠的学习方面的努力，那他们为已达到的现状在激烈竞争的社会中，付出了多么沉甸甸的代价，是可想而知的。

对于最广大的中国人而言，没有他们那一种付出和努力，欲使自己的人生达到他们那样的程度，也简直是异想天开！或曰，那也算是成功的人生吗？究竟可不可以算是成功的人生，我不敢妄下断言。但我知道：那一种人生，在中国已是很不容易争取到的人生——即使在日本、美国……普遍的努力的人生，也只不过便是那样的。

我主张正在为自己的人生蓄力储智的青少年，首先应将这样的人生定为追求的目标。它近些，对它的追求也现实些——我并不是在主张无为的人生。我只不过主张人生目标的追求要分阶段，每一阶段都要脚踏实地地去走。至于更高的人生目标，更大的人生志向，似应在接近了最近、最现实的人生愿望以后，再拟定计划——这便是我认为的社会的普遍规律和人生的普遍规律。倘若连"普遍"都还难以超越，竟然终日仰视一些人的极个别的人生，并且非那一种"理想"而不"追求"，则也许最终连拥有普遍的人生的资格都断送了！

第六节

说英雄

　　如果说人类的历史是不息的江河,如果说人类的历史是春华秋实的四季,如果说人类的历史是厚达百尺而且情节继续着的大书,如果说人类的历史是一代人与上下几代人记忆的贯通组合……那么,阶级斗争就是那江河汹涌激荡、势必决堤的现象,就是那四季颠错的异常气候,就是那改变主角的内容严峻的章回,就是那浴血奋战后呐喊回绕中的沉思。

　　阶级斗争是被剥削、被压迫阶级的无奈而又悲怆的选择,是用武器诉说着的理由,是以生命和鲜血来争取的公正,是绝望了的人们的"最后的斗争",是"不战胜,毋宁死"的决心。

　　在人类历史所发生的一切阶级斗争中,尤以无产阶级对资产阶级的斗争最为持久、最为顽强,其记录也最为雄浑壮烈。《自由引导人民》那幅感天地、泣鬼神的画上,擎在自由女神手中的红旗以及挥舞在少年手中的双枪,任何时候都会使我们对人类历史上所发生的由人类自己造成的重大冲突怅然又肃然。它对人类无声的告诫乃是——不要使女人踏着尸体冲锋陷阵、少年不够大的手握起冰冷的枪械的事件再发生!

　　保尔·柯察金所处的时代,正是类似的时代。那少年还不懂革命目的、还没有成为战士,便已然准备为他所属的阶级进行反抗了。他偷枪的行为证明了此点。那是一种遗传在他血管里的本能,那是一种被眼见的苦难和亲历的屈辱所唤醒的冲动,那是一种简单的、复仇的欲念。当他的本能、冲动和欲念汇入锐气磅礴不可阻挡的革命洪流,他义无反顾地将他的生命与它融为一体，当成了它的一部分。

革命需要千千万万的保尔是自然而然的事情，千千万万的保尔响应革命也是自然而然的事情——在这两种时代惯力的作用下，阶级的英雄诞生着……

列宁在克里姆林宫以他洪亮的极具感召力的声音宣布——苏维埃政权成立了！其后千千万万热血的中国青年，正独自或一批批地走在奔赴延安的路上。

在以往的历史中，革命使无产阶级有了——那便是它的领袖和它的英雄。在革命胜利之初，那是它的骄傲和自豪。

领袖是曾一无所有的阶级的父母。

英雄是曾一无所有的阶级的儿女。

这二者对于夺取政权、巩固政权的无产阶级缺一不可。它是无比宝贵的基本财富。

倘若保尔以后并没双目失明、全身瘫痪，那么他将不可能成为备受他的阶级崇敬的英雄。因为许许多多像他一样的青年为革命献出了生命。相比之下，他的经历将不但是共性的而且是寻常的，甚至是幸运的，比如牺牲了的谢廖沙和瓦莉亚兄妹。倘若保尔虽然以后双目失明了、全身瘫痪了，却并没有写出《钢铁是怎样炼成的》这一部书，那么他也不可能成为他的阶级的英雄。因为许许多多像他一样的苏联青年为革命伤残了。他的双目失明和全身瘫痪，将更被以同情和惋惜的目光视为不幸。

但是他在双目失明和全身瘫痪的情况之下写出了他的书，而他也许是人类历史上第一个做到了这一点的人。在他之前——确切地说是在奥斯特洛夫斯基之前，古今中外，有人在穷困潦倒中写出过书，有人在垂垂暮年写出过书，有人在病榻上写出过书，有人在丧妻失子的悲痛中写出过书，有人甚至在监狱中写出过书——却很少有人在双目失明和全身瘫痪，并且时时忍受病魔摧残的情况之下写出过书。他的这部书的问世，体现了具体的一个人在对自己的精神要求和毅力考验两方面所达到的卓绝,体现了人与生命之战中的尊严,体现了不能不令人钦佩的、顽强的生命态度。

而这就使他的名字,具有了跨国界的、征服性的影响力。

从奥斯特洛夫斯基的日记中得知,曾有人企图游说他到国外,进一步说是到美国去,并断言,在美国他将受到像对待"圣者"一样的礼遇。

他严词拒绝了。

这一件事说明——如果他愿意忘记自己是本阶级的一名忠诚战士的时代角色,那么他会获得似乎更高级的"桂冠"。他更愿是阶级的战士,而轻蔑去做"圣徒"。他的拒绝和轻蔑,自然引起本阶级更大的、更由衷的敬意。如果苏联与西方世界并非政治对峙势不两立,那么他到美国去接受治疗遂成正常之事。美国人乐于给他戴上"圣者"的桂冠,便不至于影响他首先是忠诚的阶级战士的光荣。但那个年代不是那样的时代。如果保尔的书,内容讲述的仅仅是爱情,那么他当年又未必会获得"列宁勋章"。他的书中主要地写了对革命信念的坚定不移,连爱情都不可动摇它。一位无产阶级的英雄所应具备的因素,奥斯特洛夫斯基和保尔身上是全部具备了。

对于他的阶级,他几乎是楷模式的英雄。

《国际歌》是全世界无产阶级的"通行证"。当苏联的诞生令世人瞩目时,中国仍处在半殖民地、半封建社会,而又军阀混战、哀鸿遍野山河破碎之境。中国要变成苏联,便需有人甘心学保尔。这就是为什么保尔也成了当年许许多多中国革命青年的榜样的历史原因。对于当年那许许多多热血的愿以自己的一生奉献给共产主义的中国革命青年,保尔这个名字就是革命的代名词,就是信仰的代名词,就是无怨无悔的人生的代名词。

这是没什么可怀疑的。

然而,我少年时初读《钢铁是怎样炼成的》,竟是被书中的爱情章节所吸引。

我成为知青以后,保尔参加修筑铁路的章节经常重现在我脑海。因为类似的艰苦,我也曾亲历过。确乎的,当我觉得自己快坚持不下去的时候,我每每对自己暗暗地说:"我得学保尔……"

在我成了作家以后,体会到了写作是相当耗费心血之事,于是奥斯特洛夫斯基在双目失明、全身瘫痪的情况下完成他的书,使我每一想到敬意便油然而生。

近年,我的同龄人中,也开始有人匆匆而逝了。人过了不惑之年,就会觉得人生的短暂与无常。于是自然也会自己对自己叩问人生的意义,事实上我相信许许多多的人都这样叩问过自己。

"活着,并且工作着,这是多么美好的事情啊!"倒是革命导师列宁的这一句话,比之保尔·柯察金的名言,对于我们当代人的人生观,具有更寻常而又更永远的启示。

我认为,一切的英雄,包括阶级的英雄们,身上一定具有人类精神的某种诗性。反此而言,普罗米修斯、高尔基小说中的丹柯,以及保尔·柯察金,乃是具有某种艺术美感的人物。人类的智慧之学——哲学告诉我们,一个人涉足江河,他或她的脚既在江河中,也不在江河中,因为淹没其足的那一段水流早荡荡而去。飞矢在某一时间的点上既在某一空间,又不在某一空间。"飞矢不动"是唯心主义,"飞矢未停"是形而上学。

阶级的英雄在当代一些人心目中,既可能仍是英雄,也可能不再具有英雄的色彩——因为造就他们的那一页历史,已被翻了过去。他们既在英雄的坐标上,也已不在英雄的坐标上——因为一些人已不再会站在阶级的立场上以阶级的眼光、阶级的感情看待事物。正如北极的因纽特人不可能像南极的人一样理解椰子的意义……然而,英雄毕竟有它的阶级性,保尔等英雄人物所昭示的革命英雄主义精神是永存的,也是不朽的。

让阶级的英雄重新回到现实中来并使当代人感到亲和,需要从他们身上昭示英雄们的共同诗性。

普罗米修斯——盗火者的形象,是悲剧意味的诗性——他不在上帝面前替自己辩护,也不希图下界凡人们的感恩。他那样做仅仅因为他觉得他应该那样做,他因他那一种神祇本能的悲悯而苦难。

丹柯的知识者形象是崇高意味的诗性——在黑暗和无边无垠的泥淖中,他扒开了他的胸膛掏出他的心高擎在掌上,于是那颗心像灯一样发出光辉,照亮了忘记从何而来也不知向何而去的人们的视野,使人们得以选择一条路途走出绝境。他倒下去时,他的心被踏碎在人们的脚窝中,像天上的星星般闪烁。

保尔·柯察金——战士的形象,具有阳刚意味的诗性——他在他所处的那个时代,他确信他所献身的大事业是导引他的阶级获得彻底解放的唯一又正确的目标。在这一点上,他几乎是一名"天生"的战士,如同库图佐夫是"天生"的军事指挥家,巴顿是"天生"的将军,拿破仑是"天生"的统帅。他的献身也是缘于悲悯。他因他那一种阶级战士对本阶级命运的本能的关怀而无怨无悔。

在神祇、知识者与战士的身上,具有内容本质上一致的悲悯,因而具有一致的诗性。

表现那一种诗性,是艺术永远值得的尝试。

当库图佐夫大败拿破仑时,后者留下一封信给前者——简短的一句话写的是:"看在'上帝'的分上,请对我的法国士兵仁慈一些!"

伫立高坡的库图佐夫,通过望远镜看着在冰河中可怜沉浮徒作挣扎的战败国的士兵,亦不禁地发出一声叹息:"'上帝'宽恕我……"

当第二次世界大战结束以后,巴顿无所事事地在将军府周围遛狗时,他在心中默默地对自己说:"难道,对于美国,我将成了一个无用的人吗?"

当保尔·柯察金由战士成为一个需要别人照顾的人的时候,他问自己:"我还能为革命做什么?"

这种自问确乎包含这样的意味——他愿为他的阶级将他生命这颗果子的最后一滴果汁榨干。

奥斯特洛夫斯基在日记中写到了这样一件事：一位他也认识过的备受人们尊敬的女性革命领导者，因自己患了绝症，不能再为革命做什么而自杀了。世人自会对此评说纷纭。而奥氏认为，那乃是革命者做出的最尊严的决定。他竟没有效仿她做出这一决定，因为他觉得他这一颗生命的果子还能为他的阶级榨出一滴果汁——那就是他后来写成的《钢铁是怎样炼成的》。

如果说保尔仅仅是他的阶级义无反顾的战士，那么奥斯特洛夫斯基则不仅仅只是这样。他的书出版以后不久，第二次世界大战爆发了。他的书鼓舞了千千万万苏维埃共和国的儿女同仇敌忾奔赴前线；他们呼喊着"为了保尔"冲锋陷阵，流血牺牲；他与前线战壕里的红军战士通电话，向他们说出字字铿锵的话语："为了和平，消灭法西斯！"他自己和他的保尔的名字，"分娩"了另一位苏联女英雄，那就是卓娅！

因而我们不能不承认，奥斯特洛夫斯基也是一位特殊的反法西斯英雄。苏联人民对他的崇敬，更主要的也是基于此点。

梁晓声

第七节

虚名何足取？

何谓荣誉？光荣之名誉耳。

世上绝大多数人，出生时都是没有什么荣誉的。但极少数人是有的，如高贵的血统，古老而令人尊敬的姓氏，世袭的爵位或名分、封号。然而无论在中国抑或别的国家，那都是古代之事了。至近现代，世人越来越倾向于这样一种共识——荣誉是不能世袭的。出身名门乃至皇室，除了是幸运说明不了别的。著名而卓越的政治家、科学家、文艺家和企业家们，他们所获得的任何荣誉，皆无法直接遗传给下一代。人们也许会情不自禁地羡慕他们的下一代，但却不太会因而顿起敬意。

确乎，荣誉是和敬意连在一起的，敬意是和一个人具体做了什么可敬的事连在一起的。然而也不能完全否认，一个曾经广受尊敬的人物，他的下一代丝毫也分享不了他的光荣。如果谁遇到了一个男人或一个女人，确凿无疑地晓得了他或她的祖父、外祖父什么的是林肯，或是丘吉尔，起初多少还是会刮目相看的。这是一种很正常的心理反应，敬意肯定是会有些的，但通常情况下，更多的是好奇。因为他们的先人非同寻常，我们想要了解他们的欲望就更大些。但如果他们本身并不优秀，我们起初的敬意也罢，好感也罢，好奇也罢，不久便会消失殆尽。也许，还会对他们颇觉失望。今天的英国，以及其他有王权存在的国家，依然会将贵族头衔"赐封"给在某一业界卓有成就的人——对双方，那也依然意味着是一种荣誉的授予与幸受。但贵族头衔本身已经没有了实际意义，一连串的贵族头衔之总和,恐怕也抵不上一项具有权威性的专业内所授予的荣誉。故王室的赐封,一向都进行在专业荣誉授予之后。

古代的人们,不论中国人还是外国人,大抵都是很珍惜荣誉的。又不论男人还是女人,往往视荣誉为第二生命。于男人们,倘若荣誉受损,并且是被别人败坏的,那么便往往会与别人决斗。于女人们,则往往以自杀来洗刷清白,表示抗议。

但这只是古代的人们对待荣誉之态度的一方面,而另一方面乃是,对于所谓荣誉,他们是看得很透,也是看得很深的。按王安石的说法是——"古之人以名为羞,以实为慊,不务服人之貌,而思有以服人之心。"对于今人,王安石自是古人;对于王安石,其所言"古之人",大约是指尧、舜、禹、黄帝时候的古代了。他为什么发那样的"厚古薄今"之感慨呢? 显然是基于他那个时代沽名钓誉的人太多的原因。在他那个时代,荣名亦分两种——一种是百姓所给的,一种是皇家出于笼络和利用之目的给的。百姓给的荣名,仅仅是荣名而已。皇家给的荣名,总是与利益挂钩的。故逐名者流所"沽"所"钓",其实也是在钓利益。

看透了这一世相,于是王安石、颜之推、骆宾王、柳永们说——"上士忘名、中士立名、下士窃名。""不修身而求令名于世者,犹貌甚恶而责妍影于镜也。""不汲汲于荣名,不戚戚于卑位。"或者说得更干脆——"忍把浮名,换了浅斟低唱。"最起码,要求自己"功成名遂身退"。既然"功"有利国利民的一面,让有抱负的人士完全放弃为国为民的志向,显然是不对的。既然"功成"而后"名遂"于是"利至",那么便"身退"以避利之熏染。

此种思想,体现着一种对泛滥的逐利现象的拒绝,所以在古代的语汇中,产生了"清名"和"清流"二词。不屑仕途者,以"清流"自我要求,或曰"自标"。已入仕途者,起码还在乎其名清否。若"清",便是获得了"清誉","清誉"当然也是荣誉。这一种荣誉,质地干净,估计连柳永,也还是肯要的。

放眼今天，中国也大，人口也众，荣名需求也多，故政府也授、企业也颁、各类机构也给、民间也不甘寂寞地选……报刊一概传媒也乐得有热闹可以营造、可以报道，于是不遗余力推波助澜——于是，几乎年年月月地评，如同天女散花，荣名满天飞。学生也要荣名，教授也好荣名，企业家财源滚滚也觊觎名利双收，官员更是使出浑身解数忙不迭地亲自抓一项项"面子工程"……得到的欢喜，授予的高兴，得不着的郁闷，于是时不时地在这里在那里曝出评选丑闻。

　　荣名之给予、接受，每天要有不少人耗费很多的时间，投入很大的精力；而好荣名者，遂挖空心思专执一念，走后门托关系拉选票，弄虚作假且不脸红。"潜规则"按理说应是"过街老鼠"，相反却似乎直接就成了"规则"之一种。既然是"潜"的，应暗中来做就是。人人心知肚明，彼此心照不宣，乐此不疲，皆来劲也。

　　保自家"清名"的人是越来越少，"清名"对人有何好处？没半点好处要它做甚？

　　连自榜"清流"的人也越来越少了。真守得住"清名"的已是凤毛麟角，根本形成不了"流"，因而就全无名节吸引力。标而后，人们必果然以"清流"要求，那将活得多么的拘谨，岂不是犯傻吗？

　　不消说，中国也许是世界上最大的荣名集散场。

　　然若按人口比例来说，中国创新型人才是少的，真有品质的创新产品也并不是太多。

　　因太多的人都宁肯荒了专业，去追逐荣名去了。

第八节

美是永恒

许多人认为,各个民族,在各个不同的历史阶段,或不同的时代,有不同的美的标准,以及美的观念、美的追求。

这一点基本上被证明是正确的。

于是进而有许多人认为,时代肯定有改变美的标准的强大力度。因而同样具有改变人之审美观及对美的追求的力度。

这一点却是不正确的。事实上时代没有这种力度。事实上像蜜蜂在近七千年间一直以营造标准的六边形为巢一样,人类的心灵自从产生了感受美的意识以来,美的事物在人类的观念中,几乎从未被改变过。

我的意思是——无论任何一个民族,无论它在任何历史阶段或任何时代,它都根本不会陷入这样的误区——将美的事物判断为不美的,甚至丑的;或反过来,将丑的事物,判断为不丑的,甚至美的。

是的,可以毫无异议地说,人类根本就不曾犯过如此荒唐的错误。此结论之可靠,如同任何一只海龟出生以后,根本就没有犯过朝与海洋相反的方向爬过去的错误一样。

就总体而言,人类心灵感受美的事物的优良倾向,或曰"上帝"所赋予的宝贵的本能,又仿佛镜子反射光线的物质性能一样永恒地延续着。只要镜子确实是镜子,只要光线一旦照耀到它。

果真如此吗?

有人或许将举到《聊斋志异》中那篇著名的小说《罗刹海市》进行辩论

了。此篇的主人公马骥——商贾之子，"美丰姿，少倜傥，喜歌舞"。并且，"辄从梨园子弟，以锦帕缠头，美如好女，因复有'俊人'之号"。正是如此这般的一位"帅哥"，厌学而"从人浮海，为飘风引去，数昼夜至一都会"。于是便抵达了所谓的"罗刹岛国"。以马骥的眼看来，"其人皆奇丑"。而罗刹国人"见马至，以为妖，群哗而走"。

美和丑，在罗刹国内，标准确乎完全颠倒了。不但颠倒了，而且竟以颠倒了的美丑标准，划分人的社会等级——"其美之极者，为上卿；次任民社；下焉者，亦邀贵人宠，故得鼎烹以养妻子。"也就是说，第三等人，如能有幸获得权贵的役纳，还是可以混到一份差事的。至于马骥所见到的那些"奇丑"者，竟因个个丑得不够，被逐出社会，于是形成了一个贱民部落。

丑得不够便是"美"得不达标，有碍观瞻。那么，"美之极者"们又是怎样的容貌呢？以被当地人视为"妖"的马骥的眼看来，不过个个面目狰狞罢了。

我敢断定，在中国的乃至世界的文学史中，《罗刹海市》大约是唯一的一篇以美丑颠倒为思想心得的小说。

便是这一篇小说，也不但不是否定了我前边开篇立论的观点，而恰恰是补充了我的观点。因为——被视为"妖"的马骥，一旦游戏之"以煤涂面"，竟也顿时"美"了起来，遂被引荐于大臣，引荐于宰相，引荐于王的宝殿前。而当"马即起舞，亦效白锦缠头，作靡靡之音"时——"王大悦"。不但大悦，且"即日拜下大夫。时与私宴，恩宠殊异"。以至于引起官僚们的忌妒，以至于自心忐忑不安，以至于明智地"上疏乞休致"。而王"不许"，"又告休沐，乃给三月假"。

分析一下王的心理，是非常有趣的。以被贱民们视为"妖"的马骥的容貌，社会等级该在贱民们之下。怎么仅仅以煤涂面，便"时与私宴，恩宠殊异"了呢？想必在王的眼里，美丑是另有标准的吧？

王是否也牛头马面呢？小说中只字未提，或是。那么在他的国里，以丑为美，以牛头马面、王官狰狞的为极美，自是理所当然的了。或者亦非牛头马面，甚至不丑陋。那么可以猜测，在他的国里，美丑标准的颠倒，也许是出于统治的需要。是对他那一帮个个牛头马面的公卿大臣们的权威妥协，也未可知。

但无论怎样的原因，在王的国里，美丑是一种被颠倒的标准；在王的眼里、心里，美丑的标准未必不是正常的——他只不过装糊涂罢了。

否则，为什么他那么激赏马骥之歌舞呢？为什么会情不自禁地赞曰"异哉！声如凤鸣龙啸，从未曾闻"呢？

王的"大悦"，盖因此耳！

结论——美可能在某一地方、某一时期、某一情况之下，被局部地歪曲，但根本不可能被彻底否定。

如马骥，煤可黑其面，但其歌之美犹可征服王！

结论——美可在社会舆论的导向之下遭排斥，但它在人心里的尺度根本不可能被彻底颠覆。

如王，上殿可视一帮牛头马面而司空见惯，回宫可听"恢诡噪耳之音"而习以为常，但只要一闻马骥的曼妙清唱，神不能不为之爽，心不能不为之畅，感观不能不达到享受的美的境界。

有人或许还会列举非洲土著部落的人们以对比强烈的色彩涂面为"美"，以圈圈银环箍颈乃至于颈长足尺为美，来指证美的客观标准的不可靠，以及美的主观标准的何等易变，何等荒唐，何等匪夷所思！

其实这一直是相当严重的误解。

在某些土著部落中，女性一般是不涂面的。少女尤其不涂面，被认为尚未成年的少年一般也不涂面。几乎一向只有成年男人才涂面，而又几乎一向是在即将投入战斗的前夕。少年一旦开始涂面，他就从此被视为战士了；成年人一旦开始涂面，则意味着他势必又出生入死一番的严峻时刻到了。涂面实非萌发于爱美之心，乃为战事的信号，乃为战士的身份标志，乃为肩负责任和义务决一死战的意志的传达。当然,在举行特殊的庆典时,女性甚至包括少女,往往也和男性们一样涂面狂欢。但那也与爱美之心无关,仅反映对某种仪式的虔诚,正如文明社会的男女在参加丧礼时佩戴黑纱和白花不是为了美观一样。至于以银环箍颈,实乃炫耀财富的方式。对于男人,女人是财富的理想载体,亘古如此。颈长足尺,导致病态畸形,实乃炫耀的代价,而非追求美的结果,或者说主要不是由于追求美的结果。这与文明社会里的当代女子割双眼皮儿而不幸眼睑发炎落下疤痕,隆胸丰乳而不幸硅中毒是不能同日而语的。

中国历史上女子的被迫缠足却是应该另当别论的,这的的确确是与美的话题相关的病态社会现象。严格说来,我觉得,这甚至应该被认为是极其重大的历史事件。此事件一经发生,其对中国女子美与不美的恶劣的负面影响,历时五代七八百年之久。以至于中华人民共和国成立以后,我这个年龄的中国人,还每每看见小脚女人。

近现代的政治思想家们、社会学家们、民俗学家们,皆以他们的学者身份义愤填膺、疾恶如仇地对缠足现象进行过批判。

但是却很少听到或读到美学家们就此病态社会现象的深刻言论。

而我认为,这的确也是一个美学现象。的确也是一个中国美学思想史中应该予以评说的既严重又恶劣的事件。此事件所包含的涉及中国人审美意识和态度的内容是极其丰富的。比如历史上中国男人对女人的审美意识和态度,女人们在这一点上对自身的审美意识和态度,一个缠足的大家闺秀与一个"天足"的农妇在此一点上意识和态度的区别,以及为什么? 以及作为她们的丈夫、父亲们的男人的意识和态度,以及作为她们的母亲的女人的意识和态度,以及她们在出嫁前相互比"美"莲足时的意识和心态,以及她们在婚后其实并不情愿被丈夫发现毫无"包装"的赤裸的蹄形小脚的畸形真相的意识和心态,以及她们垂暮老矣之时,因畸足越来越行动不便情况之下的意识和心态……凡此种种,我认为,无不与男人对女人,女人对自身的审美意识和心态,发生黏连紧密而又杂乱的思想关系、观念关系、畸形的性炫耀与畸形的性窥密关系。

但是,让我们且住!这一切先都不要去管它。

还回到我们思想的问题上——一双女人的被摧残得筋骨畸形的所谓"莲足",真的比一双女人的"天足"美吗?

无论男人还是女人,如果自身对美的感觉不发生错乱,回答显然会是否定的。

可怎么在中国这个文明古国,在占世界人口几分之一的人类成员中,在近千年的漫长历史中,集体地一直沉湎于对女性的美的错乱感觉呢?以至于到了清朝,梁启超及按察史黄遵宪曾联名在任职的当地发布公告劝止而不能止;以至于太平军克城据县之后,罚劳役企图禁绝陋习而不能禁;以至于慈禧老太太从对江山社稷的忧患出发,下达懿旨劝禁也不能立竿见影;以至于身为直隶总督的袁世凯亲作《劝不缠足文》更是无济于事;以至于到了民国时期,则竟要靠罚款的方式来扼制了——银日八九十万两,年三万万两。足见在中国人的头脑中——钱是可以被罚的,女人的脚却是不能不缠的。

"毒螫千年,波靡四域,肢体因而脆弱,民气以之凋残,几使天下有识者伤心,贻后世无穷之唾骂。"这样的布告词,实不可不谓振聋发聩、痛心疾首。然无几个中国男人听得入耳,也无几个中国女人响应号召。爱捧小脚的中国男人依然故我。小脚的中国女人们依然感觉良好,并打定主意要把此种病态的良好感觉"传"给女儿们。

倘曾以这样的狂热爱科学、争平等、促民主,那该多好啊!不是说美的标准肯定是客观的而非主观的吗?不是说任何民族,在任何一个时代和任何一种情况之下,都根本不可能颠覆它吗?那中国近千年的缠足现象又该做何解释呢?首先,历史告诉我们——这现象始于帝王。皇上的个人喜好,哪怕是舐痂之癖,一旦由隐私而公开,则似乎便顿时具有了趣味的高贵性、意识的光荣性、等级的权威性。于是皇亲国戚们纷纷效仿，于是公卿大臣们趋之若鹜，于是巨商富贾紧步后尘——于是在整个权贵阶层蔚然成风。

在中国古代，权贵阶层的喜好，以及许多侧面的生活方式，一向是由很不怎么高贵的活载体播染民间的。那就是——娼妓。先是名娼美妓才有资格，随即这种资格将被普遍的娼妓所瓜分。无论在古代的中国，还是在古埃及、古希腊、古罗马，规律大抵如此。

娼妓的喜好首先熏醉的必将是一部分被称之为"文人"的男人。这也几乎是一条世界性的规律。在古代，全世界的一部分被称之为"文人"的男人，往往皆是青楼常客、花街浪子。于是，由于他们的介入，由于他们也喜好起来，社会陋俗的现象，便必然地"文化"化了。

陋俗一旦"文化"化，力量就强大无比了。庶民百姓，或逆反权贵，或抵抗严律，但是在"文化"面前，往往只有举手乖乖投降的份儿。

康熙时代一人之下、万人之上、权倾朝野的鳌拜便是"金莲"崇拜者，乾隆皇帝本人即是，巨商胡雪岩也是，作"不缠足文"的袁世凯阳奉阴违背地里更是。

《西厢记》中赞美"金莲"，《聊斋志异》中的赞美也不逊色；诗中"莲"、词中"莲"、文中"莲"，乃至民歌、童谣中亦"莲"；唱中"莲"、画中"莲"、书中"莲"，乃至字谜、酒令中也"莲"……

更有甚者，南方北方，此地彼域，争相举办"赛莲"盛会——有权的以令倡导，有钱的出资赞助，公子王孙前往逐色，达官贵人光临赏美，才子"采风"，文人作赋……

连农夫娶妻也要先知道女人脚大脚小，连儿童的憧憬中也流露出对小脚美女的爱慕，连乡间也流传《十恨大脚歌》、帝都也时可听到嘲讽"大脚女"的童谣……

在如此强大、如此全方位、"地毯式"的文化进击及文化轰炸，或曰文化

"炒作"之下,何人对女性正常的审美意识和心态,又能定力极强、始终不变呢？何人又能自信,非自己不正常,而是别人都变态了呢？即使被人认为主见甚深的李鸿章,也每每因自己的母亲是"天足"老太而讳若隐私,更何况一般小民了

结论——某一恶劣现象,可能在相当漫长的历史时期内畅行无阻,世代袭传,成为鄙陋遗风,迷乱人们心灵中的审美尺度。但却只能部分地扭曲之,而绝对不可能整体地颠覆之。正如缠足的习俗虽可在漫长的历史时期内将女人的脚改变为"莲",却不可能以同样的方式扭曲任何一个具体的女人的身躯,而依然夸张地予以赞美。并且,迷乱人们心灵中的审美尺度的条件,一向总是伴随着王权,或礼教势力、宗法势力的支持和怂恿,伴随着颓废文化的推波助澜,伴随着富贵阶层糜烂的趣味,伴随着普遍民众的愚昧。还要给被扭曲的审美对象以一定的意识损失以补偿——比如相对于女人被摧残的双足而言,鼓励刻意心思,盛饰纤足,一袜一履,穷工极丽,尤以豪门女子、青楼女子、礼教世家女子为甚。用今天的说法,就是以外"包装"的精致,掩饰畸形怪异的真相。还要给被扭曲的审美对象以一定的精神满足,而这一点通常是最善于推波助澜的颓废文化所胜任且愉快的。

有了以上诸条件,鄙陋习俗对人们心灵中审美尺度的扭曲,便往往大功告成。

但是,这一种扭曲,永远只能是部分的侵害。

世间一切美的事物,都具有极易受到侵害的一面,但也同时具有不可能被总体颠覆形象的基本素质。

比如戴安娜,媒介当年将她捧得如爱心女神,现今又把她贬为"不过一个毁誉参半的、行为不检点的女人"。但是,她是一个有魅力的女人这一点,却没有被彻底颠覆。

某些事物本身原本就是美的,那么无论怎样的习俗都不能使它们显得不美。正如无论怎样的习俗,都不能使尖头肿颈者在大多数世人眼里看

梁晓声

来是美的。

美女绝非某一个男子眼里的美女,通常她必然几乎是一切男子眼里的美女。他人的贬评不能使她不美,但她自身的内在缺陷,比如嫉妒、虚荣、无知、贪婪,却足以使她外在的、人人公认的客观美大打折扣。

美景绝非某一个世人眼里的美景,通常它必然几乎是一切世人眼里的美景。

丑的也是如此。

视觉永远是敏感的、真实可靠的,比审美的观点、审美的思想,更是难以欺骗的。

美的不同种类是无穷尽的。

丑的也将继续繁衍丑的现象,永远不会从地球上消亡干净。

但我们人类的视觉永远不会将它们混淆,因为它们各有天生不可能被混淆的客观性。

这种客观性,是我们人类的心灵与造物之间可能达成的一致性的前提和保证。

正是在这一前提和保证之下,对于古希腊人、古埃及人是美的那些雕塑,是雄伟的那些建筑,对于今天的我们依然是美的。正是在这一前提和保证之下,我们所处的这个时代一切美的事物,假设能够通过"时间隧道"移至远古的祖先面前,大约也必然引起他们对于美的赏悦和好奇。正如几乎一切古代的工艺品,今天引起我们的赏悦和好奇一样。

美是大地脸庞上的笑靥。因此需要有眼睛,以便看到它;需要有情绪,以便感觉到它。

我们只能怀着虔诚感激我们拥有眼睛和心灵。倘若以为自己便是这世界的中心,以为我不存在一切的美亦消亡,以为世上原本没有客观的美丑之分,以为美丑盖由一己的好恶来界定——这一种想法既不但是狂妄自大的,也是可笑之极的。

我知道关于美究竟是客观的还是主观的这一哲学与美学之争可追溯到千年以前，但我坚定不移地接受前者的观点，相信美首先是客观的存在。

据我想来，道理是那么的简单——有许多美好的事物我没观赏到过，许多人都没观赏到过，但另外许多人可能正观赏着，可能正被那一种美感动着。

在我死掉以后，这世界上美的事物将依然还美着。

时代和历史的演进改变着许多事物的性质，包括思想和观念。

但似乎唯有美的性质是不会改变的，改变的只是它的形式。它的性质既不但是客观的，而且是永恒的。它的形式只能被摧毁，它的性质不能被颠覆。

正如一只美的瓶破碎了，我们必惋惜地指着说："它曾是一只多美的瓶啊！"

倘若某一天人类消亡了——一只鸟在某一早晨睁开它的睡眼，阳光明媚，风微露莹，空气清新，花荻紫翻红，树深绿浅绿，那么它一定会开始悦耳地鸣叫吧？

它是否在因自然的美而歌唱呢？

它望见草地上一只小鹿在活泼奔跃——那小鹿是否也在因自然的美而愉快呢？

灵豚逐浪，巨鲸拍涛——谁敢断言它们那一时刻的激动，不是因为感受到了那一时刻大海的壮美呢？

美是永恒的。

七千年后的蜜蜂，仍在营造着七千年前那么标准的六边形。七千年前那些美的标准和尺度，剔除病态的、迷乱的部分——几乎仍在我们今天的生活中作为标准和尺度。

梁晓声

第九节

禅的本真

友人欲受我禅道，赠禅书数类。

我自知乃一辈子难悟之人，骨头里、血液里的凡夫俗子。灵性肤浅，慧根断残，只怕是无论怎样的一心向佛，也没法突破红尘缘、达到禅界，就很畏缩。

何况禅讲究"顿悟"。境界的升华，全在于"虚空"之彻底。"虚空"而彻底，那是什么与愿、与望沾边的观念，都违背禅宗的。一以授之，一以受之，便在一开始，就离禅十万八千里了！

想我那友人，市场上，也曾面红耳赤地讨价还价过；评职称的时候，也曾激头掰脸地大吵大闹过；分房子的时候，也曾恨过也曾悲过，上告下求，了无结果，直至住进了医院——分明并没悟到多少禅的真谛，不免怀疑其门外汉。恐姑妄从之，走火入魔，未获正果，倒跨进了旁门左道。

然而那友人循循善诱，诲人不倦，说禅么，乃为亦虚亦实的人生方面的学问，有所空有所不空。空起来什么都毫无意义，毫无价值，任尔虚掉；实起来什么都很有意义、很有价值，任尔执着。他不过是以不空击悟空，以实而图虚。一切都不空了，岂不是则便一切都空将起来了吗？

总之他说的很辩证，辩证了，也就怎么说，怎么有理了。何况禅的确是学问——起码是学问。友人的动机善良——起码是善良。于是偶得余暇，趑趑趄趄的，徜徉于禅之门外，做管窥之徒。这样去做，灵魂感到安妥些。我不信天堂之说，也不信地狱之说。既无我不升天堂谁升天堂的幻想,也无我不入地狱谁入地狱的觉悟。但灵魂这东西,天生的是个极易损坏的东西,安妥总比不安妥好。又想那禅学渊深,无边无际,上统天,下囊地,怎敢凭一时之乖趣,而跃汪洋之智海!

所幸友人赠书中,有三联书店出版的台湾蔡志忠先生的漫画集《庄子说》《老子说》《世说新语》《禅说》《六祖坛经》等。据言十分畅销,常常一售而空,便当成是慎涉禅学的"入门"教材。

蔡志忠先生的漫画风格,我喜欢。文字阐释也好,可谓增一字则多,删一字则少。典自文言,"译"自偈语。或深入浅出,或浅出深入。既白且雅,亦庄亦谐。道理亲和,比喻机敏。妙语如珠,联想纵横。看着开心,读着明智。逐成案头之书,常持之卷。

由禅我想到蝉,唐人虞世南有一首名为《蝉》的诗曰:

> 垂緌饮清露,流响出疏桐。
>
> 居高声自远,非是藉秋风。

这一首诗,抒发了一种"清"何须"贵","清"高于"贵"的思想。也有着一种禅意在其中的,足见禅对中国古代知识分子灵魂的熏染,是标高脱界的。

不知禅祖列宗当初确立禅为禅而非其他,与蝉这种形俗而性高的小生命,有没有着什么关系?

进而又想到那蔡志忠先生,如若比起达摩佛祖所有高徒弟子,是否对于推广和善及禅说,功德都要大得多呢?

但我断言蔡先生,是无意修成一位禅门弟子的。他不是因他的系列漫画很发了一笔财吗?不是还因此,获选"台湾十大杰出青年"之荣耀吗?他的初衷,显然是受"市场信息"的指导,也算是一种"顿悟"吗?

由此可见,"虚空"二字,凡人尽可着迷,却都是不打算实践的,该所谓"叶公好龙"。

我无调侃蔡先生之心,也无轻慢禅说之意。只是以一个凡夫俗子的人生观来看,世界本不是"空"的,人心也很难达到真正意义上的"空"。如果真能达到那一种"空",连禅都是应从内心里空掉的。

　　禅的境界,也许是世界上最忌"认真"二字的思维方式。是的,禅几乎是不能认真探索的——哪怕稍微认真,禅的境界便遭破坏,而不"完美"了。所以禅祖列宗,无一不向弟子们强调——禅是不能用语言文字来表述的。

　　于是禅等于不可思议,而我天生又是一个凡事认真之人。于是我觉得自己看出了渊深的禅学也是那么的难以彻底脱俗,有着故弄玄虚的一面。比如五祖弘忍的那位颇受青睐的弟子神秀上座,写了一首偈诗:

　　　　身是菩提树,心如明镜台。

　　　　时时勤拂拭,莫使惹尘埃。

　　其中"修心"的意思,一目了然。但弘忍的另一弟子慧能。亦写了一首嘲神秀:

　　　　菩提本无树,明镜亦非台。

　　　　本来无一物,何处惹尘埃?

　　其中"虚"而且"空"的意思,真是彻底到家了。于是弘忍深夜将衣钵传给了慧能,并当面立慧能为禅学的六祖。在弘忍看来,慧能的心性达到的"涅",远非神秀所能相比。然而像我这样的凡夫俗子的疑问来了——:慧能的彻悟,真的高于神秀吗? 如果慧能的心性,真的已"空虚"至极,那么神秀的偈诗,他不是该视而不见、听而不闻吗? 就算神秀很肤浅吧,具有禅祖潜质的慧能,头脑中也不该产生纠正他的冲动啊! 一念即生,那一瞬间,其心性不是已惹上了一点"尘埃",背禅驰道而去了吗? 更何况,真的"虚空",连衣钵也是应视为粪土,虽师傅亲授而不受的。不但受了,且连夜逃奔,引起众禅门弟子的嫉妒和愤怒,乘快马穷追,分明惹上的并不是一点"尘埃",

而是很大的风波了。禅门弟子不是遁世的吗？搅入了世俗和矛盾，足见灵魂不"空虚"啊！

不知那六祖慧能，倘若一直活到今天，该做何解释才能自圆其说？练气功而健身，为的是延年益寿。遁禅门而修心，不该是为了有朝一日继承衣钵当上祖宗吧？

禅学所主张的，对于"修"成一个真实的自我之态度，毫无疑问，乃古代人、现代人、未来世人，作为的一类重要的生存方式。这原则的宗旨便是"自然"二字。

禅祖列宗是人类最早思考关于"自我"和"生命价值"问题的先哲。仅仅这一点，禅学是也伟大的。

禅祖列宗是人类最早对宇宙万物的存在及彼此之间的关系提出合乎"自然"规律、"自然"法则的大智慧者。仅仅这一点，禅学也是值得中国人骄傲的。

但禅学中那些玄谈、玄论、玄争、玄辩——一言以蔽之曰"玄学"的部分，除了显示某种思维的机敏和对答的机智，其实并没有什么太了不起的令人肃然的深奥。纵观禅的历史，看到了朴素的唯物论和透彻的辩证法与意在哗众取宠的玄学，像两根藤一样扭缠在一起。

禅祖列宗之中，大概很有几位一半是哲人、一半是侃圣吧？历史上的众多的禅门弟子中，大概很有一些不过是徒有虚名的"侃爷"吧？

下面的一个例子，最说明禅矫揉造作的一面——南阳慧忠是六祖慧能门下的"五大弟子"之一，被肃宗皇帝邀请到京城，尊为国师。在一次法会上，肃宗向他提出很多问题，他却连瞧也不瞧肃宗一眼。肃宗发怒了。他却反问肃宗——皇上可曾看到虚空？肃宗回答看到了啊。他这才似乎深不可测地说出一句话是——那么"虚空"可曾对你眨过眼？肃宗哑然怔住。慧忠此时的得意之状是可想而知的。

慧忠自比"虚空"，也要别人视他为"虚空"。

但是这一位已然达到了"虚空"境界的高等禅门弟子,被邀请到京城却是肯的,被尊为国师也是肯的。只不过是不肯瞧一眼向他请教问题的对方罢了。

古代士大夫和知识分子阶层,曾相当崇尚过清谈玄论之风。不能不说和禅学,或曰伪禅学,有着一定的关系。这一点乃中国知识分子久远的心理历程的一部分。可以说是一种基因,遗传至今。

禅并非如宇宙的存在那么不可思议。

禅的普遍的真谛,即它所涵盖的朴素的唯物论观点和辩证的思维方法,每一个人都是可以领悟的。不过领悟了的人,是否都肯遵循着去生活罢了。

禅的所谓不可思议,不过是一些矫揉造作的禅门弟子,借以抬高身价的妄言罢了。有真,便有伪;有指导出真理的哲人,便有将真理推向绝谬的伪哲人;有实践出科学的学者,便有将科学弄到诡秘地步的伪科学者。

人类的科学、知识、文化的历史,正是这样发展过来的。

真与伪,有时简直就像一对一模一样的孪生姐妹。你爱的是姐姐,很可能你娶的是妹妹……一休也是一位小禅师。一休之所以可爱,在于他的机智和智慧,并无玄的倾向,而具真的本质。他的机智和智慧,既用以助人,亦用以解脱自己的困境,或用以自省。否则,像那位慧忠一样的话,一休将是个多么乐于伪装的孩子啊!

的确,智慧不是知识。智慧根本不可能像知识一样互相传授,但智慧可以互相启迪的。而一切过分炫耀出来的智慧,都是在不同程度上贬值了的智慧。炫耀一旦是目的,智慧也就在闪光的同时死灭了。

禅学列祖列宗,几乎每一位都是能言善辩之人。按今天的说法,每一位都是杰出的辩论家。——但他们绝不是演说家。他们鄙弃演说,尽管他们都具备同样的演说才华。他们推广禅宗的方式是"启迪式",反对灌输的方式。他们向他们的弟子们提出的问题,大概远比他们所回答的问题要多。而他们是很忌讳正面回答问题的,他们旁敲侧击,将问题的答案留给弟子们自己去悟。他们的这一种"治学"经验,对今天的一切治学领域,都有积极的难能可贵的借鉴意义。

禅学列祖列宗,在选拔和重点栽培"接班人"方面,是相当注重考察口才的。

比如,十三岁的禅门弟子神会参拜六祖慧能的时候,六祖问——你千里跋涉而来,是否带着最根本的东西? 如果带来了那么它的主体是什么?

神会答——这东西是无住,它的主体说是开眼即看。

慧能于是夸奖他道——你这小和尚,词锋倒也敏利。

遂纳神会为弟子。

一方面,禅学的列祖列宗认为,禅宗是不可能靠语言和文字去发扬光大的。另一方面,他们十分清楚,离开了语言和文字,尤其若连语言都摈弃了,禅学的命脉也就会断了。

这是一个矛盾。

语言是人类一切活动得以延续的最基本的方式。

禅学绝不是完美的,更非无懈可击的。

禅学给现代人的启示,恰恰在于——人类倘若执迷于追求其一种完美,寻求所谓彻底的"超界",便会走向谬误。

正是一切宗教自身的矛盾,导演了一切宗教兴衰的历史。

到了唐武宗的年代,终于发生了由"当局"采取的大规模的灭佛行动。武宗从发展经济的现状提出——有一人不耕,便有人挨饿;有一女不织,便有人受冻。他谴责寺庙中的僧尼不耕不织,寺庙却富丽得和宫殿争美,六朝因而衰败。

于是拆毁四万四千六百余所寺庙,迫使二十六万五百余僧尼还俗……

对于唐武宗的做法,仅仅以秦始皇"焚书""坑儒"去归类而论,只怕也

梁晓声

是欠公正的。

人类不可能在不耕不织的情况之下，集体悟出什么人类自身存在的意义，从而大同、大统到一个什么完美的绝对合乎自然规律境界。

恰恰相反，不耕不织，进而不发明创造，泯灭了人类在一切方面应有所作为的冲动，对于人类来说，是最不合乎自然规律的。

禅的"虚空"之说，走向极端，既不但使禅学由自身的矛盾而陷于窘地，对于人类社会的发展，也必起到消积的作用。

然而在唐武宗灭佛的行动中，唯禅宗却得以幸存。因为禅门和尚都亲自劳作，自给自足，并不寄生于社会。这要归功于百丈和尚。他改革了禅宗原先和其他佛派一样乞食的寄生生活。他指出——为什么一个身心健全的和尚，要像寄生虫一样，靠吸取俗人的血液活着呢？他认为，天地间的万物，应日日作业，自强不息。并且他身体力行，九十四岁高龄时，仍与弟子们一样劳作。弟子们将他的工具藏了，他就不吃饭，言"一日不作，一日不食"，直至弟子们不得不将他的工具还给他。

我认为百丈才真真是禅列祖列宗中最大的一位。以今天的说法，是伟大的"改革家"。归根到底，禅不过是启导人自觉地选择一种与世间万物融为一体，达成自由而和谐的状态的活法，百丈对于禅门弟子应自食其力的倡导，使禅主张人的活法成为一种积极的活法。而非足以使禅门以外的人大加指责的"闲混温饱"的不劳而获的活法。

人间可以供养得起几位、十几位、几十位光"悟"而不"作"的禅祖，但任何一个国家、一个民族、一个社会，大概也是很难供养得起几万、几十万、千百万光"悟"而不"作"的禅门弟子！一个"作"字，首先使那些夸夸其谈而懒于劳动的人，被阻在禅门之外。并且，使禅门弟子，不至于成为社会的包袱。使禅的宗旨，不至于成为拖拉社会进步的惰性。

百丈给予我们现代人的启示是——宇间一切事物的发展，几乎不可避免地经受着走向反面的考验。走向反面，几乎是世间一切事物兴衰的必然规律。好比果树上的一只果子，由青涩到成熟的过程，乃"兴"的过程；由成熟到落地的过程，乃"衰"的过程。谁也没有任何办法，不使一只成熟了的果子不腐烂。怀有这种幻想的人，必和成熟了的果子一样走向果子的反面。聪明的办法，是切开果，剔出种，栽培果树。改革是防止一切事物走向反面的唯一途径，而一切事物总是在不停顿地走向反面。一切事物中都隐含使得自身走向反面的内因。一切事物中的这一种或几种内因，都具有在适应了改革、适应了内部条件结构发生逆转和变化之后，继续走向反面的趋向性。因为世间一切事物都是有生命的。因为"生命"二字的含意，简直就可以理解为走向反面，所以改革也只能是不可间断的"行动"。它伴随着"兴"走向"衰"，伴随着"衰"走向"兴"。兴兴衰衰，衰衰兴兴，自然规律也。

试想，若非百丈对于禅宗的改革，无须乎唐武宗发起什么"灭佛"的行动，禅门弟子由几十万而百万而千万，不耕不作，也就统统饿死了。还悟的什么"虚空"呢？

以禅和西方宗教相比，是很有些意思的。西方诸教，大抵开宗明义，直言不讳其抚慰世人灵魂的旨意。而禅却强调——它不对"世俗"之人灵魂负有任何抚慰的义务，它甚至不对禅门弟子们的灵魂负有任何抚慰的义务。一个感到灵魂痛苦的人，禅门对他是关闭的。禅漠视人间的一切不平等现象，用禅祖的话说——"不是风动，不是幡动，仁者心动。"似乎人心岿然不动，则旗也未动，风也未动了。在禅学列祖列宗们看来，超脱这一切"苦海"，只要人自己去努力达到"虚空"的境界就行了。似乎灾难和不幸也就不存在了，不成其为灾难和不幸了。

一言以蔽之——禅学似乎更是，或者说，起码是中产阶级才可能去彻"悟"的宗教。禅学似乎关注的是人的纯精神烦恼。这也许与禅宗昌盛时期的年代背景有关——那些年代还算是普通的老百姓活得过去的年代。

什么样的年代产生什么样的宗教。

就大多数世人而言，习惯于选择对自己最具亲和力的宗教信仰。

梁晓声

目前,一个现象是——禅似乎更热衷在青年及中年知识分子之间。在一切有知识分子存在的地方,禅都是儒雅的话题,似乎连参与这一话题的各种各样的人,都统统变得儒雅了起来。既不但儒雅,仿佛还相当高深,相当渊深,相当散淡。好像不少的人,已看破红尘,悟彻"虚空"。都准备有朝一日,青布纳衣,托体空门,鱼板梵磬,去做云水高僧……

只不过现如今虽然设了那么多的寺庙,一个个想去"出家"也出不成罢了。

于是我看到了当代中青年知识分子内心的深处。

并且我认为,光靠了"禅学三昧",哪怕是囿于其中,朝夕漫卷,庶几徊徨,瑜亮一时,也是灵魂难以获得解脱的。

而另一方面,我认为,老年人似乎是更应"禅化"一些的。正如老年人比起中青年,应有更多的时间和精力学太极、练气功、推八卦。

人的生命,本应是一个由务实到"虚空"的过程,每人都有义务为这社会做出一份或大或小的贡献。道理是那么简单,因这社会,每时每刻都在许多方面义务于每一个人。中青年,乃是为社会尽义务的最好年华。到了晚年,人的生命越接近终点,生命也就越应更充分地属于人自己,恢复生命原本的自然和庄严。

一个合乎自然规律的社会,难道不应该是这样子的吗?

一个有着太多的老年人热衷于务实的社会,肯定是出了某一方面毛病的社会。

热衷于务实的老年人该修的是心,却大抵又只不过是在修身。修身是为了延年益寿,延年益寿是为了继续务实。生命不息,务实不止。

该"虚"的不肯"虚",该"空"的不肯"空"。不该"虚"的一代,则很是"虚"了起来。不该"空"的一代,则似乎很是"空"了起来。

常听年轻的人们这么交谈——

"最近干什么呢?"

"没干什么。无非读读老、庄,悟悟禅、道。"

"有什么体会?"

"想退休。"

"退了休又干什么?"

"养花、养鸟、养鱼……"

常听年老的人们这么交谈——

"最近怎么不常见啊?"

"忙呗!"

"还没退吗?"

"退?少不了我呀!"

"彼此彼此,我也很忙!"

由这两种倾斜的心态,我分明看清楚了这社会本身在倾斜。两代人甚至三代人争夺社会舞台!索然无憾,躬身而退的竟更多是青年人!这究竟是怎么了呢?毛病究竟出在何处呢?伟大的哲学味十足的禅,在西方影响人心,造主社会的现今,在它产生的本土,怎么适得其反了呢?留下给我们的难道仅是它的不可思议吗?我敬仰禅之列祖列宗所倡导的那一种豁达乐观的生命风格,因为它对我们每一个人最起码的益处是——帮助我们解开心结,消除胸中种种块垒,透过自我的改善,净化我们灵魂中的一切有碍于我们生命良好状态的污染、束缚、浮躁、动乱、阴暗的念头和膨胀的欲望,"使我们找到真实、本有、光明的自我"。

但我绝不会去出家当和尚,我不愿做彻底的禅门弟子,也不相信彻底的"虚"和"空"竟然真能够是彻悟的。

生命对人毕竟只有一次。在它旺盛的时候,尽其所能发光发热才更符合生命的自然。若生命是一朵花就应自然地开放,散发一缕芬芳于人间。若生命是一棵草就应自然地生长,不因是一棵草而自卑自叹。若生命不过是一阵风则便送爽,若生命好比一只蝶何不翩翩飞舞?

我觉得禅离我并不很近,我觉得禅离我并不很远。重要的在于,我明白了我一步步走向的终结,正有一个较明智的境界在向我招手……

而我为自己高兴的是——我清楚地知道了自己现在应该怎样去做。

我们以前做过的事,后来都会做得更好,起码不见得会比当年做得糟到哪儿去!

第十节

人间书香

新冠病毒疫情爆发以来,北京的这个冬天变得异常寒冷,很像我的家乡东北。望着满天飞雪,仔细地想来,这世界正发生着灾难性的事件,许多国家的疫情还在蔓延,还时时有死亡,有种种的灾难,而我们在这样一个日子里,在图书馆里沉浸在一本书中,应该是一件欣慰和幸运的事情。即使在中国大地上已经全部脱贫,也还有一些孩子想读书、想上学而需要付出巨大代价。

其实,读书是一件幸福的事。

我一直在想,一个国家的文化肯定和这个国家的经济、科技的发展有密切联系。当一个国家的经济和科技将要振兴或开始衰退,几乎可以从十年前就看出它在文化上的端倪。20 世纪 90 年代上旬我访问过日本,那时候日本的经济还没有像今天这样呈现比较明显的衰退迹象,但当时我已经非常震惊了。我是第一次到日本,作为一个文化人,我首先利用一切机会考察它的文化,我感到奇怪的是,这个国家的文化在那时已经开始处于颓唐、没落的状况,它的经济为什么还能支撑着呢? 我当时不解。后来事实证明它的经济已开始衰退了,我从这之间找出了联系。20 世纪 80 年代,有一批日本七八十年代的影视在中国放映,如《野麦岭》《望乡》、电视剧《阿信》,还有《寅次郎的故事》《幸福的黄手帕》《远山的呼唤》,以及写工业家族的《金环石》《银环石》。再往前看 20 世纪 50 年代的日本电影和书籍,我发现第二次世界大战后的日本文化由三方面的元素构成:第一个元素是反思意识;第二个元素是卧薪尝胆,振兴民族的精神;第三个元素是危机意识。这三种文化因素培养了日本第二次世界大战后的新一代,这种文化背景在他们身上是起了作用的。而到 20 世纪 80 年代后期,在日本的文化中就几乎看不到这样一种反省意识了,到处呈现着颓唐和没落。我的感觉是,日本文化总想从现实中抓取到能够构成民族和国家精神的那种文化核心,但此时这种文化已经失去了精神核心,处在一种极其颓唐的娱乐状态。1993年,我和翻译走在银座大街上,翻译指着一个步履匆匆的男人说:"这是我们日本非常著名、家喻户晓的一个青年主持人,你今晚一定要看他的节目。"那天晚上,我在电视上看到的现场直播节目中,主持人用两团胶泥引出一个话题,他问女性的左乳房和右乳房是不是一样大? 令我吃惊的是,竟有那么多的女性上台当场脱下衣服,她们脸上已经没有了女性的任何羞涩感。我看得发愣,这不是午夜 12 点以后的节目,而是黄金段的正规节目,大人、孩子都可以看。第二天晚上我走到地铁站口,突然看到电视台摄制组在现场拍摄,拍摄内容是从地铁站口出来的年轻女孩子如果谁能穿上那件价值一万日元的紧身衣,就送给她——当然她必须当场脱下衣服试穿。很多人脱下衣服,虽然是在白布后面,但晚上打着灯会映出一个女子脱衣服的影子来,主持人还时常做些怪脸。美国人写了一本书叫《娱乐至死》,我感觉日本那时的文化就处在一种大面积的娱乐状态,书店里写真集比比皆是。我想到日本曾经拍过那么好的电影,那些电影在资料馆里放映的时候,北影只有专业人员才能够观看,有一次一位老导演居然把数学家华罗庚夫妇请来观看。——我们确实感觉到日本电影中有着一种精神。但是当日本文化一旦翻过这一页,进入全面娱乐化的时候,我也非常真切地感受到这种精神的衰落。回国后我曾写过一篇长文叫《感觉日本》,其中写道——我感觉到某些日本的青年,尤其是日本的女青年脸上有一种单纯,但是那样一种单纯使我震惊,几乎和我们汉语中的"二百五"没有什么太大的区别。什么样的文化能使人们变成那样? 我觉得文化肯定不只带给人们审美和娱乐,文化还造就一代人。一个国家的科技也罢,精神也罢,它是不是可持续发展,关键还要靠人。虽然此后大江健三郎获得诺贝尔文学奖,渡边淳一、村上春树的作品目前在中国非常畅销,我的学生中相当一部分都是村上春树的"书迷",因此我也很认真地读了他的几本书。我从这些书中也确实看到了日本当代人,尤其是青年那样一种精神上的迷惘、困惑和颓唐。这和文化有关,这个文化恰恰是当一个国家经历了最艰难的一段历史之后,当一个民族开始享受它的经济、科技、文化成果之后,当这种享受的过程经历了十年之后,上一代人的某种精神可能是会蜕变的。

至于欧美,娱乐文化是由他们推动和发展起来的。首先美国为世界制造了大面积的娱乐文化,但是美国是一个什么样的国家呢?它的价值观念通过电视,通过一切传媒,通过一切文化艺术的形式传播着最多元的价值观念。但是在欧美许多国家,你又感觉到它有着国家精神,它有着不变的、万变不离其宗的价值观念。这个价值观念是跟基督教文化有关的。基督教文化的正面,跟启蒙时期最朴素的人文有部分相通。也就是说,西方文化有了这些垫底,无论多么的娱乐、多么的商业,都不能改变这些国家和地区的文化底色。

文化的影响是什么?我在想文化可否是基因,我认为是可能的,要不为什么说出身书香门第的人,长大后他身上就有这种气质呢?一定是在一代代的基因里就体现着的。因此美国的孩子即使再娱乐,他从小养成的价值观念是不会动摇的。香港电影演员周星驰,被中国人民大学聘为教授。周星驰电影的特色叫"无厘头文化",尤其是在大学校园里影响非常广泛。我非常喜欢周星驰,最早看的他的电影是《龙蛇争霸》,那时他还是个小青年,演一个配角,非常不错。在拥有许多优秀演员的香港,他独辟蹊径,形成了自己的表演特色,相当不容易。香港演艺界,尤其是在男演员中,有一批人是苦孩子出身,他们是奋斗者,所以我喜欢周星驰,把他的影片都定为娱乐片,什么《少林足球》《大内密探零零发》等。在他的娱乐片中,虽然大部分情节是搞笑的,包括《大话西游》,但其中有思想或思想的片段。这些片段是深刻的,情节和细节的设置是机智和俏皮的,这些都是我所喜欢的。我跟香港的教师们探讨过周星驰电影在香港大学里有没有构成一种影响的问题,是不是周星驰的电影一演,整个香港大学里一片这样的文化呢?回答是相反的!它不会影响到大学校园的文化。香港人只是把它当成电影,看过就过去了,然后还是接受大学文化。为什么在大陆就变成了校园里一片"无厘头文化"呢?这究竟是怎么造成的呢?我在教学的时候极为困惑,而扭转这一点要费九牛二虎之力,其效果却并不好。一个时期但凡女孩子,无论是诗歌、散文、书评、影评、日记,几乎都是一个主题——情爱。但凡男孩子,除了极少数还能看到庄重之作,差不多都好像流水线上、复印机上出来的一样,行文都是"周星驰式"的。我说可以换一种行文的方法,可以写一点其他的,但无论如何号召,都是成效甚微,可见其影响之大!

这个问题可供我们思考。有些文化现象绝对不是世界性的,比如读书,全世界有一个共性,就是读书的人和以前相比不是多了而是少了。因为先是有电台、有报纸、有刊物,然后有电视、有网络。人们获取一切信息或趣味的东西可以通过各种渠道和形式,书本和人的关系松弛了。但比较特殊的就是,中国人与古老的阅读习惯更快地疏远起来。还有就是"无厘头文化"在我们第二代身上所呈现出来的这种状况。再有就是微信和网聊现象,不要以为这是世界共同的,其实绝对不是。微信只是中国的特色,国外也有,但不会发出那么多俏皮的、娱乐的信息。微信我见过质量非常高、非常深刻、非常有理念的,而且有些几乎是名言,是我们读名人录、名言集的时候所不能读到的一些相当隽永的话语,但大多数的只不过是小聪明而已,没有意思。这些东西构成一种文化的泡沫,只有意思而没有任何意义。

中国改革开放的成就,是有目共睹的。但如果没有 20 世纪 80 年代到 90 年代那一时期特殊的文化影响,改革开放对于我们来说会在心理上、精神上,变得那样顺理成章吗?当我们读西方文化史的时候,当我们读到启蒙文学那一时期,我觉得那时的中国文化包括中国文学就是启蒙的。当时有那么多的文学作品,反映了那么多的社会现象,正因为这个启蒙的作用,才有了今天所看到的经济成果、科技成果。应该看到在那个年代整个新时期文学、文化所起到的作用。那个时代在我头脑中留下了一些深刻的文化印象,说起美术,就会想到罗中立的《父亲》,在那样一个年代那样一幅关于陕北老农的油画里,它使我们所有观看、欣赏这幅油画的人想到了什么?油画本身就传达出了一种思想——有知识、有能力的中国人要奋斗啊!为了我们这样的父亲,它给人的鼓舞是从内心发出的。尤其是油画中的一个细节,老农耳轮所夹的那半截铅笔,老农脸上那一道道深深的皱纹,还有老农的微笑——几乎是对生活没有要求的那种微笑,他对于物质生活的诉求是那样的低,能吃饱饭他们脸上就有笑容。作为这个国家的青年人,一想到这样一些农民父兄们就觉得自己所负的责任。我还想到另一幅油画《心香》,它的整个画面就是一颗卷心菜,只有少许的几片叶子,已经没有了水汽,没有了支撑力,耷拉在土坡上,而且被菜青虫咬过,但就在卷心菜的正中翠生生地长出了菜花。一看这幅油画,我们立刻知道它所表达的内涵。顿时,那个时代的每位知识分子,无论是青年的、中年的、老年的,都知道应该像那卷心菜长出的花一样,即使是在那样的环境中也要生长。印象深刻的还有一幅油画好像是叫《穿白色连衣裙的少女》,在还没营业、还没打开小窗的书刊亭旁边,一位穿一袭白色连衣裙的女孩,早早地站在那里等待着买书。她手里在看《中国青年》,那显然不是为《中国青年》这本杂志做广告,而是标志着、传达出那个时期中国青年们的学习热潮。尤其是重新出版了古典名著的时候,排了长长的队伍,谁敢说后来为国家振兴做出贡献的那些人士中,与这一文化背景无关。没有这样的文化背景所呈现出来的整个民族向上的精神状态,这些成就能凭空而来吗?它能够成为一个国家的整体成就吗?

谈到读书,我希望孩子们从小多读一些娱乐性的、快乐的、好玩的、富有想象力的书,不应该让孩子们看卡通时仅仅觉着好玩。儿童卡通书一定要有想象力,西方儿童读物最具有想象的魅力,但是这种想象的魅力并不是孩子们在阅读时自然而然地就会点拨一下。未来中国人和西方人的一个区别恐怕就在想象力上,科技的成果就和想象力有关。这是整个科技的成果决定了想象力。

我希望青年们读一点历史书籍,不一定从源头开始读起,但至少要把近现代史读一读,至少要"了解"一些——这个了解非常重要!我刚调到大学时,曾经想在第一学期不给学生讲中文课,也不讲创作和欣赏,只讲从20世纪50年代到90年代中国人的生活状况,他们怎样过日子、怎样生活。当年一个中专毕业生分到工厂里做学徒,一个月十八元的工资仅相当于今天的两美元多一点,三年之后才涨到二十四元。结婚时,他们的房子怎么样?当年的幸福概念是什么?我在那个年代非常盼望长大,我的幸福概念说来极为可笑,当时我们家住的房子本来已非常破旧——是哈尔滨市的小胡同、小街、大杂院的那种旧俄式房子,窗子是已经沉下去,屋顶也是沉下去的。但是一对年轻人就在那个院子里结婚了,他们接着我家的山墙边上盖起了只有十几平方米的小房子,北方叫偏厦子,就是一面坡的房顶,自己脱坯捡点砖砌墙,墙上抹一点黄泥。那个年代还找不到水泥——水泥是紧缺物资,想看都看不到。用黄泥抹一抹窗台,找一点石灰来刷白四壁就可以了。然后男人要用攒了很长时间的木板,自己动手打一张小双人床、一张桌子。没有电视,也买不起收音机。那时的男人都是能工巧匠,自己居然能组装出一台收音机,而且自己做收音机壳子。我们家里没有收音机,我就跑到他们家里,坐在门槛上听那个自己组装、自己做壳子的收音机里播放的歌曲和相声。丈夫一边听着一边吸着卷烟,妻子靠在丈夫的怀里织着毛活——那个年代要搞到一点毛线也是不容易的。那就给我造成一种幸福的感觉,我想自己什么时候长到和这个男人一样的年龄,然后娶一个媳妇,有这样一个小屋子……

今天对年轻人讲这些，不是说我们的幸福就应该是那样的，而是希望他们知道这个国家，是从什么样的起点上发展起来的，至少要了解自己的长辈是怎样过来的。应该让他们知道自己走进大学的校门，父母付出了很多。现在年轻人所谓的人生意义，就是怎么使我活得更快乐，很少有孩子想过，父母的人生要义是什么？如果许多父母都仅仅考虑自己人生的意义、人生的得失、人生的损失，那么可能就没有今天许多坐在大学里的孩子，或者这些孩子根本就不可能坐在大学里。我们的孩子如果连这一点也不懂的话，那是令人遗憾的，所以要读一点历史。

中年人要读一点诗、散文，因为我们要理解这样的事情，就是孩子们今天活得也不容易，竞争如此激烈。我们总让他们读一些课本以外的书，但如果一个孩子在上学的过程中读了太多课外书，他可能就在求学这条路上失策了，能进入大学校门绝对证明你没读什么课本以外的书。孩子们的全部头脑现在仅仅启动了一点，就是记忆的头脑、应试的头脑。对此，要理解他们，不能求全责备，他们现在是以极为功利的方式来读书的，因为只能那样。但对于中年人，从前"四十而不惑"，应该读一点性情读物。我不喜欢看所谓王朝、宫廷影视，因为有太多的权谋，我从来不看这类书、这类影视。我建议，首先女人们不看这类东西，男人们也可以不看。我们的人生真的时时刻刻，与权谋有那么紧密的关系吗？到六十岁的时候，哪怕你就是权谋场上的人，也可以不看了吧！可以看一些性情读物，想读什么就读什么，而且要看那种淡泊名利的。你能留给自己的人生还有多少时光呢？建议老年人要看一些青少年的读物，了解青少年在看什么书，用他们的书来跟他们交谈。

老同志不妨读一点儿童读物，也要看一点卡通，同时要回忆自己孩提时读过哪些书。格林兄弟、安徒生的童话中，是不是还有值得讲给今天的孩子们听听的。我感觉下一代在成长过程中是特别孤独的，他们很寂寞。父母在很大程度上不可能成为儿童成长过程中的玩伴，他们工作非常紧张,孩子到了幼儿园,老师和阿姨们如何管理呢? 第一听话,第二老实。然后呢,最多要求有礼貌、讲卫生、唱儿歌,如此而已,所以孩子们在幼儿园这个学龄前阶段是拘谨的,孩子在一起玩也是不放松的,在孩子们成长过程中,如果家庭环境是上有哥姐、下有弟妹,并能够和街坊四邻的孩子一起任性地玩耍,那是最符合孩子的天性的,他们非常孤独、非常寂寞,孩子身上有一种幽闭和内向的倾向。爷爷、奶奶读书之后和他们做隔代的朋友,而孩子读书时不和他交流,书就会白读。有些书的内容、书的智慧一定是在交流过程中才产生出来的。

第十一节

人生真相

　　仅仅为了生存就被自己根本不愿做的事情牢牢黏住一生的人,越来越少;每一个人,只要努力做好自己必须做的事情,只要自己愿意做的事情不脱离实际,终将有机会满足一下或间接满足一下自己的"意愿"。

　　人活着就得做事情。

　　是的,责任即意义。责任几乎成了大多数寻常百姓的中年人之人生的最大意义。对上一辈的责任,对儿女的责任,对家庭的责任,对单位、对职业的责任。人只有到了中年时才恍然大悟,原来从小就盼着快快长大好好地追求、体会一番的人生,除了种种的责任和义务,留给自己的,即纯粹属于自己的另外的人生,实在是并不太多了。他们老了以后,甚至会继续以所尽之责任和义务尽得究竟怎样,来掂量自己的人生意义。

　　而在一些年轻人眼中,人生的意义就是享受,他们还没有受什么苦,也没有经历大的波折磨难,在他们看来,世界是美好的,人生要享受眼前的美好。如果他们经历了点什么困难,他们更有理由了——人活在这个世界这么苦,不好好享受对不起自己。

　　其实,这是大错特错的。

　　我有一种结论,所谓"人生的意义",它至少是由三部分组成——一部分是纯粹自我的感受;一部分是爱自己和被自己所爱的人的感受;还有一部分是社会,以及更多有时甚至是千千万万别人的感受。

　　当一个青年听到一个他渴望娶其为妻的姑娘说"我愿意"时,他由此顿觉人生饱满,有意义了,那么这是纯粹自我的感受。爱迪生之人生的意义,体现在享受电灯、电话等发明成果的全世界人身上;林肯之人生的意义,体现在当时美国获得解放的黑奴们身上。

如果一个人只从纯粹自我一方面的感受去追求所谓人生的意义,那么他或她到头来一定所得极少。最多,也仅能得到三分之一罢了。但倘若一个人的人生在纯粹自我方面的意义缺少甚多,尽管其人生作为的性质是很崇高的,那么在获得尊敬的同时,必然也引起同情。这是自我价值和社会价值的失衡。

权力、财富、地位、高贵得无与伦比的生活方式,这其中任何一种都不能单一地构成人生的意义。而勇于担当的人,即使卑微,对于爱我们也被我们所爱的人而言,可谓大矣!因为他尽到了自己的责任,他承担起了属于自己的义务。这样的人,尽管平凡渺小,但值得钦佩。

古今中外,无一人活着而居然可以不做什么事情。连婴儿也不例外。吮奶便是婴儿所做的事情,不许他做他便哭闹不休,许他做了他便乖而安静。广而论之,连蚊子也要做事——吸血;连蚯蚓也要做事——钻地。

一个人一生所做之事,可以从许多方面来归纳——比如善事恶事、好事坏事、雅事俗事、大事小事,等等。

世上一切人之一生所做的事情,也可用更简单的方式加以区分,那就是无外乎——愿意做的、必须做的、不愿意做的。

古今中外,上下数千年,任何一个曾经活过的人们、正在活着的人们,他们的一生,皆交叉记录着自己愿意做的事情、必须做的事情、不愿意做的事情。即将出生的人们的一生,注定了也还是如此这般。

细细想来,古今中外,一生仅做自己愿意做的事情,但凡不愿意做的事情可以一概不做的人,是极少的。大约,根本没有过吧?从前的国王、皇帝们还要上朝议政呢,那不见得是他们天天都愿意做的事。

有些人却一生都在做着自己不愿意做的事情。比如他或她的职业绝不是自己愿意的,但若改变却千难万难,"难于上青天"。不说古代,不论外国,仅在中国,仅在不远的年代前,这样一些终生无奈的人比比皆是。

而我们大多数人的一生,其实只不过都在整日做着自己必须做的事情。日复一日,渐渐地,我们对那么愿意做,曾特别向往去做的事情漠然了。甚至,连想也不再去想了。仿佛头脑之中对那些曾特别向往去做的事情,从来也没产生过试图一做的欲念似的。即使那些事情做起来并不需要什么望洋兴叹的资格和资本。日复一日,我们变成了一些生命流程仅仅被必须做的、杂七杂八的事情注入得满满的人。我们只祈祷千万别被自己不愿意的事情黏住了。果而如祈,则已谢天谢地,大觉幸运了,甚至会觉得顺顺当当地过了挺好的一生。

我想,这乃是所谓人生的真相之一吧?

一生仅做自己愿意做的事情,凡不愿意做的事情可以一概不做的人,我们就不必太羡慕了吧!衰老、生病、死亡,这些事任谁都是躲不过的。生病就得住院,住院就得接受治疗;治疗不仅是医生的事情,也是需要病人配合着做的事情;某些治疗的漫长阶段,比某些病本身更痛苦……于是人最不愿意做的事情,一下子成了自己必须做的事情。到后来为了生命,最不愿做的事情不但变成了必须做的事情,而且变成了最愿做好的事情。倒是唯恐别人们认为自己做得不够好,进而不愿意在自己的努力配合之下尽职尽责。

我们且不说那些一生被自己不愿做的事情牢牢黏住,百般无奈的人了吧!他们也未必注定了全没他们的幸运。比如他们中有人一听做胃镜检查这件事就脸色大变,竟幸运地有一副从未疼过的胃,一生连一粒胃药也没吃过;比如他们中有人一听动手术就心惊胆战,竟幸运地一生也没上过手术台;比如他们中有人最怕死得艰难,竟幸运地死得很安详,一点痛苦也没经受,忽然就死了,或死在熟睡之中,有的死前还哼着歌洗了人生的最后一次热水澡且换上了一套新的睡衣……

我们还是了解一下自己，亦即这世界上大多数人的人生真相吧！

　　我们必须做的事情，首先是那些意味着人生支点的事情。一旦连这些事情也不做，或做得不努力，我们的人生就失去了稳定性，甚而不能延续下去。比如每人总得有一份工作，总得有一份收入。于是有单位的人总得天天上班；自由职业者不能太随性，该勤奋之时就得自己要求自己孜孜不倦。这世界上极少数的人之所以是幸运的，幸运就幸运在——必须做的事情恰恰也同时是自己愿意做的事情。大多数人无此幸运。大多数人有了一份工作，有了一份收入就已然不错。在就业机会竞争激烈的时代，纵然不是自己愿意做的事情，也得当成一种低质量的幸运来看待。即使打算摆脱，也无不掂量再三，思前虑后，犹犹豫豫。

　　因为对于大多数人而言，整日必须做的事情，往往不仅关乎着自己的人生，也关乎着种种的责任和义务。比如父母对子女的，夫妻双方的，长子、长女对弟弟、妹妹的……这些责任和义务，使那些我们寻常之人必须做的事情具有了超乎于愿意不愿意之上的性质，并随之具有了特殊的意义。这一种特殊的意义，纵然不比那些我们愿意做的事情对于自己更快乐，也比那些事情显得更重要、更值得。

　　我们做必须做的事情，有时恰恰是为了有朝一日可以无忧无虑地做愿意做的事情。普遍的规律也大抵如此。一些人勤勤恳恳地做他们必须做的事情，数年如一日，甚至十几年二十几年如一日，人生终于柳暗花明，终于得以有条件去做自己愿意做的事情了——其条件当然首先是自己为自己创造的。这当然得有这样的前提——自己愿意做的事情，自己一直惦记在心，一直向往着去做，一直都没泯灭念头。

　　我们做必须做的事情，有时恰恰不是为了有朝一日可以无忧无虑地做我们愿意做的事情。我们往往已看得分明，我们愿意做的事情，并不由于将必须做的事做得多么努力、做得多么无可指责而离我们近了；相反，却日复一日地，渐渐地离我们远了，成了注定与我们的人生错过的事情。不管我们一直怎样惦记在心,一直怎样向往着去做,但却仍那么努力、那么无可指责地做着必须做的事情。这是为什么呢?为了下一代。为了下一代,得以最大可能地做他们和她们愿意做的事;为了他们和她们愿意做的事,不再完全被动地与自己的人生眼睁睁地错过;为了他们和她们具有最大的人生能动性,不被那些自己根本不愿意做的事黏住,进而具有最大的人生能动性,使自己必须做的事与自己愿意做的事协调地相一致起来——起码部分地相一致起来,起码不重蹈自己人生的覆辙——因了整日陷于必须做的事而彻底断送了试图去做自己愿意做的事情的条件和机会。

社会是赖于上一代如此这般的牺牲精神,而进步的。

下一代人也是赖于上一代人如此这般的牺牲精神,而大受其益的。

有些父母为什么宁肯自己坚持着去干体力难支的繁重活计,或退休以后也还要无怨无悔地去做一份收入极低微的工作呢?为了子女们能够接受更好的教育,能够从而使子女们的人生顺利地靠近他们愿意做的事情。

"可怜天下父母心"一句话,在这一点上,实在是应该改成"可敬天下父母心"的。而子女们倘若竟不能理解此点,则实在是可悲可叹啊!

最令人同情的是这样一些人——他们终于像放下沉重的十字架一样,摆脱了自己必须做甚而不愿意做却做了几乎整整一生的事情;终于有一天长舒一口气自己对自己说——现在,我可要去做我愿意做的事情了。那事情也许只不过是回老家看看,或到某地去旅游,甚或只不过是坐一次飞机、乘一次海船……而死神却突然来牵他或她的手了。

所以,我对出身贫寒的青年们进一言,倘有了能力,先不必只一件件去做自己愿意做的事情。要想一想,自己怎么就有了这样的能力?含辛茹苦的父母为你做了哪些牺牲?并且要及时地问:"爸爸、妈妈,你们一生最愿意做的事情是些什么事情?咱们现在就做那样的事情!为了你们心里的那一份长久的期望!"

我的一位当了总经理的青年朋友就这样问过自己的父母,在今年的春节前——而他的父母吞吞吐吐说出来的却是,他们想离开城市重温几天小时候的农村生活。

　　当儿子的大为诧异——那我带着公司员工去农村玩过几次了,你们怎么不提出来呢?

　　父母道——我们两个老人,慢慢腾腾的,跟了去还不拖累你,让你们玩得不快活呀!

　　当儿子的不禁默想,进而戚然。

　　春节期间,他坚决地回绝了一切应酬,是陪父母在京郊农村度过的……

　　我们憧憬的理想社会是这样的:仅仅为了生存而被自己根本不愿做的事情牢牢黏住一生的人越来越少;每一个人只要努力做好自己必须做的事情,只要自己愿意做的事情不脱离实际,终将有机会满足一下或间接满足一下自己的"愿意"。

　　据我分析,大多数人们愿意做的事情,其实还都是一些不失自知之明的事情。

　　时代毕竟进步了。

　　标志之一也是——活得不失自知之明的人越来越多而非越来越少了。

　　尽管我们大多数人依然还都在做着整日必须做的事情,但这些事情随着时代的进步,与我们的人生的关系已变得越来越灵活,越来越宽松,使我们开始有相对自主的时间和精力顾及愿意做的事情,不使其成为泡影。重要的倒是,我们是否还像从前那么全凭这一种惯性活着。

　　我们大多数世人,或更具体地说——百分之九十甚至百分之九十五以上的世人,与金钱到底是一种什么样的关系呢? 我的意思是在说,或者是在问,或者仅仅是在想——那种关系果真像人类的文化和对自身的认识经验所记录的那样,竟是贪而无厌的吗?

我感觉到这样的一种情况——即在我们人类的文化和对自身认识的经验中,教诲人类应对金钱持怎样的态度和理念,是由来已久并且多而又多的;但分析和研究我们与金钱之关系的真相的思想成果,却是微乎其微的。似乎人类与金钱的关系,仅仅是由我们应对金钱持怎样的态度来决定的。似乎只要接受了某种对金钱的正确的理念,金钱对我们就是无足轻重的东西,对我们就会完全丧失吸引力了。

在人类与金钱的关系中,某种假设正确的理念,真的能起特别重要的作用吗?果真那样,思想岂不简直万能了吗?

在人类的古代,金即是钱,即是通用币,即是永恒的财富——百锭之金往往意味着锦衣玉食、唤奴使婢的生活。所有富人的日子一旦受到威胁,首先将金物及价值接近着金的珠宝埋藏起来。所以直到现在,虽然普遍之人的日常生活早已不受金的影响,在谈论钱的时候,却仍习惯于将二字合并。

在今天,"文化"已是一个泡沫化了的词,已是一个被泛淡得失去了"本身"并被无限"引申"了的词。不是一切有历史的事物都能顺理成章地构成一种文化,事物仅仅有历史只不过是历史悠久的事物。纵然在那悠久的历史中事物一再地演变过,其演变的过程也不足以自然而然地构成一种文化。

只有人类对某一事物积累了一定量的思想认识,并且传承以文字的记载,并且在大文化系统之中占据特殊的意义,某一事物才算是一种文化"化"了的事物。

这是我的个人观点。而即使此观点特别容易引起争议,我们若以此观点来谈论金钱,并且首先从"金钱文化"说起,大约是不会错到哪里去的。

中国和外国的一切古典思想家们,有一位算一位,哪一位不曾谈论过人与金钱的关系呢?可以这么认为,自从金钱开始介入人类的生存形态那

梁晓声

一天起，人类的头脑便开始产生着对于金钱的思想或曰意识形态了。它们一而再，再而三地呈现在童话、神话、民间文学、士人文学、戏剧以及后来的影视作品和大众传媒里。它们的全部的教诲，一言以蔽之，用教义最浅白的"济公活佛圣训"中的一句话来概括那就是——"死后一文带不去，一旦无常万事休。"

数千年以来，"金钱文化"对人类的这种教诲的初衷几乎不曾丝毫改变过，可谓谆谆复谆谆，用心亦良苦。只有在现当代的经济学理论中，才偶尔涉及人类与金钱之关系的真相，却也每每几笔带过，点到为止。

那真相我以为便是——其实人类之大多数对金钱所持的态度，非但不像"金钱文化"从来渲染的那么一味贪婪。细加分析，简直还是相当理性、相当朴素、相当有度的。

奴隶追求的是自由。

诗人追求的是传世。

科学家追求的是成果。

文艺家追求的是经典。

史学家追求的是真实。

思想家追求的是影响。

政治家追求的是稳定……

而小百姓追求的，只不过是丰衣足食、无病无灾、无忧无虑的小康生活罢了。倘若是工人，无非希望企业兴旺，从而确保自己的收入能够养家度日；倘若是农民，无非希望风调雨顺，亩产高一点儿，售出容易点儿；倘是小商小贩，无非希望有个长久的摊位，税种合理，货不积压，薄利多销……

如此看来，大多数世人虽然每天都生活在这个由金钱所推转着的世界上，每一个日子都离不开金钱这一种东西，甚而我们的双手每天都曾经历过一次金钱，我们的心里每天都至少盘算过一次金钱，但并不因而都梦想着有朝一日成为富豪或资本家，银行账户上存着千万亿万，于是大过奢侈的生活，于是认为奢侈高贵便是幸福。

真的，细分析，我确确实实地觉得，人类之大多数对金钱所持的态度，从过去到现在甚至包括将来，其实一向是很健康的。

一直不健康的或温和一点儿说不怎么健康的，恰恰是"金钱文化"本身。这一种文化几乎每天干扰我们对这个世界的正常视听要求和愿望，似乎企图使我们彻底地变成仅此一种文化的受众，从而使其本身变成摇钱树。这一种文化的一个显著的特征那就是——当其在表现人的时候几乎永远的只有一个角度，无非人和金钱的关系，再加点性和权谋。它的模式是——"那公司、那经理、那女人，和那一大笔钱。"

大多数世人每天受着这一种文化的污染，而我们对金钱的态度却仍相当理性、相当朴素、相当有度。我简直不能不这样赞叹——大多数世人活得真是难能可贵！

再细加分析，具体的一个人，无论男女，无论有一个穷爸爸还是富爸爸，其一生皆大致可分为如下阶段：

童年——以亲情满足为最大满足的阶段。

少年——以自尊满足为最大满足的阶段。

青年——以爱情满足为最大满足的阶段。

中年前期——以事业满足为最大满足的阶段。

中年后期——以金钱满足为最大也许还是最后满足的阶段。

老年前期——以自尊满足为最大满足的阶段。

老年后期——以亲情满足为最大满足的阶段……

大多数人大抵如此，少数人则不在其例。

人，尤其男人，在中年后期，往往会与金钱发生撕扯不开的纠缠关系。这乃因为——他在爱情和事业两方面，可能有一方面忽然感到是失败的，甚或两方面都感到是失败的、沮丧的。也许那是一个事实，也许仅仅是他自己误入了什么迷津；还因为中年后期的男人，是家庭责任压力最大的人生阶段,缓解那压力仅靠个人作为已觉力不从心,于是意识里生出对金钱的幻想。我们都知道的,金钱除了不能解决生死问题,除了不能一向成功地收买法律,不能得到真心的爱,几乎可以解决至少可以淡化人面临的许多困扰。但普遍而言,中年后期的男人已具有与其年龄相一致的理性了。他们对金钱的幻想仅仅是幻想罢了。并且,这幻想折叠在内心里,往往不会说道。某些男人在中年后期又有事业的新篇章和爱情的新情节,则他们便也不会把金钱看得过重。

在经济发达的国家,人们的追求,包括对人生享受的追求,往往呈现着与金钱没有直接关系的现象。"金钱文化"在那些国家里也许照旧地花样翻新,但对人们的意识已经不足以构成深刻的、重要的影响。我们留心一下便不难得出这样的结论——那些国家的文化的、文艺的和传媒的主流内容往往是关于爱、生、死、家庭伦理和人类道德趋向以及人类大命运的;或者,纯粹是娱乐的。

因为在那些国家里,中产生活已经是不难实现的。

而中产阶级,乃是一个与金钱的关系最自然、最得体、最有分寸的阶级。

在经济落后的国家,人们也反而不太产生对金钱的强烈又痛苦的幻想,因为那接近是梦想。他们对金钱的愿望是由自己限制得很低的,于是金钱反而最容易成为带给他们满足的东西。

在发展中国家,特别在由经济落后国家向经济振兴国家迅速过渡的国家,其文化随之嬗变的一个显著事实就是——"金钱文化"同步地迅速繁衍和对大文化系统的蚕食,对人们日常生活的方方面面的几乎无孔不入的侵略式影响。人面对待它,要么采取个人式的抵御姿态;要么接受它的冲击、它的洗脑,最终变得有点像金钱崇拜者了。在这样的国家、这样的时代,充斥于文化、文艺和媒体的经常的主要内容,往往是关于金钱这一种东西的。在这样的国家、这样的时代,文化和文艺往往几乎已经丧失掉了向人们讲述一个纯粹的,与金钱不发生瓜葛的爱情故事的能力。因为这样的爱情故事已不合人们的胃口，或曰已不合时宜，被认为浅薄了。于是通俗歌曲异军突起，将文化和文艺丧失了的元素吸收去变为自身存在的养分。通俗歌曲的受众是青少年——是以对爱情的向往为向往，以对爱情的满足为满足的群体。他们沉湎于通俗歌曲为之编织的爱情帷幔中，就其潜意识而言，往往意味着不愿长大，逃避长大——因为长大后，将不得不面对金钱的左右和困扰。

在这样的国家、这样的时代，贫富迅速分化，差距迅速悬殊，人对金钱的基本需求和底线一番番被刷新。相对于有些人，那底线不断地不明智地一次次攀升；相对于另一些人，那底线不断地不得已地一次次跌降。前者往往可能由于不能居住于富人区，而混乱了人与金钱的关系；后者则往往可能由于连生存都无法为计，而产生了人对金钱的偏狂理解。

归根结底，不是人的错，更不是时代的错，也当然不是金钱的错，而只不过是——在特殊的历史阶段，人和金钱贴紧于同一段社会通道之中了。当同时钻出以后，人和金钱两种本质上不同的东西——姑且也将人称为东西吧，又会分开来，保持必要的距离，仅在最日常的情况之下发生最日常的"亲密接触"。

那时，大多数人就可以这样诚实又平淡地说——金钱吗？它不是唯一使我万分激动的东西，也不是唯一使我惴惴不安的东西，更不是我人生中唯一重要的东西。我必须有足够花用的金钱，而我的情况正是这样。

归根结底，爱国主义——正是由这一种人对金钱相当理性、相当朴素、相当有度，因而相当良好的感觉来决定的。

哪一个国家使它的人民与金钱的关系如此这般了，它的人民便几乎无需被教导，会自然而然地爱着他们的国家。

梁晓声

第十二节

人性的毒素

首先让我们来说狮。狮是凶猛的猎食者，也是非洲原野上的王者。我在一篇关于动物的杂感中，认为狮有"黑社会老大"的粗鄙相，与同样是山林王者的虎一比，只不过是原野恶霸而已。虎却是真有王者之仪的，虎身上还透着"隐"的意味。长啸之后，一只虎在山林中神秘地出现，于是仿佛整个山林为之肃穆。虎使人感到是有文化的兽，虎使人觉得是山林文化的魂。栖虎之山林，使人心生敬畏。

狮却往往是成帮结伙的，狮是极少的身上没有花纹的大兽。而且，毛色永远是那么难看，也永远没有光泽。我认为在一切颜色中，棕色是无论深浅都会使人眼产生不舒服反应的一种颜色。而狮的毛色接近棕色，有时看去，甚至是很脏的与土色或黑色相混的那一种棕色。总之，狮往往给人以蓬头垢面、遍身灰尘的印象。

《狂野非洲》的片头是极具视觉冲击力的，一连串飞快变化的每一瞬间都是精彩的。而且是足以惊心动魄的。喜欢此电视节目的人肯定注意到了，狮在《狂野非洲》片头的两个瞬间出现过。其一，粗树干后，一张狮面鬼祟探出，做贼窥状，使人联想到中外电影中的密探嘴脸，或盯梢者嘴脸，活脱脱体现了兽王险诈的另一面。其二，一头雌鹿在灌木后凌空一跃——显然，后有猎捕者，几乎与此同时，灌木后也凌空跃起了一头狮。狮遭到鹿一跃的冲撞，于是腹上背下，仰在半空，而那鹿正中狮的下怀。狮的四爪自下而上紧紧抱住了鹿，爪钩分明地深抓到鹿的皮下。同时，它锐利而致命的齿,咬进鹿的颈子……

那狮肯定是预先埋伏在那儿的,它不无谋略。那一动物间的弱肉强食的镜头,堪称珍贵。狮是天生之凶猛的猎食动物,上天是这么规定它在非洲原野上的角色的。故其猎食情形无论多么血腥,都是符合自然法则的。何况自然界的弱肉强食,并无哪一种吃法是斯文的。但一头吃饱了的狮,尤其是雄狮,倘不卧着打盹,倘仍觉精力过剩,它就要干一件很"伤天害理"的事。

究竟是什么事呢?

它踞立高处,四顾搜寻,企图发现猎豹的家。猎豹的家,往往是"单亲家庭"。儿女一断奶,猎豹父亲们就重做流浪汉,再逐新欢去了。狮一旦发现视野内有猎豹的家存在,便奔过去,将小猎豹一一咬死。它并不吃它们,因为它并不饿。它只不过咬死它们,怀着一种灭门般的仇恨,怀着一种"斩草除根"的快感。倘若雌猎豹正守护着小猎豹们,或刚巧从别处赶回来,免不了为保护儿女而与雄狮拼死一搏。但猎豹哪里是雄狮的对手,或遍体鳞伤眼睁睁地看着儿女惨死,或将自己的性命也搭上。

动物学家们认为,狮的这种灭绝别的兽种的行径,乃因独霸一方,彻底消除"竞争对手"的本能促使。猎豹也是非洲原野上出色的猎食者,其猎食本领的高强,每使狮们望尘莫及。所以,雄狮以对猎豹实行"斩草除根"为己任,达到自己永远垄断非洲原野生存资源之目的。

在大兽中,包括一切大的猎食猛兽,除了狮,再没有"思想"如此阴暗歹毒的了。

狮不仅对猎豹那样,对同类也心狠手辣。

《狂野非洲》中有一辑是《母狮辛酸泪》——表现一头母狮,既肩负着哺养两只幼崽的使命,亦须照料还在"花季"的妹妹。妇幼四只狮相依为命,全由母狮来解决活着的基本问题——吃。

"她们"被一头雄狮跟踪多日了。

因为雄狮看上了母狮。

既然看上了，"他"就要达到占"她"为妻之目的。所以"他"必咬死"她"的儿女，以干干脆脆地结束"她"当年轻母亲的责任，早日进入发情期。所以"他"必驱走"她"的妹妹，不愿自己向往的蜜月生活有累赘。而且，"他"干掉"她"的儿女，亦因它们是"前窝"的崽子。

"他"乃王者。

"他"所荫庇的幼狮，必须是"他"的种。

"他"的阴险和歹毒，几番遭到了母狮舍生忘死的抵抗，而其目的最终还是达到了。当"他"踞立高处，嘴脸上和须上染满鲜血，傲慢又冷酷地俯视着悲怆至极的母狮时，我顿觉狮这种所谓的"兽王"，不但有"黑社会老大"的粗鄙之相，简直还是很流氓的。

在自然界，动物间虽有弱肉强食的一面，却也每每体现出动人的善性。亲情、友情、爱情，在它们那儿，往往比人类之间还美好。狮的以上行径，除它们而外，几乎另无此例。当然这里指的是大兽。在虫类，比如不同种类的蚁间，也有相互灭门、斩草除根，或掳对方为奴的现象。

由狮进而联想到了埃及的人面狮身石雕。众所周知，它在希腊神话传说中叫斯芬克斯。它是智慧和邪狞的杂交。当它以谜语考问路人时，它是智慧的；当人答不出，它吃人时，却是邪狞的。

它还是王权的象征。是王权不甘消亡而终于消亡了，消亡了以后仍企图在人世间威慑人们精神的一种象征。一切王权皆有邪狞的一面——正如狮有那流氓的一面。一切具有王权性质的政权，理念上皆必然地具有灭绝异己的本能意识，正如狮对猎豹的灭门和斩草除根的行径。一切王权的最高代表者和高层维权者，骨子里皆必然是自私自利的。正如雄狮为了使自己血脉的王种延续下去，连同类的后代也要咬死。真的，狮的以上本能，在大兽中绝对是独一无二的恶劣。比如象、比如虎、比如熊，都并不像它那样。当动物摄影家们将狮性之恶劣的一面展现给人类看的时候，实在是对人类很有益的教育。归根结底,狮性之恶劣一面,乃是非洲原野上之生存法则决定的结果。那一法则使每一头狮都变得极端地以自我为中心。改变狮性之恶劣,只有一策,那就是在它是幼狮时使它与人接触,获得一点人性的影响。相反,将人性改变得如狮性一般恶劣,也不是多么难的事。只要在人小的时候,将他或她浸泡在恶劣的文化里就够了。

恶劣的文化有一种恶劣又美丽的倾向。那就是极端地宣扬以自我为中心,极端地鼓吹以自我为中心,极端地偏爱以自我为中心——仿佛彻底地以自我为中心才是彻底的个性自由。

于是我的眼看到在现实生活中,不少人尤其是自以为拥有成熟文化的人,人性中都或多或少有着非洲狮的恶劣狮性。他们以非洲雄狮那一种内心里的阴暗和歹毒对待周围的"猎豹"们,也恨不得以非洲雄狮那一种冷酷的方式征服女性。于是我的眼转而向历史去寻找答案,结果发现了一种毒素,那就是认为崇尚恶、欣赏恶,贩卖人性是天经地义的事情。

但是此种文化的流弊是显而易见的。因为它并不能培养一批雄狮般的男人,实际上只不过造就了一群窝里斗有理、窝里横万岁的骨子里的宵小之辈。

我祈祷,如虎一般的男人出现,他们才令我刮目相看!

第十三节

两种人

这里说的两种人是少数人,却又几乎是我们每一个人。

前一种人,一言以蔽之,是一心想要"怎么样"的人。"怎么样"在此处表意为动词。好比双方摩拳擦掌就要争凶斗狠,一方还不停地叫号——"你能把我(或老子)怎么样?"我们常见的这一情形。

后一种人,是不打算"怎么样"的人。相对于前者,每显得动力不足。还以上面的情形为例,即使对方指额戳颐,反应也不激烈,或许还往后退,且声明——"我可没想把你怎么样。"

这时便有第三种人出现,推促后一种人,并怂恿:"上!怕什么?别装熊啊!"

而后一种人,反应仍不激烈。他并不怯懦,只不过"懒得"。"懒得"是形容"不作为"的状态,或曰"无为"。"无为"也许是审时度势、韬光养晦的策略;也许干脆就是一种看透,于是不争。不争在这一种人心思里,体现为不进取。别人尽可以认为他意志消沉了,丧失活力了;其实,也可能是他形成一种与进取相反的人生观了。

20 世纪 80 年代,作家谌容曾发表过一篇影响很大的中篇小说《懒得离婚》。

离婚无论对于男人还是女人,那是何等来劲儿之事。即使当事人并不来劲儿,那也总还是十分要劲儿的事。本该来劲儿也往往特要劲儿的事,却也"懒得"了,足见是看得较透了。谌容这篇小说中的主人公,不是由于顾虑什么才懒得离婚,而是因为人生观的原因才懒得离婚。"离了又怎么样呢?"——主人公的朋友回答不了她这一问题,恐怕所有的别人也都是回答不了的。而她自己,看不到离婚或不离婚于她有什么区别。或进一步说,那区别并不足以令她激动,亦不能再点燃她内心里的什么希望之光、欲念之烛。于是她对"离婚"这一件事宁可放弃主动作为,取一种"无为"的顺其自然的态度。

是的,我认为,一心想要"怎么样"的人,和不打算"怎么样"的人,在我们的周围都是随处可见的。相比而言,前者多一些,后者少一些。前者中,年轻人多一些;后者中,老年人多一些。基本规律如此,却也不乏反规律的现象——某些老者的一生,始终是想要"怎么样"的一生。"怎么样"对应的是目的,或目标。只要一息尚存,那目的、那目标,便几乎是唯一所见。相比于此,别的事往往不在眼里,于是也不在心里。而某些年轻人却想得也开、看得也开,宠辱不惊,随遇而安,于是活得超然。年轻而又活得超然的人是少的,少往往也属"另类"。

一心想要"怎么样",发誓非"怎么样"了而决不罢休,是谓执着,当然也可是偏执。人和目的、目标的关系太偏执了,就很容易迷失自我。目的也罢,目标也罢,对于一个偏执的又迷失了自我的人,其实不是近了,而是远了。

是令我们刮目相看的。以下一则外国的小品文,诠释的正是令我们刮目相看之人的人生观——

他正在湖畔垂钓,他的朋友来劝他,认为他不应终日虚度光阴,而要抖擞起人生的精神,大有作为。

他问:"那我该做什么呢?"

他的朋友指点迷津,建议他做这个、做那个,都是有出息、成功了便可高人一等、令人羡慕的事。

可这人很难开窍,还问:"为什么呢?"

朋友就耐心地告诉他,那样,他的人生就会变得怎么样,比现在好一百倍。

他却说:"我现在面对水光山色,心无杂念,欣赏着美景,呼吸着沁我肺腑的优质空气,得以摆脱许多烦恼之事,已觉很好了啊!"

这一种恬淡的人生观未尝不可取,但这一则小品本身难以令人信服,因为它缺少一个前提,即不打算"怎么样"的人,必得有不打算"怎么样"的资格。那资格便是一个人不和自己的人生较劲儿似的一定要"怎么样",他以及他一家人的生活起码是过得下去的,而且在起码的水平上是可持续的、比较稳定的。白天有三顿饭吃,晚上有个地方睡觉,这自然是起码过得下去的生活,但却不是当代人的而是接近原始人的。对于生活水平很原始而又不生活在原始部落的人,老庄哲学是不起作用的,任何宗教劝慰也都是不起作用的。何况只有极少数人是在这个世界上赤条条来去无牵挂的人,大多数人是家庭一员,于是不仅对自己,对家庭也负有一份摆脱不了的责任。只是那一种责任,往往便使他们非得"怎么样"不可。想要不"怎么样"而根本不能够的人,是令人心疼的。比如《悲惨世界》中的芳汀之卖淫、《许三观卖血记》中许三观之卖血。又比如今天之农民矿工,大抵是为了一份沉重的家庭责任才冒那份风险的。而大学学子毕业了,一脚迈出校门非得尽快找到一份工作,乃因倘若不如此,人生便没了着落,反哺家庭的意愿便无从谈起。

一个一心想要"怎么样"的人,倘若他的目的或目标是和改变别人甚至千万人的苦难命运的动机紧密连在一起的,那么他们的执着便有了崇高性。比如甘地,比如林肯,比如中国的抗日英雄们,即使壮志未酬身先死,他们的执着,那也还是会受到后人应有的尊敬的。

另有某些一心想要"怎么样"的人,他们之目的、目标和动机,纯粹是为了要实现个人的虚荣心。虚荣心人皆有之,膨胀而专执一念,就成了狼子野心。野心最初大抵是隐目的、隐目标、隐动机,是不可告人的,是需尽量掩盖的,唯恐被别人看穿的。一旦被别人看穿,是会恼羞成怒、怀恨在心的。这样的人是相当可怕的。比如他正处心积虑,一心想要"怎么样",偏偏有人多此一举地劝他何必非要"怎么样",最终"怎么样"了又如何——那么简直等于引火烧身了。因为既劝,就意味着看穿了他。他那么善于掩盖却被看穿了,由此而心生恨意。可悲的是相劝者往往被恨了自己还浑然不知,因为觉得自己是出于善意,不至于被恨。

我曾认识这么一个人,五十余岁,官至局级。按说,对于草根阶层出身的人,一无背景,二无靠山,是应该聊以自慰的了。也就是说,有可以不再非要"怎么样"的资格了。但他却升官的欲望更炽热,早就不错眼珠地盯着一把副部级的交椅了,而且自认为非他莫属。于是呢,加紧表现。每会必到,每到必大发其言,激昂慷慨,专挑上司爱听的话说,说得又是那么的肉麻,每令同僚大皱其眉,逐渐集体地心生鄙夷。机会就在眼前,那时的他,其野心已顾不得继续加以隐忍,暴露无遗也。以往的隐忍,乃是为了有朝一日蓄势而发——此乃野心之规律。他认为他到了不该再隐,而需要一鼓作气的时候了。

然而最终他还是没坐上那一把副部级的交椅,却被一位才四十几岁的同僚坐上。这一下他急眼了,一心想要"怎么样",几乎就要"怎么样"了,却偏偏没能"怎么样",他根本无法接受这样的事实,觉得自己的人生太失败了。于是四处投书,申诉自己最具有担任副部级领导的才干,诋毁对方如何不够资格,指责组织部门如何有眼无珠,一时间搞得自己和他人的关系横向竖向都很紧张。

他毕竟也有几个朋友,朋友们眼见他走火入魔似的,都不忍袖手旁观,一致决定分头劝他。现而今,像他这样的人居然还能有几个对他那么负责的朋友,本该是他谢天谢地的事。然而他却以怨报德,认为朋友们是在合起伙来,阻挠他实现人生的最后一个大目标。

一位朋友问:"你就是当上了'副部'又怎么样啊?"

他以结死扣地说:"那太不一样啦!"

又一个朋友苦口婆心地规劝:"你千万不要再那么没完没了地闹腾下去了!"

他却越发固执:"不闹腾我不就这么样了吗?"

朋友不解:"这么样又怎么了啊!"

他说出一番自己的感受:"如果我早就甘心这么样了,以前我又何必时时处处那么样?我付出了,要有所得!否则就痛苦……"

仅仅是不听劝,还则罢了,他还做出了令朋友们寒心而又恐惧的事。

人生在世,谁能没有点想法呢?相劝之间,话题一宽,有的朋友口无遮掩,难免说了些对上级或对现实不满的话,就被他偷偷录下音来了,接着写成了汇报材料,甚至还不免有一些夸大,借以证明自己政治上的忠诚。结果,他的朋友们麻烦就来了。

人无完人,那一个四十几岁刚当上副部级干部的人,自然也不是完人。婚外恋、一夜情,确乎是有过的。不知怎么一来,被他暗中调查了解了个一清二楚。于是写一封揭发信,寄给了纪委……对方终于被他从副部级的交椅上搞倒了,但他自己却依然没能坐上去。

他这一位五十几岁的局长,一心还想要"怎么样",到头来非但没能"怎么样",反而众叛亲离,人人避之唯恐不及,将自己的人生弄得很不怎么样。不久他患了癌症。除了家人,没谁曾去看他。他自知来日无多,某日强撑着,亲笔给上级领导写了最后一封信,重申自己的政治"理想"。字里行间,失落多多。最后提出要求,希望组织念他虽无功劳,还有苦劳,在追悼词中加添一句——"生前曾是副部级干部提拔对象"。领导阅信后,苦笑而已。征求其家属开追悼会的方式,家属已深感他人际的毁败,表示后事无须单位张罗。

一个人一心想要"怎么样"到了如此这般的地步,依我看来,别人就根本不要相劝了,只将这样的一个人当成反面教材就行了。

某次，有学生问我孔孟之道和老庄哲学的不同？

我寻思有顷，作如下回答——

孔孟之道，论及人生观的方面，总体而言，无非是要教人"怎么样"而又合情、合理地对待人生，大抵是相对于青年人和中年人来说的，是引导人去争取和实现的说教。故青年人和中年人，读一点孔孟对修养是有益的。而老庄哲学，却主要是教人不"怎么样"而又合情、合理地"放下"和摆脱的哲学，是老年人更容易接受和理解的哲学。

孔子曰："六十而耳顺，七十而从心所欲，不逾矩。"除此而外，几乎没有再讲过老年人该怎么对待人生的问题。他到了老年，也还是主张"克己复礼"，足见自己便是一个非"怎么样"而不可的人。对于一位老人，"克己复礼"的活法是与"从心所欲"的活法自相矛盾的。孔子到了老年也还是活得很放不下，但是像他那么睿智的一位老人，嘴上虽放不下，内心里却是悟得透的。一生都在诲人不倦地教人"怎么样"，悟透了也不能说的。由自己口中说出了老庄哲学的意思，岂不是等于自我否定、自我颠覆了吗？故仅留下了那么短短的两句话，点到为止。

我们由此可以推测，"耳顺"以后的孔子，头脑里肯定也是会每每生出虚无的思想来的。普天下的老人有共性，孔子、孟子也不例外。他们二位的导师是岁数。岁数一到，对人生的态度，自然就会发生变化。所幸现在流传下来的，主要是他们二位针对青年人和中年人而言的人生观。因为他们的学生都是青年人和中年人。如果他们终日所面对的皆是老年人，那么就会有他们关于老年人的许多思想也流传下来。果然如此，老子和庄子的思想角色，大约也就由他们一揽子充当了。

正由于情况不是那样，老子也罢，庄子也罢，才得以也成为古代思想家。老庄的思想，是告诉人们不"怎么样"也合乎人生和人性道理的思想。比如在庄子那儿，人和"礼"的关系显然是值得商榷的，"礼"随人性，自然才更符合他的思想。而在老子那儿，则又可能变成这么一个问题——人本天地间一生灵,天不加我于"礼",地不强迫我于"礼",别人凭什么用"礼"来烦我?他们的"礼",是他们的社会关系的需要。我自由于那社会关系之外,那"礼"于我又何干?

庄子的哲学思想智慧,充满了形而上的思辨,乃是一种相当纯粹的思辨,实用性是较少的,具有少年思想家的特点,浪漫而又质疑多多。

孔孟之道,无论言说社会还是言说人生,都是很现实的。大多数青年人和中年人,不可能不重视人和现实的关系。故孔孟之道在从前的中国成为青年人和中年人的人生教科书实属必然。

老子的思想是"中年后"的思想,古今中外,大多数人到了中年以后,头脑里都会自然而然地生出自己只不过是世上匆匆一过客的思想。老子将人这一种自然而然的思想予以归纳总结,使之在思想逻辑上合情、合理了。

> 白发渔樵江渚上,惯看秋月春风。一壶浊酒喜相逢。古今多少事,都付笑谈中。

白发渔樵也许从没听说过老子,但与老子在思想上有相通处。何以然?人类的天生悟性使然。

一个人到了中年以后,倘若衣食无忧,却还是一门心思地非要将自己的人生提升到"怎么样"的程度不可的话。这样的人,其人生的悟性,连白发渔樵也不如了。

人与动物

面对人与野生动物，我首先想到了中学时代读过的一本书《在非洲》，作者是白人，名字我已淡忘了，记得身份是记者。

《在非洲》记述了他的一些有钱的白人同胞打野鸭的场面——黄昏时刻，静谧的湖面落满了野鸭。它们打算在那儿过夜——它们可能是一直在那儿过夜的，而猎手们一个个伏在船上，船只又是隐蔽在湖草丛中。他们的猎枪里装填的是杀伤力很大的霰弹，突然他们的猎枪齐开火，于是野鸭一片片中弹。受惊的野鸭一群群惊飞起来，但它们似乎无处可去，也不明白究竟发生了什么事，因为它们还从没被人伏击过。湖面又静下来，它们又落在湖面上了，困惑地望着四周死去的或仍在微微抽动着身体的它们的伙伴。突然枪声又响，又一片野鸭中弹……湖面上死去的野鸭一片又一片地增加着，猎手们一番又一番地开枪。天渐渐黑了，野鸭们似乎对枪声习惯了，甚至由于天黑不再惊飞了。然而屠杀仍在继续，在他们夫人们的赞赏声中继续……

是的，书中用的正是"屠杀"二字，他将那些猎手们叫"流氓"。他们猎杀野鸭不是要吃野味儿，实际上他们不吃，他们的夫人们也不屑于吃——只是为了好玩儿。

作者对于那些"虔诚的基督徒"的屠杀行径，表示了极大的鄙视和愤慨。那本书里记述的是将近一百年前的事。那时西方人还没有什么保护野生动物的意识，东方人同样也没有，更谈不上有什么全球性的"保护野生动物年"。

我想到了酷爱狩猎的、那时还是王储的英国国王查尔斯三世，因为一张照片登在杂志上，在英国甚至在整个西方，引起社会舆论的轩然大波——照片上的他，左肩扛着猎枪，右手拎着一只被打死的野鸭的长脖子……

我想到了一位可敬的美国女科学家。她献身于黑猩猩生存状态的野外考察研究近二十年。她为反对猎杀黑猩猩，以野生动物研究学者的资格，大声向全世界呼吁立法制止……

然而，她竟遭到了偷猎者们残忍的暗杀。她的名字不必我说，许多人都知道。

而我不知道的是——保护野生动物年，是否是以她遇害的那一年为纪念。我想她也许是第一个为保护野生动物而死的人，人类应该纪念这位可敬的女科学家。

我还想到多年前青海的一位藏族县委副书记，也被偷猎野生动物的恶人们所杀害。我想他肯定是第一个为保护野生动物而死的中国人，也肯定是第一个为保护野生动物而死的亚洲人。我们中国的有关方面，是否也应该发起纪念他的活动呢？

一个在西方，一个在东方；一个是女人，一个是男人；一个是科学家，一个是地方官员——都是为保护野生动物而献身的。人类保护野生动物的文明意识，逐渐在全世界苏醒了！

我想到了我的一位朋友对我讲的一件事——他们在南方某小饭店吃饭时忽听一阵令人心悸的叫声。寻声查问到后厨，原来屉上正活蒸着大娃娃鱼。而点这一道菜的食客们，一个个在那令人心悸的声音中吞云吐雾，谈笑风生。

我的朋友却不能照常吃下去，他不忍再听，离开了那家小饭店。我怀疑地问："据我所知，娃娃鱼是不叫的吧？"他说："我不知道它究竟叫不叫。

也许一般情况下是不叫的，但被活蒸时，就不是一般情况了。还能听到它在屉中蹦、挣扎、撞屉，发出很大的响声，所以屉上压着磅秤的重砣……"

北影的一位老摄影师对我讲——也是在南方，一位"大款"请他们吃饭。宴间有一只可爱又活泼的猴子，做出种种滑稽的样子逗他们开心。但是一会儿它就被固定在桌子下面了，只将上脑壳露出桌洞。于是侍者执刀熟练地剥下它的头皮，还往它雪白的头骨上浇开水消毒，接着用小锤敲碎了它的头骨……

那就是享用活猴脑的方式。

老摄影师捂着嘴跑出了饭店，一出门就呕吐了。他说他一直忘不了那猴子的眼睛。他说人要活吃它的脑子前，还要先拿它开一阵子心，"太罪过了！太罪过了！"他连说"罪过"不止。

中国人在吃的方面欲望太强烈了。一旦有了钱，这欲望则便无止境。所以我们所说的"龙肝凤胆"，是古时有钱的男女最想吃到的。果而有龙有凤，现如今的"大款"及他们的女人们，若不动辄大吃一顿才怪呢！也许早就被吃得所剩无几了。

还常听到有句话——"天上龙肉，地上驴肉"，是北方老百姓中的一句话。据说"龙"指"飞龙"，一种北方珍禽。中华人民共和国成立前，北方的某些驴肉铺主，为了招徕生意，也为了进行广告宣传，常将一头驴捆了嘴，固定了四蹄，拴牢在一根柱子上。寻求刺激的人们一见，就知道要"烫"驴了，于是纷纷围拢了看。人多了，伙计就开始用一壶壶开水浇驴。从脊背开始一部分一部分地浇。驴疼得浑身乱抖，却叫不出声，活活被烫死再剖腔。据说，那样活活烫死的驴，血管因剧疼而崩裂，血渗入肉，肉味鲜美。

吃得多么残忍。

驴固然非属该保护的野生动物，但一个事实是——吃法太残忍，也证明着人性的残忍。那一种残忍一旦用以对付人，是会杀人取乐的。熊掌、犴鼻、狍筋、鹿鞭……有钱的人现在就差吃不到"龙肝凤胆"了。

梁晓声

有一次，在北京的一处地方，我被强拉了去做吃饭的陪客。一个又一个大鱼缸里，养着各样的鱼，如同一处小型的"水族馆"。有的鱼我连见也没见过，听说也没听说过，标价也高得离谱。主人为了摆阔，一定要点一种我闻所未闻的鱼。我说何必呢？我说你钱如果太多，捐给"希望工程"一点不好吗？我说都是鱼，味道不会区别多大，随便点一条算了吧！我替那"大款"省下了不少钱，但我看出他并不感激我。

我还想到了一部我看过的外国电影，片名忘了。讲宇航员从外星球带回几只蛋，被一个孩子偷了，卖给一个古董商。不想那蛋里孵化出一种怪物，出壳便长。转眼长大便交配，交配便以几何倍数增加。一变二，二变四，四变八，八变十六……它们见什么吃什么。首先吃掉的当然是那古董商，接着吃人、狗、马、房子、汽车、推土机，一路吃将下去。吃光一个镇，转向第二个镇，浩浩荡荡，势不可挡。我觉得它们像某些暴富了的"大款"。人猎杀野生动物，当然不只是为了吃它们的肉，甚至根本不要它们的肉，只要它们的皮、角、骨，某些脏器，最终为的是卖钱……人对钱的贪心和对吃的欲望，如果过分，就都是一样丑恶的。

保护野生动物，另一方面，也是人类体现自律能力的文明意识。某些动物尚且有自律能力，那么人类该怎样认真去审视一下自身呢？

第十五节

国民性到底如何

"国民劣根性"问题是"五四"知识分子们率先提出的。谈及这点,人们首先想到的是鲁迅。其实不唯鲁迅,这是那时诸多知识分子共同关注的。——叹息无奈者有之,痛心疾首者有之,热忱于启蒙者有之,而鲁迅是"哀其不幸、怒其不争"的。梁启超对"国民劣根性"的激抨绝不亚于鲁迅,陈独秀创办《新青年》伊始就曾公开发表厉言——凡 1919 年以前出生者当死,唯 1919 年后出生者应生!何出此言?针对国民劣根性耳。当然,他指的不是肉体生命,而是思想生命、精神生命。蔡元培、胡适也是不否认国民劣根性之存在的,只不过他们是宅心仁厚的君子型知识分子,不忍对同胞批评过苛——一主张实行教育救国、教育强国,培养优秀的新国人种子;一主张默默地思想启蒙,加以改造。蔡元培就任北大校长的演说表达了他的希望——培养具有"自由之精神,独立之思想"的新国人。这一教育思想证明了他的希望。

就连闻一多也看到了国民劣根性,但他是矛盾的。好友潘光旦在国外修的是优生学,致信给他,言及中国人缺乏优生意识。闻一多复信曰:"倘若你借了西方的理论,来证明我们中国人种上的劣,我将想办法买手枪。你甫一回国,我亲手打死你。"但他写的《死水》一诗,显然也是一种国状及国民劣根性的诗性呈现。闻一多从国外一回到上海,时逢"五卅惨案"发生不久,于是他又悲愤地写下了《发现》:

> 我来了，我喊一声，迸着血泪，
>
> "这不是我的中华，不对不对！"

为什么他又认为不是了呢？有了在国外的见识，对比中国，大约倍感国民精神状态的不振。"不是"者，首先是对当时国家形象及国民精神状态的不认可也。

那时的中国人被外国人鄙视为"东亚病夫"，而我们自喻是"东亚睡狮"。狮本该是威猛的，但那时却仿佛被打了麻醉枪，永远睡将下去，于是类乎懒猫。

清末以前，中国思想先贤们是论过国民性的，但即使论到其劣，也是从普遍的人类弱点、劣点去论，并不仅仅认为只有中国人身上才有表现的。那么，我们接触到了第一个问题——某些劣根性，仅仅是中国人天生固有的吗？

我的回答是——否。

人类不能像培育骏马和良犬那样去优配繁衍，某些人性的缺点和弱点是人类普遍固有的。而某些劣点又仅仅是人类才有的，连动物也没有，如贪婪、忘恩负义、陷害、虚荣、伪善等。故万不可就人类普遍的弱点、缺点、劣点来指摘中国人，但不同国家的历史、文化，又完全可以造成某一国家的人们较普遍地具有某一种劣性。比如欧美国家，由于资本主义持续时间长，便有一种列强劣性，这一种劣性的最丑恶记录是贩奴活动、种族歧视。当然，这是他们的历史表现。

于是我们接触到了第二个问题——中国人曾经的劣根性主要是什么？我强调"曾经"，是因为今天的中国已与"五四"以前大不一样，不可同日而语。

在当年，民族"劣根性"的主要表现是奴性，"五四"知识分子深恶痛绝的也是奴性。

那么，当年中国人的奴性是怎么形成的呢？

这要循中国的历史来追溯。

世界上没有人曾经撰文批判大唐时期中国人的劣根性，中国的史籍中也无记载。唐诗在精神上是豪迈的、气质上是浪漫的、格调上是庄重的，可供形成对唐人国民性形成的总印象。唐诗的以上品质，从宋朝早期的诗词中亦可见到继承，如苏轼、欧阳修、范仲淹等人的诗词。但是到了宋中期，宋词开始出现颓废、无聊、无病呻吟似的自哀自怜。明明是大男人，写起词来，却偏如小媳妇。这一文学现象是很值得研究的。"伤心泪""相思情""无限愁""莫名苦""琐碎忧"这些词汇，是宋词中最常出现的。现今爱诗词的，男生偏爱唐诗，女生偏爱宋词。唐诗吸引男生的是男人胸怀，女生则偏爱宋词的小女人味。大抵如此。

为什么唐诗之气质，到了宋词后期变成那样了呢？

因为北宋不久便亡了，被金所灭。现在打开《宋词三百首》，第一篇便是宋徽宗的《宴山亭》：

> 裁翦冰绡，打叠数重，冷淡燕脂匀注。新样靓妆，艳溢香融，羞杀蕊珠宫女。易得凋零，更多少、无情风雨。愁苦。闲院落凄凉，几番春暮？凭寄离恨重重，这双燕，何曾会人言语。天遥地远，万水千山，知他故宫何处。怎不思量，除梦里、有时曾去。无据。和梦也、有时不做。

宋徽宗做梦都想回到大宋王宫，最终死于囚地，这很可怜。

"人事有代谢，往来成古今。"朝代兴旺更替，亦属历史常事。但一个朝代被另一种迥异的文化所灭，却是另外一回事。北宋又没被全灭，一部分朝臣子民逃往长江以南，建立了南宋，史称"小朝廷"。由大宋而小、而苟存，这不能不成为南宋人心口的疼。拿破仑被俘并死于海上荒岛，当时的法国人心口也疼。兹事对"那一国人"都是伤与耻。

故这一时期的宋词，没法豪迈得起来，只有悲句与哀句了。南宋人从士到民,无不担忧一件事——灭亡的命运哪一天落在南宋?人们毫无安全感,怎么能豪迈得起来、浪漫得起来呢?故当年连李清照亦有词句曰:"至今思项羽,不肯过江东。"

后来南宋果然也灭亡了,这一次灭亡它的是元,元建都大都(今北京)。

元朝将统治下的人分为四等——第一等,自然是蒙古人;第二等是色目人(西北少数民族);第三等是"汉人",特指那些早已长期在金统治之下的长江以北的汉族人;第四等是"南人",灭了南宋以后所统治的汉族人。并且,元朝取消了科举制,这就断了前朝遗民跻身官僚阶层的念头。我们都知道,"服官政"是古代知识分子的追求。同时又实行了"驱口制",即规定南宋俘虏及家属世代为元官吏之奴,可买卖,可互赠,可处死。还实行了匠户制,使几百万工匠成为"匠户",其实便是做技工的匠奴。对于南宋官员,实行"诛捕之法",抓到便杀,迫使他们逃入深山老林,而隐姓埋名。南宋知识分子惧怕也遭"诛捕",大抵只有遁世。

于是汉民族的诗性全没了,想不为奴亦不可能。集体的奴性,由此开始。

枯藤老树昏鸦,小桥流水人家,古道西风瘦马。夕阳西下,断肠人在天涯。

今天读马致远的这一首小曲,以为其表达的仅仅是旅人思乡,而对他当时的内心悲情,实属缺乏理解。当年民间唱道:"说中华,道中华,中华本是好地方,自从来了元皇帝,十年倒有九年荒。"

元朝享国九十二年,以后是明朝。明朝二百七十年,经历了由初定到中兴到衰亡的自然规律。"初定"要靠"专制",不专制不足以初定。明朝大兴"文字狱",一首诗倘若看着不顺眼,是很可能被满门抄斩的。二百七十年后,明朝因腐败也灭亡了。

于是清朝建立,统治了二百七十六年。

世界上有此种经历的国家是不多的,我个人认为,正是这种历史经历,使国人形成了根深蒂固的奴性。唯奴性十足,方能存活,亦所谓顺生逆亡。旷日持久,奴成心性。清朝谭嗣同不惜以死来震撼那奴性,然撼山易,撼奴性难。鲁迅正是哀怒于这一种难,郁闷中写出了《药》。

故清朝一崩,知识分子通力来批判国民劣根性,他们是看得准的,所开的医治国民劣根性的药方也是对的。只不过有人的药方温些,有人的药方猛些。

可以这样说,艰苦卓绝、可歌可泣的抗日战争,与批判国民劣根性有一定关系。那批判无疑令中国人的灵魂疼过,那疼之后是抛了奴性的"勇"。

综上所述,今日之中国人,绝非是梁启超、鲁迅们当年所满眼望到的那类奴性成自然的、浑噩冷漠乃至于麻木的同胞。中国人的国民性有了前所未有的变化。"国民"只不过是"民"。普遍之中国人正在增长着维权意识,由一般概念的"民"而转变"人民"。民告官,告大官,告政府,这样的事在从前不能说没有。《杨三姐告状》,告的就是官,就是衙门。但是现在,从前被视为草民们的底层人、农民,告官、告政府之事司空见惯,奴性分明已成为中国人过去时的印记。

但有一个现象值得深思,那就是有些青年工人的跳楼事件。他们多是农家子女,他们的父辈遇到想不开的事尚且并不轻易寻死,他们应比他们的父辈更理性。但相反,他们却比他们的父辈脆弱多了。这一方面是由于他们虽为农家儿女,其实自小也是娇生惯养,尤其是独生子女的他们,像城里人家的独生子女一样,也同样是"宝"。与从前的农家儿女相比,他们其实没怎么干过农活。他们的跳楼,也可说是"娇"的扭曲表现。还有一点那就是——若他们置身于一种循环往复的秩序中,而"秩序"对他们脆弱的心理承受又缺乏较周到的人文关怀的话,那么,他们或者渐渐地要求自己适应那秩序,于是身上又表现出类似奴性的秩序下的麻木,甚者走向另一种极端,企图以死一了百了。

要使数亿之多的打工的农家子女成为有诉求而又有理性,有个体权益意识而又有集体权益意识,必要时能够做出维权行动反应而又正当行动的青年公民,全社会任重而道远。

自从网络普及以后,中国人对社会事件的参与意识极大地表现出来。尤其事关公平、道义、社会同情之时,中国人这方面的参与热忱、激情,绝对不亚于当今别国之人。但是也应看到,在网络表态中,嘻哈油滑的言论颇多。——可以认为那是幽默。对于某些事,幽一默,有时也确实比明明白白地表达立场更高明,有时甚至更具有表达的艺术性。而有些事,除了幽它一默,或干脆"调戏"一番,几乎也不知再说什么好。

但我个人认为,网络作为公众表达社会诉求和意见的平台,就好比从前农村的乡场,既是开会的地方,也是娱乐的地方。从前的中国农民在这方面分得很清,娱乐时尽管在乡场搞笑,开会时便像开会的样子。倘若开会时也搞笑,使严肃郑重之事亦接近娱乐了,那么渐渐地,乡场存在的意义,就会变得只不过是娱乐之所。

最后我要强调时间是分母,历史是分子。时间离现实越远,历史影响现实的"值"越小,最终不再影响现实,只不过纯粹成了"记事"。此时人类对历史的要求也只不过是真实、公正的认知价值;若反过来,视历史为分母,人类就难免被历史异化,背上历史包袱,成为历史的心理奴隶。

中国是一个多民族的国家。抗日战争不仅千锤百炼了中华民族,使我们中华民族浴火重生,凤凰涅槃,也千锤百炼了多个民族之间的关系。这一种关系也凤凰涅槃了。可以这样说,中国经历了抗日战争,各民族之间空前团结了。

影响现实的,是离现实最近的"史"。离中国现实最近的是中国的近现代悲情惨状史,中国人心理上仍打着这一种"史"的深深烙印,每以极敏感、极强烈的民族主义言行表现之。解开当代中国人的"国民性"更应从此点出发,而不能照搬鲁迅那个时代总结的特征。

第十六节

人文在社会中

在大家看来,技术人才似乎可以离"人文"远一些,甚至不用人文熏陶。而中国的事实,也大致如此。但若从另一种更高的要求来说,即使爱因斯坦,在第二次世界大战期间也要明确自己的人文立场。那个时候站在纳粹文化一边的科学家,在战争结束后是必须要给全世界一个说法的。因此,技术人才同样要对社会时事恪守最基本的人文判断和态度。所谓"人文理念",其实说到底,是与动物界之弱肉强食法则相对立的一种理念。在动物界,大蛇吞小蛇,强壮的狼吃掉老弱的狼,是根本没有"不忍"一说的。而人类之所以成为人类,乃因人性中会生出种种"不忍"来。这无论如何不应被视为人比动物还低级的方面。将弱肉强食的自然界生存法则移用到人类社会中来,称为"泛达尔文主义",它和法西斯主义有神似之处。

"人文"其实就是以更文明的文化来"化人"——化成一个有社会良知的人,科技人才自然不能排除在外。如果允许成批的科技人才可以不恪守符合社会良知的价值观,那么,这些人就会沦为一批"科技动物"。而恰恰在这方面,我们做得很不够。

技术人才可以放弃文化要求吗?西方早在 20 世纪七八十年代就发现了这个问题——千万不能忽视技术人才的人文教育。美国的医学院、法学院都是修完通识的本科之后,才允许申请就读。他们的本科中,特别重要的内容是人文教育。而我们的高中生可以直接学习医学、法学,绕开了必要的人文教育。实际上,医生和律师是最富人文色彩的职业,在课堂上,学生们往往不只是在讨论技术问题。举个例子说,一个病人送来了,可他的家属不在旁边,无法签字,而医生冒险抢救的成功概率也不大。在这种情况下,医生选择救还是不救?如果抢救失败,病人的家属来后,会引起很麻烦的医患纠纷。抢救或不抢救,考验并证明一个国家"人文"社会水平的高下。当然不应该要求每一位中国医护从业者都真的基本上是天使,估计别国的医护从业者也做不到人人都几乎是天使。区别也许仅仅在于——第一,既然有院方的明文规定,见死不救亦心安理得,并习惯成自然。第二,见死不救是绝难心安理得的事,于是共同商讨实施抢救的"两全"之策。而有时两难之事,正是由于人性由于良知的不麻木和能动性,得以化解,呈现了"两全"的希望。所谓"人文",无非如此"化"人而已。在人文文化厚实的国度,以上希望就多。反之,则少,甚而几近于无。

在我们中国,唯上级指示和所谓"规定"为大的现象比比皆是,举几个例子来说明——

第一,我还是中学生的年代,哈尔滨出现过一位为抢救国家财产而大面积烧伤的英雄人物,但是他在医院走廊躺了一个多星期得不到治疗,因为他是农民,生产队替他交不起押金。后来引起了省委领导的重视,下达了抢救的指示,但为时已晚。当年我们全班还集体朗诵了一首哈尔滨诗人满锐的诗来歌颂他,开头几句我至今仍记得:

> 少年朋友们,请看——
> 高高的山上有青松,
> 青松的枝头有雄鹰,
> 雄鹰展翅高飞腾,
> 声声鸣!

如果中国的少年们都能明白这么一个道理——相比于一条人命,不论英雄人物的还是普通人的,在不至于危害另外一些人的生命的前提之下，一切似乎不可违反的规定都可视为所谓的规律；那么，往后的中国人的人心，便算是被"人文"所"化"了。

第二，20 世纪 80 年代末 90 年代初，某沿海省份某市港口管理部门接获海上频频发至的求救信号，三十余条渔船在仅仅三十海里外遭遇台风袭击，恳求出动大船营救。而港口内，也确乎停泊着大船数只，完成营救不在话下。但下级要向上级请示，得到上级批准才敢派船。因为有规定，先交钱，后出船。遇险渔民们的家属一时凑不齐那么多钱，虽冒大雨集体跪在码头也还是无济于事。因为上级的指示是——严格执行规定。其结果是——二十几名渔民遇难……

诚然，近年来汶川地震、玉树地震以及其他许多灾情发生后，以人民大众的生命财产为重的意识，越来越明确了。尤其是新冠肺炎疫情发生后，人民大众的安全，已成为压倒一切的至高之事。

但以上那种反面例子中的"规定"仍将"人文"二字"规"在其外，而不能成为自觉意识。故人文"化"人的使命，尚远未完成。

大学应是人文气氛最厚重的地方，但是，我们做得也并不好。大学课程的安排太细致了，专业分科也太烦琐，而一旦要精简课程，首先拿下的就是人文课。大学生的学业压力很重，学外语要耗尽很多时间，计算机考级也很辛苦。总之，大学生们的头脑在一天二十四小时内，考虑更多的是专业成绩，关心更多的是证书。若稍微再有余暇，他们只会选择放松和休息。

大学也满腹怨言，凭什么非得进了大学才开始进行普及性的人文教育？这实际上已经有点晚了。这些进入大学之前的青年，按理说应该完成了初级的人文教育，他们进入大学后，更应该提升、巩固、刷新已经接受的人文意识。但是，我们回过头来看，在高中能不能完成人文普及教育呢？不能，因为高考的压力太大。再退回到初中说，还是不能，中考压力也不小。那索性就退到小学吧，可小学里又不能胜任此项任务——小学生的心智还未成熟。

但也不能据此就推卸掉人文教育的责任。事实上，一个孩子一出生就会成长在一种文化背景中，无论是在家里、幼儿园，还是小学，他们都会迅速形成作为现代人的最初的那些价值观，这包括对生命的尊重。譬如说，虐待小动物也是丑恶的行为。但若仔细想一想，多少人小的时候，会抓蜻蜓或蝴蝶，尤其是男孩子，会把它们的脚撕扯下来，想看看没有脚的蜻蜓和没有脚的蝴蝶是怎样的。捉到一只蜜蜂，每在它的脊背刺上细细的枝条，拿在手里玩弄。这固然是好奇心驱使，但那些昆虫在他们看起来更像是种种无生命的玩具。当然，现在这种情形也已经少多了。当小孩子懵懵懂懂懂事的时候，人文教育实际上就应该开始了。杜鲁门的外孙一直到小学四年级的时候，才从课本上知道他的外祖父曾经是美国总统。他回家质问他的妈妈，你怎么从来没跟我讲过外祖父是总统？妈妈跟他解释，这没什么可讲的，每一个美国人，只要他对美国有一份责任感都可以去竞选总统。——权力的本质是责任，这是最需要解读的人文意识。

人文教育更包括责任、信任、承诺等基本的价值判断。电影《闻香识女人》里面讲过这样一个故事——一名男高中生出生于清贫之家，就读一所重点中学，那里富家子弟很多。这个高中生在学校目睹了几位同学侮辱校长。事后，他被校方要求作为证人交代这些人的名字，若不说将会被开除，若说了将会被保送到耶鲁大学。这个高中生与这些同学又都有着一种友好关系，他答应过他们，那件事情对谁也不说，既不能告诉校方、老师，也不能告诉家长。值得出卖同学以此换取自己的前途吗？这位高中生把苦恼讲述给了一位中校。后来，校方让几名同学坐在一起对质，所有的学生都坐在台下。正在这时，那位中校赶来了，他说，为什么校方不能启发犯错的同学自己承认呢？没人承认，这本身就已经说明了中学教育的失败。确实有人做了不对的事，而且不止一人，但就是没有一个学生有勇气站出来，这样的学校算什么美国一流的学校？对于校方而言，以极大的好处诱惑一个学生，无论他如何选择，要么会毁掉他的前途，要么会毁掉他的人格。以毁掉这样出色的青年作为手段,这样的教育何其失败!

类似的情节也出现在苏联的一部电影《丑八怪》里——有两个小学生是一对很好的朋友,其中一个是班干部,老师交给他一个任务,要密切关注他的好朋友在校外做了什么事。这位班干部发现,他的好朋友在校外吸烟,于是立即汇报给了老师。他必须去汇报,只有去汇报,才能让那些师长认可他是好学生。汇报后,他的好朋友受到了友谊的伤害,而汇报者长大后心灵的煎熬也远不能结束。

羞辱校长、吸烟都是不好的,但即使这些明显的错误,当和人与人之间的信任、承诺等恒定信念发生"力"冲击的时候,人们都要面对一个如何对待的问题。在我们的国家,恐怕这些全都是可以简化的,也许根本就没必要讨论,因为答案非常明确——当然要汇报!向阿姨汇报,向老师汇报,向校方汇报。因为汇报了,肯定受到表扬,而受表扬永远是值得不考虑其他的。这种思想在大学,以及大学以外的地方潜移默化地让他们接受,而这——最应该得到的是全社会的人文反思。

信仰、承诺、友谊,这些很基本的人文价值,到底应该在哪个阶段完成?如何加强大学里的人文教育?这种问题本身就意味着一个非常功利的想法——希望找出一种方法普及人文,最好极快,最长也别超过三五年就能见成效。事实是,人文教育肯定不能这么快地完成,这不是盖楼,也不是修路。

人文价值的普及至少也有二百多年了,今天即使要尽快普及的话,也至少要再用和我们中华人民共和国的历史一样长的时间。人文教育不仅仅是学校里的事情,更是全社会的责任。当社会问题积累得太多的时候,人文教育就会变得更加复杂和难以实施。构建和谐富裕社会,前提是这个社会必须是一个良知社会。社会必须有一些最基本的,像铸石一样的价值观和原则来支撑住它。用人文的思想从小教育一个孩子,在他的成长过程中,使他成为良好的人,这是完全有可能的。但如果社会环境不配合,这个

梁晓声

目标也是很难能实现的。"水门事件"后的尼克松最后向全体美国人道歉。由此我们会发现山——全美国的公民,从大人到孩子都感觉在这个事件中,他们全部受到了伤害。是的,他们之所以不能原谅他们的总统,乃因总统极大地运用权力伤害了他们。

人文教育在当今的中国,面临着技术主义、商业主义、官僚主义三个敌人。

技术主义什么都要搞量化,可人文元素毕竟是最不能量化的思想元素。商业主义什么都要利益第一,而且要利益最大化,可"人文"偏偏不是以赚钱为首要目的之文化。官僚主义最瞧不起"人文",可它们最有权力决定"人文"的文化地位。这些人文教育的敌人,哪个都很厉害,哪个都很强势。与它们比起来,"人文"是很温软、很柔弱的文化品种。尽管如此,人文思想却是人类全部文化总和中最有价值、最核心的那一部分。少了这一部分的文化,轻言是次品质的文化,重言是垃圾文化。

商业文化是什么赚钱搞什么,不惜腐蚀人的心灵。比如电视台是国家公器,国家公器不体现人文文化思想是不对的,连娱乐节目也存在价值传播的问题。"我宁可坐在宝马里哭,也不坐在自行车上笑",这其实是某些女孩子们真实的想法,是可以讨论的。但是,如果不是讨论而仅仅是表现,就会事与愿违。

官僚主义更多的现象,是对人文文化的一种不以为然。或者口头上认可,但心性漠然,或者不愿支持、不愿付出。偶然有时候也觉得那是不能或缺的,但转而一想,这还是让别人去做吧。强势的官僚主义本能地嫌恶人文文化,从政治功利的角度来看,对于一个官员,人文文化往往不能成为政绩。相比而言,修了一条路、建了一处广场是那么清晰可见。娱乐文化至少还花钱营造了热闹,而人文文化却无热闹可言,故他们认为才不投入那"打水漂"的钱。原来的提法是"文艺搭台、经济唱戏",就是这样一种非常功利的思维。文艺成了台面,是种衬托,活脱脱一个打工者形象。还有人自以为文化重要,要把文化当作"抓手"。"抓手"是什么? 就是门把手之类,随便抓一下做支撑,实则也很是随意的。

我们所面临的情况通常是这样——一个人如果具有某一方面专长,并且极其善于封闭内心真实的思想,尤其是不谈现代人文思想见解的话;又尤其是,他还总是不失时机地、一再地表示对现代人文思想之不屑的话,那么他被当成人才来培养和"造就"的概率就很大;特别是,他还多少有些文化,善于用中国古代思想家们的古代人文思想的絮片为盾牌,批判和抵制现代人文思想的话,那么"人才"简直非他莫属了。这样的人士我是很接触过一些的,他们骨子里其实也都是相当认可现代人文文化、人文思想所传承的某些最基本的观念的,他们的表现往往是做假,但是假装所获得的好处又确实是不言而喻的。反之,如果一个人不讳言自己是现代人文思想的信徒,那么他的"进步"命运亦相反,他很可能被视为"异类",受到能力限制。这是"中国人文文化恐惧症"。

"化"之难也,唯其难,故当持久"化"之。

梁晓声

第十七节

做立体的人

　　岁月再流逝几十年，倘若有人问我——在中国，对文学以及与之紧密相关的姊妹艺术的恰如其分的鉴赏群体在哪里？我会毫不犹豫地回答——在大学。

　　后来我开始怀疑自己的这一结论。

　　尽管我被邀到大学里去做讲座，受欢迎的程度并无区别，然而我与学生的对话内容却很是不同了——以前学子们问我的是文学本身，进言之是作品本身的问题。我能感觉到他们对于作品本身的兴趣远大于对作者本身，而这是文学的幸运，也是文学教学的幸运；后来他们开始问我文坛的事情——比如文坛上的相互攻讦、辱骂，各种各样的官司，蜚长流短以及隐私和绯闻。广泛地散布这些内容是某些媒体的拿手戏，我与他们能就具体作品交流的话题已然很少。出版者和传媒帮衬着的，并往往有作者亲自加盟的炒作，在大学里颇获成功。某些学生读了的，往往便是那些，而我们都清楚，那些并不见得有什么特别之处。

　　现在，倘若有人像我以前那么认为，虽然我不会与之争辩什么，但我却清楚地知道那不是真相。或反过来说，对文学以及与之紧密相关的姊妹艺术的恰如其分的鉴赏群体，它未必仍在大学里。

　　那么，它在哪儿呢？

　　对文学以及与之紧密相关的姊妹艺术的恰如其分的鉴赏群体，现在它当然依旧存在着。正如在世界任何国家一样，它不在任何一个相对确定的地方。它自身也是没法呈现于任何人前的,它分散在千人万人中。它的数量已大大地缩小,要使它的分散变成聚拢,乃是一件不容易的事。但它是确乎存在的,而且,也许更加纯粹。

他们可能是这样一些人——受过高等教育,同时,在社会这一个大熔炉里,受到过人生的冶炼。文化的起码素养加上对人生、对时代的准确悟性,使他们较能够恰如其分地对文学、电影、电视剧、话剧,乃至一首歌曲、一幅画、一幅摄影作品,得出确是自己的而非人云亦云的,非盲目从众的却又基本符合实际的结论。

其实,人在文艺方面的鉴赏能力,检验着人的综合能力。

卡特竞选美国总统获胜的当晚,卡特夫人随丈夫上台演讲。由于激动,她高跟鞋的后跟扭断了,扑倒在台上。斯时除了中国等少数几个国家——当年我们的电视机还未普及,全世界约十亿人都在观看那一实况。

卡特夫人站起后,从容走至麦克风前说:"先生们,女士们! 我是为你们的竞选热忱而倾倒的。"

能在那时说出那样一句话的女性,肯定是一位具有较高的文艺鉴赏能力的女性。

迄今为止,法国历史上唯一的一位海军女中将,是个文学硕士。对于法国海军和对于那一位女中将,文学鉴赏能力高也肯定非属偶然。

丘吉尔在第二次世界大战中的历史作用是举世公认的,他后来获得了诺贝尔文学奖。细想想,这二者之间的关系是深刻的。

是的,我固执地认为,对文艺的鉴赏能力,不仅仅是兴趣有无的问题。这一点在每一个人的人生中所能说明的,肯定比"兴趣"二字大得多。它不仅决定人在自己的社会位置和领域做到了什么地步,而且,决定人是怎样做的。

我所在大学的同学们曾举办一次"歌唱比赛"——二十七名学生唱了二十七首歌,只有一名才入学的女生唱了一首民歌,其他二十六名学生唱的皆是流行歌曲。而且，无一例外的是——我为你心口疼、你为我伤心那一类。

我对流行歌曲其实早已抛弃偏见。我想指出的仅仅是——这一校园现象告诉了我们什么？它告诉我们——一代新人原来是在多么单一而又单薄的文化背景之下成长的。他们从小学到中学，在那一文化背景之下"自然"成长，也许从来不觉得缺乏什么。他们以相当高的考分进入大学，似乎依然仅仅亲和于那一文化背景。但他们身上真的并不缺乏什么吗？欲使他们明白缺失的究竟是什么，已然绝非易事。甚而，也许会使我这样的人令他们嫌恶吧？

到目前为止，我的学生们对我是尊敬而又真诚的。他们正开始珍惜我和他们的关系。——这是我的欣慰。

我还曾发现，大学里汉字书写得好的学生竟那么的少。——这一普遍现象令我愕异。

在我的选修课学生中，汉字书写得好的男生多于女生。

从农村出来的学生，反而汉字都书写得比较好。他们中有人写得一手秀丽的字。

这是耐人寻味的。

我的同事告诉我——他甚至极为郑重地要求他的研究生在电脑打印的毕业论文上，必须将亲笔签名写得像点儿样子。

我特别喜欢我班里的男生——他们能写出在我看来相当好的诗、散文、小品文等。

曾经有一个时期，我对大学的考察结果是——理工科大学生对于文学的兴趣反而比较有真性情。因为他们跨出校门的择业方向是相对明确的，所以他们丰富自身的愿望也显得由衷；师范类大学生对文学的兴趣亦然，因为他们毕业后大多数是要做教师的，他们不用别人告诉自己也明白——将来往讲台上一站，知识储备究竟丰厚还是单薄，几堂课讲下来便在学生那儿见分晓了；对文学的兴趣特别勉强，甚而觉得成为中文系学生简直是沮丧之事的学生，反而恰恰在中文系学生中为数不少。

并且，有这种想法的女生多于男生。

热爱文学的男生在中文系学生中仍大有人在。但在女生中，往多了说，十之一二而已。是的，往多了说，十之八九"身在曹营心在汉"，学的是中文，爱的是英文。倘若大学里允许随便调系，我不知中文系面临的是怎样的一种局面。倘若没有考试的硬性前提，我不知他们有人还进入不进入中文课堂。

中文系学生的择业选择应该说还是相当广泛的。但归纳起来，去向最多的途径依次是——教学，政府机关公务员，文秘，或是报刊编辑、记者，及电视台、网站工作人员。

教学工作，尤其是高校教学，仍是中文系学生心向往之的，但竞争越来越激烈，而且，起码要获硕士学位资格，并只是一种起码的资格。在竞争中处于弱势，这是中文系学生们内心都清楚的。公务员人生属于仕途之路，他们对于仕途之路上所需要的旷日持久的耐心和其他重要因素望而却步。做文秘，仍是某些中文系女生所青睐的职业，但有时候选择的并不仅仅是文才，所以她们中大多数也只有暗自徒唤奈何。能进入网站、电视台工作，她们当然也愿意，但是工作的压力却是不言自明的。那么，几乎只剩下了报刊编辑、记者这一种较为可能的选择。而事实上，那也是最大量地吸纳中文毕业生的业界。但另一个不争的事实乃是，报刊编辑、记者早已不像以前那样，仍是足以使人欣然而就的职业。尤其"娱记"这一职业，早已不被大学生们看好，也早已不被他们的家长们看好。岂止不看好而已，大实话是——已经有那么点令他们鄙视。这乃因为，"娱记"们将这一原本还不至于令人嫌恶的职业，在近年间，自行地搞到了有那么点让人鄙视的地步。尽管，他们和她们中，有人其实是很敬业、很优秀的。但他们和她们要以自己的敬业和优秀改变"娱记"这一职业已然扭曲了的公众形象，又谈何容易？

这么一分析，中文学生对择业的无所适从、彷徨和迷惘，真的是不无极现实之原因的。

"学中文有什么用？"

这乃是中文教学必须面对，也必须对学生们予以正面回答的问题。可以对"有什么用"做多种多样的回答，但不可以不回答。

我原以为这只不过是一个当代问题，后来一翻历史，不对了——早在20世纪20年代时清华学校文科班的"闻一多们"，便面临过这个问题的困扰，并被嘲笑为将来注定了悔之晚矣的人。可是若无当年的一批中文才俊，哪有后来丰富多彩的新文学及新文化供今人受用呢？

中文对于中国的意义自不待言。

中文对于具体的每一个中国人的意义，却还没有谁很好地说一说。

学历并不等于文化的资质，没文化却几乎等于没思想的品位，情感的品位也不可能谈得上有多高。这类没思想品位也没情感品位的中国人，我已见得太多，虽然他们却很可能有着较高的学历。所以我每每面对这样的局面暗自惊诧——一个有较高学历的人谈起事情来不得要领，以其昏昏，使人昏昏。他们的文化的全部资质，也就仅仅体现在说他们的专业，或曾经很流行的黄色的"段子"方面。

一个人自幼热爱文学，并准备将来从业于与文学相关的职业无怨无悔，自然也就不必向其解释"学中文有什么用"。但目前各大学中文系的学生，绝非都是这样的学子，甚而大多数不是。

那么他们怎么会成了中文系的学生呢？

因为——由于自己理科的成绩在竞争中处于劣势，而只能在高中分班时归入文科；由于在高考时自信不足，而明智地选择了中文，尽管此前的中文感性基础几近于白纸一张；由于高考的失利，被不情愿地调配到了中文系，这使他们感到屈辱。他们虽是文科考生，但原本报的志愿是英文系或对外经济什么的……那么，一个事实是——中文系的生源的中文潜质，是极其参差不齐的。对有的学生简直可以稍加点拨而任由自修，对有的学生却只能进行中学语文般的教学。

不讲文学，中文系还是个什么系？

中文系的教学，自身值得反省处多多。长期以来，忽视实际写作水平的提高，便是最值得反省的一点。若中文的学生读了四年中文专业，实际的写作水平提高很少，那么不能不承认，是中文教学的遗憾。不管他们将来的择业与写作有无关系，都是遗憾。

在全部的大学教育中，除了中文专业，还有哪一个科系的教学，能更直接地联系到人生？

中文系的教学，不应该仅仅是关于中文的"知识"教学。它的教学理应是相对于人性的"鲜蜂王浆"。在对文学做有品位的赏析的同时，它还是相对于情感的教学，相对于心灵的教学，相对于人生理念范畴的教学。总而言之，既是一种能力的教学，也是一种关于人性质量的教学。

中文系不仅是局限于一个系的教学，它实在是应该成为一切大学之一切科系的必修学业。

中文系当然没有必要被强调到一所大学的重点科系的程度，但中文系的教学，确乎直接关系到一所大学一批批培养的究竟是些"单面人"还是"立体人"的事情。

我愿我们未来的中国，"单面人"少一些，再少一些；"立体人"多一些，再多一些。我愿"单面人"的特征不要成为不良的基因，传给他们的下一代；我愿"立体人"的特征，在他们的下一代身上，有良好的基因体现。

第十八节

做竹须空　做人须直

　　"人生"对我是个很沉重的话题。

　　那是多年前的事了。一次开文代会，我因身体不好迟去报到了两天，会议几次打电话催我，还封了我一个副团长。

　　那天，天黑得异常得早，极冷，风也大。

　　走出北影厂大门前，我在收发室逗留了一会儿，发现了寄给我的两封信。一封是弟弟写来的，一封是哥哥写来的。我一看落款是哈尔滨精神病院，一看那秀丽的笔画搭配得很漂亮的笔体，便知是哥哥写来的。那时我已近十五六年没见过哥哥的面了，已近十五六年没见过哥哥的字了。当时那一种心情真是言语难以表述。这两封信我都没敢拆开，我有某种沉重的预感。——看那两封信，我当时的心理准备不足。信带到了会上，隔一天我才鼓起勇气看。弟弟的信告诉我，老父亲、老母亲都病了。他们想我，也因我那《无冕皇帝》风波，为我这难尽孝心的儿子深感不安。哥哥的信词句凄楚之极——他在精神病院看了根据我的小说《父亲》改编的电视剧，显然情绪受了极大的刺激。有两句话使我的心战栗——"我知我有罪孽，给家庭造成了不幸。如果可能，我宁愿割我的肉偿还家人！""我想家，可我的家在哪儿啊？谁来救救我？哪怕让我再过上几天正常人的生活然后死去也行啊！"

　　我对坐在身旁的一位会议主持者悄语，请她单独主持下午会议发言，便匆匆离开了会场。一回到房间，我恨不得大哭，恨不得大喊，恨不得用头撞墙!我头脑中一片空白,眼泪默默地流。几次闯入洗澡间,想用冷水冲冲头,进去了却又不知自己想干什么。

我只反复地在心里对自己说两个字——房子、房子、房子……

那时母亲已经七十二岁,父亲已经七十八岁。他们省吃俭用,含辛茹苦抚养了我,我却半点孝心也没尽过!他们还能活在世上几天?我一定要把他们接到身边来!我要他们死也死在我身边!我要发送他们,我有这个义务!我的义务都让弟弟、妹妹分担了,而弟弟、妹妹们的居住条件一点儿也不比我强!如果我不能在老父、老母活着的时候尽一点孝子之心,我的灵魂将何以安宁?

哥哥是一位好哥哥,曾是大学里的学生会主席。我与哥哥从小手足之情甚笃,我做了错事,哥哥会主动代我受过。记得我小时候生过一场大病,特别想吃蛋糕。深更半夜的,哥哥从郊区跑到市内,在一家日夜商店给我买回了半斤蛋糕!那一天还下着细雨,那一年哥也不过才十二三岁。

就在这时有些单位要调我,也答应给我房子,但需等上一二年。童影的领导会前也找我谈过,也希望我到童影去起一些作用。童影的房子也很紧张,但只要我肯去,他们现调也要腾出房子来,当时我由于迷恋着创作,未能下定决心。

面对着两封信,一切的得失考虑都不存在了。

我匆匆草拟了一页半纸的请调书——用的就是文代会的便笺。接着,我将童影顾问于蓝老师从会上叫出,向她表明我的决心。于蓝老师一向从品格到能力对我充满信任感,执着我的双手说:"你做此决定,我离休也安心了!"

随后我将北影新任厂长宋崇叫出来,请他——其实是等于逼着他在我的调请书上签了字。开始他愣愣地瞧着我,半晌才问:"晓声,你怎么了?你对我有什么误解没有?"

我将两封信给他看,他看后说:"我答应给你房子啊!我在全厂大小会上为你呼吁过啊!"这是真话。这位新上任的厂长对我很信任、很关心,而且是由衷的。

岂止是他,全体北影艺委会成员都为我呼吁过。连从不轻率对任何事表态的德高望重的老导演水华老师,都在会上说过"不能放梁晓声走"的话。北影对我是极有感情的,我对北影也是极有感情的。

记得我当时对宋崇说的是:"别的话都别讲了,北影的房子5月份才分,而我恨不得明后天就将父亲、母亲、哥哥接来!别让我跪下来求你!"

他这才真正理解了我的心情,沉吟半晌说:"你给我时间,让我考虑一下。"

下午,他还给了我那请调报告,我见上面批的是:"既然童影将我支持给了北影,我没有任何理由不将晓声支持给童影。但我的的确确很不愿放他走。"

为了房子,到童影干什么我都心甘情愿,哪怕是办事员。

童影当然不是调我去当办事员,于是我成了童影的艺术厂长。我正式到童影上班两个多月后,给我的房子却还未腾出来。

我身患肝硬化,但每天都去上班,想不上班也得上班。中午和晚上回去迟了,上小学的儿子进不了家门,常常在走廊里哭。房子没住上就不担当工作吗?那也未免过分功利了。事实上,我确实是全部身心地投入到我的那份工作中,我总不能骗房子住啊!

"人生"这个话题,真的是沉重的。

我从前不知珍惜父母给予我的这血肉之躯,后来我明白这是一个大的错误,明白了之后我还是把自己"抵押"给了童影。现在我才了解我自己其实是很怕死的,怕死更是因为觉得遗憾。身为小说家面对这纷杂的、多姿的,浮躁并充满希望的时代,我认为仍有那么多可以写的、能够写的、值得写的。我最需要谨慎地爱惜自己的时候,亲人和朋友们善良的劝告,我也只能当成是别人的一种善良而已。我的血肉之躯是父母给予我的,我以血肉之躯回报父母，我别无选择。这是无奈的事。——我认可这无奈，但同时牢记着家母的训导。

家母对我做人的训导是——做竹须空，做人须直。

在我的中学毕业鉴定中，写有这样的评语——该学生性格正直，富有正义感。责人宽，克己严……这样的评语，乃是我的中学母校对我的最高评定。这所学校当年未对第二个学生做出过同样的评语。

在我离开兵团连队的鉴定中，也写有这样的评语——该同志性格正直，富有正义感，要求自己严格……

在我从复旦大学毕业的鉴定中，还写有这样的评语——该性格正直，有正义感，希望早日入党……十六位同学集体评定，连和我矛盾极深的同学，亦不得不对这样的评语点头默认。

在我离开北影的鉴定中，仍然写有这样的评语——正直、正派，有正义感，对同志真诚，勇于做自我批评。

我不是演员。演员亦不可能从少年到青年到成年，这么多年表演不是自己本质的另一个人，表演到如此成功的地步！我看重"正直、正派、真诚"这样的评语，胜过其他一切好的评语。这三点乃是我做人至死不渝的准则。我牢牢记住了家母的训导，我对得起母亲！我尤其骄傲的是在我较长期生活和工作过的任何地方，包括一直不能同我和睦相处的人，亦不得不对我的正直亦敬亦畏。我从不阿谀奉承，从不见风使舵。仅以北影为例，我与历届文学部主任拍过桌子，怒发冲冠过，横眉竖目过，但他们之中的绝大多数，后来都是我的"忘年交"。当年我调走得那么突然，他们对我依依不舍，怅惜我走前没入党。早在我调走的几年前，老同志们就对我说："晓声，写入党申请书吧，趁现在我们这些了解你的人还在，你应该入党啊！你这样的年轻人入党，我们举双手！有一天我们离休了，只怕难有人再像我们这么信任你了！"党内的同志们，甚至要在我调走前，召开支部会议，"突击"发展我入党，是我自己阻止了。连刚刚到影不久的厂长宋崇，对此也深有感慨。

我愿正直、正派、真诚、正义这些评语，能够伴我终生。人能活到这样，才算不枉活着！

人在今天仍能获得这些，当然也是一种幸福！所以我又有理由说，我活得还挺幸福。最主要的——我自己认为是最主要的，我已并不惭愧地得到了，其他便是次要的、无足轻重的。

我对自己的做人原则，是极其满意的。

我是不会变的，真变了的是别人。一种类似文痞、流氓的行径，我看到在文坛、在社会挺有市场。然而，我蔑视和厌恶这一现象。

真的文坛之丑恶，其实正是这一现象。

我将永久牢记家母关于做人的训导——做竹须空，做人须直。

好母亲应该有好儿子。反之，是人世间大孽。

就是这样。

人活着的味道

岁月的风吹不散少年时那缕记忆的馨香,那串摇动的风铃唤起了我记忆的思绪,流淌着感动的味道,历久弥香,泛起了我心海的阵阵涟漪……

仿佛仍在鼻尖飘荡着——那清丽的人生的馨香。

天,阴沉的厉害。

看着飞快地转动的秒针,我急忙向车站跑去。果不其然,"轰隆隆"的几声响雷,一个调皮的豆大的雨滴滚进了我的衣服里,我不禁抖了抖身子。

这时,一抹鲜艳的红朝我走了过来,是一位老奶奶拿着把红伞。她看了看我的惨样,焦急地对我说:"小朋友,怎么没带伞啊,快到我这儿来!"说完,便将我拉到那抹红色之下。顿时,一阵阵的温暖朝我涌来,不知是红伞暖光的缘故,还是她散发出来的奶奶般的温暖——总之,心莫名地安定了下来。

暖流几乎将我包围。

这时,车来了,人们蜂拥而上,我被挤在了车外面,怎么也进不去。终于,我挨到最后一个上时,车门却被挤得关不上了。

瞬时间,车里像炸开了锅。

"后面的人再动动,都挤一挤!"司机不耐烦地喊道。

"快点吧,我都快迟到啦!"

"怎么还不开啊! 快走啊,停在这儿算怎么回事!"

大家你一句我一句地催促着。

这时，我旁边的阿姨朝我睨了一眼，说道："你还是快下去等下一班吧，要不然耗在这谁也走不了！"

听了这话，我的脸青一阵白一阵，从心底涌出来的更多的是委屈。天这么冷，我又没带雨具，我上学肯定会迟到的。

就在大家僵持不下时，一个和蔼的声音响起："孩子还小，还要去上学，还是让我下去吧！"

话音刚落，我急忙寻找这位好心人的身影，却看到一抹熟悉的、鲜艳的红，原来是她——那位同我一起等车的老奶奶，那股暖流再次涌上我的心头。

说话间，老奶奶缓缓地挤到车门前，扶着栏杆，艰难地下了车。

终于，她挤下了车。

车门，关上了。

她再次走到车站，在那抹鲜艳的红下面，冲着我微笑。那笑容仿佛带有香气——纯净、幽远，而又清丽。

车子慢慢启动，鲜艳的红却离我越来越远，在视野里越来越模糊，而她的笑容却在我的脑海里愈发的清晰。

倏然，我明白那香味，便是人生的馨香。

那天虽然阴冷，可她笑容里所带的香味与温暖却一次又一次地萦绕在我的心田，历久弥香……

流年里的笑容仍在，流风中的话语呢喃，当回忆似潮水般向心头涌来，魂牵梦绕的——是那人生的馨香。

仿佛仍在飘荡，那清丽的人活着的味道！